可持续发展的结构与地基

金伟良　主编

《可持续发展的结构与地基》
编辑委员会

热烈庆祝

杭州结构与地基处理研究会

成立 30 周年！

（1985—2015 年）

深化学术引领作用
推动科技创新发展

祝贺　研究会成立三十周年

[illegible]　二〇一五.六.

广交科技英才
共创美好未来

热烈庆祝杭州结构与地基处理研究会
三十周年华诞

董石麟敬贺
乙未年夏

祝杭州结构与地基处理研究会成立三十周年暨

《可持续发展的结构与地基》一书（学术论文集）出版

潜心研究 成果丰硕

承前启后 人材辈出

益德清

2015.6.

祝杭州结构与地基处理研究会成立三十周年

结构地基处理相连显特色

产学研结合增活力

严慧 敬贺

二零一五年夏

创新驱动发展、企业是创新主体，为工程建设服务

祝贺杭州结构与地基处理研究会成立三十周年

龚晓南

二〇一五年夏

杭州结构与地基处理研究会
历届理事会成员名单

第一届(1985—1988年)

名誉理事:(16名,排名不分先后)

何广乾　张维嶽　魏　琏　钟万勰　唐家祥　徐次达　欧阳可庆　益德清
曾国熙　曹时中　董石麟　谢贻全　陈祥福　吴淦卿　陈葆真　高赞明

理 事 长:金问鲁
副理事长:蒋祖荫　居荣初
秘 书 长:钱国桢
副秘书长:卞守中
理　　事:(18名,排名不分先后)

金问鲁　钱国桢　蒋祖荫　卞守中　居荣初　史如平　严　慧　唐锦春　姚祖恩
何福保　王庭英　安浩峰　周宝汀　周海龙　吴坤生　李良贵　梁怀民　张凯声

候补理事:林英舜　易复乾　夏明奎　何荣高
学术交流部:主任　蒋祖荫;副主任　屠文定
技术咨询部:主任　钱国桢;副主任　谢德贵
建筑结构研究分会:顾问　董石麟;主任　金问鲁;副主任　严　慧
计算力学研究分会:顾问　唐锦春;主任　何福保;副主任　姚祖恩
预应力研究分会:顾问　冯　尧;主任　刘岳琜;副主任　邵柏舟　成卓民
地基处理研究分会:顾问　周宝汀;主任　卞守中;副主任　史如平

第二届(1988—1991年)

名誉理事:(18名,排名不分先后)

何广乾　张维嶽　魏　琏　钟万勰　唐家祥　徐次达　欧阳可庆　益德清　曾国熙
唐锦春　何福保　曹时中　董石麟　谢贻全　陈祥福　吴淦卿　陈葆真　高赞明

理 事 长:金问鲁
副理事长:严　慧　居荣初
秘 书 长:钱国桢
副秘书长:张凯声　谢德贵　屠文定
理　　事:(18名,排名不分先后)

金问鲁　严　慧　居荣初　钱国桢　卞守中　姚祖恩　谢德贵　张凯声　周宝汀
周海龙　顾尧章　安浩峰　吴坤生　史如平　梁怀民　夏明奎　王庭英　李良贵

候补理事:屠文定　林本恩　何荣高

学术交流部：主任　严　慧；副主任　屠文定　余扶健
技术咨询部：主任　钱国桢；副主任　谢德贵　林英舜　郭柏仁
建筑结构学术委员会：顾问　董石麟；主任　姚祖恩；副主任　吴坤生　周海龙
地基处理学术委员会：顾问　周宝汀　顾尧章；主任　卞守中；副主任　史如平　杨永山　王伟堂
预应力学术委员会：顾问　冯　尧；主任　刘岳琜；副主任　邵柏舟　成卓民
计算力学应用学术委员会：顾问　唐锦春；主任　徐　兴；副主任　余扶健　丁龙章
施工学术委员会：顾问　曹时中；主任　陈静华；副主任　章履远

第三届(1991—1994年)

名誉理事：(17名，排名不分先后)

何广乾　张维嶽　魏　琏　钟万勰　唐家祥　徐次达　欧阳可庆　益德清　曾国熙
唐锦春　何福保　曹时中　谢贻全　陈祥福　吴淦卿　陈葆真　高赞明

理 事 长：金问鲁
副理事长：严　慧　徐　通　居荣初　董石麟　安浩峰
秘 书 长：钱国桢
副秘书长：张凯声　谢德贵　屠文定　范明均
理　　事：(21名)

丁龙章　卞守中　王伟堂　王庭英　安浩峰　张凯声　陈静华　严　慧　金问鲁
林英舜　居荣初　周海龙　姚祖恩　项剑峰　顾尧章　钱国桢　徐　通　屠文定
谢德贵　董石麟　樊良本

增补理事：江岳崃　杨丽清　俞增民　吴佳雄　易复乾
组织工作委员会：主任　严　慧；副主任　张凯声　卢勉志
学术工作委员会：主任　董石鳞；副主任　顾尧章　屠文定
技术咨询工作委员会：主任　钱国桢；副主任　谢德贵　林英舜
建筑结构学术委员会：顾问　冯　尧；主任　安浩峰；副主任　周海龙　范明均　杨有勇
地基处理学术委员会：顾问　周宝汀　卞守中　史如平；主任　顾尧章；
副主任　王伟堂　樊良本　杨永山
计算力学应用学术委员会：主任　丁龙章；副主任　余扶健　倪一清
建筑物灾害防治学术委员会：顾问　陈玉华　曹时中；主任　居荣初；副主任　俞增民　杨宜民
预应力学术委员会：顾问　冯　尧　刘岳琜；主任　焦彬如；副主任　成卓民　项剑峰　谢醒悔
大跨度空间结构学术委员会：主任　董石麟；副主任　严　慧　何南生　俞仁杰　江岳来
建筑施工技术委员会：主任　陈静华；副主任　章履远　俞增民

第四届(1994—1999年)

名誉理事长：金问鲁　魏　廉
名誉理事：(16名，排名不分先后)

何广乾　张维嶽　魏　琏　钟万勰　唐家祥　徐次达　欧阳可庆　益德清　夏志斌
曾国熙　唐锦春　何福保　曹时中　陈祥福　丁皓江　龚晓南

理 事 长:严　慧
副理事长:董石麟　安浩峰　陈继松
秘 书 长:钱国桢
副秘书长:范明均　张凯声　谢德贵
理　　事:(26 名)
丁龙章　王伟堂　王庭英　安浩峰　江岳来　严　慧　杨丽清　张凯声　陈继松
周海龙　林英舜　居荣初　范明均　易复乾　项剑峰　俞增民　郭明明　徐　通
顾尧章　钱国桢　屠文定　董石麟　谢德贵　慎祖辉　裘　涛　樊良本
常务理事:(8 名)
安浩峰　严　慧　陈继松　顾尧章　周海龙　居荣初　钱国桢　董石麟
组织工作委员会:主任　严　慧
学术工作委员会:主任　周海龙
咨询工作委员会:主任　顾尧章
建筑结构学术委员会:主任　安浩峰
地基处理学术委员会:主任　顾尧章
预应力学术委员会:主任　焦彬如
大跨度空间结构学术委员会:主任　董石麟
建筑物灾害防治学术委员会:主任　钱国桢
计算力学应用学术委员会:主任　丁龙章
道桥学术委员会:顾问　徐　通;主任　张继尧;
副主任　王庭英　贺志宏　周庆良　曲乙家　徐聿海　项贻强
房地产学术委员会:主任　高　昌;副主任　陈天声　谢德贵　周大玖
设计综合学术委员会:顾问　周海龙　汪承松;主任　许常学;
副主任　朱执雄　林建峰　李志安　屠忠尧　汪永森

第五届(1999—2003 年)

名誉理事长:魏　廉　陈继松　董石麟
名誉理事:(29 名,排名不分先后)
赵国藩　何广乾　张维嶽　魏　琏　钟万勰　唐家祥　何福保　徐次达　欧阳可庆
陈绍藩　王国周　夏志斌　魏明钟　蔡益燕　沈祖炎　陈雪庭　孔次融　益德清
曹时中　丁皓江　龚晓南　唐锦春　曾国熙　吕志涛　叶耀先　柯长华　蓝　天
刘锡良　徐有邻
理 事 长:严　慧
副理事长:安浩峰　金伟良　周海龙　顾尧章　钱国桢
秘 书 长:范明均
副秘书长:张凯声　谢德贵　方鸿强　许　钢
理　　事:(36 名)
丁龙章　王伟堂　王金花　安浩峰　刘辉石　许常学　严　平　严　慧　余子华
陆少连　张凯声　张继尧　张维本　杨学林　单银木　范明均　金伟良　周大玖

周海龙　周群建　居荣初　项剑峰　宣歌平　俞增民　高　昌　郭明明　顾尧章
顾梅英　钱国桢　章　华　童根树　谢德贵　曾宪纯　焦彬如　裘　涛　樊良本

常务理事:(13 名)

安浩峰　刘辉石　严　慧　陆少连　张凯声　范明均　金伟良　周海龙　居荣初
钱国桢　顾尧章　曾宪纯　樊良本

组织工作委员会:主任　张凯声;副主任　方鸿强　罗尧治
学术工作委员会:主任　周海龙;副主任　裘　涛　樊良本　许　钢
咨询工作委员会:主任　陆少连;副主任　甘正常　严　平　许　钢　叶志鑫　项剑峰
建筑结构专业委员会:主任　安浩峰;
副主任　周海龙　丁龙章　金伟良　周鸿仪　陆少连
地基处理专业委员会:主任　顾尧章;
副主任　樊良本　王伟堂　杨永山　谢德贵　甘正常　杨学林　周群建
计算力学应用专业委员会:主任　丁龙章;副主任　郑良知　单玉川
建筑物灾害防治专业委员会:顾问　居荣初;主任　钱国桢;
副主任　赵滇生　王柏生　许　钢　黎自强　宋新初
预应力结构专业委员会:顾问　魏　廉　董宜群　刘岳琜;主任　焦彬如;
副主任　陆少连　项剑峰　金伟良　江建祥　王叔平　陈玉跃　金维善
顾仲文　成卓民　谢醒悔　俞仁杰
大跨度空间结构专业委员会:主任　严　慧;副主任　关富玲　裘　涛　赵滇生　余扶健
道桥专业委员会:主任　张继尧;
副主任　周庆良　刘辉石　贺志宏　曲乙家　陆耀忠　项贻强　刘碧华
设计综合专业委员会:顾问　周海龙　汪承松;主任　许常学;
副主任　朱执雄　林建峰　李志安　屠忠尧　汪永森
房地产专业委员会:主任　高　昌;
副主任　周大玖　谢德贵　余连根　陈天声　丁根明　黄宁真
深基础施工专业委员会:顾问　益德清　周海龙　陈忠麟　樊良本　潘秋元　刘蒙安　蔡泽芳;
主任　余子华;副主任　陈静华　俞增民　黎自强

第六届(2003—2007 年)

名誉理事长:魏　廉　陈继松　董石麟　益德清

名誉理事:(31 名,排名不分先后)

赵国藩　何广乾　张维嶽　魏　琏　钟万勰　唐家祥　何福保　徐次达　欧阳可庆
陈绍藩　王国周　夏志斌　魏明钟　蔡益燕　沈祖炎　陈雪庭　孔次融　曹时中
丁皓江　龚晓南　唐锦春　曾国熙　吕志涛　叶耀先　柯长华　蓝　天　刘锡良
徐有邻　周茂新　陈天民　周锡元

理 事 长:严　慧
副理事长:金伟良(常务) 刘　卫　安浩峰　陆少连　范明均
秘 书 长:方鸿强
副秘书长:邹道勤　卢　丹(专职) 陈青佳　张晓玲

理　　事：(39 名)

丁龙章　干　钢　王银根　王金花　方　跃　方朝阳　方鸿强　韦国岐　叶　军
安浩峰　刘　卫　刘辉石　严　慧　余子华　陆少连　沈国蓉　何崇文　吴小伟
吴剑国　杨学林　单银木　范明均　金伟良　周群建　项贻强　罗尧治　郑建军
宣歌平　俞增民　郭明明　徐宁耀　夏建中　章　华　童根树　谢德贵　曾宪纯
葛　军　裘　涛　樊良本

常务理事：(13 名)

王银根　方鸿强　安浩峰　刘　卫　刘辉石　严　慧　余子华　陆少连　范明均
金伟良　章　华　裘　涛　樊良本

组织工作委员会：顾问　张凯声；主任　方鸿强；副主任　陈青佳　伊新富　秦从律
学术工作委员会：顾问　周海龙；主任　陆少连；副主任　干　钢　蔡颖天　邹道勤
咨询工作委员会：顾问　项剑峰；主任　裘　涛；副主任　陈学琪　陈传水　张晓玲　陈国栋
建筑结构专业委员会：顾问　周海龙；主任　安浩峰；副主任　陆少连　裘　涛　童根树 丁龙章
宣歌平　王银根　单玉川　林英舜
地基处理专业委员会：顾问　顾尧章；主任　樊良本；
副主任　王伟堂　谢德贵　杨学林　周群建　刘世明
大跨度空间结构专业委员会：顾问　严　慧；主任　罗尧治；
副主任　关富玲　裘　涛　赵滇生　周观根
预应力结构专业委员会：顾问　焦彬如；主任　金伟良；
副主任　吴佳雄　陆少连　徐和财　郑建军　邹道勤　朱宗裕　顾杨伟
建筑物灾害防治专业委员会：顾问　益德清　钱国桢　居荣初　秦　桢　黎自强；主任　杨学林；
副主任　沈国蓉　丁伯阳　毛卫雷　李志飙　干　钢　王银根
蔡颖天　尚岳全　宋新初
计算力学专业委员会：顾问　居荣初；主任　丁龙章；
副主任　单玉川　陈水福　葛　军　郑良知
设计综合技术专业委员会：顾问　丁龙章；主任　叶　军；
副主任　王银根　张先明　章　华　周群建　曹立勇
道桥专业委员会：顾问　张继尧　王振民　徐　兴；主任　项贻强；
副主任　俞菊虎　桂炎德　郑宪政　朱汉华　陆耀忠　刘辉石　朱云龙
深基础工程专业委员会：顾问　益德清　龚晓南　黎自强　俞增民　樊良本　谢戌庚　裘　涛；
主任　余子华；副主任　施祖元　蔡袁强　倪士坎　姚光恒　陈思清
李宏伟　吴　飞
房地产专业委员会：主任　阮连法

第七届(2007—2012 年)

名誉理事长：魏　廉　陈继松　董石麟　益德清　严　慧
名誉理事：(33 名，排名不分先后)

夏志斌　曾国熙　唐锦春　丁皓江　龚晓南　曹时中　周茂新　陈天民　赵国藩
何广乾　张维嶽　魏　琏　钟万勰　何福保　徐次达　欧阳可庆　陈绍藩　王国周

魏明中　蔡益燕　沈祖炎　陈雪庭　孔次融　吕志涛　叶耀先　柯长华　蓝　天

刘锡良　徐有邻　周锡元　许溶烈　王有为　周锡元

理 事 长：金伟良（法人代表）

副理事长：刘　卫　安浩峰　陆少连　方鸿强　樊良本

秘 书 长：方鸿强（兼）

理事会理事：（41 名）

干　钢　王银根　方　跃　方鸿强　韦国岐　叶　军　刘　卫　刘辉石　李海波

李宏伟　安浩峰　阮连法　杜　先　陈水福　陈旭伟　陆少连　余子华　何崇文

杨学林　杨强跃　金伟良　金　沙　单玉川　罗尧治　周群建　周观根　项贻强

郑建军　赵滇生　俞勤学　俞菊虎　夏建中　徐宁耀　章　华　黄明鑫　童根树

童建国　蒋金生　葛　军　裘　涛　樊良本

常务理事：（14 名）

干　钢　王银根　方鸿强　刘　卫　安浩峰　陆少连　余子华　杨学林　金伟良

罗尧治　项贻强　章　华　裘　涛　樊良本

学术工作委员会：顾问　周海龙；主任委员　陆少连

咨询工作委员会：顾问　裘　涛　项剑峰；主任委员　章　华

组织工作委员会：顾问　张凯声；主任委员　方鸿强

副秘书长：邹道勤　卢丹　陈青佳　张小玲

秘书处顾问：范明均

建筑结构专业委员会：顾问　安浩峰　周海龙；主任委员　干　钢

地基处理专业委员会：顾问　顾尧章；主任委员　樊良本

大跨度空间结构专业委员会：顾问　严　慧；主任委员　罗尧治

预应力结构专业委员会：顾问　金伟良　焦彬如；主任委员　王银根

建筑物灾害防治专业委员会：顾问　益德清　钱国桢；主任委员　杨学林

计算力学专业委员会：顾问　丁龙章　居荣初；主任委员　陈水福

深基础工程专业委员会：主任委员　余子华

绿色建筑与设计综合技术专业委员会：顾问　裘　涛　丁龙章；主任委员　叶　军

道桥与交通专业委员会：顾问　张继尧；主任委员　项贻强

房地产专业委员会：主任委员　阮连法

第八届（2012—至今）

名誉理事长：魏　廉　陈继松　董石麟　益德清　严　慧　龚晓南

名誉理事：（31 名，排名不分先后）

夏志斌　曾国熙　唐锦春　丁皓江　曹时中　周茂新　陈天民　赵国藩　何广乾

张维嶽　魏　琏　钟万勰　何福保　徐次达　欧阳可庆　陈绍藩　王国周　魏明中

蔡益燕　沈祖炎　陈雪庭　孔次融　吕志涛　叶耀先　柯长华　蓝　天　刘锡良

徐有邻　周锡元　许溶烈　王有为

理 事 长：金伟良（法人代表）

副理事长：陆少连　方鸿强　干　钢　余子华　罗尧治　杨学林

务实 传承 开拓 创新

（序 言）

1985年6月，我国著名结构理论专家、全国勘察设计大师金问鲁教授，发起团结来自杭州各科研院所，高校，勘察、设计和施工单位的一批科研工作者，创建了不受制于纵向主导单位的这个学术性的民间法人社团——杭州结构与地基处理研究会。

杭州结构与地基处理研究会成立至今已逾30载，各届理事会、秘书处的工作人员，不计报酬、任劳任怨、无私奉献，与广大会员一起为研究会的建设与发展作出了积极贡献，研究会的会员和开展的活动也从杭州扩展到了浙江省内其他城市，本研究会已成为建筑领域的佼佼者。

经过30年的努力，研究会在组织建设上已有较大发展，设有组织、学术、咨询3个工作委员会，并有建筑结构、地基处理、大跨度空间结构、预应力结构、建筑物灾害防治、工程数字化、深基础工程、绿色建筑与设计综合技术、道桥与交通、施工技术等10个专业委员会，更有独具特色的杭州结构与地基专家委员会。在杭州市科学技术协会的领导下，在兄弟学会与单位的支持下，通过广大会员的共同努力，研究会多次被评为省、市先进学会及优秀社团，并多次获得上级表彰。

研究会成立以来，本着“繁荣学术、服务社会”的宗旨，践行“产学研”三结合的原则，力求科技与经济密切结合，贯彻理论与实际紧密结合，积极开展学术沙龙、专题研讨、学术报告等多种形式的学术活动，内容涉及学科新进展，工程热点与难点，以及新技术、新材料的推广应用。研究会还不定期协助组织全国性或区域性的学术交流活动，积极参加杭州市和浙江省组织的科普活动，开展科技咨询。

在积极开展各种学术活动的同时，根据研究会会员分布面广的特点，鼓励研究教学方面的会员与生产企业的会员积极联系，从中找到结合点，组织“金桥工程”，开展厂会协作，践行“产学研”结合，协助开拓新产品。东南网架、杭州大地、杭萧钢构、浙江精工、宁波飞龙等一批钢结构企业，依靠国家政策和企业自身努力，依靠科技创新，特别是在与研究会“产学研”结合下，从资金不足百万元的乡镇企业，经历生产转型和新产品研发，在国内外许多大型建筑中发挥了积极作用；企业也一跃进入国内知名的大型钢结构企业行列，对杭州萧山列入“中国钢结构产业基地”起到了举足轻重的作用。

回顾30年，研究会成绩斐然，展望未来任重道远。研究会成立30周年是研究会发展史上的里程碑，也是继往开来、再续辉煌的新起点。现在我国的结构与地基处理正处于一个最好的发展时期，强盛的国力、持续的经济发展与应用的迫切需求，正为结构理论研究及产品研发创造更多更新型的结构体系，这也是开展更多更新型的工程实践的大好时机，为从事土木建筑工程领域的科技人员创造一个施展才能的舞台。我们要加强技术创新，做好基础性研发，开展系统理论研究。研究会的未来必将是机遇与挑战并存，同时也充满希望。

“雄关漫道正如铁，如今迈步从头越。”本书收集了部分会员近期理论研究与工程实践方面的研究成果，是献给研究会成立30周年的厚礼。对本书的出版，我表示热烈的祝贺。愿研究会从目前的具体情况出发，传承30年来的好传统，不断开拓创新，创品牌、创特色！愿研究会广大会员携手共进，再创辉煌，为建筑科技实业的繁荣进步发挥自身的力量，为实现“两个百年”民族复兴的中国梦作出应有的贡献！

杭州结构与地基处理研究会名誉理事长　严　慧

2015年7月30日于杭州

目 录

特邀报告

建筑结构

地基与基础

施工与管理

历史建筑保护

特邀报告

超限高层结构抗震设计相关问题探讨

杨学林　益德清

(浙江省建筑设计研究院,杭州,310006)

摘　要:本文针对复杂和超限高层建筑结构,对“三水准、二阶段”的传统抗震设计方法的局限性,超限高层结构相关计算指标的适用性,施工过程影响和混凝土收缩、徐变效应影响,长周期地震动影响及基底剪力系数控制,超限结构抗震性能化设计及弹塑性分析中的相关问题,进行了较深入的研究和探讨,并提出了相关意见及建议。

关键词:超限高层结构;抗震设计;性能化;收缩和徐变效应;长周期地震动;弹塑性分析

一、传统抗震设计方法应用于超限结构的局限性问题

在竖向荷载(恒+活)、风荷载作用下,规范要求对结构进行弹性分析,并按弹性内力进行承载力验算;但对地震作用而言,若要求结构在各种强度地震动作用下仍然保持弹性状态是很不经济的,对于设防烈度较高地区也是不可能做到的,因此,结构的抗震设计与结构抗御其他普通荷载的设计是完全不同的。我国《建筑抗震设计规范》(GBJ 11－89)[1]提出“小震不坏、中震可修、大震不倒”的三个设防水准,即在多遇地震下结构应保持弹性状态,在设防烈度和罕遇地震下允许结构进入弹塑性状态,但应控制结构变形,确保大震下不倒塌。鉴于结构在地震作用下弹塑性分析的诸多困难和问题,目前规范主要采取基于承载力计算和构造措施保证结构延性的“二阶段”抗震设计方法,即以多遇地震下按弹性方法计算地震内力进行结构的抗震承载力设计,以抗震概念设计和构造措施保证结构构件的延性;对单一防线的结构和具有明显薄弱层的结构,要求补充弹塑性变形验算,确保薄弱层变形不超过限值,防止结构在大震下倒塌。与概念设计相关的抗震措施主要包括以下两方面:①对结构高度和规则性指标限值的要求;②结构构件的延性要求(细部构造)。结构不规则指标的控制包括平面不规则(如平面扭转、凹凸、楼板不连续等)和竖向不规则(如侧向刚度和承载力沿竖向突变等)两方面;结构构件的延性则通过截面细部构造来实现,主要包括地震内力和效应组合的调整放大及抗震构造措施两方面。

汶川地震及其他国内外历次大地震的震害经验表明[2],凡符合抗震概念设计、严格按规范中有关抗震措施进行设计和建造的房屋,历次大地震中均表现良好,多数结构即使遭遇比设防烈度高出2～3个等级的强震时,仍能保持不倒,有效保障了人员的生命安全。因此,抗震概念设计是决定结

构抗震性能的重要因素，结构布置规则、符合概念设计的房屋具有较高的抗震性能。

但超限高层结构中的情况不一样。超限高层结构中，或是高度超过规范规定的最大适用高度，或是结构布置规则性指标超过规范要求，或是结构体系和类型超出现行规范的适用类型[3-4]，因此超限高层建筑在某一方面或多个方面存在与抗震概念设计要求不相符合的情况。而现行规范采用的“三水准、二阶段”设计方法，对结构不规则程度的控制和结构构件的延性(变形能力)要求是相对较高的，而抗震承载力水平却相对较低，从经济性角度考虑，上述设计方法无疑是目前较为合理的。但随着经济和技术的发展，也有一些业主为了实现建筑造型或有特殊的建筑功能需求，希望建筑在结构体型和不规则程度方面可以适当突破规范的限值，并愿意付出一定的经济代价以提高结构的抗震承载力水平，确保结构在各种地震水准的抗震安全。可见，基于小震承载力计算、通过构造措施保证大震下结构延性需求的传统抗震设计方法，难以适应超限高层建筑的抗震设计要求。

二、复杂超限高层结构相关计算指标适用性的问题

现行规范[5-6]对高层建筑结构设计提出了许多计算控制指标，如结构的刚重比、扭转位移比、扭转周期比、相邻楼层侧向刚度比和受剪承载力比、基底地震剪力系数，等等。但这些计算控制指标，对于体型复杂、结构布置不规则的超限高层结构来说，并不一定都适用。

首先看刚重比计算指标。高层、超高层建筑重力荷载和侧移随着高度增加，侧向刚度相对减小，导致结构内力、位移增加，重力 $P-\Delta$ 效应逐渐明显，甚至导致结构失稳。结构侧向刚度和重力荷载是影响结构整体稳定和 $P-\Delta$ 效应的主要因素，侧向刚度与重力荷载的比值称为刚重比。《高层建筑混凝土结构技术规程》(JGJ 3－2010)[6]（以下简称《高规》(JGJ 3－2010)）采用刚重比描述高层结构的整体稳定性。对于剪力墙结构、框架－剪力墙结构、筒体结构，其刚重比应不小于 1.4。显然，规范中的刚重比计算限值是基于楼层刚度和质量沿高度均匀分布的假定得出的，因此仅适用于体型上下规则的高层结构。对于体型复杂的高层建筑结构，如连体结构、体型逐层收进的结构、多塔结构、大悬挑结构等，其重力荷载沿高度分布差异很大，规范中的刚重比表达式则难以反映结构的真实 $P-\Delta$ 效应，有些情况下结构的整体稳定性也无法得到保证。

另一方面，《高规》(JGJ 3－2010)采用基于按倒三角形分布荷载作用下结构顶点位移相等的原则确定结构的等效侧向刚度。但随着高层建筑结构体型的变化，风荷载以及地震作用沿结构高度的分布模式也将发生变化。显然，选取不同的侧向荷载分布模式，计算得到的结构等效侧向刚度也是不同的。

扭转位移比计算指标，通常基于刚性楼板假定。但对于超限结构中的复杂楼板布置情况，如楼板错层布置、大开洞、楼板缺失、局部夹层等，均不符合刚性楼板假定。因此，复杂超限结构扭转位移计算时，不能仅限于刚性楼板假定。如对于错层结构，应采用每块错层楼盖分块刚性的假定进行整体计算，每块刚性楼盖的扭转位移比应按楼盖四个角点的对应数据手算复核，分别满足位移比验算要求；对于多塔结构，应采用整体模型计算，并按底盘结构楼层和上部各塔楼结构楼层，分别逐层验算位移比；对于连体结构，同样应采用整体模型计算，并按连体结构楼层、连体下部各塔楼结构楼层，逐层验算位移比。

结构扭转周期比验算也是同样。对于大底盘多塔楼结构，宜将裙楼顶板上的各个单塔楼分别计算其固有振动特性，然后分别验算各单塔结构的扭转周期比；对大底盘部分，宜将底盘结构单独取出，嵌固位置保持在结构底部不变，忽略上部塔楼结构刚度，并将上部塔楼质量附加在底盘顶板

的相应位置上，对该底盘结构模型进行固有振动特性分析，验算其周期比。对连体结构，若连接体两端为滑动连接，两侧塔楼应按各自独立模型计算分别验算周期比；若连接体两端为刚性连接或铰接连接，周期比指标并无实际意义，计算结果只能作为参考。

相邻楼层侧向刚度比计算指标，是反映上下相邻楼层侧向刚度变化情况、判断结构是否存在软弱层、衡量结构竖向不规则程度的重要指标之一。现行规范[5-6]给出了三种楼层刚度计算方法：①地震作用下层剪力与层间位移之比值，即按公式 $K_i=V_i/\Delta_i$ 计算，其中 V_i 和 Δ_i 分别为水平地震作用下第 i 楼层的层剪力和层间位移；②《高规》(JGJ 3－2010)附录 E.0.1 条建议的等效剪切刚度法；③《高规》(JGJ 3－2010)附录 E.0.2 条建议的剪弯刚度法。此外，《高规》(JGJ 3－2010)规定，对框－剪、板柱－剪力墙、剪力墙、框架－核心筒、筒中筒结构，考虑到水平楼盖结构对侧向刚度贡献较小，相邻楼层刚度比验算时可考虑层高修正，即取楼层地震剪力与层间位移角的比值作为该层的侧向刚度。可以发现，上述不同方法计算的楼层刚度差异很大，有的甚至相差数倍。特别是对于复杂超限高层结构，如错层结构的侧向刚度比验算，设置加强层时与加强层相邻楼层的刚度比验算，连体结构与连接体相邻楼层的刚度比验算，楼板因大开洞或仅局部布置楼板需要考虑并层计算时相邻楼层的刚度比验算，现行规范给出的上述侧向刚度计算方法均难以准确反映结构的实际情况，设计时需要加以认真分析和仔细研究，根据结构实际情况进行综合判断。

三、考虑施工过程和混凝土收缩、徐变效应的影响问题

具有高位转换、高位连体、设置加强层、大悬挑等复杂超限高层建筑，采用不同的施工方法和施工工序，以及混凝土的后期收缩和徐变效应，均会对结构的实际内力和变形产生显著影响。如不考虑这些因素，有时会引起显著的计算误差，因而无法保证复杂超限高层结构设计的安全性和合理性。

先看这样一个算例，如图 1 所示底部带转换层的高层结构，底层柱 900mm×900mm，转换梁 600mm×1500mm，其余各层柱 700mm×700mm，梁 300mm×700mm。采用不同施工加载模拟方法计算的内力、变形见表 1。其中一次加载模型不考虑施工过程影响，竖向荷载和结构总刚矩阵均一次形成；简化模拟法假定结构总刚矩阵一次形成，竖向荷载逐层施加；静力非线性分析法假定结构构件和竖向荷载都是一层一层添加的，即分步计算的方法，每计算一步根据实际施工状态调整一次结构总刚矩阵。

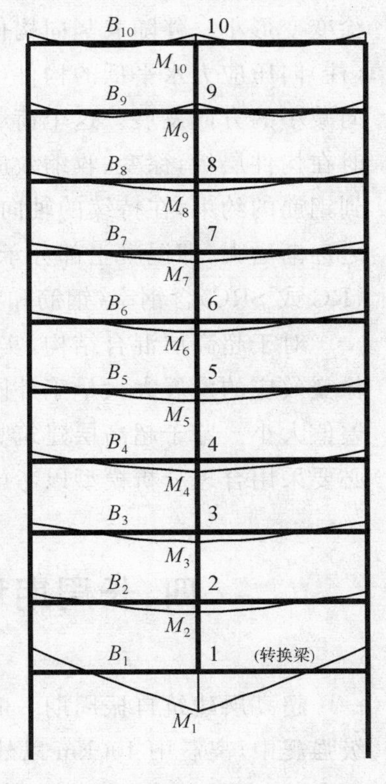

图 1 带转换层结构立面图

从表 1 可以看出，对于顶部若干层，简化模拟法和静力非线性分析法计算的节点变形和梁弯矩比较接近，而一次加载的计算结果严重失实，中间支座梁端不出现负弯矩；对于底部转换层，简化模拟法计算得到的转换梁跨中节点竖向位移 δ_1 和跨中弯矩 M_1，与一次加载的计算结果一致，而与静力非线性分析法的计算结果相比较，δ_1 偏小约 28%，M_1 偏小约 29%。这说明，简化模拟法由于采用了一次形成的结构总刚矩阵，夸大了上部结构的刚度贡献，低估了不落地中柱的轴向刚度，使中柱计算轴力、转换梁跨中节点竖向位移和跨中弯矩的计算结果均显著偏小。因此，对于带转换层这类复杂超限高层结构，

若不采取合理的计算模型以考虑施工过程影响，内力变形计算结果将导致显著误差，从而无法保证转换构件的设计安全。

表1 转换结构采用不同施工加载模拟方法计算的内力、变形比较

节点号	一次加载		简化模拟法（SATWE 模拟 1）		静力非线性分析法	
	δ_i(mm)	M_i(kN·m)	δ_i(mm)	M_i(kN·m)	δ_i(mm)	M_i(kN·m)
10	−13.98	151.8	−1.66	−73.6	−1.66	−72.4
9	−13.94	174.8	−3.15	−38.7	−3.28	−43.1
8	−13.87	171.8	−4.53	−14.6	−4.86	−15.2
3	−13.06	186.6	−10.12	119.6	−12.65	157.5
2	−12.80	210.8	−11.05	167.3	−14.28	222.3
1	−12.52	3614.5	−12.52	3614.5	−17.49	5102.0

注：δ_i 为节点 i 的竖向位移，M_i 为第 i 层左跨梁右端弯矩，M_1 为转换梁的跨中弯矩。

高层建筑的施工阶段，结构的结构体系、材料特性与荷载特性都是时变的，在重力荷载作用下，若未考虑施工模拟计算并计入竖向收缩及徐变的影响，便无法较为准确地反映恒载作用下结构的变形和内力分布。根据《高规》(JGJ 3－2010)要求，复杂高层建筑及房屋高度大于150m的其他高层建筑结构在进行重力荷载作用效应分析时，柱、墙、斜撑等构件的轴向变形应考虑施工过程的影响。《高层建筑钢－混凝土混合结构设计规程》(CECS 230－2008)[7]则明确提出应考虑混凝土收缩、徐变以及钢框架和混凝土剪力墙之间在重力荷载作用下弹性压缩引起的变形差异。因此，在结构分析设计时，需选择合适的计算模型进行施工模拟计算。

高层或超高层建筑结构在重力荷载下的竖向变形（弹性压缩与徐变变形）与竖向构件的压应力水平密切相关。对于实际工程中较常采用的框架－核心筒结构、筒中筒结构，由于外围框架柱重力荷载下压应力水平高，弹性变形、徐变变形大；筒体（剪力墙）重力荷载下压应力水平低，弹性变形、徐变变形小。伴随着竖向构件间变形差异的发生，必然有一部分重力荷载从压应力水平高的构件（柱）向压应力水平低的构件（筒体、剪力墙）“转移”，也即整体结构竖向构件间竖向变形的差异必然向减小的方向发展。这个荷载的转移来源于楼屋面梁刚度的贡献以及楼屋面梁参与协调变形。同时在构件层级，徐变、收缩效应的发展具有持续性。在钢筋混凝土构件中，混凝土的收缩和徐变受到钢筋的约束，在持续的轴向压力作用下，构件中混凝土部分的应力将逐渐减小，而钢筋的应力随之逐渐增大，即混凝土部分承担的竖向荷载逐渐“转移”到钢筋上。因此，有必要考虑混凝土构件（RC 或 SRC）含钢率（钢筋和型钢）对收缩、徐变效应的影响。

对于超高层混合结构，实际施工时往往考虑核心筒超前施工，这将导致核心筒混凝土的收缩、徐变效应的发展大大早于外围框架柱，从而影响核心筒与外围框架柱之间在各个阶段的竖向变形差值大小。鉴于超高层建筑竖向构件之间的差异变形对结构内力变形分析结果影响显著，因此有必要采用合理分析模型以考虑混合结合核心筒超前施工的影响。

四、长周期地震动影响及基底剪力系数控制的问题

超高层建筑自振周期一般较长，受长周期地震动的影响较大。如1985年9月19日墨西哥8.1级强震中，离震中400km以外的墨西哥城内的高层建筑发生严重损坏；2011年的日本“3·11”大地震中，远离震中的东京市的高层建筑剧烈晃动，震感明显，甚至造成破坏，而距震中770km的大阪市政府第二办公楼地震反应持续了近10min，顶部最大位移达137cm[8]；1996年11月9日南黄海

发生 M6.1 地震，距震中 160km 外的上海东方明珠塔震感强烈，塔顶部球体中工作人员站立不稳，花盆翻倒。

由于长周期地震动受震级、震中距、场地覆盖层厚度等众多因素的影响，加上目前尚缺乏可靠的长周期地震动记录，长周期反应谱将是一个长期的热点研究问题。对于长周期结构，地震动态作用中的地面运动速度和位移可能对结构的破坏具有更大影响，而规范目前所采用的加速度反应谱尚无法对此作出估计。出于结构安全考虑，规范提出了对结构总水平地震剪力及各楼层地震剪力最小值的要求，规定了不同烈度下的最小剪力系数。

对于受长周期地震动影响显著的超高层建筑，有时需要增加结构刚度以满足规范规定的最小基底剪力系数，但结构刚度增加的同时，地震作用随之增大，结构位移并没有明显减小。为控制结构位移而提高结构刚度，这一点很好理解；但有时结构地震位移指标尚有很大富余，单纯为了增加地震剪力而提高结构刚度，道理上似乎讲不通。此外，深厚软弱土层对长周期地震动具有显著的放大效应，而规范对处于不同覆盖层厚度、不同类别场地上的高层建筑，采用统一的最小剪力系数，也不尽合理。实际工程中经常发现，处于Ⅳ类场地上的高层建筑可满足最小地震剪力系数的要求，而将同样一幢高层建筑放在更有利的场地上（如Ⅰ类或Ⅱ类场地），反而需要大大提高结构刚度以满足最小剪力系数的要求，显然这是非常不合理的。

为此，全国超限高层建筑工程抗震设防专项审查专家委员会提出如下建议[9]：当按弹性反应谱方法计算的结构底部剪力系数与规范规定值“相差不多”时，可不再调整结构布置而直接按规范规定的最小地震剪力进行抗震承载力验算。所谓“相差不多”，就是计算的结构底部剪力系数，对基本周期大于 6s 的结构不低于规范规定值的 20%，对基本周期 3.5～5s 的结构不低于规范规定值的 15%；同时，对于 6 度设防且基本周期大于 5s 的结构，若层间位移留有余地（如用底部剪力系数 0.8% 与计算剪力系数的比值放大后的层间位移满足规范的要求），也可不再调整结构布置而直接按规定的最小地震剪力进行抗震承载力验算。

五、超限高层结构抗震性能化设计中的相关问题

1995 年，美国加州工程师协会（SEAOC）发表的 Vision 2000，对性能化抗震设计的性能目标、性能水准、设计参数和措施等一系列关键概念首次进行了系统的表述，建立了性能化抗震设计的主要框架；1996 年，Applied Technology Council（ATC）颁布了用于混凝土结构基于性能的抗震评估与修复的技术文件（ATC－40），给出了基于静力弹塑性推覆分析（Pushover）和能力谱法的性能评价方法；1997 年，Federal Emergency Management Agency（FEMA）发布了第一本真正意义上的基于性能的抗震设计规范（FEMA－273）[10] 及其注释（FEMA－274）[11]，给出了更为具体的性能评价方法。

基于性能的抗震设计方法是一种可兼顾结构共性和个性要求的抗震设计方法，可实现结构在不同强度水准地震作用下具有相对明确的性能水平，因而比较适合超限高层结构的抗震设计。新修订的《建筑抗震设计规范》（GB 50011－2010）[5] 和《高规》（JGJ 3－2010）[6]，均补充了抗震性能设计的基本思路和原则要求。但在实际工程应用中，发现存在不少问题，如在选取结构抗震性能目标和相应的性能设计指标时，往往存在较大的随意性和盲目性。有些超限高层结构，抗震性能目标和相关计算指标取得过高，造成后期施工图设计时出现结构构件截面配筋（应力）过大、含钢率过高、截面尺寸不合理等情况；有些结构的性能目标则选取过低，中震或大震作用下关键部位的关键构

件，其截面配筋仍然由构造控制，造成结构的关键部位和薄弱部位的重要构件得不到应有的加强。

超限高层结构抗震性能目标的选用应综合考虑以下因素：①结构方案在建筑高度、不规则指标、结构类型等方面的超限程度；②场地条件和设防烈度；③建筑功能和抗震设防类别；④结构初期造价和遭受地震后的直接和间接经济损失、震后修复难易程度；⑤业主对设防标准等方面的特殊要求以及超限审查专家的意见和建议等。另外，还应考虑地震作用具有高度随机性和不确定性的特点。这里包括两层含义：一是指地震发生的时间、地点及强度是随机的、不确定的，地球上的任何一个地方都有可能发生地震，但地震预报特别是临震预报依然是世界性难题，历史上有很多预期不会发生大地震的地方却发生了毁灭性的地震；二是指依据地震区划的地震动参数并不一定可靠，实际地震具有高度不确定性，很多地震区划中的低烈度地区却发生了较大地震或特大地震，建筑结构遭受到了比规范设定的“罕遇地震”等级更高的地震作用(见表 2)。

表 2　中国近 50 年发生的典型地震烈度与设防烈度对比表

地震名称	发生时间	震级	基本设防烈度	设防大震烈度	实际地震烈度(强震区烈度)
邢台地震	1966.3	6.8、7.2	7 度	8 度	10 度
海城地震	1975.2	7.3	6 度	7 度	9～11 度
唐山地震	1976.7	7.8	6 度	7 度	11 度
汶川地震	2008.5	8.0	7 度	8 度	9～11 度

注：邢台地震由两个大地震组成，即 3 月 8 日邢台专区隆尧县的 6.8 级地震和 3 月 22 日邢台专区宁晋县的 7.2 级地震。

对于基于设定地震动水准下进行设计的超限高层建筑，当遭遇比设防大震更高等级的强烈地震(巨震)时，仍有可能因其薄弱部位的构件承载力和延性不足而产生集中变形，造成严重破坏甚至倒塌。因此，抗震性能化设计仍应贯彻多道抗震防线的基本思想，不同部位、不同构件应赋予不同的抗震性能水准，重要竖向构件、关键构件和次要构件的抗震承载力安全度水平应设计在不同层次上，只有这样才能实现结构遭遇强震时以牺牲剪力墙连梁、水平框架梁等相对次要的构件(进入屈服并消耗地震能量)为代价，达到主体承重结构抗震安全的目标。

超限高层结构在不同性能水准下的性能指标验算方法，在实际工程中也存在不少问题。结构在设防地震和预估罕遇地震作用下，部分或较多构件进入屈服，结构整体处于弹塑性状态，因此，在验算结构性能指标和进行性能化设计时，理论上均应采用非线性分析方法进行计算，以考虑部分构件屈服后结构刚度降低和弹塑性耗能的影响。但非线性分析计算成本非常高，实际工程中大多采用等效线性方法进行估算，如《高规》(JGJ 3—2010)允许采用弹性方法得到的地震内力进行关键构件承载力性能指标的验算，地震内力计算时适当考虑结构阻尼比的增加(增加值一般不大于 0.02)以及剪力墙连梁刚度的折减(刚度折减系数一般不小于 0.03)。但实际应用中发现，这种考虑结构阻尼增加和连梁刚度折减的近似估算法，具有很大的经验性和盲目性，计算结果与弹塑性分析结果差异很大。如对于框架一核心筒结构，随着连梁首先屈服进入塑性状态，结构整体刚度下降，总地震剪力随之减小，但核心筒与外围框架并不是随结构总地震剪力的减小而同步减小。某 8 度设防的超限超高层建筑弹塑性分析表明[12]，随着连梁和部分框架梁进入屈服，核心筒承担的地震剪力呈减小趋势，而框架部分承担的地震剪力反而呈增加趋势(见图 2)。

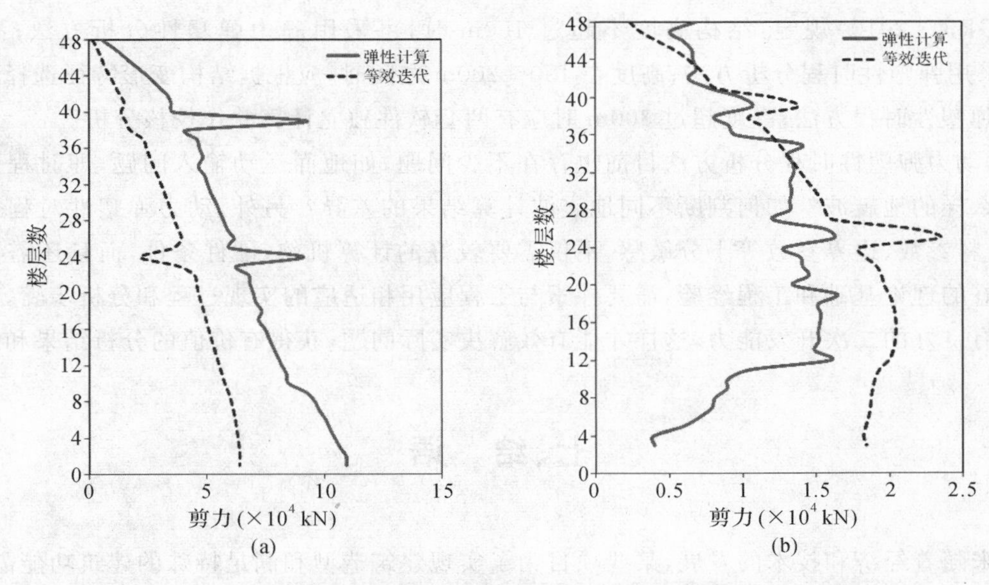

图 2　设防地震核心筒(a)和下框架(b)承担的楼层剪力比较

六、结构弹塑性分析中的相关问题

准确预测结构在中震和大震下的弹塑性响应是实现性能化设计的关键。地震作用下结构的弹塑性分析主要包括以下两大基本要素:①结构的弹塑性模型;②地震作用的输入和计算。近年来随着计算机分析能力的不断提高,结构弹塑性模型从基于宏观构件向基于微观材料发展,如基于材料本构的纤维梁模型和分层壳(非线性壳元)模型,可以更好地考虑梁柱的轴力－弯曲耦合行为,更好地模拟剪力墙受轴压－平面内弯曲和剪切－平面外弯曲的耦合滞回行为。但由于钢筋混凝土结构自身行为的复杂性,基于材料的微观模型却无法考虑混凝土剪切捏拢和钢筋滑移等因素的影响,因而该模型有时并不一定比基于构件试验拟合的集中塑性铰模型更有优势。因此,我们需要根据工程实际情况,选择最为合适的计算模型,才能使分析结果更接近结构的真实非线性行为。

地震作用的输入和计算方法,目前主要采用静力弹塑性分析方法(push-over,推覆分析)和动力弹塑性分析方法。静力弹塑性分析方法受侧向力加载模式影响较大,不同侧向力加载模式对应的推覆结果往往差异较大。目前多数弹塑性分析软件中的侧向力加载模式均采用定侧力模式,即推覆过程中各楼层水平力的比例关系保持不变,无法体现结构进入弹塑性后振动特性的改变对结构地震力变化的影响。也有学者曾提出结构在加载过程中根据结构动力特性的改变而进行侧向力调整的"自适应"加载模式[13-14],如根据前一步骤的结构弹塑性状态确定的结构振型模态,通过SRSS组合法计算各楼层层间剪力,进而得到下一步骤的各楼层惯性力。虽然该侧向力模式理论上较合理,但实际使用起来仍有很多问题。

静力弹塑性分析方法是一种静力方法,理论基础不严密,无法考虑地震作用持续时间、结构阻尼变化、能量耗散、材料动态性能等因素影响,主要适用于结构加载方向上第一振型占地震响应主导地位的规则结构的近似分析。实际使用时,宜采用两种以上的侧向力分布模式进行分析比较。

相比于静力推覆分析,动力弹塑性时程分析方法是一种更为严密、精细的分析方法,更适合于复杂结构、超限结构的弹塑性计算。对建筑体型收进、高位连体、复杂连接及超限大跨度空间结构等高阶振型参与程度较大或振型耦合程度较大的不规则结构,应采用动力弹塑性时程分析方法。

《高规》(JGJ 3－2010)规定:结构高度不超过150m时,可采用静力弹塑性分析方法;高度超过200m,应采用弹塑性时程分析方法;高度在150～200m之间时,应根据结构变形特征选择静力弹塑性分析或弹塑性时程方法;高度超过300m时应有两套软件独立计算并作校核分析。

但是,动力弹塑性时程分析方法目前也存在不少问题,如地面运动输入问题,即时程分析时应该选取什么样的地震波? 如何判断不同地震波计算结果的差异? 另外,动力弹塑性时程分析对结构参数、材料参数、边界参数等十分敏感,不仅需要较好的计算机软、硬件条件,而且还需要分析人员具有良好的理论基础和工程经验,需要探索与工程应用相适应的实现过程和分析步骤,以及对分析软件具有良好的二次开发能力,这样才能有效解决实际问题,获得有价值的分析结果和结论。

七、结　语

近年来随着经济和技术的发展,某些项目为了实现建筑造型和满足特殊的建筑功能需求,在结构体型和不规则程度等方面突破了现行规范限值,从而出现了越来越多的复杂超限高层建筑。复杂超限高层建筑大多属于不规则结构,甚至是特别不规则结构,其刚度和承载力分布不均匀,在强烈地震作用下易形成薄弱部位,出现变形集中而可能遭受较严重的破坏。因此,如何确保此类复杂超限结构在各种地震水准下的抗震安全,是从事结构抗震研究和抗震设计人员面临的共同课题。本文针对复杂和超限高层建筑结构,对“三水准、二阶段”的传统抗震设计方法的局限性,超限高层结构相关计算指标的适用性,施工过程影响和混凝土收缩、徐变效应的影响,长周期地震动的影响及基底剪力系数的控制,超限结构抗震性能化设计及弹塑性分析中的相关问题,进行了较深入的研究和探讨,并提出了相关意见和建议。限于笔者学术水平所限,文中某些论点可能存在不当或错误之处,敬请指正。

参考文献

[1] 建筑抗震设计规范(GBJ 11－89)[S].北京:中国建筑工业出版社,1989.

[2] 李碧雄,等.汶川地震中房屋建筑震害特征及抗震设计思考.防灾减灾工程学报,2009,29(2).

[3] 超限高层建筑工程抗震设防管理规定,建设部第111号令,2002.

[4] 超限高层建筑工程抗震设防专项审查技术要点,住房和城乡建设部建质〔2010〕109号,2010.

[5] 建筑抗震设计规范(GB 50011－2010)[S].北京:中国建筑工业出版社, 2010.

[6] 高层建筑混凝土结构技术规程(JGJ 3－2010)[S].北京:中国建筑工业出版社, 2010.

[7] 高层建筑钢－混凝土混合结构设计规程(CECS 230－2008)[S].北京:中国计划出版社, 2008.

[8] 中日联合考察团.东日本大地震灾害考察报告.建筑结构,2012(4).

[9] 关于征求《超限高层建筑工程抗震设防专项审查技术要点》意见的函,住房和城乡建设部,2014.

[10] FEMA－273,NEHRP Guidelines for the Seismic Rehabilitation of Buildings,FEMA,Washington,D. C. ,1997.

[11] FEMA－274,NEHRP Commentary on the Guidelines for the Seismic Rehabilitation of Buildings, FEMA, Washington,D. C. , 1997.

[12] 杨学林.复杂超限高层建筑抗震设计指南及工程实例[M].北京:中国建筑工业出版社, 2014.

[13] Gupta B,Kunnath S K. Adaptive spectral-based pushover procedure for seismic evaluation of structures. Earthquake Spectra, 2000,16(2).

[14] 杨溥,李英民,王亚勇,赖明.结构静力弹塑性分析(Pushover)方法的改进[J].建筑结构学报,2000,21(1).

超高层建筑抗风设计的技术进步与创新

谢霁明

(浙江大学建筑工程学院,杭州,310058)

摘　要:本文以作者曾经主持或参与过的国内外一些有代表性的工程项目为实例,回顾了超高层建筑风工程的技术进步与创新历程,并指出今后有待进一步完善和解决的工程问题。超高层建筑约化频率较低的特点决定了其抗风设计重点主要围绕在如何控制横风向响应方面。经济合理的超高层建筑抗风设计应当融入建筑设计阶段,而不能完全留待结构设计解决,这是因为建筑外形的空气动力学优化是降低超高层建筑风效应的最佳途径。空气动力学优化的一般原则包括降低横风向激励的大小与降低横风向激励的空间相关性两方面。由这一般原则的引申可得到各种不同的优化方案。作为空气动力学优化方法的补充,通过减振阻尼器(特别是设计楼顶消防水箱作为调谐液体阻尼器)以提高结构抗风性能已成为日益普遍并值得进一步关注的方法。实测的大楼在强风下的反应与高雷诺数试验等研究结果均表明,根据大气边界层风洞模拟试验(低雷诺数)与详细分析建立的结构设计风荷载与风振预测对结构系统设计是安全的。但高雷诺数试验研究结果也发现,低雷诺数试验给出的圆弧楼角附近的局部负压可能偏低,故建议在确定圆弧楼角部分的幕墙设计负风压时应做适当的雷诺数修正。

关键词:超高层建筑;抗风设计;横风向响应;约化频率;空气动力学优化;减振阻尼器;雷诺数影响

一、引　言

二十多年来,超高层建筑在全球范围内得到迅猛发展,建筑高度被不断刷新。由于超高层建筑建筑具有土地利用率高、有利于城市绿化与卫生环境、改善城市面貌并丰富城市艺术、能有效地缓解城市用地紧张与平面交通压力等优点,对于人口密集的大中型城市,超高层建筑在今后一段时间内仍将保持稳步增长的态势。此外,超高层建筑也已成为衡量一个国家建筑技术水平的重要指标之一[1-2]。

保证强风时建筑物的安全性与常态风时居住者的舒适性,是超高层建筑设计中的主要技术挑战之一。新技术新材料的采用,在提高结构效率与创造新的建筑高度的同时,也带来了高层建筑对风效应过于敏感的问题。高层建筑在强风作用下的响应不再局限于传统的顺风向响应(风的阻力作用),更为复杂的横风向响应已成为设计中必须解决的热点。除了需要确保设计风荷载满足安全性要求之外,还需要确保由风致振动引起的位移与加速度满足性能设计要求。为了提高超高层建筑的抗风能力,最有效同时也是最经济的方法是对建筑外形实施空气动力学优化,这对建筑师与项目管理部门都提出了新的挑战。在结构抗风领域,除了考虑如何提高结构体系抗侧倾效率的同时,设计人员开始关注结构重量、结构刚度之后的第三设计参数——结构阻尼。各类减振阻尼器目前已在许多超高层建筑上得到应用。由于钝体空气动力学的复杂性，目前的建筑抗风设计必须借助于大气边界层风洞模拟试验完成，由此带来对模拟试验结果可靠性的关注，促成了一系列大尺度高雷诺数的试验研究。超高层建筑作为高端楼盘，对居住舒适性的高标准是不言而喻的，保证与风致振动有关的居住舒适性由此成为设计重点，其中最困难的是如何在舒适度与工程造价之间找到合理的平衡点。由此促成一些有意义的人感模拟试验，为舒适度性能化设计建立依据。

超高层建筑的发展对整个建筑界的影响是巨大的，其中不但有技术方面的突破，而且对传统工程管理体制与理念提出了挑战。任何一个应用学科的进步与创新归根结底是由反映该学科的产业兴盛与发展需求决定的，超高层建筑的抗风研究也不例外。中国正处于超高层建筑建设的春天，对超高层建筑物抗风研究有着直接的需求。凭借这一巨大的舞台，可以预计超高层建筑抗风研究在中国将会有更大的进步与创新。

本文以作者主持或参与过的国内外部分有代表性的工程为实例，回顾二十多年来超高层建筑抗风技术的进步历程。

二、横风向响应与设计风荷载

台北 101 大楼对超高层建筑抗风设计具有重要的示范意义。长期以来，各国的抗风设计规范都是建立在以顺风向响应为基础的风荷载数学模型之上（即风荷载规范公式）。虽然长细结构的涡激振动等复杂的横风向响应并不是一个新现象，但有关这类振动的认识主要局限在学术研究领域和专业的风工程顾问领域内。借助台北 101 大楼的高调亮相，它所揭示的超高层建筑风效应特点及其研究成果也随着其他新技术一起得以推广，使结构设计人员开始认识并重视超高层建筑的横风向响应问题。在我国的建筑结构设计领域，有关超高层建筑横风向响应问题的认识和重视则与 632m 的上海中心大厦息息相关。

由顺风向响应产生的风荷载主要是阻力效应，包括平均阻力以及由脉动阻力的动力放大作用产生的动态阻力，所以其数学模型中可以通过静阻力系数（即体形系数）乘上风振系数的形式来表达。但横风向响应产生的风荷载本质上完全是动态荷载，所以无法采用静力系数乘上风振系数的数学表达式。横风向响应的机理远比顺风向响应复杂，需要建立不同的数学模型予以描述[3-6]。

从工程应用的角度考虑，设计人员还需要了解在什么情况下横风向荷载会大于顺风向荷载，以及降低横风向荷载与降低顺风向荷载在设计方面应采取的措施有什么不同。

一般来说，结构设计的风荷载包括三部分分量：平均风荷载、脉动风荷载、惯性风荷载。平均风荷载主要是风的阻力作用，在顺风向时为最大，横风向时几乎为零。脉动风荷载（也称背景分量）由阵风的脉动部分造成。由于建筑物的体量远大于脉动风的相关长度，用于整体结构设计的脉动风荷载往往很小。惯性风荷载（也称共振分量）是由风致结构振动引起的，其大小与振动加速度和结构质量有关。由此可见，横风向荷载大于顺风向荷载的情况只能出现在横风向的惯性风荷载大大高于顺风向惯性风荷载与平均风荷载之和的场合。那么在什么场合会出现如此高的横风向惯性风荷载呢？

按照结构动力学原理，结构风振响应可由广义风力谱与结构传递函数之乘积给出。于是广义风力谱就提供了一个了解顺风向与横风向响应机理的重要视角。采用横风向广义风力谱得到横风向响应，采用顺风向广义风力谱则得到顺风向响应。图 1 所示为典型的矩形建筑物的顺风向与横风向荷载功率谱。图中横坐标为约化频率 fB/U（f＝频率，B＝建筑物迎风面宽度，U＝参考风速）。由图可见，横风向响应大大高于顺风向响应只可能发生在横风向荷载谱的峰值附近，即约化频率 fB/U＝0.11 附近。横风向荷载谱峰值位置的约化频率与建筑截面的斯托拉哈数（Strouhal）基本一致。换言之，当约化频率接近矩形截面的斯托拉哈数时，与斯托拉哈数一致的横风向漩涡脱落频率将接近结构自振频率，从而产生共振效应，大大增强横风向响应。

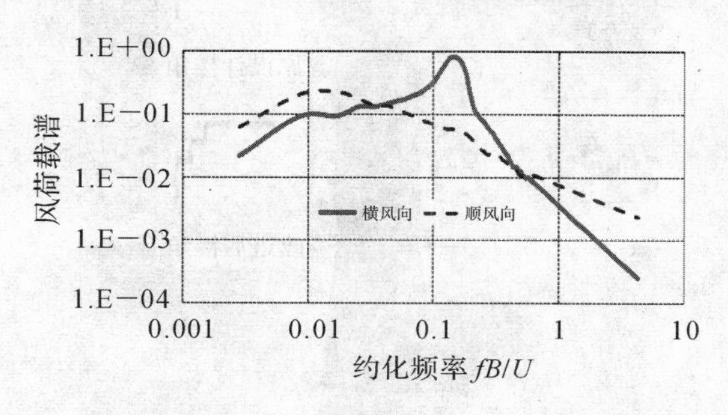

图 1　矩形截面顺风向荷载谱与横风向荷载谱的比较

所以，约化频率是反映参考风速、结构固有频率、建筑物典型宽度这三个参数综合影响的重要的无量纲空气动力学参数。通过约化频率可以定性判断高层建筑顺风向与横风向荷载的相对作用大小。较低的约化频率值代表较低的结构固有频率、较窄的建筑宽度以及（或者）较高的参考风速。

约化频率越低，结构对风的影响就越敏感。对高宽比分别为 5 与 8 的两栋正方形建筑的比较分析表明[7]（见图 2），在大多数场地情况下，横风向荷载大于顺风向荷载的情况出现在约化频率小于 0.2 时。即使在特别空旷的海滨与湖滨地貌下（A 类），当约化频率大于 0.25 时，横风向荷载也不再大于顺风向荷载。大多数超高层建筑在设计风速下的约化频率往往小于 0.2，非常接近 0.11，这是造成很大的横风向荷载的主要原因。值得指出的是，如果结构振幅足够大，还会产生可观的气动阻尼作用。顺风向的气动阻尼一般是正值，有抑制振动的作用；而横风向的气动阻尼可以是负的，有进一步加剧振动的作用。

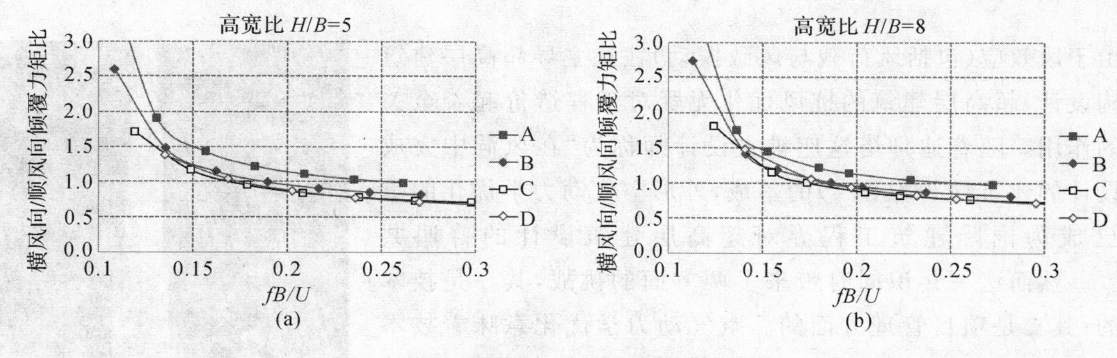

图 2　顺风向荷载与横风向荷载之比

在约化频率接近建筑外形的斯托拉哈数时，为了减低风荷载或风致振动，设计人员应当优先考虑采用空气动力学优化方法，因为这种情况下的空气动力学优化处理能产生最大的经济效率，大大节约建造成本[8]。建筑外形对横风向响应的敏感程度大于对顺风向响应，楼角细微变化可以显著改变横风向响应的幅值。台北 101 大楼将原设计的直角楼角改成阶梯形之后（图 3），设计风荷载降低了 25%。

图 3 台北 101 大楼的风洞试验研究

超高层建筑的横风向响应特点还带来了结构设计可靠度方面的问题。顺风向荷载与风速的关系近似于风速平方关系，因而反映结构设计可靠度的规范荷载分项系数与反映结构重要性的重要性系数也是在这一基础上建立的。当风荷载由横风向响应控制后，风荷载与风速的关系将成为风速的 3.0 次方～3.5 次方关系。换言之，横风向荷载对风速变化的敏感度将大大高于顺风向荷载。目前除了美国 ASCE 建筑规范外[9]，其他所有规范都还没有对此给出对策，而需要依靠专业的风工程顾问提供相应的设计准则。

三、超高层建筑的空气动力学优化

由于风效应(包括风荷载与风致振动)往往主导超高层建筑的结构设计，超高层建筑的抗风优化无疑对工程造价起着至关重要的作用。随着迪拜塔这座被主设计师称为“在风洞中完成最后设计的建筑物[10]”(图 4)的落成，外形空气动力学优化的重要性已成为国际建筑工程界对超高层建筑设计的普遍共识[11-16]。然而这一共识同时带来了两方面的挑战，其一是技术方面的；其二是项目管理方面的。空气动力学优化意味着技术设计将对建筑的艺术设计有所要求，传统的建筑、结构、机电的顺序设计流程与项目管理已无法有效地完成这一任务，而需要代之以新的集成设计(integral design)理念。在我国，除了国际设计团队参与的少数重要项目外，基本上仍然遵循传统的设计流程与项目管理，超高层建筑的风工程研究仅仅作为完成项目审批的一个流程，而没有起到设计优化的作用。所以风工程水准的提高并不是一个纯粹的技术问题，而是有待于项目管理水平的同步提高。

图 4 迪拜塔风洞试验研究
(右起第二人为本文作者)

外形空气动力学优化的技术路线一般有两条：①降低横风向激励的大小；②降低横风向激励的空间相关性。

图 5 浙江大学大气边界层风洞中的超高层建筑模型试验（建筑高度>500m）

降低横风向激励幅值的具体方法主要是修改楼角附近的建筑外形，例如采用楼角 45°内切角、圆弧楼角、类似台北 101 大楼的阶梯形楼角等都能有效地降低横风向幅值。试验研究表明，楼角处外突的阳台也能有效降低横风向幅值。图 5 所示超高层建筑模型是将建筑、结构与空气动力特性结合较好的一个例子。作为主结构体系的框架，不但是外立面的一部分，增强了建筑的表现力度，提高了抗侧倾效率，而且外框架对楼角的规律性涡漩脱落起到了干扰作用。浙江大学风洞实验室完成的试验研究证实，这栋高宽比接近 10、约化频率 0.12 的超高层建筑的外形减载效益达 15%以上。

为降低横风向激励的空间相关性，常用的对策是尽可能使建筑物外形沿高度方向不断变化（例如采用截面扭转的方式），或使建筑物宽度沿高度方向有较大的变化（例如采用截面收缩的方式），如图 6 所示[17]。此外，足够体量的楼冠也起到降低横风向响应的作用，如图 7 所示。

图 6 超高层建筑截面随高度收缩并扭转的实例

图 7 利用楼冠的抗风外形优化实例

在实际工程应用中，建筑外形空气动力学优化的具体实施往往开始于一个看似简单的问题：对给定效果图的建筑物，外形的空气动力学优化是否有必要？这个看似简单的问题其实蕴含着两个相当困难的问题：①如何估计方案阶段建筑物的横风向响应？②在保持建筑整体效果前提下的建筑外形优化能将横风向响应降低多少？对第一个问题的解决往往需要借助于对各种基本几何外形空气动力学的详细研究结果，以及在这些研究结果基础上建立的实用计算方法。一些有经验的风工程顾问则借助其长期积累的风洞试验数据，建立了不同外形建筑物的气动参数数据库，这有利于扩大对横风向响应预估的适用范围。解决第二个问题的通常做法是采用风洞模型的系列试验方法。在上海中心大厦的空气动力学优化中，先后进行了 5 个不同外形的模型试验，在此基础上不但分析了各外形减低风致响应的效果，而且比较了各外形对建筑与幕墙设计和施工的影响，最后确定目前的外形[17]。

风洞模型的系列试验方法虽然能带来可观的工程造价降低，但初期试验费用较高。为了解决这一问题，作者建立了一种试验与数值相结合的方法[8]，只要通过两个模型的试验就可以达到系列试验方法的目的，而且所包含的可选外形数量大大多于一般的系列试验。图 8 为这一技术的示意图。这一方法已得到包括上海中心大厦在内的实例验证。

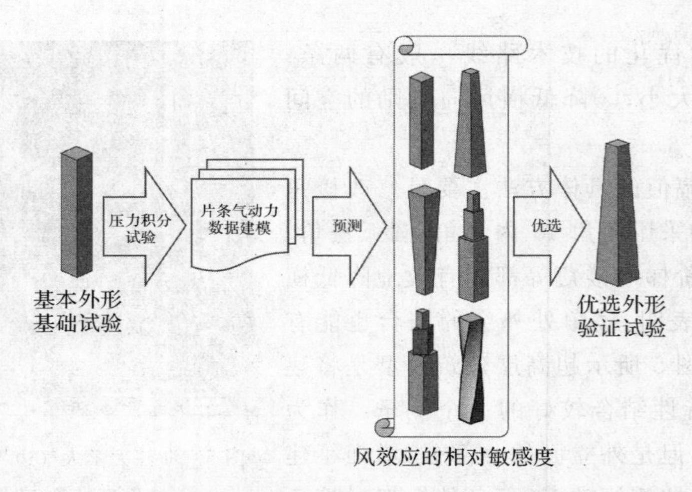

图 8 超高层建筑空气动力学优化方法流程示意

四、结构优化与阻尼减振器的应用

在建筑物的抗风设计中，建筑外形的空气动力学优化无疑是从根源上解决问题的最有效方法，应当予以优先考虑。但实际情况是对建筑外形优化往往会有很大的限制，而在有限范围内的修正可能并不能完全解决相关的抗风要求，需要从结构设计上最后完成对抗风的要求。

以横风向振动加速度为例，加速度与结构广义刚度及广义质量的关系可表示为

$$a \propto \frac{U^{\mu}}{K_g^{0.5\mu-1} M_g^{2-0.5\mu}}$$

其中，U＝风速；K_g＝广义刚度；M_g＝广义质量；μ＝加速度随风速变化的斜率指数。在抖振响应中，μ 一般为 3.0～3.5；在涡激峰值附近，μ 接近 1.0。由以上关系式可以看出，增加结构刚度的作用主要是提高与横向风振有关的涡激临界风速，从而使这一临界风速远高于设计风速范围，但对直接减低涡激振动幅值的效果并不明显。在超高层建筑的设计中，使涡激临界风速远高于设计风速范围是非常困难的，相应增加的工程费用可能是巨大的，因而往往并不是确实可行的方法。

相比之下，增加结构的质量比较容易实现。在涡激峰值附近时，由于 μ 值较小，结构质量的增加对减低涡激振动加速度的效果会更明显。但另一方面，增加结构质量不可避免地增加了对结构的要求，与抗震设计之间会产生一定的矛盾。

近年来，通过减振阻尼器提高抗风性能的方法受到很大重视。结构阻尼比对风振响应的关系可用无量纲参数“质量阻尼比”表示。质量阻尼比又称为 Scruton 数，定义为$2m\delta/(\rho B^2 H)$，其中 m 为广义质量；δ 为阻尼的对数衰减率；ρ 为空气质量；B 为大楼的平均宽度；H 为大楼高度。由于效率与可靠性等综合指标较好，自台北 101 大楼的展示性 TMD（Tuned Mass Damper，调谐质量阻尼器）（图 9）之后，已有越来越多的超高层大楼选择 TMD 进一步提高抗风性能。

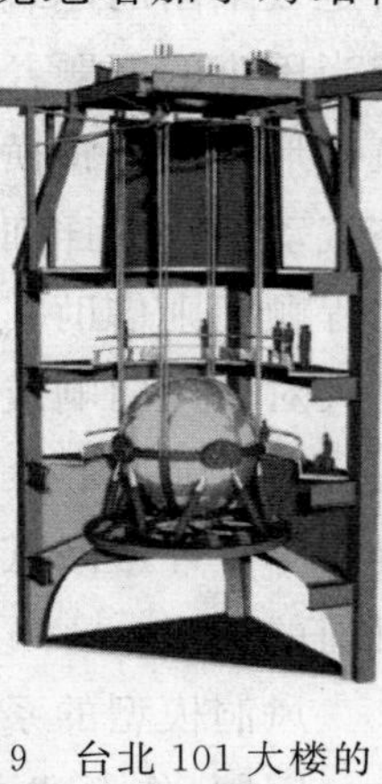

图 9 台北 101 大楼的调谐质量阻尼器

在作者受聘浙江大学之前，曾负责上海中心大厦抗振阻尼器的初步设计。初步设计的阻尼器是与台北 101 大楼类似的被动式调谐质量阻尼器。目前，该项目已采用国内新开发的非接触式电磁涡阻尼取代了初步设计中质量块下端的阻尼杆，大大提高了阻尼装置的耐久性，不再需要对阻尼杆的日常维护要求。

被动式 TMD 具有系统可靠的优点，但需要占用较大的建筑空间是其难以克服的缺点。为满足调谐要求并同时达到降低整个阻尼系统高度的目的而设计的多级摆机构旨在改善这一问题，但这类系统往往不具备观赏性。

将消防水箱设计成调谐液体阻尼器是值得进一步推广的方法。减低建筑物的风致振动不仅有利于提高居住舒适性，而且能改善建筑与结构构件的耐久性。调谐液体阻尼器通过水箱的晃动，将水的动压力转化为对结构振动的控制力。调谐液体阻尼器虽然具有构造简单、易于安装、成本较低等优点，但其设计计算相对复杂，非线性的液体晃动力难以仅仅通过理论计算得到，而需要借助实验与数值模拟相结合才能给出可靠的设计。

五、对模型试验结果可靠性的考虑与雷诺数影响

在风洞试验成为建筑抗风设计主要工具的同时，对风洞试验结果用于预测实际建筑物风响应的可靠性的研究从未停止。常规的方法是在建成后的建筑物上安装测试仪器，并捕捉一次或几次强风情况下建筑物的响应，以此验证风洞试验的结果。

图 10 为 2008 年 9 月的黑格比台风(Typhoon Hagupit)袭击香港时，在香港 88 层的国际金融中心大楼上实测的加速度与之前风洞试验结果的推算值。两者之间的吻合程度相当好。值得指出的是，大楼的实测中包括对大楼结构阻尼比的测试。结果发现，在所关心的振幅范围内，大楼的当量结构阻尼比只有 1%左右。在根据风洞试验结果推算中已按这一实测的阻尼比做了修正。

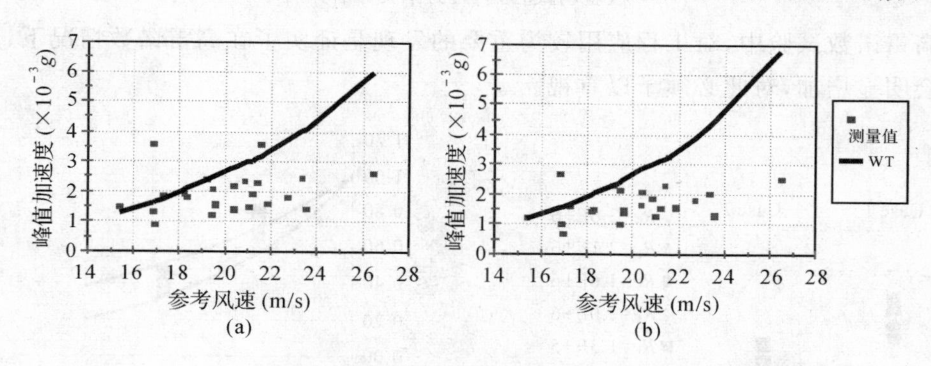

图 10　实测大楼风致加速度与风洞试验结果的比较[18]

(a)X 方向加速度；(b)Y 方向加速度

对风洞试验结果可靠性存有疑虑的另一个原因来源于对雷诺数相似性的考虑。超高层建筑物边界层风洞试验时的雷诺数范围一般在亚临界区，$Re<3\times10^5$。而足尺大楼在强风情况下则处于超高临界区，$Re>2\times10^7$。试验中对雷诺数相似性无法满足的事实，客观上造成试验结果的不确定性，特别是对于具有圆弧角的建筑物[18-20]。

以往对雷诺数影响的实验研究较多地集中在对静阻力系数的考察。然而对于超高层建筑物，动升力系数、Strouhal 数、涡脱相关长度等与横风向响应有关的参数更为重要。这些参数与雷诺数之间关系的资料较为缺乏。

包括迪拜塔(图 4)与上海中心大厦(图 11)在内的超高层建筑物的高雷诺数试验中，试验雷诺数高达 2.6×10^6。试验中还包括对紊流影响的考虑。上海中心大厦试验中利用相邻建筑的尾流，使试验紊流度高达 14%～40%。

这些试验结果表明，雷诺数对动态升力系数的影响与对静阻力系数的影响非常相似，即在高雷

诺数下，动态升力系数会略有下降（图 12）。这意味着由边界层风洞试验预测的横风向振动可能偏于保守。但另一面，高雷诺数下的 Strouhal 数可能会略微变大，使得由边界层风洞试验预测的涡激临界风速偏高。在高雷诺数下，涡脱相关长度会变短（图 13），这同样意味着由边界层风洞试验预测的横风向振动可能偏于保守。

图 11　上海中心大厦高雷诺数风洞试验（右起第一人为本文作者）

在这些高雷诺数试验中，对工程应用较为重要的发现是证实了在高雷诺数情况下，圆弧楼角周围的负风压会明显增加，对此必须予以重视。

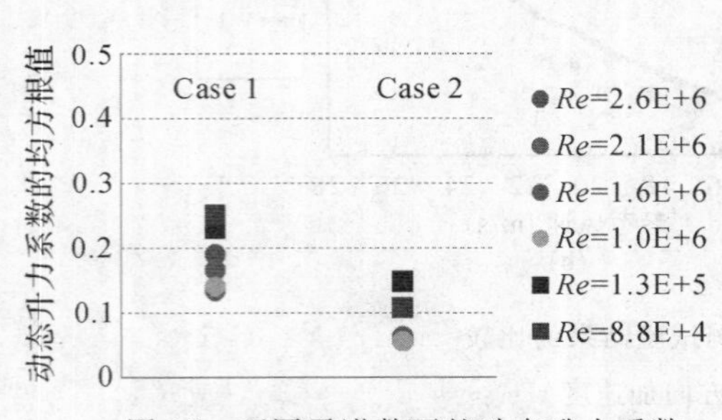

图 12　不同雷诺数下的动态升力系数

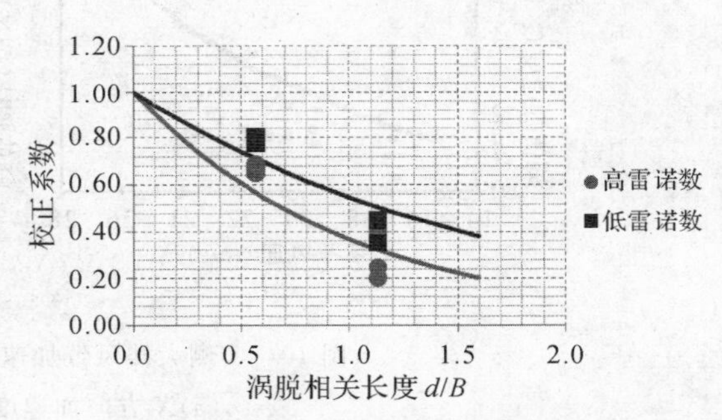

图 13　雷诺数对涡脱相关长度的影响

六、超高层建筑的居住舒适性与性能化设计

超高层建筑抗风设计中需要面临一个新问题，即居住者对大楼风致振动的可感度与舒适度。由于人们对加速度的反应取决于许多生理与心理方面的因素，其舒适性定义无可避免地仅具有模糊逻辑的意义。

加拿大国家建筑规范（NBCC）是提供大楼允许振动标准的第一部建筑规范，它建议可接受的十年一遇的加速度范围为 1.0%～3.0%的重力加速度（即 $10\times10^{-3}g\sim30\times10^{-3}g$），其中高值适用于办公楼，而低值适用于住宅楼。加拿大国家建筑规范的加速度准则主要是根据 0.15～0.3Hz 振动频率的结果得出的，尽管在当时研究中已注意到人们对振动的敏感度会随着大楼固有频率的降低而降低，但在规范中未反映振动敏感度对振动频率的依赖性。国际标准制组织（ISO）推荐的准则中包括了对振动频率的依赖关系，其设定的加速度限值是基于居住在大楼上部 1/3 楼层的住户中约有 2%的人会觉得大楼的振动过大。日本在振感方面做了许多详细的研究，建立了振动敏感度的人感比例与振动频率的统计关系，这些结果已引用在日本建筑学会的规范中。

中国目前的规定是十年一遇的峰值加速度对办公楼不超过 $0.25m/s^2$（约 $25\times10^{-3}g$）；对住宅楼不超过 $0.15m/s^2$（约 $15\times10^{-3}g$）。高层建筑与城市环境协会（CTBUH）建议对受台风影响的地区，不适合于采用北美常用的十年回归期来评估加速度及其居住舒适性，而建议考虑一年回归期。采用一年回归期与日本目前的做法一致。一般而言，如果在台风到来时，居住者选择留在大楼内，那么他们一般不会期望会出现与平时毫无差异的环境。此外，研究结果还表明，如果人们有一定的思想准备，则对振动的容忍度会有所提高。

在 20 世纪 80 年代，北美对住宅楼的加速度限值是 $15\times10^{-3}g$。但在实际工程设计中，一些 200m 左右的大楼并未达到这一标准。由于这不是安全性问题，业主只是预留减振阻尼器空间作为补救方案，留待大楼投入使用后发现确有需要再予以安装。加拿大 RWDI 公司对其中 19 栋大楼开展了持续 30 年的跟踪了解，发现设计单位、建设单位以及物业管理部门从未收到过住户对大楼风致振动的任何抱怨。这一实际情况说明，住宅楼 $0.15m/s^2$ 的加速度限值可能是偏保守的。

加速度限值标准是建立在许多研究人员与志愿者参与的人感振动模拟实验基础上的。近年来这种模拟实验（图 14）已扩大到重要项目的业主、设计人员以及风工程顾问之间，成为性能化设计的一部分。通过模拟实验，业主与设计人员可以根据对不同程度风振的亲身感受，确定希望达到的舒适度。与研究性质的模拟实验不同，工程性质的模拟实验是根据实际大楼的风洞试验结果，包含了大楼实际的动力特性与现场风的特性，因此有着更直接的针对性。同时，在工程性质的模拟实验中，不但能模拟大楼的实际振动，而且能模拟在大楼内临窗远眺时实际现场的视觉和听觉效果。事实上，视觉和听觉对居住者的振感舒适性是有一定影响的。

图 14　人感风致振动模拟实验
（中间讲解者为本文作者）

七、结　论

基于作者 25 年来从事超高层建筑风效应研究与工程抗风咨询的体会，本文以国内外一些有代表性的工程项目为实例，回顾了超高层建筑风工程的技术进步与创新历程，并指出有待进一步完善和解决的工程问题。

（1）超高层建筑约化频率较低的特点，使得绝大多数超高层建筑的抗风设计由横风向响应控制。传统的顺风向规范计算方法可能造成初步设计阶段对设计风荷载的估计错误，造成后续设计的困难。此外由于横风向响应对建筑外形非常敏感，经济合理的抗风设计应当融入建筑设计阶段，而不是留待结构设计解决。建筑外形的空气动力学优化是降低超高层建筑风效应的最佳途径。

（2）空气动力学优化的一般原则包括降低横风向激励的大小与降低横风向激励的空间相关性

两方面。由这一般原则的引申可得到各种不同的优化方案。

(3)采用减振阻尼器,特别是利用楼顶消防水箱作为调谐液体阻尼器以提高结构抗风性能,已成为结构优化设计中日益普遍并值得进一步关注的方法。

(4)实测的大楼在强风下的反应与风洞试验结果有很好的一致性,再次证实风洞试验在超高层建筑抗风设计中的可靠性。

(5)具有圆弧楼角的超高层建筑物的高雷诺数试验研究表明,通过正确的大气边界层风洞模拟试验得到的超高层建筑物整体响应估计基本正确、略偏保守,说明据此设计的结构系统是安全的。但对楼角局部负压的估计则有可能不足,故建议在确定圆弧楼角部分的幕墙设计负风压时应做适当的雷诺数修正。

(6)重要建筑物的人感风振模拟实验能使设计人员对预测的风致振动与相关的舒适性指标有直接的亲身体验,可由此建立相关的性能化设计标准。

本文主要为有兴趣了解风工程学科的结构工程师或研究人员所写。超高层建筑风工程的技术进步与创新中还包括很多与高层气象学与极端风气候有关的内容,本文未予论及。

参考文献

[1] Irwin PA. Wind engineering challenges of the new generation of super-tall buildings. Proc. 12th Int. Conf. on Wind Eng., Cairns, Australia. Joural of Wind Eng. Ind. Aerodyn., 2009, 97(7-8): 328-334.

[2] 谢霁明. 超高层建筑抗风设计的现状与展望. 第十五届全国结构风工程学术会议大会主题报告, 杭州, 2011.

[3] Architectural Institute of Japan. AIJ Recommendations for Loads on Buildings, Tokyo, Japan, 2004.

[4] Gu M, Quan Y. Across-wind loads of typical tall buildings. Journal of Wind Eng. Ind. Aerodyn., 2004, 92 (13): 1147-1165.

[5] Irwin PA, Xie J. Wind loading and serviceability of tall buildings in tropical cyclone regions. Proc., 3rd Asia-Pacific Symp. on Wind Eng., Univ. of Hong Kong, 1993.

[6] 全涌, 顾明. 高层建筑横风向风致响应及等效静力风荷载的分析方法. 工程力学, 2006, 23(9): 84-88.

[7] 谢霁明, 许振东. 横风向等效风荷载规范计算方法的改进. 第二十三届全国高层建筑结构学术会议论文, 广州, 2014.

[8] Xie J. Aerodynamic optimization in super-tall building designs. Journal of Wind Eng. Ind. Aerodyn., 2014, 130 (7): 88-98.

[9] American Society of Civil Engineers. Minimum Design Loads for Buildings and Other Structures, ASCE/SEI7 - 10, 2010.

[10] Irwin PA, Baker WF. The wind engineering of the Burj Dubai Tower. Proceedings of the Council on Tall Buildings and Urban Habitat, World Congress, Melbourne, Australia, 2005.

[11] Hayashida H, Iwasa Y. Aerodynamic shape effects of tall building for vortex induced vibration. J. Wind Eng. Ind. Aerodyn., 1990(33): 237-242.

[12] Isyumov N, Dutton R, Davenport AG. Aerodynamic methods for mitigating wind-induced building motions. Proceedings of Structures Congress, ASCE, 1989.

[13] Kareem A, Kijewski T, Tamura Y. Mitigation of motion of tall buildings with recent applications. J. Wind and Structures, 1999(2): 201-251.

[14] Kowk KCS. Effect of building shape on wind-induced response of tall buildings. J. Wind Eng. Ind. Aerodyn., 1988(28).

[15] Kowk KCS, Isyumov N. Aerodynamic measures to reduce the wind-induced response of buildings and structures. Proceedings of Structures Congress, ASCE, 1998.

[16] Tanaka H, Tamura T, Ohtake K, Nakai M, Kim YC. Experimental investigation of aerodynamic forces and

wind pressures acting on tall buildings with various unconventional configurations. J. Wind Eng. Ind. Aerodyn., 2012 (107－108): 179－191.

[17] Xie J, et al. Wind engineering studies for Shanghai Center Tower. Report of Rowan Williams Davies & Irwin Inc, 2009.

[18] Dragoiescua C, Xie J, Kelly D. Reynolds number effects on a super-tall tower with rounded triangular shape. Proc. 13th Int. Conf. on Wind Eng., Amsterdam, The Netherlands, 2011.

[19] Roshko A. Experiments on the flow past a circular cylinder at very high Reynolds number. Journal of Fluid Mechanics, 1961(10): 345－356.

[20] Schewe G. Reynolds-number effects in flow around more-or-less bluff bodies. Journal of Wind Eng. Ind. Aerodyn., 2001(89): 1267－1289.

桥梁预制建造的工业化及快速施工桥梁技术

项贻强[1]　郭树海[1]　李新生[2]
(1.浙江大学建筑工程学院,杭州,310058;2.苏州科技学院土木工程学院,苏州,215008)

摘　要:本文讨论了当前我国基础设施展开桥梁预制建造工业化研究应用的必要性及其优点,并结合美国桥梁工业化研究的成果和我国的实际情况,介绍了预制装配桥梁的基本组成和块件划分,并对上部结构的构件(包括预制桥面板和预制主梁)的常用形式和特点进行了对比;同时,对下部结构的构件及其连接系统(包括预制盖梁、预制墩柱、预制承台和基础型式等)展开了相应的讨论。在此基础上,就采用高强混凝土、纤维复合材料和形状记忆合金新材料的有关研究及性能进行了简要概述。最后指出了未来中国桥梁工程界发展ABC技术应重点研究、解决的问题。

关键词:桥梁工程;ABC桥;上部结构;下部结构;预制构件;连接系统

一、桥梁预制建造工业化的必要性

现代工业的革命改变了落后的生产方式,提高了生产效率。随着现代交通、科技及信息技术的发展,工作及生活节奏的加快,人们对方便、快速出行的呼声越来越高,同时对出行质量、环境保护的意识也越来越强。尽管这些年,我国已经修建了许多公路、铁路等基础设施及大量的住宅和工业化园区,但随着城镇化的规模不断加大、人口增多,相应的交通运输量及小汽车快速增长,导致城市交通拥堵及环境保护问题越来越突出。另外,在一些沟通区域以及促进经济发展的跨海湾及大河流中建造桥梁与隧道呼之欲出。这给我们传统的建筑业,包括交通桥梁和隧道的建造业,提出了越来越高的要求。尤其是桥梁工程界,除一些地标性建筑及为城市点缀的桥梁需要专门的设计及施工建设外,对大量的一般性沟通功能的桥梁建造与维护更换,人们既希望其在较短的时间内建成通车发挥作用,又希望其在建造更换时对周边交通及环境影响最小,同时具有较高的质量和花费较少的建造维护费用及交通控制费用。于是,桥梁的工业化建造技术逐渐受到业界和政府各职能部门的重视,对其的研究和应用也随之展开。

在中国,早在20世纪50年代,对建筑业包括桥梁就提出如何实现快速建造钢筋混凝土桥梁,并借鉴苏联的相关技术和理念,提出了桥梁上部结构的标准化及装配化构想。同时,对一些16m以下跨径的混凝土桥梁进行预制标准化设计,最为典型的桥梁有钢筋混凝土实心板桥和空心铰接板桥。到了20世纪60－70年代,装配式的钢筋混凝土T梁及高强钢丝的预应力混凝土桥的设计应用和相关施工工艺的进步,使得桥梁的单孔跨径逐步加大。20世纪80年代时,我国已经能大量设计建造跨径在50m及以下的混凝土桥梁。进入21世纪后,我国的经济出现了高速增长,相应地也促进了建筑业和交通基础设施的快速发展,一大批大跨径、结构型式新颖、跨越大江湖泊的桥梁如彩虹般横空出世，飞架南北，我国的桥梁设计建造技术跻身于世界先进行列。但应该看到，我国的大型制造运输及吊装设备还不够发达，桥梁的预制建造受建设行业的体制及各地经济发展水平不均衡的制约，预制装配技术仅在少数沿海发达地区的大型工程中采用，而在大量的一般性工程中的应用还是相对较少，尤其是桥梁下部结构的装配化程度则更是低下。同时，专门、系统的桥梁工业化研究、生产标准与相应的工厂化预制生产基地的缺乏，导致我国在桥梁建造工业化的综合技术方面，与先进的发达国家还存在一定的差距。因此，有必要以构件预制化生产、装配式施工为目标，以设计标准化、构件部品化、施工机械化为特征，整合设计、生产、施工等整个产业链，实现桥梁产业的节能、环保、全生命周期价值最大化和可持续性发展。

二、桥梁预制建造工业化的优点

与传统现场施工的桥梁相比，一般性的常规桥梁实现工业化主要具有以下优势[1]：

(1)由于大量采用预制构件，运输到施工现场进行快速拼装，因而能够最大程度地减小桥梁施工对现有交通的影响，同时减少交通管制引起的巨大花费。

(2)桥梁的总造价很大程度上取决于预制装配化的程度，结构的预制装配化程度越高，桥梁的总造价就越低。当综合考虑除桥梁结构以外的工程造价和后期使用阶段的养护维修费用，ABC 桥的经济性更佳。

(3)可最大程度地减少工人现场施工的工作量，同时增加施工现场的安全性。

(4)采用预制的桥梁上、下部结构，减少了重型施工机械的数量和重型施工机械在施工现场停留的时间，从而减少了对自然环境的破坏。

(5)工业化的生产模式，提升了结构构件和成桥的整体施工质量，同时使得对损坏的构件进行替换更为简便。

三、桥梁预制建造工业化在国外的研究

(一)快速施工桥梁的概念

众所周知，美国是世界上公路交通运输网最发达的国家。随着 46400 多英里国道系统的建成，美国现有公路桥梁 60 多万座，大多数桥梁的使用年限已在 45 年左右，许多桥梁目前都需要维修加固。而飞速增长的交通量和城市拥堵问题，使得交通控制的花费占到了桥梁维修加固费用的 20%～40%。为此，美国联邦公路管理局(Federal Highway Administration，FHWA)与 AASHTO，在美国国家研究院交通运输研究委员会(Transportation Research Board of The National Academies，TRB)的指导下，制订公路交通的战略研究计划，投入相当的研究经费，资助美国有关高校及研究机构开展对相关问题及系统的研究，同时定期举行学术研讨。

美国的桥梁工业化技术(Accelerated Bridge Construction，ABC)，即快速施工桥梁(简称 ABC 桥)，这一概念由美国联邦高速公路管理局定义为“在交通管制之前，先根据设计预制好一座桥梁的各块件，然后将桥梁预制构件运输到位，在一周甚至是几小时内把预制件连接拼装成桥梁”。ABC 桥概念的提出，其主要目的在于加快桥梁建设速度，降低工程总造价，最大程度地减少对既有交通

的不利影响。这种创新施工方法同时也在推动吊装技术的发展，它能使用重型设备与自运式模组传输车在比较短的时间内安装一整座桥。桥梁快速施工系统采用在预制工厂或在运输方便的桥址附近设置预制场进行预制工作，包括上部结构的梁板、下部结构的帽梁墩柱以及它们之间的连接构件，甚至整个桥梁结构。

目前该项技术主要包括轻质混凝土在 ABC 桥应用、规范、设计手册，ABC 桥进行桥梁的快速更换技术、整体式桥梁，以及 ABC 桥设计一建筑商的施工管理、合同管理指南等。

（二）ABC 桥的预制构件组成及划分

ABC 桥与传统现场施工桥梁的最大区别在于预制构件的工厂预制生产，而如何划分各预制件并进行有效的施工，是确保 ABC 桥的施工速度、施工质量、桥梁结构性能和后期维护的关键。目前，美国一般将 ABC 桥划分成基础、桥墩或台身（单个或多个节段）、盖梁、主梁及桥面系等预制构件，通过连接构造或连接件进行拼装。

（三）上部结构

1. 预制桥面板

根据美国联邦高速管理局提供的 ABC 手册[2]，并参照相关文献的论述[3-5]，这里将预制桥面板的形式、特点以及构造图示进行列表讨论（见表 1）。

表 1　ABC 桥梁典型的桥面系及构造示意

型式	特点	构造图示
全高的预制混凝土桥面系	通常，为了传递板单元的剪力和弯矩，相邻两预制板单元在强度方向的连接，只需要简单设置一个早强现浇铰接缝即可；在分布方向的连接，则采用灌浆剪力键和纵向预应力。桥面板与钢梁或混凝土主梁的连接通过剪力连接件来实现。与钢梁的连接技术的研究比较成熟	
部分现浇的预制混凝土桥面系	这种桥面系在预制桥面板搭设后，还需要现浇一层混凝土。预制桥面板和现浇层之间的连接，通过将预制面板凿毛即可实现。为了让桥面板和钢梁或混凝土梁作为一个整体工作，两预制板单元的间隙设置焊接剪力钉，并在浇筑顶层混凝土的时候完成缝隙的混凝土填充	
钢混组合桥面系	钢混组合桥面系把混凝土和钢材组合在一起，常分成部分填充格构桥面和 Exodermic 桥面两种。部分填充格构桥面板在钢格构桥面放置后，在其上半部分浇筑混凝土直至超过钢格构。Exodermic 桥面和部分填充桥面不同之处是钢格构上的混凝土为预先放置的。桥面板之间通过螺栓或焊接进行连接，与主梁的连接与全高预制桥面板相似	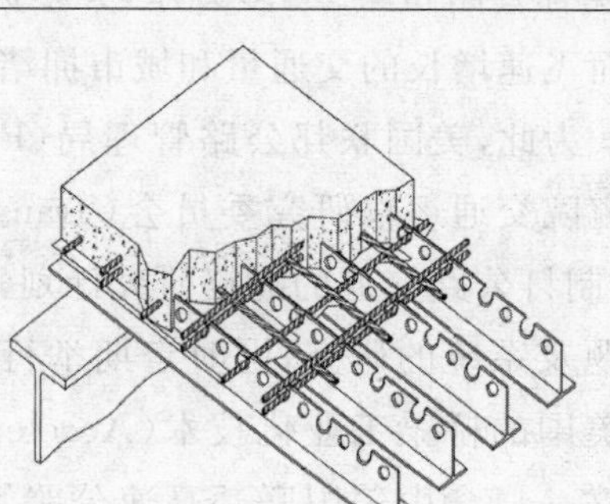

续表

型式	特点	构造图示
纤维聚合物混凝土桥面板	纤维聚合混凝土桥面板常用的纤维有玻璃纤维和碳纤维，通过拉挤成型和真空树脂传递的方法，使得桥面板可以做成任何形状。纤维聚合物的弹性模量相对较低，但用在桥面板中是没有问题的。桥面板单元之间通过剪力键连接，并用高强环氧胶结剂将桥面板单元紧密连接。可以通过焊接剪力钉或螺栓与钢梁连接	
钢质开口格构式桥面系	钢质开口格构式桥面板常用于需要轻质桥面系的可移动桥或者悬索桥。这种桥面系实质上是一个框架体系，由搭在梁之间的主杆单元和平行于梁方向的横向交叉单元组成。钢格构式桥面系由于不需要张拉预应力，安装起来非常迅速。相邻预制桥面板、桥面板与主梁之间可以通过螺栓或现场焊接进行连接	
木质桥面系	预制的木质桥面板通常用胶覆膜工艺生产，把一片片的名义木板胶结为一个实体桥面板。木质桥面板的防腐是通过压实板单元来实现的，必须要用防水的胶结剂来实现板单元间的连接。木桥面板间的连接通过在中间板厚处设置钢销钉，并在主梁间设置传力梁。为了防止上覆盖层出现反射裂缝，可以在铺装层和桥面板间设置一层土工织物	

2. 主梁

在美国，常用的板梁有多室小箱梁、混凝土倒T梁、双T梁、预应力混凝土马蹄形T梁及在钢加劲梁上拼装预制的混凝土桥面板等几种预制梁系统，其特点及构造示意见表2。每种结构型式都各有优缺点，其中最重要的优点是不再需要铺设另外的桥面板，有些甚至只需在其上铺一层沥青覆盖层来提高耐久性即可。还有一个重要的问题是各板梁单元之间的连接是否有效，关于这个问题的解决方案将另题讨论。

表2　ABC桥梁典型的主梁及构造示意图

型式	特点	构造示意
预制板梁	板梁通常设计成简支梁，适用于跨径小于20m的小跨径桥梁，通常用于3跨以下的桥梁。板梁单元的厚度在整个桥宽范围内是一样的，并且在浇筑铺装层前将板梁的表面凿毛，以利于两者之间的黏结。桥梁的纵向用剪力键连接，可以不张拉预应力。为了防止横向和纵向发生梁体的滑移，在梁端会设一些横向和纵向防滑块	

续表

型式	特点	构造示意
预制多室小箱梁	小箱梁可用的跨径范围比较大，但是它有纵向接缝，且与其他一些形式的预制梁相比制造费用更高。这种类型的主梁可以不用现浇混凝土面板。但是为了减轻纵向接缝的泄漏和耐久性问题，可以通过浇筑铺装层和张拉横向预应力钢束来实现。小箱梁的纵向也可以张拉预应力，以用于更大跨径的桥梁	
预制混凝土倒T梁	倒T梁的横截面形式是一个底部带有翼缘的矩形截面，这个翼缘起着支架的作用。当两片倒T梁并排在一起时，两片梁的翼缘形成了一个通道，从两片主梁伸出来的弯起钢筋在通道里发生交叉，之后再在通道中放置编织好的钢筋笼进行现浇铰缝。虽然用这种形式的主梁可以大大提高施工速度，但是由于截面是实心的，不能充分利用混凝土的性能	
预制多T梁	在美国，有多种预制预应力多T梁。我们可以根据梁体宽度的需要，将梁预制成截面为双T梁、三T梁甚至是四T梁的形式。德州的多T梁通过焊接锚板加灌浆的形式来进行连接。美国东北PCI的标准也使用在主梁翼缘伸出带有帽子的加强钢筋位置进行灌浆来实现相邻主梁的连接	
预制预应力混凝土带马蹄T梁	带马蹄的预制T梁与I型梁有两个不同点，一个是具有可用来张拉更多预应力筋的马蹄形下翼缘，另一个是具有较宽的上翼缘。和箱梁不同，由于T梁的翼缘较薄，需要搭设支架进行现浇混凝土面板。但是与箱梁相比，带马蹄的T梁预制起来更简单，后期的检查维修也比较方便	
钢混组合梁	钢混组合梁在美国应用较多，对它的研究也比较充分。这种主梁由预制好的钢梁和混凝土面板组成，两者之间通过剪力键实现共同工作。为了加快施工进度，边缘的护栏与桥面板一起预制好。混凝土面板在施工现场通过高性能混凝土来完成横向和纵向的连接。当混凝土面板与钢梁共同作用后，再进行纵向预应力钢束的张拉	

(四)下部结构

1. 桥墩盖梁

常用的预制桥墩盖梁主要包括两种类型：一种是矩形截面盖梁；另一种是倒T型盖梁。此外，也有其他不常用类型的预制盖梁，例如在Lee县的爱迪生桥采用的是一种倒U型盖梁。

为了连接方便，当桥的宽度太宽或吊装能力受限，墩帽也预制成几个片段，然后通过连接装置把它们连接起来。因为使用灌浆钢筋耦合器连接两个水平组件是非常困难的，所以更多的是用现场的湿接缝。盖梁中使用的后张法预应力与加强钢筋一起，在灌浆后使得盖梁可以承受相当大的弯矩。

在盖梁与预制墩身立柱的连接方面，佛罗里达州的公路部门在爱迪生桥采用专有灌浆拼接连接器；盖梁与钢排架桩墩的连接一般采用焊接连接；对盖梁与排架空心管桩的连接，则可将钢筋和锚杆插入一个预制管桩桩帽的预留孔道和管桩预留孔道，然后现浇混凝土进行连接封闭；与预制混凝土排架桩墩的连接可采用在盖梁处预留空间，完成混凝土排架桩墩与盖梁的连接后，灌注混凝土进行连接。

2. 墩柱

墩柱可以预制成全高的或是分段拼装的，其截面形状根据需要可以预制成矩形、工字型或者圆形。在美国研究团队报告计划[6]中，墩柱包括三种类型的连接方法：①墩柱嵌入承台或墩帽中；②使用灌浆耦合器；③使用纵向钢筋。这里使用的钢筋，一般是与混凝土黏结的或无黏结的预应力钢筋。我们也可以根据现场施工经验来改进或创新连接方式。

为了完成墩柱与盖梁的连接，我们可以用的连接方式有焊接、承插式连接、波纹管连接以及灌浆套筒连接。波纹管连接在德克萨斯州和华盛顿州的一些桥梁中已经经过测试了。其他的一些试验结果[7]也显示，以上所述的这些连接类型不会比现浇墩柱的性能差。

但墩柱与承台连接，需要提供能承受弯矩的连接接头。在中国和美国，目前都没有运用过这种接头。大部分的桥梁工程使用现浇方法使预制柱与承台连接，即在预制墩柱架立好之后，在桥墩底部现浇承台。但在海洋工程，用这种现浇的连接方式同样存在一些困难及不合理，连接的耐久性是一个很大的问题。为了解决这个问题，在港珠澳大桥中，中国的桥梁工程师采用在承台处预留桩基连接槽口和首节墩身一起预制，同时设置有凹凸剪力键的预制节段墩身通过预应力粗螺纹钢筋连接在一起[8]。图 1 为港珠澳大桥预制承台及墩身的示意图。

图 1　港珠澳大桥的预制承台及墩身

3. 桥台

桥台型式主要有预制悬臂式挡土墙桥台、预制埋置式桥台及预制混凝土整体桥台。

1）预制悬臂式挡土墙桥台

预制悬臂式挡土墙桥台分低挡墙的预制桥台和高挡墙的预制桥台两种类型。低挡墙的桥台安装在填方路堤的顶部，其长度很短，通常只用于抵挡厚度略高于上部结构高度的土壤。对于高挡墙桥台，一般用于两侧有较高的路基边坡土，其在新罕布什尔州埃平大桥中得到运用。对预制安装的桥台，一般在桥台与承台交接处设置凹槽，预制桥台与下部承台在凹槽处通过灌浆套筒连接。凹槽不是用来抗剪的，而是为接头处的灌浆提供灌浆口。桥台和胸墙也可以用灌浆套筒连接，或用前面提到的其他方式连接。自平衡空心桥台[9]也是一种悬臂式高挡墙预制拼装桥台。自平衡空心桥台在放置好预制空心混凝土块后，往预留的孔洞中放置钢筋笼，浇筑混凝土后即可。在需要浅基础的地方，使用自平衡空心桥台是一种非常好的选择。图 2 为预制混凝土悬臂式桥台的示意图[10]。

2）预制埋置式桥台

使用预制埋置式桥台的目的是通过在底部留有较大的孔洞来减小作用于桥台上的土压力。除了结构物位于地面下，埋置式桥台与桥墩是相似的。在墩柱中提到的连接方法，也同样适用于预制埋置式桥台当中。

3)预制混凝土整体桥台

按照桥台与上部结构的连接能否约束上部结构的转动,整体桥台分为全整体式桥台和半整体式桥台两种。通常,整体式桥台一般放置在一排桩基上,这使其在温度作用下可以发生一定的移动;并且通过与上部结构的连接,可以传递一部分土压力到上部结构中,这对上部结构影响是很小的。

当下部基础是钢桩时,一般使用现场焊接或将钢桩嵌到承台底部预留的大孔洞里,然后用无收缩灌浆料或混凝土填充。当桥台与混凝土桩连接时,一般使用上面提到的槽口式连接或在桩顶钻孔后嵌入钢筋,之后与桥台底部通过灌浆套筒连接。桥台单元的连接可以通过在现场拼装,再张拉预应力来实现,也可以用小铰缝来连接。图 3 为预制整体式桥台的示意图[10]。

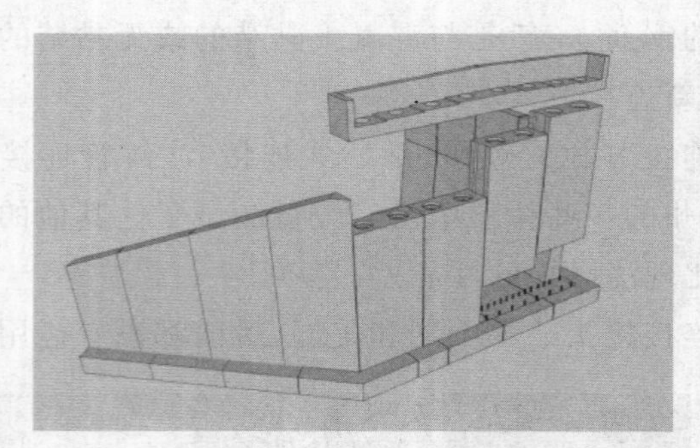

图 2　预制混凝土悬臂式桥台

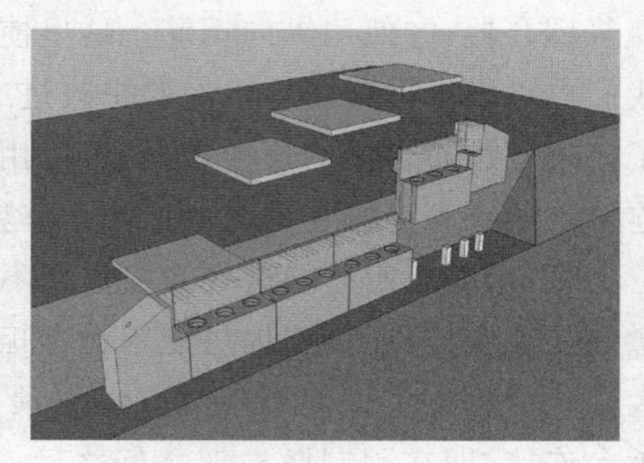

图 3　预制整体式桥台

(五)基础

美国 AASHTO LRFD 将常用的桩基础分为三种:扩大基础、打入桩基础和钻孔桩基础。为了能够平稳地放置桥台、翼墙或者桥台,在桩基础上都会浇筑一个混凝土承台。除此之外,也有其他形式的一些桩基础,比如钢桩基础和混凝土空心桩基础。美国预制混凝土协会(PCI)指出,混凝土空心桩更适合用于海洋环境中的桥梁。受到交通运输和经济的制约,长度较大的混凝土空心桩可以分成若干节段预制,然后再拼装起来。

(六)预制构件连接系统

预制构件的连接归根到底是受力钢筋的连接,而受力钢筋的连接主要有灌浆套筒连接、盖梁与墩柱的承插式连接、钢筋构件机械耦合器及金属波纹管连接等方式。

1. 灌浆套筒连接

灌浆套筒是一种由于工程实践的需要和技术发展而产生的钢连接方式,是一种不同于传统焊接或者螺栓连接的新型钢结构连接[11]。

灌浆套筒连接技术(图 4)的原理是,通过在套筒与被连接钢材的环形间隙中填充水泥浆等灌浆料的方式,来连接两根直径不同的钢材,并通过凝固之后的套筒间的灌浆料的剪切强度来传递轴向力。与传统钢结构连接方式相比,灌浆套筒连接具有以下优势:

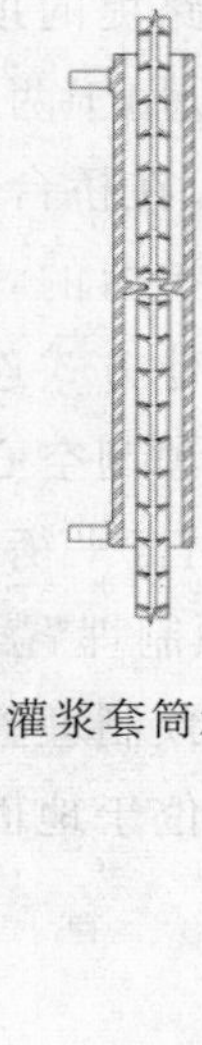

力学性能方面:①钢套筒的采用,增大了截面面积,减少了连接处的应力集中,从而增强了结构抵抗疲劳性能;②内外套筒的重叠区域提供了附加刚度,套筒间的灌浆料增强了结构吸收能量的能力;③重叠的内外套筒和之间的灌浆料增强了节点的承载力以及抗疲劳性能。

图 4　灌浆套筒示意图

现场施工方面：①工厂化程度高，现场装配简单快捷；②由于灌浆料多为水硬性材料，所以水下施工方便，无须施焊或者大量的潜水作业；③施工精度要求低，对施工人员素质以及施工环境要求不高。

原始的由光圆套筒和普通的灌浆料组成的灌浆套筒连接的剪力传递效率低下。为了增强钢结构与钢套筒之间的黏结强度，缩短套筒重叠区的长度，采取了两类改进的连接。

第一类是非预应力的灌浆套筒连接：

(1)通过在套筒内壁加设抗剪键[12]；

(2)喷涂环氧树脂一骨料等方式来增强套筒内壁与灌浆料之间的摩擦力，以此提高灌浆料的传力效率，提高节点承载力；

(3)无预应力的灌浆卡箍套筒连接[13-14]。

第二类是预应力的灌浆套筒连接：

(1)机械预应力灌浆套筒连接，即采用压力泵等设备，在注入灌浆料时加压，使灌浆料在凝固之后仍保持一定的预应力，以增加节点承载力；

(2)化学预应力灌浆套筒连接，其原理是在灌浆料中加入膨胀剂，固结后灌浆料体积发生膨胀，由于内外两侧钢套筒的约束作用而产生预应力，依靠钢套筒与灌浆料之间的黏结力与摩擦力传递轴力作用。

国外对灌浆套筒的研究始于英国，英国帝国理工学院在20世纪80—90年代对于预应力灌浆套筒连接的性能进行了一系列的试验研究及数值模拟，研究包括机械预应力以及化学预应力两种形式。

澳大利亚在20世纪90年代之后对这一技术进行了系统而深入的研究。莫纳什大学的学者在20世纪90年代初通过试验和数值模拟，对填充膨胀水泥浆的化学预应力灌浆套筒连接进行了静力荷载和疲劳荷载作用下的性能研究。近年来，莫纳什大学的赵晓林等[15-16]，对于该种连接在高温作用等一系列情况下的性能进行了试验研究和数值分析，取得了大量的研究成果。

我国对于灌浆套筒连接的研究相对较为落后，主要对灌浆套筒节点技术和灌浆卡箍技术有所研究。

2. 盖梁与墩柱的承插式连接

由于采用预制墩柱和预制盖梁，减少了传统施工需要搭设的大量支架和模板。图5为预制桥梁墩柱与预制盖梁的两种承插式连接方式[17-18]。

方式一，只将预制桥墩的钢筋伸入预制盖梁的钢管内，并浇注混凝土使桥墩和盖梁连接成整体；方式二，将预制墩柱整体伸入预制盖梁钢管内，并浇注混凝土使桥墩和盖梁连接成整体。

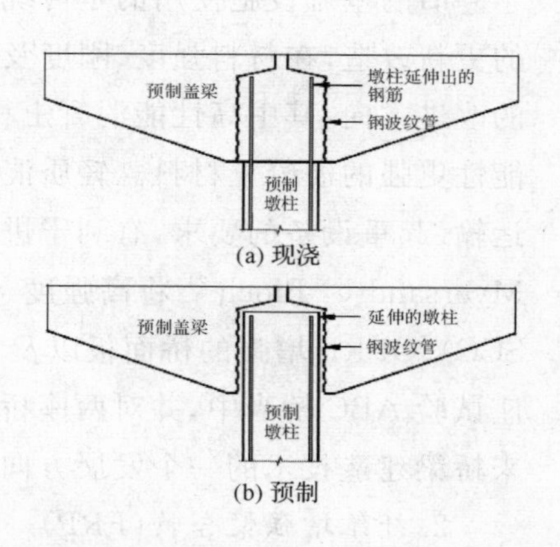

图5　预制桥墩与带有承插式连接的预制盖梁的两种连接方式

3. 钢筋构件机械耦合器连接

桥梁快速施工，在很大程度上依赖于预制钢筋混凝土构件。可以使用机械连接器将预制桥梁墩柱连接到基础或者帽梁。在美国目前的抗震规范中，不允许将耦合器用于中等或者高地震风险地区的塑性铰区域。但研究表明，连接器在塑性铰区域的稳定性和抗震性能是可靠的。图6是一些常用的连接器类型[9]，主要包括(a)剪力螺栓耦合器、(b)头杆耦合器、(c)灌浆套管连接器、(d)螺纹杆连接和(e)扣压式连接器等。

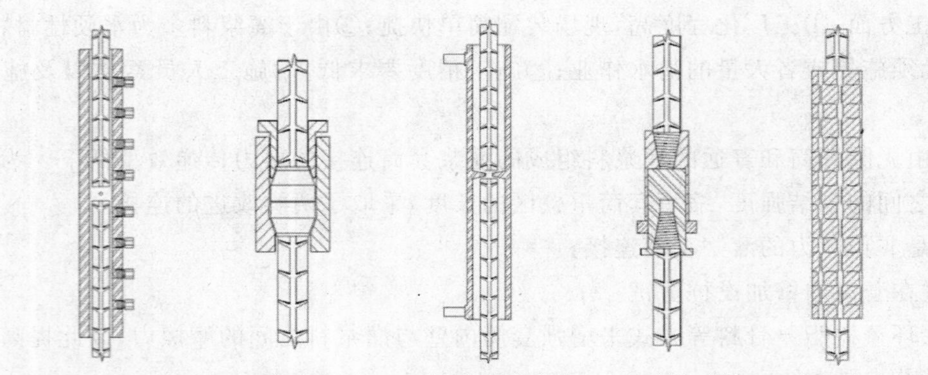

(a) 剪力螺栓耦合器 (b) 头杆耦合器 (c) 灌浆套管连接器 (d) 螺纹杆连接 (e) 扣压式连接器

图 6 常用机械耦合器类型

这些连接器已经应用到钢筋混凝土结构中，但大多数规范还禁止将连接器用于易发生塑性铰的区域，因为塑性铰的性能及可靠性受到连接器种类和性能的影响。

4. 金属波纹管连接

从 20 世纪末开始，美国在实际桥梁工程中开始尝试采用金属波纹管，实现桥梁下部结构预制构件的拼装。Mai et al.[19] 和 Garcia et al.[20] 对已经埋置到混凝土结构中的金属波纹管性能进行了一系列评估分析。Rial & Kebir[21] 对金属波纹管进行了一系列多轴荷载作用下的疲劳试验，并将试验结果与有限元数值分析结果进行了比较。通过这些学者的研究，得到的结论是：用于下部结构预制构件的金属波纹管连接，其使用性能是比较好的，至少不会比现浇混凝土构件的性能差。

四、快速施工桥梁的研究

(一)新材料的应用

1. 高性能混凝土(HPC)

旧的基础设施使用的是传统混凝土的强度，而现代混凝土材料科技的发展与进步推动了桥梁的更新改造，在材料强度、刚度及耐用性等方面提供多种可供选择的方案，同时它还指明了混凝土的改进方向，其中高性能混凝土材料表现尤为突出，它不再局限于追求更高的强度，而是发展出功能性更强的混凝土材料。轻质混凝土(Light Wight Concrete，LWC)[23] 可减轻桥梁自重，并降低对运输、起重设备的要求，有利于进一步缩短 ABC 桥梁的建设时间，节省工程造价。2011 年，美国的 Myersand & Bloch[24] 将高强度—自凝结混凝土(High-Strength Self-Consolidating Concrete，HS-SCC)、GFRP 增强的桥面板以及 HSC、GFRP 增强的桥面板，分别应用到美国密苏里州罗拉市的两座试验 ABC 桥当中，并对两座桥梁的桥面板性能进行了对比研究，指出轻质高强纤维混凝土是未来桥梁建造技术的一个发展方向。

2. 纤维增强聚合物(FRP)

抗腐蚀性与抗疲劳性提高相结合的轻质复合材料是目前结构工程应用中非常需要的。经过十余年的桥梁创新研究与施工实践，FRP 复合材料技术已经成功地展示了其在桥梁结构的应用潜力[25]，概括起来主要为四类应用类型：

(1)新桥梁桥面面板系统施工；

(2)使用复合材料的新桥梁施工；

(3)桥梁加固与维修；

(4)抗震性能加固。

总体说来，FRP维修技术可节约成本，并易于设计、安装与检测。在桥梁加固方面，加强混凝土梁的承载能力可以增强剪切载荷与弯曲载荷能力。通过合理的设计与应用，可以成功地使用FRP复合材料进行桥梁维修，达到无须更换整个结构就能延长桥梁使用寿命的目的。除此之外，在美国FRP材料用于桥梁抗震性能的加固也有超过20年的历史。1989年，奥克兰络玛一谱雷塔大地震[24]，加利福尼亚州的交通部门率先将FRP复合材料应用在了混凝土桥墩加固上。研究发现，FRP复合材料对增强混凝土桥墩抗压抗剪承载力、延展性与对塑性铰的约束性方面都有明显作用。FRP复合材料加固混凝土桥墩的生成产品可分为三类：纤维缠绕、纤维板与预处理圆柱壳。FRP加固抗震性能经历了大量的测试及巨大的发展，而且这项技术已经被认为是一种成熟的性能加固方法。

3.形状记忆合金(SMA)

Saiidi et al.[26]将不同长度的Ni-Ti记忆合金设计到桥梁墩柱塑性铰区域的竖向钢筋中，并与全部为普通钢筋的桥梁墩柱进行实验比较。他们为了分析记忆合金对桥梁墩柱抗震性能的提升，评估达到抗震目的需要的记忆合金量，一共制作了三个试验墩柱。通过试验发现，记忆合金对桥梁墩柱的抗震性能有较大提升，并能明显减少地震荷载引起的墩柱永久残余位移。

(二)结构性能分析

1.结构抗震性能分析

除了前面介绍ABC桥系统中的预制构件和预制构件连接器方式外，对预制构件连接方式的结构抗震性能及有效性也应倍加关注。尤其对应用于地震高发区域的ABC桥，因为ABC桥的连接部分相对其他的部位连接较为薄弱，设计及施工时更需要关注其抗震性能和施工质量。

2.连接处疲劳测试

ABC桥的建设中存在大量采用连接器和现场施工的接头，在某些连接薄弱或缺陷部位容易产生应力集中，导致接头处的疲劳破坏。接头处的可靠程度直接影响ABC桥梁的耐久性和使用寿命。对接头处进行受力分析、有限元软件模拟以及必要的破坏实验，来研究接头处的受力特性从而创造或者改进接头处的构造，有着十分重大的意义。Li et al.[27-28]和Zhu et al.[29]对ABC桥的桥面板的快速接头疲劳性能进行了实验测试。Rial & Kebir[21]对金属波纹管进行了一系列多轴荷载作用下的疲劳试验，并将试验结果与有限元数值分析结果进行了比较。

(三)全桥使用过程维护

ABC桥梁可以不仅限于桥梁建设，其概念也可用于桥梁的修复和构件的更换。Bai et al.[30-31]对美国大量的危桥和已经破坏的桥梁的修复工作进行调查后，针对实际的应急抢险需求、技术及处置过程等，提出了将ABC桥应用于桥梁的快速更换，为桥梁的快速修复和构件更换提供了一种可供选择的解决方案。

五、结论及展望

交通拥堵已经成为中国乃至全世界的一大难题。交通拥堵与城市化进程不断深化的矛盾，使得既有交通设施与桥梁建设总造价的矛盾更加尖锐。桥梁建设亟须一种快速的、对既有交通影响最小的方式。

本文讨论了我国研究实现桥梁预制建造施工工业化的必要性，通过对桥梁进行快速组装，可以减少现场交通环境的干扰，确保施工质量和工期，降低工程造价。结合相关研究给出了常用中小跨径预制装配桥梁的基本组成和块件划分，同时对上下部结构的预制构件的常用形式和特点进行了列表对比，讨论了四种连接装置，对其作用机理和构造进行了详细介绍，并就采用高强混凝土、纤维复合材料和形状记忆合金新材料的有关研究进行了简要概述。

鉴于我国桥梁基础设施的发展现状，新建桥梁和已有桥梁的更换对施工方法提出了更高的要求。我们认为，桥梁工业化预制建造施工技术在未来我国的交通基础设施桥梁的修建及维护方面将有很大的应用前景和发展空间。但就目前我国的现状，需要对以下几点展开研究，并制定相应的规范或对策：

(1)结合中国的国情及桥梁设计的标准，系统研究适应我国预制建造施工的桥梁的主要型式、构件划分及相应的标准设计，设计研究中应尤其注意桥梁的全寿命分析、关键节点的质量控制、建造成本控制及相应的吊装机械等技术研发。

(2)研究制定中国工厂化施工的混凝土桥及钢混凝土组合桥梁的设计、施工规范，以及各种配套连接装置、构件生产制造和误差控制等技术标准或规范。

(3)加强预制建造施工桥梁的力学性能，尤其是高震地区及水下连接装置的开发研究。

(4)加强 ABC 桥的产业布局及市场培育的研究，确保高效低耗高品质工程的有序发展。

参考文献

[1] Hällmark R, White H, Collin P. Prefabricated bridge construction across Europe and America[J]. Practice Periodical on Structural Design and Construction,2012,17(3): 82－92.

[2] ABC Manual. U.S. Department of Transportation, Federal Highway Administration. Publication No. HIF-12－013, January,2011.

[3] Roddenberry M,Servos J. Prefabricated/Precast Bridge Elements and Systems (PBES) for Off-System Bridge [R]. Florida: FAMU-FSU College of Engineering,2012.

[4] Connection Details for Prefabricated Bridge Elements and Systems. U.S. Department of Transportation, Federal Highway Administration. Publication No. FHWA-IF－09－010, March, 2009.

[5] AASHTO LRFD Bridge Design Specifications (Fourth Edition). American Association of State Highway and Transportation Officials, Washington,D.C., 2007.

[6] SCAN TEAM REPORT NCHRP Project 20－68A,http://web.transportation.org/nchrp/20－68A/

[7] Restrepo JI, Tobolski MJ, Matsumoto EE. Development of a Precast Bent Cap System for Seismic Regions. NCHRP Report 681, Washington,D.C., 2011.

[8] 孟凡超，刘明虎，吴伟胜，等. 港珠澳大桥桥梁工程总体设计及创新技术//中国公路学会 2014 年全国桥梁学术会议论文集[C]. 北京：人民交通出版社，2014:3－11.

[9] Wiles P, Walker A, Idle D. The Auckland rail electrification project, New Zealand: accelerated bridge construction in seismic zones[J]. Proceedings of the Institution of Civil Engineers—Civil Engineering,2013,166(5):50－56.

[10] Accelerated Bridge Construction Final Manual. Federal Highway Administration, FHWA. 2011. http://www.fhwa.dot.gov/bridge/abcdocsabcmanual.pdf

[11] 韩瑞龙，施卫星，周洋. 灌浆套筒连接技术及其应用[J]. 结构工程师，2011,27(3):149－153.

[12] Ling JH,Rahman ABA,Ibrahim IS, Hamid ZA. Behaviour of grouted pipe splice under incremental tensile load [J]. Construction and Building Materials,2012(33):90－98.

[13] 赵媛媛，蒋首超. 灌浆套管节点技术研究概况[J]. 工业建筑，2009，39(增刊)：514－517.

[14] 龚顺风，沈伟雄，李峰，等. 海洋平台的灌浆卡箍技术研究[J]. 海洋工程，2001，19(3)：32－37.

[15] Zhao XL，Ghojel J，Grundy P，et al. Behavior of grouted sleeve connections at elevated temperatures [J]. Thin-Walled Structures，2006(44)：751－758.

[16] Zhao XL.，Grundy P，Lee YT. Grout sleeve connections under large deformation cyclic loading [C]. Kitakyushu，Japan：Proceedings of the Twelfth International Offshore and Polar Engineering Conference，2002：53－59.

[17] Saiid M，Itani A. Behavior and Design of Precast Bridge Cap Beams with Pocket Connections [R]. National Accelerated Bridge Construction Conference，Project Summary，ABCUTC，August，2014.

[18] Saiid M，Itani A. Evaluation of Seismic Performance of Bridge Columns with Couplers and Development of Design Guidelines [R]. National Accelerated Bridge Construction Conference，Project Summary，ABCUTC，August，2014.

[19] Mai VT，Hoult NA，Moore ID. Effect of deterioration on the performance of corrugated steel culverts [J]. J. Geotech. Geoenviron. Eng，2014，140(2)：04013007.

[20] García DB，Moore ID. Behavior of coupling band joints in buried corrugated steel pipelines [J]. J. Geotech. Geoenviron. Eng.，2014，140(2)：04013014.

[21] Rial D，Kebir H，et al. Multi axial fatigue analysis of a metal flexible pipe[J]. Materials and Design，2014 (54)：796－804.

[22] Holden KM，Pantelides CP，et al. Lifting of GFRP precast concrete bridge depanels [J]. J. Perform. Constr. Facil，2014(13)：134－146.

[23] National Accelerated Bridge Construction Conference[C]. Miami，Florida，2014.

[24] Myersand JJ，Bloch K. Accelerated construction for pedestrian bridges：A comparison between high strength concrete (HSC) and high-strength self-consolidating concrete (HS-SCC) [J]. Design，Construction，Rehabilitation and Maintenance of Bridges，2011(219)：129－136.

[25] Tang MB. 美国桥梁技术发展纵览[C]. 武汉国际桥梁科技论坛大会，2009.

[26] Saiidi M，Zadeh M，O'Brien M. Analysis of Reinforced Concrete Bridge Columns with Shape Memory Alloy and Engineered Cementitious Composites Under Cyclic Loads[C]. 3rd International Conference on Bridge Maintenance，Safety，and Management，Porto，Portugal，2006.

[27] Li L，Ma Z，Griffey ME，Oesterle R G. Improved longitudinal joint details in decked bulb tees for accelerated bridge construction：Concept development [J]. J. Bridge Eng.，2010a，15(3)：327－336.

[28] Li L，Ma Z，Oesterle RG. Improved longitudinal joint details in decked bulb tees for accelerated bridge construction：Fatigue evaluation [J]. J. Bridge Eng.，2010b，15(5)：511－522.

[29] Zhu P，Ma ZJ，Fatigue CE. Evaluation of longitudinal U-bar joint details for accelerated bridge construction [J]. J. Bridge Eng.，2012(17)：201－210.

[30] Bai Y，Burkett WR. Rapid bridge replacement：Processes，techniques，and needs for improvements[J]. J. Constr. Eng. Manage，2006(132)：1139－1147.

[31] Bai Y，Burkett WR，Nash PT. Lessons learned from an emergency bridge replacement project[J]. J. Constr. Eng. Manage，2006(132)：338－344.

绿色节能技术在杭州市建筑工程中的应用与探索

余子华

(杭州市城乡建设委员会,杭州,310006)

摘　要:在建筑用能需求旺盛与能源资源匮乏同时并存的矛盾夹隙中,以杭州市绿色节能技术的政策背景为支撑点,以建筑绿色节能技术的实践研究为切入点,寻求矛盾调和之道,是资源节约型、环境友好型社会赋予建设工作者的时代责任。

关键词:绿色;节能;建筑;技术应用

一、引　言

我国建筑能耗的总量呈逐年上升趋势,在能源总消费量中所占的比例上升到27.45%,逐渐接近三成,建筑业(含建筑建造能耗和建筑运行能耗)已超过工业能耗和交通能耗成为第一耗能行业。然而,目前及今后很长一段时间我国包括浙江省在内,建筑行业的发展还将持续处于蓬勃发展的状态。杭州市能源资源匮乏与建筑用能需求旺盛的局面并存,据统计杭州市2014年房屋建筑竣工面积达0.9亿平方米,建筑能耗比例最终还将进一步上升。因此,建筑节能已成为国家可持续发展的重要措施之一,绿色低碳节能建筑面临巨大的机遇与挑战。

国家对于建筑节能材料和节能技术非常重视,相继出台了一批有针对性的节能法规、政策和标准,以推进建筑节能的实施,建筑节能强制性标准实施以来取得了重大实效。杭州市作为《大邱宣言》的承诺城市之一,在可再生能源开发利用方面,尤其是发展太阳能建筑方面,正在进行一些积极的探索。但由于绿色低碳建筑涉及的技术多样性及其在建造、施工、管理等具体过程中的复杂性,杭州市绿色低碳建筑仍处于摸索和示范阶段,建筑节能工作潜力巨大,任务艰巨。

二、杭州市绿色节能技术的政策背景

浙江省一直以来十分重视建筑节能工作。从国家提出建筑节能开始,浙江省也相应制定了一系列的政策文件和标准规范等,并结合地方实际,重视政策调研、抓好制度建设、严格标准执行、强化监督管理、开展示范引领,稳步推进绿色建筑创建工作,全省的建筑节能工作跨入了新的发展阶段。

2011年5月,浙江省发布了《浙江省实施〈中华人民共和国节约能源法〉办法(2011修订)》,新

《办法》拓宽了节能工作领域，增加了建筑节能的内容，要求尽可能多地在民用建筑中使用太阳能、地热能、沼气等可再生能源。该办法具有法律约束力，它的出台，为政府开展节能工作提供了必要的法律保障。

2011 年 10 月，《浙江省民用建筑项目节能评估和审查管理办法》正式实施，由节能评估机构编制节能评估文件，由建设主管部门组织专家对项目的设计方案和节能评估文件进行审查，并出具《节能审查意见书》，作为初步设计文件审查的前置条件，是设计、图审、施工和验收的依据之一。该《办法》使得浙江成为全国首个将民用建筑项目与固定资产投资项目分开进行评估和审查的省。该《办法》的实施从源头为民用建筑节能提供了有效的法律保障，加大了相关政府职能部门对新建民用建筑执行强制性节能设计标准的监管力度。目前浙江省从事民用建筑项目节能评估的机构约 60 余家，其中杭州 19 家。同时为保证节能评估审查的质量，提高节能评估的合理性，杭州市还组建了“建筑节能和绿色建筑专家库”。目前，浙江省《民用建筑项目节能评估技术导则（试行）》正在编制中，即将上升为标准。2014 年 1 月，浙江省《民用建筑绿色设计标准》DB33/1092 开始施行，全省新建民用建筑强制执行。该标准基于国家《绿色建筑评价标准》一星级的程度控制，突出浙江省绿色建筑适宜性技术的应用技术重点，按照此标准进行设计的新建民用建筑基本能达到国家绿色建筑一星级的水平。

2014 年 8 月 29 日，杭州市第十二届人民代表大会常务务员会第二十一次会议审议通过的《杭州市民用建筑节能条例》，已经 2014 年 11 月 28 日浙江省第十二届人民代表大会常委务委员会第十四次会议批准并公布，自 2015 年 4 月 1 日起施行。该《条例》的起草突出对上位法的细化和补充，着重对建设项目从规划、设计、施工到验收的全过程进行节能管理，将建筑节能从新建建筑节能延伸至运行节能及节能改造，另外在制度设计上注重可操作性。《条例》贯穿新建建筑、既有建筑改造以及建筑用能系统运行等全生命周期的建筑节能，旨在通过政府引领、技术支撑、机制保障、能力提升、服务跟进等举措，推动杭州市建筑节能工作的进一步法制化和规范化。

三、重点绿色节能技术的工程实践及研究

浙江省还十分重视绿色节能技术的开发和推广工作。近年来，省市建设行政主管部门组织相关院校、科研单位及生产企业开展了许多技术研发工作；先后三次修订了《浙江省建设领域推广应用技术公告》和《浙江省建设领域禁止和限制使用技术公告》，对限制淘汰落后技术、推广应用先进技术起到了积极作用；建成了一大批建筑节能示范工程，通过向社会展示建筑节能新技术、新产品，起到了良好的示范引领作用。

（一）外墙节能技术

杭州市处于夏热冬冷地区，常年湿度大，夏季空调能耗约为冬季采暖能耗的 2～4 倍，因此降低夏季空调高能耗是杭州市建筑节能的主要任务。外墙作为主要外围护结构之一，其热工性能对建筑能耗的影响较大。杭州市的建筑外墙节能技术应以夏季隔热为主，兼顾冬季保温。

外墙保温形式包括外墙外保温、外墙内保温和外墙自保温。保温材料分为有机材料（聚苯板、酚醛泡沫、聚氨酯等）和无机材料（岩棉、玻璃棉、泡沫玻璃、保温砂浆等）两类。传统的有机类保温材料如聚苯板等具有良好的保温效果，但防火性能较差；无机材料具有一定的保温效果，防火性能达到 A 级。目前杭州市应用较广的保温材料有无机轻集料保温砂浆、保温装饰一体化板、泡沫玻璃、胶粉聚苯颗粒等，其中无机轻集料保温砂浆为应用量，尤其是在居住建筑项目中最多。

外墙的隔热技术主要包括反射隔热涂料和外墙垂直绿化。反射隔热涂料是通过反射可见光及红外光的形式将太阳能量隔绝，达到隔热的目的；外墙垂直绿化的形式多样，主要有攀附式、牵引式、模板式、盆栽式等。目前隔热技术仅作为辅助现有的保温体系使用，尚不能替代传统保温材料。

(二)玻璃幕墙节能技术

玻璃幕墙已成为当前公共建筑的主流，具有光亮、明快、具现代气息等优点，但其也存在一定的问题，如：玻璃选用不当会产生强烈的光污染、造成空调能耗大等。针对窗墙比较大的公共建筑，玻璃幕墙是建筑节能工作的重中之重。因此，通过控制玻璃幕墙的热交换，加强玻璃幕墙的节能、环保技术，已成为当前建筑玻璃幕墙的重要发展趋势。

目前应用较多的玻璃幕墙节能措施有断热铝合金型材框架＋低辐射中空玻璃。对于既有玻璃幕墙，可以通过薄膜型热反射贴膜来改善幕墙玻璃的隔热性能。另外也可从幕墙构造的改变来提高幕墙的热工性能。玻璃幕墙遮阳可采用花格、挡板、百叶、卷帘等，并可采用智能化的控制装置对其进行调节，以达到夏季遮阳、冬季采光的协调。

双层玻璃幕墙也称为“呼吸式幕墙”的发展，使得玻璃幕墙的热工性能由被动设防向主动利用能源改进。双层幕墙在夏季利用“烟囱效应”通过自然通风换气降低室内温度；在冬季能产生温室效应，提高保温效果，降低取暖能耗。杭州市民中心、杭州联合大厦、中南建设大厦等项目应用了呼吸式玻璃幕墙，在考虑良好视觉要求的同时，兼具了节能和换气功能。

智能玻璃幕墙是指玻璃幕墙以一种动态的形式，根据外界气候环境的变化，自动调节玻璃幕墙的保温、遮阳、通风系统，最大限度地降低建筑物的能源消耗，同时最大限度地创造出宜人的室内环境，主要通过双层玻璃幕墙的形式得以实现。

大型公共建筑的玻璃幕墙可实现维护、发电、美学多种功能的统一。通过光电组件，作为维护结构的玻璃幕墙同时成为发电载体，从被动节能到主动产能转变，从根本上扭转了玻璃幕墙的能耗问题。正泰电器大厦项目光伏玻璃幕墙的应用，使因能耗巨大而广受诟病的玻璃幕墙得到社会公众的重新认知。

(三)门窗节能技术

外门窗为建筑的门窗、墙体、屋面、地面四大围护结构中节能性能的薄弱环节，因此，有效增强外门窗的节能效果是提高建筑节能水平的重要环节。门窗节能主要体现在门窗的气密性能、保温性能、遮阳性能三个具体指标上。

随着节能标准的提升，目前杭州市门窗采用较多的玻璃产品为12mm空气层中空LOW－E玻璃。常用的节能型门窗框体型材有断热铝合金型材、塑料型材和复合框材(常见有铝木复合、铝塑复合等)。

住建部正在推行的建筑门窗节能标识体系中，气密性能、传热系数、玻璃遮阳系数、可见光透射比是门窗节能性能的评价指标。

通过改变窗型(由推拉窗变为平开窗)、提升五金件品质以及门窗制作质量，可以有效提高门窗的气密性能。浙江省公建和居建的节能设计标准中，对建筑外门窗的气密性均做了具体的规定，7层以上外窗的气密性不应低于GB/T7106规定的6级，7层以下不得低于4级。

采用传热系数较低的型材，选用中空或真空加中空玻璃，选用低辐射镀膜玻璃，可以显著提高玻璃保温性能；选用性能良好的中空玻璃间隔条，也能减少能量消耗，避免在严寒的冬季出现玻璃结露现象。

(四)遮阳系统节能技术

通过节能计算软件调整外墙、屋面、外窗传热系数和遮阳系数等参数来计算建筑的采暖空调全年能耗可知，随着各围护结构参数的变化，遮阳系数对建筑采暖空调全年能耗的影响较大。降低建筑的外窗遮阳系数，可有效减少夏季通过透明围护构件进入室内的阳光辐射，以降低建筑夏季空调的高能耗。

目前，《浙江省居住建筑节能设计标准》DB33/1015－2014(征求意见稿)对外窗传热系数及遮阳系数要求更加严格，同时增加了外遮阳时的外窗限值要求。

基于遮阳技术在降低能耗方面的明显作用，杭州市在建筑外围护节能措施中应更多地推广应用遮阳技术，尤其是“活动”遮阳技术。例如在东西两个立面设置活动外遮阳设施，在夏季可有效遮挡太阳光进入室内，同时相对于固定遮阳装置或玻璃遮阳，冬天阳光辐射进入室内使得室内升温效果明显，对降低冬季耗能也发挥着一定的作用。外遮阳技术在杭州市的应用情况为：对于多层建筑，主要用活动外遮阳产品；对于高层、超高层建筑，可使用中置遮阳产品。以浙江大学附属妇产科医院为例，其科教综合楼外立面根据具体的节能效率，设置了中央智能电动铝合金百叶遮阳系统进行自动遮阳，百叶会随着时间和日光强度的变化自动进行方位调节，减少夏季室内太阳辐射热，大幅降低空调运行能耗，达到明显的节能效果。

(五)太阳能光热/光伏技术

太阳能热水系统为太阳能利用中较为成熟的技术，性价比高，具有推广应用价值。《杭州市民用建筑节能条例》规定：十二层以下的新建居住建筑、超过十二层的新建居住建筑的逆六层，应当将太阳能、空气能等可再生能源利用热水系统与建筑一体化设计、施工、验收。

浙江省建筑光伏的应用起步早、力度大，目前已相继建成了一批具有影响力的标杆项目，如全国第一个利用工业园区屋顶建设的大规模光伏电站——中节能杭州能源与环境产业园、长兴国家首批光伏集中应用示范园区、海宁皮革城商业建筑光伏电站等。这些项目分别在工业屋顶、产业园区、商业建筑、公共建筑领域成为光伏应用的代表性项目。杭州市铁路东站枢纽工程，10MW屋顶并网光伏电站充分利用站房建筑的屋顶结构和面积，实现光伏发电和轨道交通建筑房屋一体化的功能，屋面共铺设44000块太阳能组件，总面积为10000m^2；其作为目前亚洲最大的光伏单体建筑发电系统之一，每年可实现光伏发电约1000×10^4kWh(http://news.xinhuanet.com)。

目前，光电建筑在杭州市已具备一定的产业基础。例如，正泰新能源公司凭借创新性的电站开发、建设、运营的营利模式，目前在全国各地有40多家分公司，已经建成的光伏电站容量达1.32GW，发挥着省级龙头企业的核心作用。杭州桑尼能源科技有限公司致力于BIPV光伏产品与系统的开发和销售，其核心产品——光伏建筑一体化屋顶发电系统，是目前国内最成熟、最领先的工业厂房建筑光伏解决方案，有效解决了在彩钢瓦屋顶上开展规模化光伏应用的难题，在光电建筑应用领域具有极高的推广价值。同时，浙江省经信委发布的两批《浙江省光伏建筑一体化产品推广目录》，包括了浙江中南建设集团的光伏玻璃幕墙、龙焱能源科技的碲化镉薄膜组件、公元太阳能的嵌入式光电屋面构件、杭州桑尼能源科技的屋顶发电系统、天裕光能的非晶硅薄膜夹胶组件、合大太阳能的光伏陶瓷瓦、浙江昱辉阳光的微型并网逆变器、龙驰幕墙工程的光伏建筑一体化应用结构件等59项光伏建筑一体化产品。这些光伏企业都在发挥其独特的优势，大力推动了建材型及构建型光伏应用的发展。

(六)地源热泵空调系统

根据地热能交换系统形式的不同，地源热泵系统分为地埋管地源热泵系统、地下水地源热泵系统和地表水地源热泵系统等。地埋管地源热泵系统需要在土壤中打孔，占地面积较大、投资多；水源热泵系统需要打水井取水，需取得相关部门的审批，且存在井水回灌、地面沉降、水资源浪费、地质灾害等一系列问题。

杭州市地势东低西高，土壤覆盖层深度东深西浅、北深南浅，土壤富水性和综合热性条件较好，土壤平均温度约为18℃，与杭州市年平均气温相当，冬暖夏凉，是热泵空调系统的优质天然冷热源，宜发展复合式垂直性地埋管地源热泵，浅层地热能开发利用的空间非常大；杭州地区的地下水水温夏季约20℃，冬季约15℃，很多地区的第四系松散岩类孔隙潜水以及承压水的富水量丰富，在地质较好的区域，适宜采用地下水地源热泵系统；经流杭州市的钱塘江、富春江等水系，为利用地表水地源热泵的应用提供了得天独厚的条件。此外，杭州的千岛湖、青山湖、新安江等地表水体中蕴含着大量的低温地热能，新安江水温常年在15℃左右，年径流量超过$60\times10^{8}\mathrm{m}^{3}$，可为水源热泵系统提供丰富的冷热源。

地源热泵工程技术在杭州朗诗国际街区等多个居住建筑以及杭州火车东站、杭州奥体博览城主体育场、杭州绿色建筑科技馆等公共建筑项目中的应用，均起到了很好的带头示范作用。建德作为全国首批可再生能源建筑应用示范县(市)，率先开展以水源热泵为特色和重点的可再生能源建筑应用示范工作。目前建德已建成水源热泵应用面积约$69\times10^{4}\mathrm{m}^{2}$。淳安千岛湖某酒店项目在新型节能型“水源热泵全热回收空调”核心系统的改造中，使用水源热泵系统后，酒店节约电能超过70kWh，节约油料超过90t，总计年节约能源费用100多万元。

(七)空气源热泵热水系统

空气源热泵热水系统是把空气中的热量通过冷媒转换到水中，传统的电、燃气热水器是通过消耗燃气和电能来获得热能，而空气能热水器是通过吸收空气中的热量来达到加热水的目的，在消耗相同电能的情况下可以吸收相当于三倍电能左右的热能来加热水。由于空气源热泵的节能减排特性，目前欧盟等国家已经将空气能热泵列入可再生能源范围，并给予相应的政策支持。在我国，浙江和广东、上海、江苏等地区已经把空气源热泵产业列入“十二五”时期节能产业规划。作为节能减排的推广项目，部分地方政府已明确了空气能热泵的支持政策。《浙江省可再生能源开发利用促进条例》于2012年10月1日实施，空气源热泵热水系统正式被浙江省归为可再生能源范畴。浙江省在节能评估审查和绿色建筑评价标识等节能制度中，已认可空气源热泵热水系统作为可再生能源应用形式之一。近年来浙江省涌现出了一大批空气源热泵生产厂家，品牌众多，种类丰富。据有关资料显示，杭州市有热水需求的公建项目中，应用空气源热泵热水系统的项目数量超过1/3。

(八)新型建筑工业化技术

浙江省建筑工业化的起步较早，近几年更是在不断的探索和实践中取得了长足的发展。省人民政府办公厅于2014年12月发布《浙江省深化推进新型建筑工业化促进绿色建筑发展实施意见》；省住建厅于2014年11月发布《浙江省新型建筑工业化适宜建筑体系指导目录》。2014年，为加速推进新型建筑工业化工作，杭州市人民政府成立了推进新型建筑工业化工作领导小组，下设办公室，办公室设在市建委。2015年1月，杭州市人民政府发布了《关于加快推进建筑业发展的实施意见》，对积极引导和培育新型建筑工业化发展进一步做出了部署。

2014年，杭州市建委在专家论证通过的基础上颁布了《杭州市建筑工程装配整体式混凝土结构试点工程施工与质量验收规定》。三墩北21－17、18、19地块保障性住房建设项目作为浙江省首批装配整体式混凝土结构试点试行工程，现已开工且进展顺利。该规定由杭州市建设工程质量安全监督总站主编、远大住宅工业(杭州)有限公司、浙江省天和建材集团有限公司、中天建设集团有限公司等单位协作编制。该规定的发布为推进杭州市新型建筑工业化提供了有力的技术支撑。浙江杭萧钢构被命名为全国住宅产业化基地，其研发的住宅钢结构建筑体系，已投入武汉“世纪家园”等项目的应用,并出口安哥拉;内蒙古万郡大都城项目占地近 $100\times10^4\,m^2$,成为全国最大的钢结构绿色住宅区。万科·北宸之光 14 号楼 4 层及以上部分采用 PC 外墙围护预制构件与 PC 预制楼梯,是万科集团工业化建设在杭州的一大亮点。萧山区充分发挥其钢结构产业位居全国前列的优势,大力推动装配式钢结构体系在住宅建设中的应用。由杭萧钢构、东南网架、省建工集团承建的钱江世纪城人才专用房一期一组团项目,全部采用装配式钢结构体系建造;东南网架为该项目申报的装配式钢结构住宅技术创新和产业化示范工程,获批 2013 年低碳技术创新及产业化示范工程,获得国家专项资金补助 2400 万元。随着建筑产业现代化的发展,杭州市许多企业认识到,这是一项重大的战略决策,是企业转型升级的重要战略路径,应抓住机遇,积极参与,有所作为。

四、绿色节能技术应用中存在的问题及对策

虽然绿色节能技术在杭州市的推广应用情况良好,但在实际应用中还存在着一定问题,需在不断完善与提升中,持续提高绿色节能技术的应用效果,使其更加合理化、有效化。

(1)外墙节能技术:外墙内保温具有保温效果差、宜开裂、占用室内空间等缺点,因此,杭州市外墙节能技术在今后的发展方向应为大力推广应用外墙自保温体系,特别是重质一轻质复合的自保温墙体材料;鼓励发展新型无机类外保温技术,尤其是保温装饰一体化外保温技术。

(2)门窗幕墙及遮阳系统节能技术:门窗幕墙存在保温性能差、透光面积大、能源消耗较多等问题,因此,增加遮阳设施将对节能效果起到显著作用。研究开发适宜建筑节能市场需要的高隔热低得热性能和价格适当的活动遮阳产品,是遮阳节能的重要方向。

(3)可再生能源应用技术:目前,大量维护结构资源闲置,与可再生能源设备和建筑维护结构一体化程度较低的现象并存。因此,加快推进建筑维护结构资源有效利用,加大对可再生能源利用的推广力度和研发及产业化支持力度,提升相关产业技术标准要求,提高浅层地能应用系统的综合性能系数,提升光伏/光热组件与建筑一体化程度和在有限空间内可再生能源的综合利用效率,探索可再生能源在建筑中应用的新模式,势在必行。

(4)新型建筑工业化技术:标准规范缺失、专业人才匮乏等问题严重制约着新型建筑工业化的建设。因此,抓紧出台相关的设计、生产、施工、验收标准及图集,技术规范和产品推广应用目录,引导企业提升技术水平,加强对专业人才的培训,是当前推广新型建筑工业化工作的重中之重。

五、结　语

绿色节能技术之于良好生产生活环境的创建、建筑使用效率的提升、能源及建筑设备运行等费用的节约意义重大。在绿色节能技术的强大支撑下,杭州市绿色建筑和建筑节能这项“功在当代、利在千秋”的工作必将迈上更高的台阶,开创更新的局面。

板式高层住宅钢结构风振特性研究

陈水福　沈　言

(浙江大学建筑工程学院结构工程研究所,杭州,310058)

摘　要:本文探讨平面深宽比和立面高宽比达到或超过6的狭长形板式高层住宅钢结构的风振响应和风振特性。通过表面多点测压和高频天平测力风洞模型试验测得了典型板式高层建筑的脉动风荷载;在时域和频域内对承重钢结构的风振响应,特别是与正常使用性能有关的顶点风振峰值加速度进行了分析;将时域与频域的风振响应统计结果及频谱特性作了比较。结果显示,当顺风向和横风向分别与建筑短边方向基本一致时,该顺风或横风方向的风振加速度最为显著;建筑狭长平面一定程度上阻挠了横风向漩涡脱落的形成,使得这类建筑的峰值加速度主要由顺风向控制;扭转向的加速度不可忽略,其值可能达到或超过横风方向之值,而且受高阶振型的影响更为明显。

关键词:钢结构;高层建筑;风洞试验;风振响应;峰值加速度

一、引　言

多单元的住宅高层建筑经常设计成平面为狭长形的板式体型,以获取更佳的通风和采光效果。当采用钢结构体系作为承重结构时,这类建筑的结构设计往往由其正常使用状态的风振峰值加速度控制。由于这类狭长形板式高层建筑的风振响应特别是横风向风振响应与常见的长宽较接近的公共建筑可能存在较大差异,因此有必要对其进行专门的研究。

经过数十年的探索与实践,高层建筑顺风向风振响应的分析问题已经得到了较好的解决。Davenport 等[1,2]通过引进统计学理论和准定常假定,并对响应作共振和背景分量的区分和组合,大幅简化了顺风向风振响应的计算,使其更适应于工程应用,包括在我国建筑结构荷载规范中的应用[3,4]。但是准定常假定对横风向风振并不适用,因此横风向风振的相关研究仍然存在许多困难和问题。在高层建筑的风振研究中,多数关注于常见的形状较规则或深宽比较小的高层办公楼,而对狭长板式体型的住宅建筑的研究很少。日本建筑协会(AIJ)的建筑荷载建议中虽然对横风向风荷载的计算有着较详细的规定[5],但相关建议只适用于深宽比小于5的建筑。

高层建筑风振响应分析的较常用手段是通过风洞试验测得脉动风荷载,再进行时域或频域的计算分析获得其风振响应。一种较简便的方法是进行刚性模型的高频动态天平测力试验,测得高层建筑的基底气动力谱,再依据基阶振型线性假定求得结构风振响应的近似解[6]。该方法虽然简单,但只考虑了基阶线性振型的影响,往往会由此带来不同程度的误差。为获得更准确的包含弹性基阶振型和高阶振型影响的结果,可采用基于刚性模型表面多点测压试验的风振响应分析方法[7,8]。当然,如果同时采用两种方法进行分析并作对比和校核,那么应属更值得推荐的解决方案。

本文同时采用表面多点测压试验和高频动态天平试验方法，对一幢平面为狭长形的板式住宅钢结构高层建筑进行了风振响应和风振特性研究，侧重于采用频谱方法进行风振分析，并与测压试验的时域分析结果进行比较，对这类结构的顺风向、横风向和扭转向的风振响应及风振特性作了总结和讨论。

二、风洞模型试验

(一)风洞试验概况

本次试验所研究的建筑物位于杭州市钱塘江东南岸的钱江世纪城区域，其平面布置如图 1 所示。由于各建筑物的高度相近，群体效应较为显著，故同时进行了单体和群体两种工况下的试验。试验按每隔 15°取一个风向角，共计 24 个风向角。风向角及所研究的建筑物的坐标定义参见图 1 所示。本文主要研究单体建筑的风振特性。

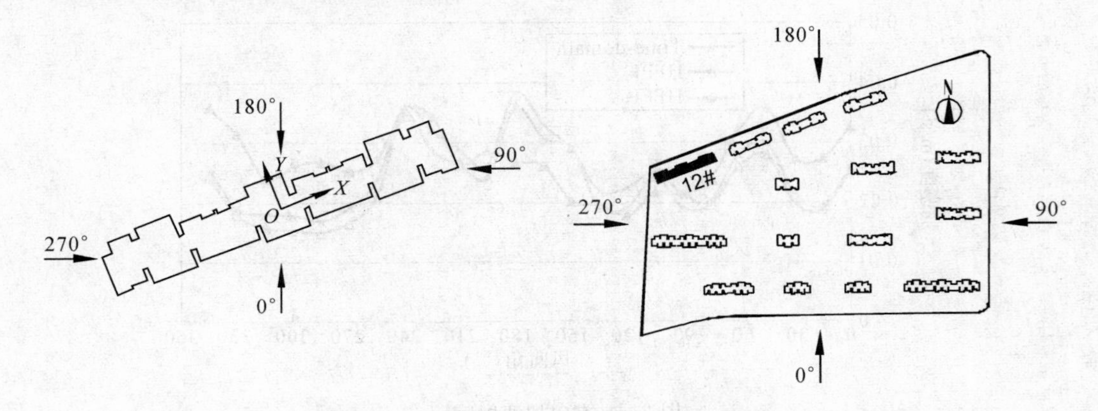

图 1　建筑平面及风向角与坐标方向定义

对该建筑物实施了表面多点测压和高频天平测力两种试验，试验在浙江大学的 ZD－1 边界层风洞中进行。该风洞为闭口式，试验段长 18m，截面尺寸为宽 4m、高 3m。根据所测试建筑物的地理位置及建筑周围环境，按建筑结构荷载规范[3]确定该建筑物处于 B 类地貌，百年一遇和十年一遇的基本风压分别为 0.45kPa 和 0.30kPa；模型缩尺比为 1∶250。平均风速沿高度按指数规律变化，风场湍流强度沿高度按日本规范建议的负指数规律变化。

(二)计算模型与结构特性

本文研究的高层住宅钢结构共有 37 个结构层，含 3 个地下室层。计算模型采用集中质量简化模型，假设楼层刚度无限大，这样每个楼层具有 2 个平动自由度与 1 个扭转自由度。由本文简化模型计算得到的结构前三阶自振频率与 SATWE 设计模型的结果对比如表 1 所示，可见使用简化模型的结果是可靠的。

表 1　结构自振频率比较(单位：s^{-1})

计算模型	第 1 阶	第 2 阶	第 3 阶
简化模型	0.260	0.299	0.367
SATWE 模型	0.269	0.300	0.345

(三)风致响应计算方法

本文采用三种方法进行风振响应分析:基于表面测压试验的时程分析法(Time-domain 法)、基于表面测压试验的频谱分析法(HFPI 法)[9]、基于高频动态天平试验的频谱分析法(HFFB 法)。三种方法的主要区别在于,测压时程法采用 Newmark－β 方法求解振动微分方程,考虑了多阶振型的影响;测压频谱法在频域内采用随机振动理论公式计算,仅考虑第一阶振型的影响;天平试验频谱法依据基阶振型线性假定,由基底弯矩和扭矩近似求得结构响应。本文主要针对加速度响应进行分析。

三、风振响应结果分析

图 2～图 6 给出了不同风向角下由三种方法计算得到的顶点峰值加速度响应的结果对比,其中扭转向加速度已折算为建筑角点处的线加速度,以方便与平动加速度的比较。

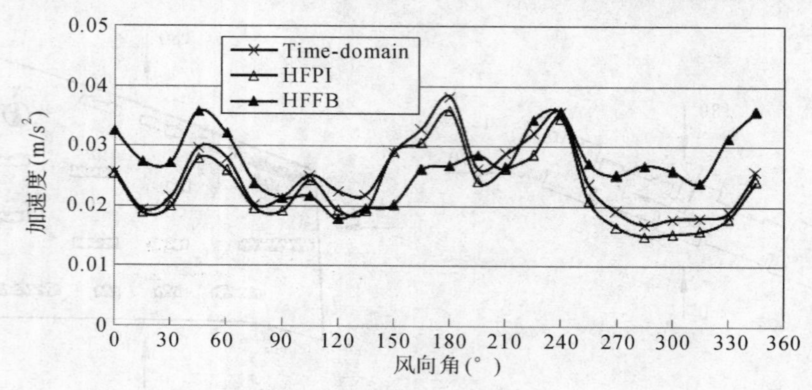

图 2　x 方向加速度响应

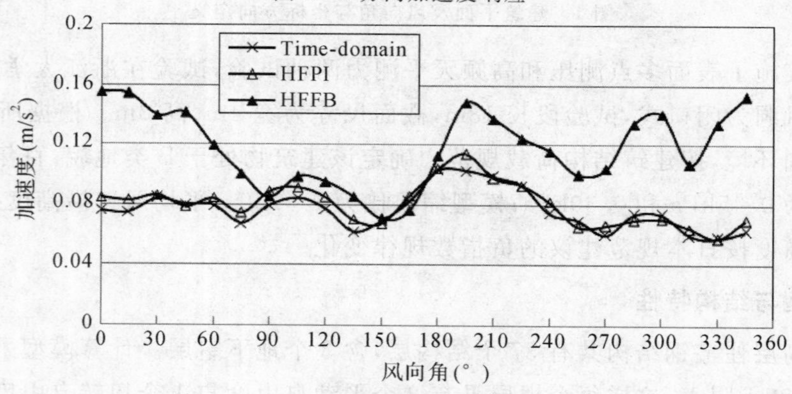

图 3　y 方向加速度响应

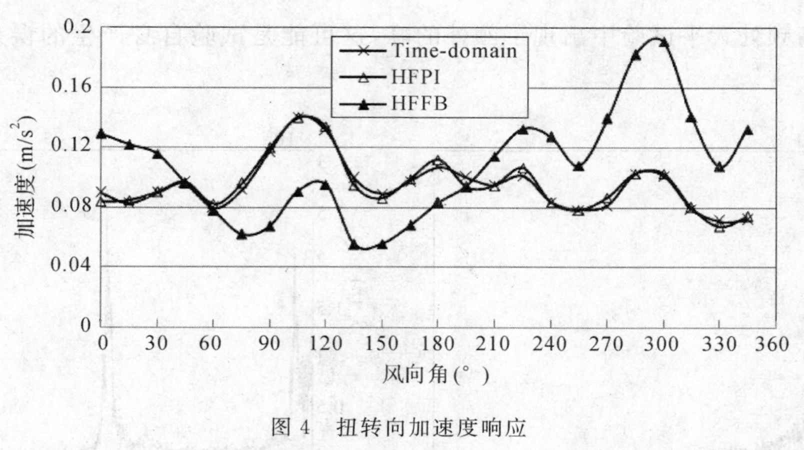

图 4　扭转向加速度响应

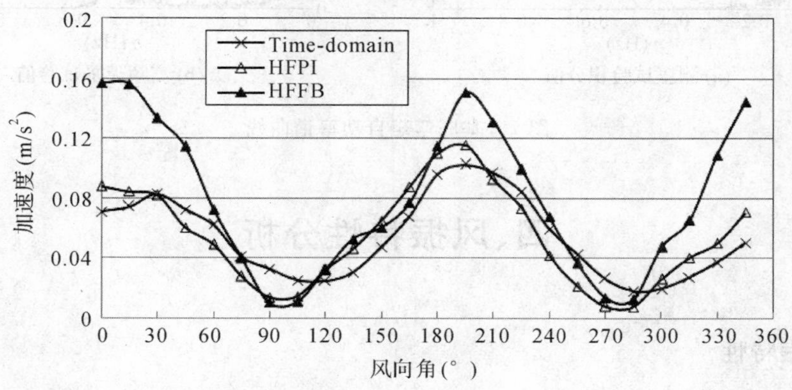

图 5　顺风向加速度响应

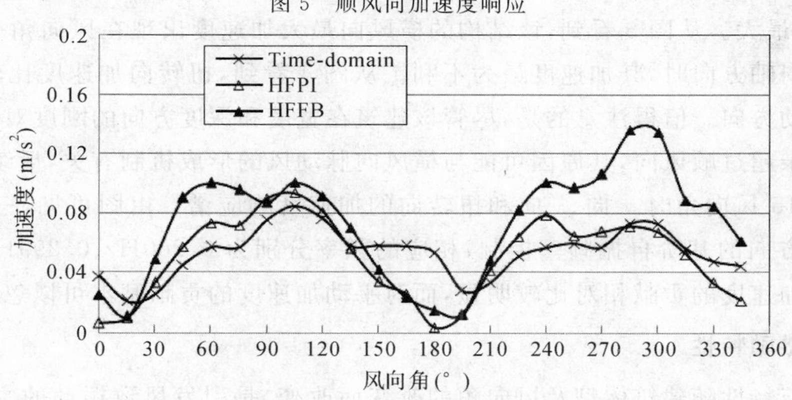

图 6　横风向加速度响应

由图 2～图 6 可见，采用基于表面测压试验的时域和频域方法计算得到的加速度结果在多数情况下吻合良好；但从图 6 中看到，180°风向角时两者的结果存在一定偏差。其原因在于，时程分析时可同时获得顺风和横风两个方向的加速度时程，再对其进行统计值的计算；而频谱分析时，直接得到的是坐标方向的加速度均方根，并无正负方向差异，然后对均方根按顺风和横风方向分解。统计计算的差异可能对两种方法的结果产生影响，并在有些情况下导致较明显的相互偏差。

基于高频天平试验的计算结果与前两者均存在一定程度的偏差，尤其是在弱轴方向，其加速度结果的偏差更为明显。但当加速度响应分解为顺风和横风方向时，三种方法均能表现出较为一致的变化趋势。

此外，在高频天平试验中，基底力时程的测试误差也会对风振响应结果带来直接影响。图 7 给出了按天平试验基底力时程数据绘制的自功率谱与按测压试验计算获得的基底力自功率谱的比较,可以看到在高频处天平试验中出现了额外的峰,这可能是试验自身产生的误差所致,需对其作进一步的研究。

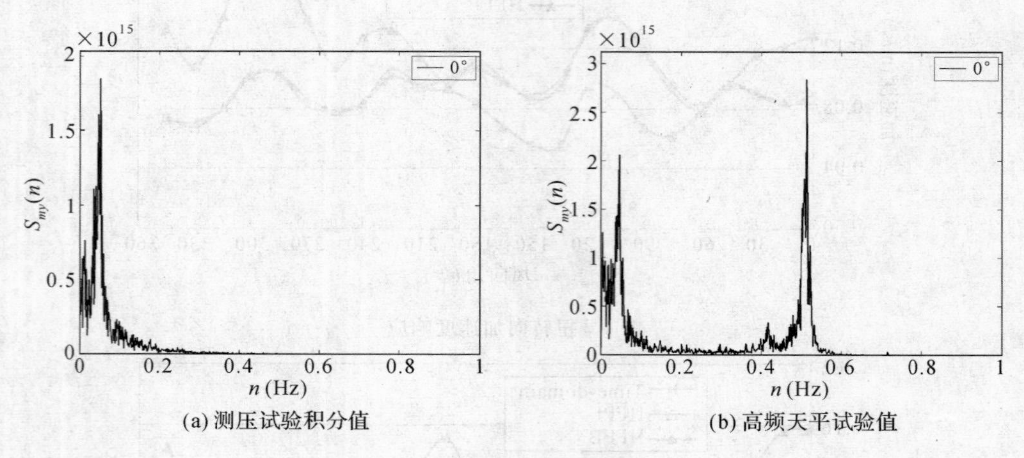

(a) 测压试验积分值　　(b) 高频天平试验值

图 7　基底弯矩自功率谱曲线

四、风振特性分析

(一)结构风振特性

从图 5 看到,该结构的顺风向最大加速度出现在风向角 15°和 195°处,这说明当横风向沿弱轴方向时,其加速度最大。从图 6 看到,该结构的横风向最大加速度出现在风向角 105°和 285°处,这说明当横风向沿弱轴方向时,其加速度最为不利。从图 4 看到,扭转向加速度比较明显,其值可达到或超过横风平动方向。值得注意的是,尽管该建筑在宽度和深度方向的刚度对比较大,但横风向加速度最大值并未超过顺风向,其原因可能与横风向脉动风的形成机制有关,后续将进一步分析。

图 8 给出了 15°风向角时 x 向、y 向和扭转向的加速度响应谱。由图可见,三个方向的加速度响应主要由对应方向的基阶自振频率控制,相应的频率分别为 0.260Hz、0.299Hz 和 0.367Hz;高阶振型对扭转向加速度的贡献相对比较明显,而对平动加速度的贡献基本可以忽略。

(二)风荷载激励特性

风自身的紊流特性随建筑体型及风向角的改变而改变,是引发风致振动的主要原因。图 9 给出了典型风向角下建筑横风向基底弯矩的自功率谱曲线。由图可见,当长边迎风时,横风向出现比较明显的漩涡脱落效应;而当短边迎风时,该效应并不那么明显。这主要是由于截面过于狭长,脱落后的漩涡将再次附着于结构表面,从而一定程度上阻挠了规律性漩涡脱落的形成,减小了横风向的风致振动。因此,尽管狭长形截面两个方向的刚度相差较大,但当短边迎风时其横风向加速度仍未明显超出长边迎风时的顺风向加速度。

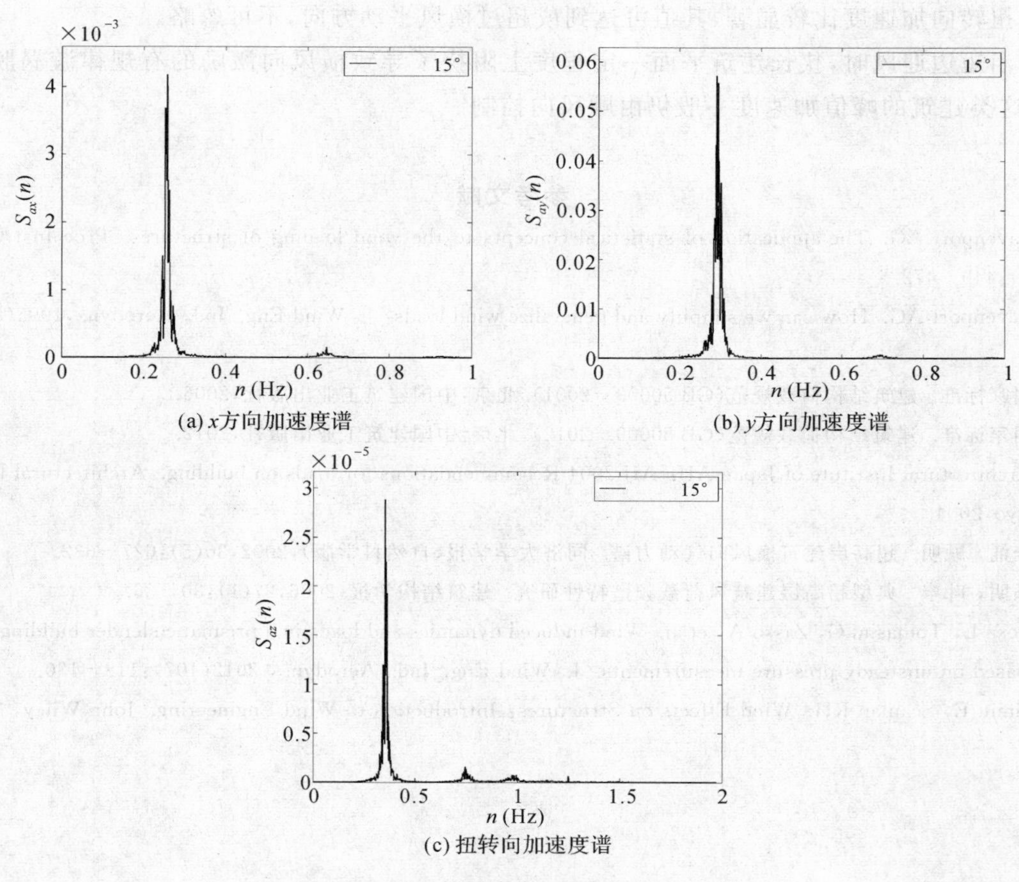

(a) x方向加速度谱

(b) y方向加速度谱

(c) 扭转向加速度谱

图 8　15°风向角时的加速度响应谱曲线

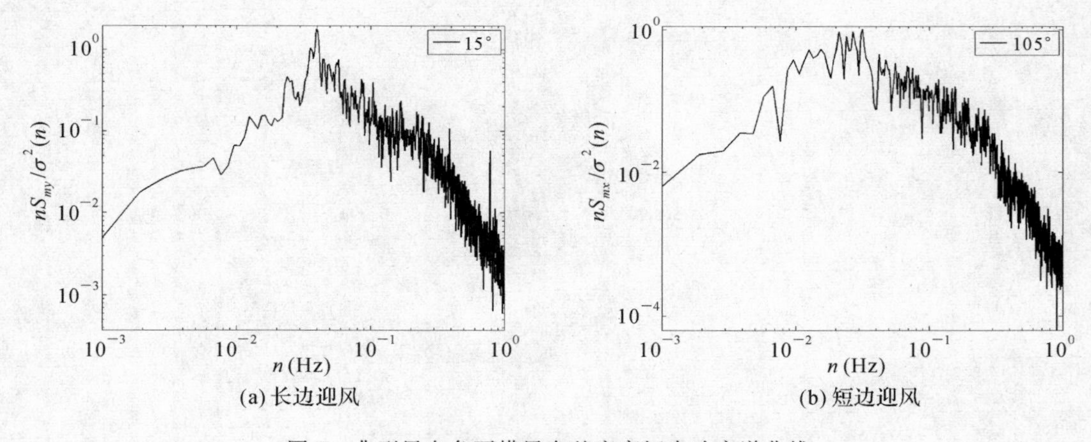

(a) 长边迎风

(b) 短边迎风

图 9　典型风向角下横风向基底弯矩自功率谱曲线

五、结　论

(1) 狭长形板式高层住宅钢结构的风振响应呈现出较明显的自身特性，当顺风向和横风向分别与建筑短边方向基本一致时，该顺风或横风方向的风振响应最为显著。

(2) 平动和扭转方向的加速度响应主要由对应方向的第一阶自振频率控制；高阶振型对平动加速度的影响基本可以忽略，但对扭转加速度的贡献则相对比较明显。

(3) 扭转向加速度比较显著，其值可达到或超过横风平动方向，不可忽略。

(4) 当短边迎风时，狭长建筑平面一定程度上阻挠了导致横风向激励的有规律漩涡脱落的形成，使得这类建筑的峰值加速度一般仍由顺风向控制。

参考文献

[1] Davenport AG. The application of statistical concepts to the wind loading of structures. Proc Inst Civil Eng, 1961,19(2):449－472.

[2] Davenport AG. How can we simplify and generalize wind loads? J. Wind Eng. Ind. Aerodyn. ,1995(54):657－669.

[3] 国家标准. 建筑结构荷载规范(GB 50009－2001). 北京:中国建筑工业出版社,2006.

[4] 国家标准. 建筑结构荷载规范(GB 50009－2012). 北京:中国建筑工业出版社,2012.

[5] Architectural Institute of Japan AIJ. AIJ 2004 Recommendations for loads on building. Architectural Institute of Japan, Tokyo, 2004.

[6] 全涌，顾明. 超高层建筑横风向气动力谱. 同济大学学报(自然科学版),2002,30(5):627－632.

[7] 顾明，叶丰. 典型超高层建筑风荷载频谱特性研究. 建筑结构学报,2006,27(1):30－36.

[8] Rosa L, Tomasini G, Zasso A, et al. Wind-induced dynamics and loads in a prismatic slender building: A modal approach based on unsteady pressure measurements. J. Wind Eng. Ind. Aerodyn. , 2012(107):118－130.

[9] Simiu E, Scanlan RH. Wind Effects on Structures: Introduction to Wind Engineering. John Wiley, 1986.

基于节约资源与可持续发展的基坑支护技术

刘兴旺　施祖元

(浙江省建筑设计研究院,杭州,310006)

摘　要:本文基于浙江省的基坑工程实践及绿色、低碳的发展理念,对SMW工法、TRD工法、钢支撑、与主体结构相结合的支护结构、复杂地层的基坑支护以及基坑工程环境保护等技术的应用及发展进行了系统的阐述和总结,分析了应用中存在的主要问题。

关键词:基坑;资源;可持续发展;环境保护

一、前　言

改革开放以来,我国的经济建设取得了巨大的成就,综合国力和人民的生活水平均在不断提高。但在资源利用和环境保护方面,我国与发达国家之间还有一定的差距,不少问题亟待解决。在基坑工程常用的各种支护方法中,这方面的问题主要表现如下:

1)材料的不可重复利用

钢筋混凝土钻孔灌注桩和钢筋混凝土内支撑在基坑支护中应用最为广泛,基坑工程施工完成后,钻孔灌注桩作为支护桩的功能已经完成,通常不会再次利用;而混凝土内支撑在主体地下结构逐步形成的过程中需要拆除,拆除后成为建筑垃圾,需另行处理;拆除过程中,还存在噪音、粉尘,对周边环境有一定影响。

2)基坑支护结构成为地下障碍物,影响了后续工程的进行

在地下空间进一步开发利用时,废弃的围护桩影响后续工程的施工;当存在土钉、锚杆、锚索等地下障碍物时,影响范围更大。此类地下障碍物给后续工程(如市政道路、管线、轨道交通设施、地下结构等)的施工等带来较大的技术难度和风险。

3)周边环境影响

基坑坍塌或变形过大造成邻近建筑物或道路、管线设施产生险情,甚至影响安全使用的事故屡见不鲜,基坑施工的环境保护已成为社会关注的热点。

随着我国城市化的发展,地下空间的开发力度逐年加大,基坑工程量大面广,单体基坑规模越来越大,基坑开挖深度也越来越深。表1给出了近年杭州市典型大型基坑工程的相关数据。因此,结合实际存在的问题,采用基于节约资源和可持续发展的基坑支护技术具有重要的现实意义。

二、可重复利用的基坑支护体系

传统的基坑支护结构存在资源消耗量大、不可重复利用且易成为永久地下障碍物的问题，浙江省于2007年开始就可重复利用的基坑支护体系开展了系统研究，迄今为止，在型钢水泥土连续墙(SMW工法)、渠式切割水泥土连续墙(TRD工法)以及钢支撑方面取得较大成效，并逐步在工程中推广应用。

表1 近年杭州具有代表性的大型基坑工程

工程名称	地下室层数	开挖深度(m)	基坑占地面积(m^2)
杭州地铁4号线官河站	3	34	4500
密渡桥路地下车库	10	34	150
荣邦水岸莲花地下车库	10	33.2	475
杭州中心	6	30～32	22897
国大城市广场	5	28～32	15000
钱江新城D－09地块	3～5	15～28	28000
国贸总部大楼	5	25～29	8800
新天地东方茂	4	22～25	40000
黄龙饭店	4	20～22	14000

(一)型钢水泥土连续墙(SMW工法)

SMW工法通过在连续搭接的三轴水泥土搅拌桩中插入H型钢，形成集挡土与止水于一体的围护结构；地下室施工完成后，将H型钢从水泥土搅拌桩中拔出，达到回收和再次利用的目的[1]。与传统技术相比，该工法具有如下一些特点：

(1)节材。由于围护功能完成后型钢可以拔出，供下一个工程使用，与钢筋混凝土灌注桩或地下连续墙相比，节省了大量钢筋。

(2)节地。SMW工法是在三轴水泥土搅拌桩内插入型钢，形成的挡墙同时具备了挡土与止水的功能，围护体的占地面积较小。

(3)环保。施工时噪音低，无泥浆污染及扬尘，对周边环境的干扰小。

(4)施工速度快。三轴水泥土搅拌桩施工的同时，型钢插入跟进，围护体相应形成，工序衔接紧密。围护桩施工工期较常规的排桩围护形式节省约一半以上。

(5)可持续发展。由于型钢拔除后，留在地基中的围护体仅为水泥土搅拌桩，与钢筋混凝土钻孔灌注桩相比，这类障碍物易于清除，对后续工程的施工影响小。

SMW工法在上海、天津等地区应用较早。由于浙江省水文地质条件的复杂性，常规的SMW技术在省内的推广应用有一些难度，实际应用中需解决如下问题：

(1)在复杂地层条件下，水泥土搅拌桩的施工质量控制。常规的搅拌桩机械在遇到强度较高的粉砂、黏土、碎石土、基岩等时，钻进困难，搅拌不均匀，导致搅拌桩成桩效果差，型钢下放困难，影响到SMW挡墙的整体效果。因此，施工设备及施工工艺的改进是关键。

(2)在强渗透性地层中，地下水位高且水位变化大的情况下，水泥浆液易流失，从而导致成桩不均匀，帷幕不连续、不封闭，影响到基坑的止水效果。

(3)水泥土强度较高时，型钢回收难度大。

在SMW工法的引入、改进和推广应用中，上述问题逐步得到了解决。该技术首次于2006年在湖州凤凰污水处理厂两个地下水池项目中成功地得到应用;在杭州留下商贸大厦工程中,解决了墙端进入强风化岩层以及距离既有建筑仅1m的情况下进行SMW工法施工这两个技术难题;在杭州运河宾馆工程项目,该技术实现了深厚软土地基大型基坑对邻近多幢浅基础住宅楼成功保护的目标。图1为某项目SMW工法的应用效果。

在渗透性能较强的粉性土地基上,SMW工法首先于2007年在杭州钱江新城东杭大厦得到应用。该项目解决了深厚粉土地基上的水泥土隔渗性能控制以及高强度水泥土中型钢的起拔回收这两个技术难题。该工法在东杭大厦的成功应用促进了三轴水泥土搅拌桩作为止水帷幕在粉性土地基中的应用。目前,在杭州粉性土地基的基坑工程中,三轴水泥土搅拌桩由于其止水效果好、价格低等因素已作为首选的止水帷幕形式,取代了传统的高压旋喷桩,应用最深的基坑开挖深度达18.5m(杭州华润新鸿基钱江新城综合项目一期工程)。SMW工法在粉性土地基中应用的最大开挖深度达16m(庆春路过江隧道江北明挖段)[2]。

图1 SMW工法的工程实景

到目前为止,SMW工法已成为1～2层地下室基坑围护的主要手段。浙江省工程建设标准《型钢水泥土搅拌墙技术规程》(DB33/T 1082－2011)已于2011年颁布实施。

(二)渠式切割水泥土连续墙(TRD工法)

TRD工法是在SMW工法基础上改进而成,该技术通过链状刀具全深度切割、搅拌、推进而形成连续的水泥土墙;与传统的搅拌技术相比,墙体均匀性好、没有接缝、质量可靠,可形成的墙体最大深度达60m,对地层适应性强,止水性能优于地下连续墙和SMW工法[3]。2010年杭州下沙智格社区办公楼作为国内第一个应用该技术的项目,取得圆满成功,接下来在杭州近江大厦、杭州华润新鸿基钱江新城综合项目二期工程、杭州台州路步行街项目等均得到成功应用。图2为TRD工法在某项目的应用效果。TRD工法为复杂地层、超深止水帷幕提供了一种较好的解决手段,在国内的一些大型复杂项目中推广应用的速度很快。浙江省工程建设标准《渠式切割水泥土连续墙技术规程》(DB33/T 1086－2012)和国家行业标准《渠式切割水泥土连续墙技术规程》(JGJ/T 303－2013)已分别颁布实施。

图2 TRD工法的工程实景

(三)钢支撑

与传统的混凝土支撑相比,钢支撑具有如下一些优点:

(1)钢支撑安装拆除方便,施工速度快,且无须养护,缩短了整个基坑的施工工期;

(2)可回收利用,节约了资源;

(3)可通过施加预应力措施,控制围护结构的侧向变位,保护环境;

(4)施工现场整洁,施工过程噪音小,环保效果好。

因为上述优点,在日本、欧美等发达国家,钢支撑的应用较为广泛。

我国的钢支撑限用于市政项目,如管道沟槽的开挖、地铁车站的建设等。在民用建筑基坑中,钢筋混凝土内支撑的应用最为广泛，钢支撑只在平面尺寸小、开挖深度浅的简单基坑工程中偶尔得到一些应用。钢支撑没有在民用基坑工程中大量应用的原因主要如下：

(1)混凝土支撑施工技术成熟，质量可靠；

(2)混凝土可根据基坑的形状灵活布置，在满足支撑功能的基础上，可以留设较大的挖土空间；

(3)钢支撑的施工经验缺乏，现场焊接的节点质量难以保证；

(4)为满足有效的支撑要求，钢支撑的布置一般较为密集，土方开挖的难度较大，现有的挖土机械及挖土工艺滞后，致使超挖、支撑不及时现象经常发生，形成安全隐患。部分工程因此出事后，影响了钢支撑的推广应用。

(5)型钢租赁单位相对较少，采用钢支撑的直接经济优势不大。

从节约资源、提高功效的角度出发，钢支撑的应用是未来的趋势。特别是采用 SMW 工法和 TRD 工法后，配套采用钢支撑更加能体现其技术和经济综合优势。近几年，随着预应力型钢组合支撑的推广应用，浙江省钢支撑的设计与施工技术日臻成熟，并呈现如下特点：

(1)支撑主要构件规格标准化。如钢管普遍采用 609mm 直径，H 型钢普遍采用 H700×300、H500×300 、H400×400；标准化有利于设计与施工质量的控制，便于租赁。

(2)支撑杆件的连接节点标准化。支撑系统由支撑杆件、标准节点在现场拼装而成，尽量避免非标准节点，减少现场焊接。

(3)支撑与围檩、围檩与围护体的连接节点标准化。

(4)支撑平面布置时，预先考虑土方的开挖方式，采用鱼腹梁(图 3)或圆拱技术(图 4)留设较大的操作空间，设置施工栈桥或加强局部支撑，满足土方开挖的要求。

(5)实时自动化监测已逐步应用，钢支撑的工作状况更为可控。

钢支撑的推广应用与土方开挖的整体理念提升密切相关。传统的挖土方法是挖机及运土车下坑后通过坡道运输，但钢支撑往往布置密集，对一道支撑的基坑可以考虑该挖土方法，但对两道以上内支撑的基坑，这种挖土方法的安全隐患很大，此时通过栈桥结合垂直运输土方的开挖方式较为合适。为满足垂直运输的需要，应改进施工机具，通过大型吊车、长臂挖机、栈桥等提高土方开挖的效率。

图 3　鱼腹梁应用实景

图 4　钢结构拱形支撑应用实景

三、与主体结构相结合的基坑支护技术

对平面尺寸超大、深度超深、环境条件复杂的基坑工程，采用传统的围护方法不仅资源消耗量大、工期长，在安全度方面也有不足。因此结合实际工程的特点及土层条件，充分将主体结构与围

护结构相结合，提出针对性的围护体系，在确保安全的基础上，节约资源。

(一)地下连续墙“二墙合一”技术

地下连续墙，是指由专门的成槽设备及泥浆护壁技术，在地层中挖出一段狭长的深槽，然后在槽中放入预先加工好的钢筋笼，浇灌混凝土，各段墙幅以特定的接头形式逐一连接起来，从而形成一道连续的地下墙壁(图 5)。地下连续墙的用途很广，可用作诸如建筑物地下室、地铁、隧道、码头、护岸、防渗墙、挡土墙等。

1994 年 5 月，地下连续墙在浙江首次运用于浙江日报新闻大楼，墙厚 650mm，深 16.0m，采用双波柔性接头形式。1997 年，“两墙合一”施工技术首次运用于杭州，分别为杭州解百商业城和西湖凯悦大酒店，均采用十字钢板施工。2007 年，在黄龙饭店工程首次应用了带支腿的地下连续墙(图 6)。

采用地下连续墙“二墙合一”技术，具有如下优点：

(1)节地，利用地下室外墙直接作为围护墙，省去了临时围护以及地下室外墙施工需要的空间(图 5)。

(2)围护体成为永久结构的一部分，避免成为地下障碍物。

(3)围护体刚度大，止水效果好，基坑支护的安全度较高。

(4)由于简化了施工程序，施工速度快。

(5)地下连续墙可进一步作为主体结构的竖向承重或抗浮结构。

图 5　地下连续墙

图 6　带支腿地下连续墙绑扎现场

(二)利用地下室主体结构作为支撑系统

对平面尺寸超大的基坑，设置临时支撑具有体系庞大、刚度不足、混凝土收缩和温度应力影响大、拆除工作量大等弊病，利用地下主体结构作为支撑系统可有效地解决上述问题。目前工程中应用较多的形式有“逆作法”及“中心岛法”。

1)逆作法

根据主体工程、基坑支护以及环境保护的需要，逆作法可采用地下结构全逆作法、地下结构半逆作法以及上下同步逆作法三种形式。全逆作法指利用地下结构平面范围的全部楼盖体系作为围护墙的临时支撑系统，只留设必要的出土、通风、照明、吊物等施工洞口；半逆作法指利用地下结构平面范围的部分楼盖体系作为围护墙的临时支撑系统，留设较大的空间方便土方开挖和地下结构施工，洞口范围的地下结构顺作施工(图 7)；上下同步逆作法指地下结构逆作施工的同时，上部结构顺作施工，施工期间上部结构的荷载由地下结构逆作施工范围的临时立柱承担。

杭州凯悦大酒店工程为浙江省首个大型逆作法项目[4]，该工程采用 800mm 厚地下连续墙“二墙合一”技术，利用地下室顶板、地下一层楼板、地下二层楼板作为基坑开挖过程的临时支撑，在地下工程逆作施工的同时，进行上部结构施工，施工过程上部结构及地下结构的竖向承重由临时钢立柱承担。当地下结构施工完成时，地上已施工至6层，在确保安全的基础上，节省了资源，缩短了施工工期。

杭州解百商城项目，采用半逆作法施工工艺，在利用地下主体结构作为临时支撑的同时，留设了较大的施工空间，方便了施工，同时节省了工程造价。

2)中心岛法

对平面尺寸超大、环境条件较好的项目，中心岛法具有较为明显的技术经济优势。以杭州华润新鸿基钱江新城综合项目一期工程为例(图8)，该项目设三层地下室，地下室平面尺寸约为220m×290m，大面积开挖深度达18.5m，设计采用了中心岛的思路。采用一排1200mm直径钻孔灌注桩作为围护桩，围护桩边留土30m，中间部位放坡开挖至坑底标高，施工相应范围的基础结构；同时以施工完成的基础结构为支点，设置两道竖向斜撑，各道斜撑设置后分别开挖周边留土，最后施工留土范围的基础。该方案具有安全、施工方便、施工速度快、造价经济等特点。

在浙江商会大厦、泛海国际、万银大厦等工程中，中心岛法均成功地得到应用。

图7　逆作法工程实景

图8 中心岛法

四、复杂地层的基坑支护技术

常见的复杂地层主要包括如下一些情况：

(1)填土成分复杂，厚度大；

(2)地层中存在原江河驳坎、堤坝、抛石等地下障碍物；

(3)废弃的深基础及工程桩；

(4)地下人防设施、古井等。

在复杂地层中进行基坑支护，围护体选型需要考虑施工的可行性问题，并充分考虑障碍物清除可能带来的环境灾害[5]。以杭州黄龙饭店工程为例，在地下连续墙位置存在废弃的钢筋混凝土地下结构(油罐)，由于该地下结构距离既有浅基础建筑物比较近，因此为保证清障及地下墙成槽过程中周边环境的安全，清障前采取了SMW工法的临时围护措施。SMW工法桩兼作地下墙成槽阶段的槽壁加固措施，地下墙施工结束后，型钢回收。该措施在确保地下墙顺利施工的同时，保证了周边环境的安全，且经济性好。

浙江广发大厦工程，场址上存在大量原建筑的基础工程桩，包括22m长的预制方桩和沉管灌注桩，部分桩位与地下连续墙重合，因此需要拔除；但距离地下墙约5m范围存在两桩年代久远的浅基础住宅楼，为确保其在拔桩、成槽过程中的安全，首先在地下墙外侧预先采取了高压摆喷槽壁加固技术，对废弃的工程桩采取了全钢套管护壁结合吊机拔除、人工凿除的措施。该处理方案的实施效果比较理想，在保证了周边环境安全的基础上，成功地完成了地连墙的施工。

钱江新城圣奥大厦设两层地下室，部分范围围护桩施工时遇到大量原钱塘江江底抛石，采用深井降水结合人工挖孔的清障措施，效果良好。

广利大厦地下连续墙遇到原有工程桩与围护桩，综合采取了人工挖孔部分清除、地连墙减短和坑内外高压旋喷加固的技术措施，较好地解决了复杂地下障碍物的技术难题。

五、环境保护

在软土地区进行基坑开挖，变形问题得到了人们越来越多的重视。软土通常都具有强度低、压缩性高、含水量大的特性，软土地基中基坑围护设计或施工不当，易造成过大的围护体侧向位移、周围地表沉陷及坑底隆起，进而影响基坑的稳定及其邻近设施的安全和正常使用。

环境保护的设计措施：

(1)环境调查。根据基坑周边建筑物、道路及地下管线的现状，确定其保护标准，提出基坑的变形控制值，作为围护设计的依据。

(2)根据环境要求，从基坑围护的各个环节采取措施，使基坑的环境影响在控制范围之内。常用的减少基坑变形的措施如下：

①从“时空效应”角度出发，将平面尺寸较大的基坑分区实施，化大为小；

②加大围护体的插入深度及刚度，围护体底端宜进入性质相对较好的土层；

③加强支撑系统的刚度，基坑各部位的支撑系统宜相对独立，便于施工的流水作业，减少基坑的无支撑暴露时间；

④对坑内外软土采取加固措施；

⑤设置系统完善的监控系统，施工过程动态调整设计。

(3)设置多道防线，制订切实可行的应急预案。

环境保护的施工措施应贯穿基坑施工全过程，主要包括：

①围护体施工。应合理控制成桩或成墙速度和次序，采取减少环境影响的措施。某工程采用水泥土搅拌桩重力式挡土结构，由于工期紧，多台搅拌桩机同时施工，搅拌桩的施工速度过快致使道路隆起、建筑物开裂。对地下连续墙，应重视成槽施工的环境影响，必要时采取槽壁加固措施。采用锚杆(索)或土钉时，应采取合理的成孔工艺，防止孔壁坍塌；注浆压力应合理控制，注意注浆过程的环境保护。

②土方开挖。应严格分块、分层进行，化大为小，充分认识到基坑变形的时空效应，尽量减少基坑的无支撑、无垫层暴露时间。

③基坑降水。应充分考虑降水可能带来的环境灾害。采取降水措施时，严格控制降水井的施工质量，严禁抽浑水；坑内降水至设计要求后，才能进行土方开挖。

④支撑拆除。应注意分段、分区拆除，严格控制荷载释放的速率，避免卸荷过快影响周边环境的安全。

⑤回填。基坑施工结束后，围护体与主体结构之间的空隙应及时采用设计规定的填料回填，保证填土的密实度，严禁因填土质量问题产生后续变形。

⑥信息化施工。根据实时监控数据，动态调整施工方案，实行信息化施工。

六、结　语

我国人多地少、资源紧张，为改善生存环境、减少资源消耗，在地下空间开发过程中，应倡导“绿色、低碳”的设计理念。为进一步高效、合理地开发利用地下空间，地下空间规划至关重要。在我国近年来的工程实践中，由于没有长期、科学、合理的地下空间规划，造成了不少地下空间资源的浪费，出现了不少开发建设中的技术难题，产生了不少建设过程的环境灾害。因此，地下空间开发利用应从规划、设计、施工、管理等方面齐头并进，实现可持续发展。

参考文献

[1] 李冰河，刘兴旺，袁静．SMW工法在软土深基坑中的应用．岩土工程学报，2008(增刊)．

[2] 浙江省工程建设标准《型钢水泥土搅拌墙技术规程》(DB33/T 1082－2011)．杭州：浙江工商大学出版社，2011．

[3] 浙江省工程建设标准《渠式切割水泥土连续墙技术规程》(DB33/T 1086－2012)．杭州：浙江工商大学出版社，2012．

[4] 施祖元，等．杭州凯悦大酒店逆作法设计与分析．建筑结构，2001，31(11)．

[5] 刘兴旺，等．杭州某客运码头主楼基坑的设计及施工．岩土工程学报，2006(增刊)．

特定跨度正方形柱网楼盖设计方案的比选

刘中华[1]　肖志斌[1]　耿翠珍[2]

(1.浙江大学建筑设计研究院,杭州,310028;2.浙江树人大学城建学院,杭州,310015)

摘　要:本文介绍了各种楼盖体系的特点、适用条件及优缺点,主要考察了8m、16m和24m等特定跨度的楼盖。采用不同的楼盖方案、假定的荷载、材料等级、最小配筋率等条件,选定合适的梁板截面尺寸,进行建模计算,使之满足承载力及正常使用要求。根据计算结果进行设计并统计工程量、造价,同时进行比选,得到各种跨度楼盖对应的较优方案。

关键词:特定跨度;楼盖;设计方案;工程造价

一、楼盖结构体系的比较

一个建筑物中,楼盖约占土建总造价的30%～40%;在钢筋混凝土高层建筑中,楼盖的自重约占总自重的50%～60%,因而降低楼盖的造价和自重对整个建筑物来讲是至关重要的。此外,楼盖设计对于建筑隔声、隔热和美观等建筑效果有直接影响;对于保证建筑物的承载力、刚度、耐久性,以及提高抗风、抗震性能也有重要的作用。因此,正确、合理的设计楼盖,不仅是必要的,而且是重要的,它会带来明显的经济效益和社会效益。

现有综合性办公、商务或酒店建筑常用柱网尺寸为8m左右,因此民用建筑中楼盖的主要尺寸为8m、16m和24m,称为特定跨度。特定跨度楼盖设计方案的研究具有一定的实用价值,能减少工程造价、提高空间使用能力,并且在民用建筑中具有较高的普遍意义。

常见楼盖的主要形式有普通主次梁(井字形)楼盖、单向次梁楼盖、密肋梁式楼盖、无梁式楼盖、空心楼盖、无黏结预应力平板、钢一砼组合楼盖等。其中普通主次梁(井字形)楼盖、单向次梁楼盖、密肋梁式楼盖、无梁式楼盖、钢一砼组合楼盖在实际工程中最为常见,这几种楼盖的设计方法相对成熟,采用PKPM及SATWE等常用软件即可计算。无黏结预应力平板、空心楼盖随着建筑大空间、灵活空间的需要逐渐应用起来。无黏结预应力平板需先估算预应力筋,然后计算出所需的非预应力筋,配筋后进行裂缝、挠度等正常使用验算,如不满足则需调整截面或预应力筋重新验算;空心楼盖计算可先将空心板按等刚度的原则等代为实心板,然后再进行计算。

不同的楼盖形式有特定的适用范围,表1为几种楼盖的特点比较及适用范围[1-5]。跨度大小并没有统一的规定。根据实际工程的经验,本报告把柱距在6m以下称为小跨度,柱距6～10m为中等跨度,柱距10m以上称为大跨度。从表1可以看出,各种形式的楼盖有其自身的特点,不同工程需要根据其实际情况来选择几种合适的楼盖形式,然后进行对比分析来确定最终的楼盖方案。

表1 几种楼盖的特点及适用范围

楼盖形式	优点	缺点	适用范围
普通主次梁(井字形)楼盖	技术成熟,传力路径直接,抗震性能好	梁(特别是主梁)高度较大,影响建筑空间,不够美观	适合各种形状的柱网; 适用于中小跨度的柱网; 可用于高烈度区
单向次梁楼盖	较普通主次井字梁楼盖成本低	较普通主次井字梁楼盖结构高度略大,影响建筑空间	适合两方向跨度有一定差异的柱网; 适用于中小跨度的柱网; 可用于高烈度区
密肋梁式楼盖	与主次梁高度一样,较美观,梁截面高度较普通主次梁楼盖低	梁数量多,模板用量大,施工工程量较大	适用于中小跨度的柱网; 可用于较高烈度区
无梁式楼盖	截面高度小,设备管线布置方便,建筑净高大,模板量小,施工方便	抗震性能相对较差	适用于中小跨度的柱网; 不用于结构嵌固端的楼盖; 高烈度区高程建筑慎用
空心楼盖	美观,截面高度小,建筑净高大,大部分使用功能下无须吊顶,自重较实心板低;隔音效果、保温节能较好。模板量小	施工难度较无梁式楼盖大,需另加内模板(薄壁管),防水性能较其他楼盖差,两个方向刚度有区别,不利于抗震	适用于中大跨度的柱网,不适用于楼板有高差、楼板形状不规则等处
无黏结预应力平板	美观,截面高度小,建筑净高大,大部分使用功能下无须吊顶;能较好地控制裂缝	需要专门的张拉设备,施工难度较大,预应力筋强度大,但延性较差,抗震性能较差	适用于中等跨度的柱网,不用于结构嵌固端的楼盖,高烈度区需另加足够的非预应力筋来保证结构的抗震性能
钢—砼组合楼盖	受力性能好,延性好,不易开裂。施工周期较普通主次梁楼盖略短	用钢量较大,需要专业厂家加工并配合施工	适用于中大跨度的柱网

二、计算模型、设计指标

为比较贴近实际工程不同跨度的柱网楼盖形式,特进行如下假定。假定抗震烈度为7度,框架抗震等级为三级。此假定条件只考虑抗震措施以控制梁板最小配筋率,并不进行水平地震作用计算;柱截面尺寸均为600mm×600mm;除无黏结预应力板楼盖混凝土强度等级采用C40,其他楼盖混凝土强度等级均为C30;钢筋均采用符合抗震性能的HRB400(Ⅲ)级筋;恒载为板自重+1.5kN/m^{2}附加荷载(考虑面层、吊顶或粉刷),活载为2.0kN/m^2,填充墙可灵活布置等效均布活载为1.0kN/m^2,即活载考虑为3.0kN/m^2。楼层高度为4.2m,为普通楼层,非屋面楼盖。

结构设计需进行承载力设计和正常使用设计。楼盖承载力设计的控制指标主要有抗弯能力和抗剪能力。楼盖正常使用设计的控制指标有最大裂缝和最大挠度。

中小跨度的楼盖控制指标主要为抗弯及抗剪能力。在给定的荷载条件下,预估楼盖的截面尺寸,计算出梁的弯矩、剪力和板的弯矩后,得出梁的纵筋、箍筋和板筋,而后进行裂缝验算,若裂缝宽度不满足规范要求则调整配筋量,直到满足裂缝宽度要求。计算出来的钢筋按规范要求的最小配筋率复核后,得出各构件的配筋及截面配筋率,小跨度梁配筋率在0.3%～0.6%之间,中跨度梁配筋率在0.5%～1.0%之间,大跨度梁配筋率在0.9%～1.8%之间,则表明梁截面尺寸较合理。超过合理的配筋率,则需相应调整梁截面。重复上述步骤,直到选择出合理的梁截面。有梁式楼板的配筋率接近最小配筋率且满足最小截面要求时所对应的截面是合理的,无梁式楼板截面由满足冲切要求定出。

大跨度的楼盖控制指标主要为挠度和裂缝,其次为抗弯及抗剪。按给定的荷载条件下,预估楼盖的截面尺寸，先计算出梁的挠度（可扣除合理的起拱值），如不满足规范要求则调整梁截面，直到满足要求为止。计算出梁的弯矩、剪力和板的弯矩后，得出梁的纵筋、箍筋和板筋，而后进行裂缝验算，若裂缝宽度不满足规范要求则调整配筋量，直到满足裂缝宽度要求。计算出来的钢筋按规范要求的最小配筋率复核后得出各构件的配筋及截面配筋率，大跨度梁配筋率在0.9%～1.8%之间，则表明梁截面尺寸较合理。超过合理的配筋率，则相应调整梁截面。重复上述步骤，直到选择出合理的梁截面。梁板型楼盖板的配筋率接近最小配筋率且满足最小截面要求时所对应的截面是合理的，无梁式楼盖板截面由满足冲切要求定出。

为准确方便地得出计算结果，各楼盖采用PMCAD软件建模、SATWE软件计算，根据计算结果核算构件配筋率和挠度、裂缝等控制指标，若不满足规范要求则进行调整截面或配筋，以达到相应楼盖较优的构件截面和配筋。以下未注明尺寸单位均为mm。

（一）8.1m×8.1m×2（跨）柱网楼盖方案[7-8]

比较适合8.1m×8.1m×2（跨）柱网结构的楼盖有普通主次梁（井式）楼盖、密肋梁式楼盖、无梁式楼盖、无黏结预应力平板楼盖、空心楼盖等（图1）。图1(a)中主梁L1为350mm×700mm，次梁L2为250mm×500mm，板厚100mm。图1(b)中主梁L2为500mm×700mm，次梁L1为250mm×600mm，板厚100mm。图1(c)中主梁L1为300mm×450mm，次梁L2为200mm×450mm，板厚80mm。图1(d)中板厚为200mm，柱子周围板厚为400mm。图1(e)中板厚均为230mm，为保证冲切，配置弯起钢筋，预应力筋一方向集中布置，另一方向均匀布置。将Y向预应力索均匀布置，X向预应力索集中布置，并布置在离柱边（柱宽）1.5倍范围内。图1(f)中空心管直径为100mm，上下实心板厚为75mm，空心板厚为250mm。

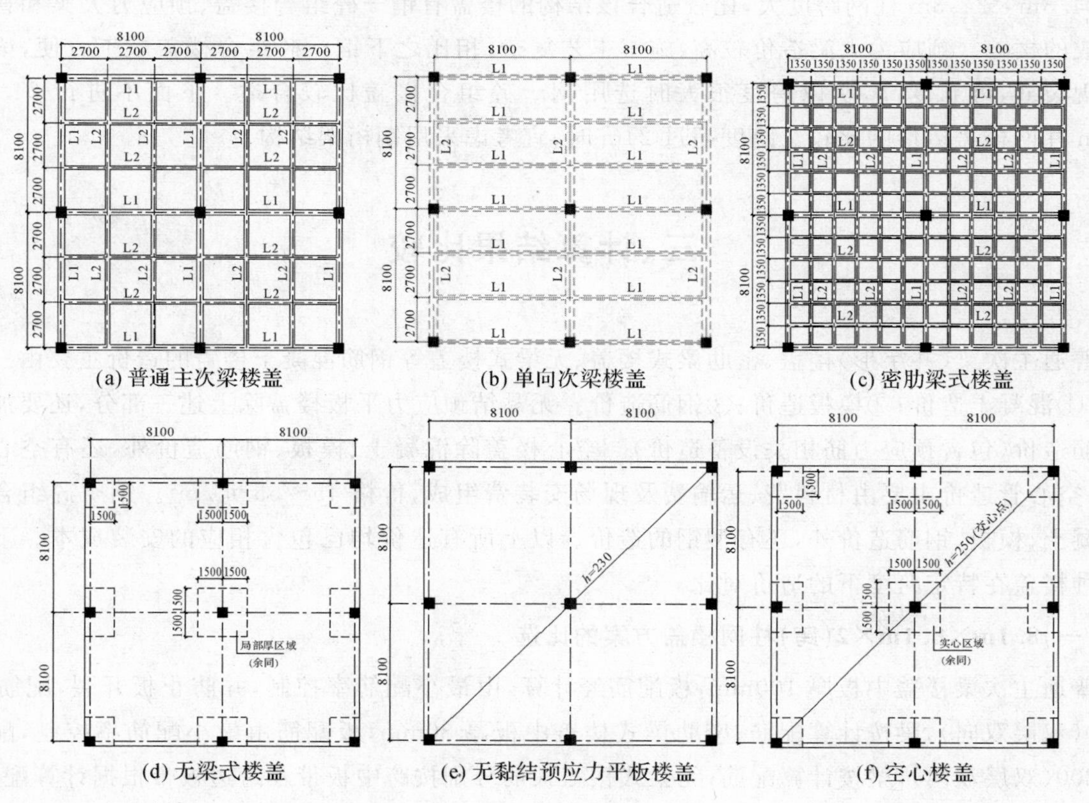

图1　8.1m×8.1m×2（跨）柱网楼盖示意图（单位：mm）

（二）16.2m×16.2m 柱网结构楼盖方案[7-8]

比较适合16.2m×16.2m柱网结构的楼盖有普通主次梁（井式）楼盖、密肋梁式楼盖、空心楼盖、钢—砼组合楼盖等（图2）。图2（a）中主梁L1为400mm×1100mm，次梁L2为300mm×900mm，板厚100mm。图2（b）中主梁L1为350mm×800mm，次梁L2为200mm×800mm，板厚80mm。图2（c）中空心管直径为200mm，上下实心板厚为70mm，空心板厚为340mm。柱周边为340mm厚实心区域，范围由冲切角范围确定。图2（d）中主钢梁SL1为H900mm×300mm×14mm×22mm，SL2为H800mm×220mm×10mm×16mm，在钢梁上直接现浇混凝土板，板厚110mm，钢梁上布双排栓钉ϕ19@300。

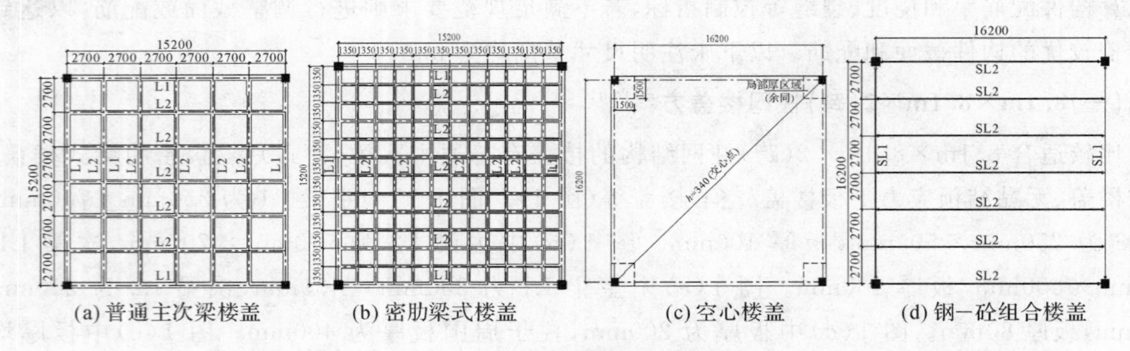

图2 16.2m×16.2m柱网楼盖示意图（单位：mm）

（三）24.3m×24.3m 柱网楼盖方案

24.3m×24.3m柱网跨度大，比较适合该结构的楼盖有钢—砼组合楼盖、预应力大梁和普通楼板组成的楼盖。预应力大梁造价较高、施工工艺复杂，相比之下钢—砼组合楼盖施工方便，梁底不会出现裂缝，可靠度高，所以跨度很大时选用钢—砼组合楼盖比较合适。下面不进行24.3m×24.3m柱网楼盖造价的比较。跨度超过24m时，宜考虑采用钢桁架结构。

三、计算结果比较

普通主次梁（井字形）楼盖、密肋梁式楼盖、无梁式楼盖等钢筋混凝土楼盖的造价主要由三部分组成：①混凝土造价；②模板造价；③钢筋造价。无黏结预应力平板楼盖除上述三部分，还要加上预应力筋造价（包含预应力筋相关设备造价）。空心楼盖除混凝土、模板、钢筋造价外，还有空心管的造价，空心管造价主要由材料费、运输费及现场安装费组成，价格45～55元/m^2。钢—砼组合楼盖除混凝土、模板、钢筋造价外，还有型钢的造价。以上所有造价均已包含相应的安装成本。下面进行各种楼盖在特定跨度下的造价对比。

（一）8.1m×8.1m×2（跨）柱网楼盖方案的比选

普通主次梁楼盖中板厚100mm，板配筋经计算，由最小配筋率控制，并防止板开裂，配筋为ϕ8@200（双层双向），梁按计算配筋；密肋梁式楼盖中板厚80mm，板配筋由最小配筋率控制，配筋为ϕ6@200（双层双向），梁按计算配筋；无梁式楼盖板筋分别按跨中板带及跨边板带根据计算配筋，柱周围板按构造配筋；无黏结预应力平板楼盖按裂缝控制板筋；空心楼盖板按计算配筋。为详细比较各楼盖方案的造价，对楼盖的混凝土用量、模板用量、钢筋用量进行统计，并得出单位面积的工程量。楼盖方案不同，模板及钢筋安装成本单价根据施工难度而有所不同，综合单价也不同。比较楼盖方案时将施工难度不同造成的综合单价差异也进行了一定的考虑。楼盖面积为262.44m^2。

从表2的统计数据可以看出，中等跨度楼盖中，无黏结预应力平板楼盖造价最低，钢筋用量、混凝土用量及模板用量均较少，所以在非地震区及施工预应力较成熟的地区，无黏结预应力平板楼盖是比较好的选择之一。单向次梁楼盖与无黏结预应力平板楼盖的造价基本可持平。普通主次梁楼盖造价较无黏结预应力平板楼盖及单向次梁楼盖高，低于其余楼盖，在楼层高度要求不高的情况下可使用。无梁式楼盖造价最高，在中等跨度下不建议采用。空心楼盖造价比普通主次梁楼盖稍高，但其在降低楼层高度上作用明显，可在楼层净高要求较高的情况下采用。密肋梁式楼盖造价及要求楼层高度均居中，可在高烈度下及需要较高楼层净高下采用。

表2　8.1m×8.1m下各种楼盖方案的工程量及造价

楼盖方案	材料	工程量	单位工程量	综合单价	合价(元)	总造价(元)
普通主次梁(井式)楼盖	混凝土	48.5m^3	0.184m^3/m^2	375元/m^3	18187	73755
	模板	376m^2	1.433m^2/m^2	38元/m^2	14288	
	钢筋	8.6t	32.8kg/m^2	4800元/t	41280	
单向次梁楼盖	混凝土	44.3m^3	0.169m^3/m^2	375元/m^3	16612	67528
	模板	342m^2	1.303m^2/m^2	38元/m^2	12996	
	钢筋	7.9t	30.1kg/m^2	4800元/t	37920	
密肋梁式楼盖	混凝土	51.7m^3	0.197m^3/m^2	375元/m^3	19387	78051
	模板	436m^2	1.661m^2/m^2	38元/m^2	16568	
	钢筋	8.77t	33.4kg/m^2	4800元/t	42096	
无梁式楼盖	混凝土	54.5m^3	0.21m^3/m^2	375元/m^3	20437	83955
	模板	278m^2	1.06m^2/m^2	35元/m^2	9730	
	钢筋	11.3t	43.1kg/m^2	4760元/t	53788	
无黏结预应力平板楼盖	混凝土	60.4m^3	0.23m^3/m^2	390元/m^3	23556	67168
	模板	262.4m^2	1.0m^2/m^2	35元/m^2	9158	
	非预应力钢筋	3.15t	12.0kg/m^2	4760元/t	14994	
	预应力钢筋	1.39t	5.3kg/m^2	14000元/t	19460	
空心楼盖	混凝土	49.86m^3	0.19m^3/m^2	375元/m^3	18698	75428
	外模板	262.4m^2	1.0m^2/m^2	35元/m^2	9185	
	空心管	950m	3.6m/m^2	15元/m	14250	
	钢筋	6.98t	26.6kg/m^2	4770元/t	33295	

(二)16.2m×16.2m柱网楼盖方案的比选

普通主次梁(井式)楼盖中板厚100mm，板配筋经计算，由最小配筋率控制，配筋为ϕ8@200(双层双向)，梁按计算配筋；密肋梁式楼盖中板厚80mm，配筋为ϕ6@200(双层双向)，梁按计算配筋。无梁式楼盖板筋分别按跨中板带及跨边板带根据计算配筋，柱周围板按构造配筋；空心楼盖板按计算配筋。钢—砼组合楼盖板配筋由最小配筋率控制，配筋为ϕ8@150(短跨)和ϕ8@200(长跨)。

从表3的统计数据可以看出，大跨度楼盖中，空心楼盖造价最低，所以在非地震区或低烈度区，空心楼盖是比较好的选择之一。钢—砼组合楼盖造价较空心楼盖高，低于其余楼盖，其正常使用性能好，可靠度较高，并适合高烈度区使用。普通主次梁楼盖造价较高，抗裂性能较差，占用空间大，不推荐采用。密肋梁式楼盖造价最高，不建议采用。

表3　16.2m×16.2m柱网下各种楼盖方案的工程量及造价

楼盖方案	材料	工程量	单位工程量	综合单价	合价(元)	总造价(元)
普通主次梁楼盖	混凝土	58.79m^3	0.224m^3/m^2	375元/m^3	22046	117140
	模板	410m^2	1.562m^2/m^2	39元/m^2	15990	
	钢筋	16.48t	62.8kg/m^2	4800元/t	79104	
密肋梁式楼盖	混凝土	61.67m^3	0.235m^3/m^2	375元/m^3	23126	120938
	模板	428m^2	1.631m^2/m^2	39元/m^2	16692	
	钢筋	16.90t	64.4kg/m^2	4800元/t	81120	
空心楼盖	混凝土	68.23m^3	0.26m^3/m^2	375元/m^3	25586	101568
	外模板	262.4m^2	1.0m^2/m^2	36元/m^2	9448	
	空心管	950m	3.6m/m^2	18元/m	17100	
	钢筋	12.46t	47.5kg/m^2	4770元/t	59434	
钢—砼组合楼盖	混凝土	26.3m^3	0.1m^3/m^2	375元/m^3	9863	115533
	模板	262.4m^2	1.0m^2/m^2	36元/m^2	9446	
	钢筋	1.27t	4.85kg/m^2	4740元/t	6034	
	型钢	14.07t	53.6kg/m^2	5400元/t	85978	
	栓钉	0.78t	2.97kg/m^2	5400元/t	4212	

四、结　论

(1)楼盖的造价应综合考虑材料的造价及不同材料所对应的安装成本(包括加工运输费)等。不同跨度的楼盖对应的楼盖方案造价有较大差异,对不同跨度的楼盖进行方案的比选十分必要。

(2)经济性是衡量楼盖方案的重要指标,但确定方案需考虑建筑的使用要求,如建筑的净高要求、填充墙的分布情况及灵活性要求。

上述内容可作为简单工程的参考,实际工程中条件往往比较复杂,需根据实际工程情况进行合理选择,选出适合各方面条件的较优的楼盖方案。

参考文献

[1] GB 50011—2001,建筑抗震设计规范(2008年版)[S].北京:中国建筑工业出版社,2008.
[2] GB 50010—2002,混凝土结构设计规范[S].北京:中国建筑工业出版社,2002.
[3] 王文栋,等.混凝土结构构造手册[M].北京:中国建筑工业出版社,2003.
[4] 邱则有.现浇混凝土空心楼盖[M].北京:中国建筑工业出版社,2007.
[5] 沈蒲生.楼盖结构设计原理[M].北京:科学出版社,2003.
[6] 中南建筑设计院.混凝土结构计算图表.北京:中国建筑工业出版社,2002.
[7] 陈勇,房贞政.无黏结预结构的应用研究[J].福建建筑,2001(4).
[8] 高屹茹.现浇混凝土空心无梁楼盖技术及应用[J].铁道建筑技术,2007(增).

建筑结构

地下室外侧墙计算假定的有关问题

陆少连　赵　枫　李绍宏　葛　鑫
(浙江省现代建筑设计研究院有限公司,杭州,310009)

摘　要:建筑物地下室的外侧墙受力计算是结构设计中的一个重要内容,外侧墙的计算模型必须正确,符合结构实际受力条件。构造做法应和计算的假定相符合,否则会给工程留下隐患的。

关键词:计算假定;固定端;刚度;弹性地基

一、引　言

建筑工程地下室的侧墙与底板的受力计算分析是结构设计中一个比较重要的内容,外侧墙的边界计算假定须与实际结构条件相吻合,得出的受力分析结果才是有用的,否则会给工程留下安全隐患。一般情况下,工程设计中为简化计算,都是把侧墙和底板分开来进行计算的。所作的计算假定为:在竖向取外侧墙的1m宽作为计算单元,假定侧墙的下端为固定端,上端为铰支端;地下室底板是弹性连续的板,计算简图如图1所示。但如果侧墙的实际受力条件与计算假定不相符,则得出的计算结果不能反映真实的受力情况,配筋也不能符合实际受力要求,其后果是很严重的。实际工程设计中有时为了节省造价和计算要简单、方便,就把墙与底板都做得很薄,只符合防水的最小厚度250mm,既不顾结构的抗渗强度是否达到要求,也不考虑这样的结构是否符合所采用的计算假定。为了达到既安全又能节省造价的目的,必须根据工程实际条件,选用最佳的结构方案;把地下室侧墙结构的受力状况分析清楚,同时采用准确的计算简图是十分重要的。结构设计时除了考虑结构受力符合实际条件、保证结构在各种工况下的安全,还需考虑正常使用时的防裂、抗渗与耐久性要求。

二、各种计算简图与分析方法

地下室外墙的内力分析简图应根据墙的周边约束条件来确定,如果与外墙下端连接的地梁与底板的刚度比墙的刚度大许多,则墙的下端可视作固定端。如果外墙两侧有框架柱作为支承点,并且柱的抗侧移刚度也很大,框架柱在水平力作用下的侧向变形值比墙的水平变形值小得多,且侧墙在框架柱处的转角很小，可把墙的两侧也作为固定端；如果不符合上述条件，外墙在柱上的支承可作为铰支端或弹性连续板考虑，侧墙的计算简图为四边支承的连续板结构。在外墙无框架柱作为支承点或壁柱间距较大、壁柱的水平抗侧刚度不大的条件下，地下室的外侧墙的计算可简化为在竖向取 1m 宽板带作为计算单元进行内力分析，板的上下支承采用固定端或铰支端，应根据具体条件而定。

工程设计中对外侧墙的计算必须进行结构不利工况下的受力验算，在施工阶段时地下室的顶板未做，顶端就为自由端；而侧墙为了防裂又填土时，就要按此时的受力状况和结构支承条件进行验算。如果侧墙的下端不符合固定端的边界条件，外侧墙与地下室的底板只能作为连续的弹性节点或铰支端进行受力分析。侧墙的计算还应注意地下室底板的内力大小及方向，在配筋时充分考虑到这些因素，才不会发生混凝土开裂、引起漏水的事故。在某些特定的条件下，把侧墙与底板分开计算各自内力的方法也许可行，而在一般情况下有较大的误差，有时甚至是不安全的。

设计侧墙的截面及配筋时，需要考虑几个问题：

(1)墙的厚度应符合防水、抗渗、受力强度及裂缝宽度控制等各方面的要求。

(2)侧墙的计算假定，可以分为两种情况来分析：

①当地下室的外侧墙不与主体框架柱相连或柱对墙的支撑作用较小时，可在竖向取墙单位宽度为 1m 的板条作为计算单元，上部地下室顶板和下部底板作为墙单元板条的支承点来计算，地下室侧墙下的地梁也要放在计算简图中一起考虑；

②把上面楼面板和地下室底板、两侧的壁柱都作为支承点，侧墙下有地梁时同样也应计入地梁的刚度。

上下支承点是作为铰支端、还是固定端，要根据具体结构条件而定，比如墙的厚度、地下室底板的厚度、垂直于侧墙方向的地梁的截面尺寸与间距、侧墙是否有较大的墙下地梁等。由于地下室底板是支承在弹性地基上的弹性地基板，为和侧墙的计算单元相配合，也把它简化为一根 1m 宽的弹性地基梁。当弹性地基梁受到外力作用变形时，弹性地基土的反力就会和其他荷载共同作用在弹性地基梁上。

一个支座作为固定端来考虑，应具备几个条件：

①支座必须是稳定的结构，在不同的工况条件下支座都不能有失稳、倾覆的现象发生；

②支座的各方向的各种位移(平动、转动)都不能发生；

③支座部分的刚度相当大，在理论上讲为无穷大。实际上工程设计中，作为固定端的支座结构刚度大到一定的程度，就可以认为是固定端，即墙在支座节点处可视作不发生任何方向的位移与转动的，或位移和转动角很小而不影响计算结果的使用价值。

但对于外侧墙的上端支承端，由于地下室顶面楼板在平面内的刚度很大，在水平方向可看作是不动铰支的；在竖直方向，由于地下室上部有建筑物压着、下部是变形很小的基础(桩基或地质很好的天然地基)，故在竖直方向也可假定为不动铰支的(图 1)。

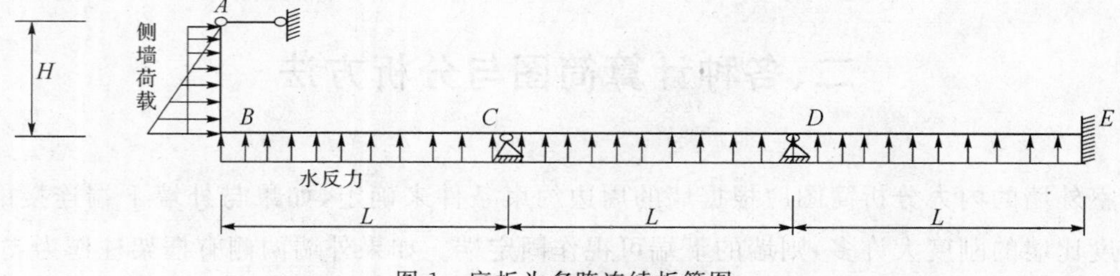

图 1　底板为多跨连续板简图

(3)墙的内力与裂缝计算:在计算水压力与土侧压力时,除了满足受力要求,还要满足迎水面的裂缝宽度要求;水、土分算,还是水、土合算,要根据具体的土质条件而定。同时应验算在组合人防荷载、水压力与土侧压力条件下的强度要求。

下面讨论几种设计中常用的做法。

(一)不设墙下地梁,也不考虑地基土反力

先举两个简单例子说明地下室外侧墙下端作为固定端时的条件,为方便说明问题,地下室底板简化为单跨。

例一:某地下室外侧墙厚度为0.3m,墙高3m,底板厚0.45m,柱间距为8.4m,侧墙上作用的最大水压力为30kN/m²,墙外侧土压力为20kN/m²,底板上的水反力为35kN/m²。计算简图如图2所示。如果把侧墙下端作为固定端,可算得其弯矩为40.5kN·m,如图3所示。底板为8.4m×8.4m的双向板,四边为固定端,板的支座处弯矩为126.69kN·m。

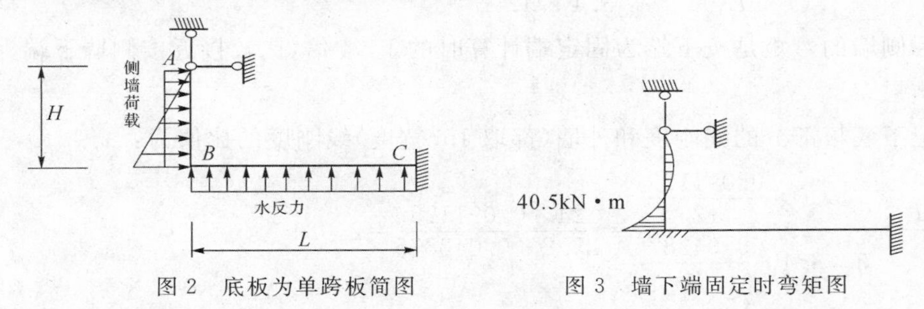

图2 底板为单跨板简图　　图3 墙下端固定时弯矩图

但实际上由于底板比较薄、线刚度小,墙的下端不能作为固定端,侧墙的弯矩与底板上的弯矩在 B 点形成的不平衡弯矩是要进行分配的。用位移法[1]进行计算,现计算分析如下:

$$r_{11}=\frac{3EI_1}{H}+\frac{4EI_2}{l}$$

其中,$I_1=\frac{1\times 0.3^3}{12}=2.25\times 10^{-3}$,$I_2=\frac{1\times 0.45^3}{12}=7.594\times 10^{-3}$,$H=3\text{m}$,$l=8.4\text{m}$。

得 $r_{11}=5.866\times 10^{-3}E$。$B$ 节点的不平衡弯矩为:

$$R_{1P}=\frac{(35-0.45\times 25)\times 8.4^2}{12}-40.5=99.15(\text{kN}\cdot\text{m})$$

由位移方程 $r_{11}Z_1+R_{1P}=0$,可得 B 节点的转角为:

$$Z_1=\frac{-99.15}{5.866\times 10^{-3}E}=-\frac{16.9\times 10^3}{E}$$

$$M_{BA}=-(40.5+\frac{16.9\times 10^3}{E}\times\frac{3E\times 0.3^3}{3\times 12})=-78.525(\text{kN}\cdot\text{m})$$

$$M_{BC}=139.65-\frac{16.9\times 10^3}{E}\times\frac{4E\times 0.45^3}{8.4\times 12}=78.53(\text{kN}\cdot\text{m}) \tag{1}$$

弯矩图示如图4。从计算结果可知,实际侧墙的弯矩是按下端为固定端计算时的1.94倍。可见,如果要把侧墙的下端作为固定端来计算,一定要采取有效结构措施,把下端做成符合固定端的要求才行。而想当然地在什么条件下都把侧墙的下端作为固定端是不可靠的,有结构安全隐患存在,设计人员一定要注意。

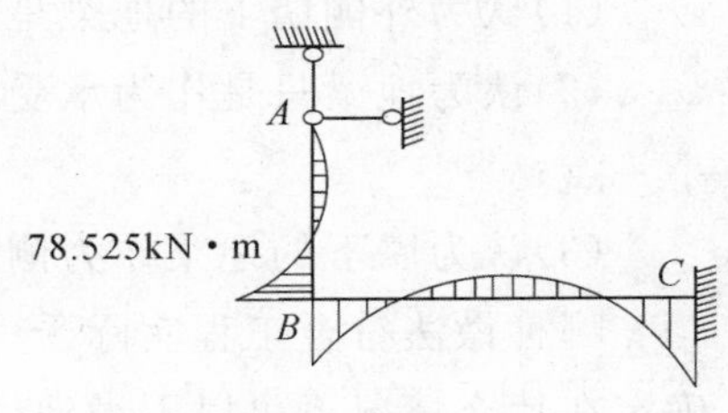

图4 墙下端连续时弯矩图

例二:当 $H=6$ m,墙厚为0.35m,侧墙上作用的最大水压力为60kN/m²,土侧压力为30kN/m²,底板上的水反力为65kN/m²,其余条件按上述例一不变。

如果按侧墙下端为固定端计算，$M_{BA}=-279\text{kN}\cdot\text{m}$。现按上述位移法计算步骤如下：

$$I_1=\frac{1\times 0.35^3}{12},I_2=\frac{1\times 0.45^3}{12}$$

先求出 $r_{11}=5.4\times 10^{-3}E$

$$R_{1P}=\frac{(65-0.45\times 25)\times 8.4^2}{12}-(\frac{60\times 6^2}{15}+\frac{30\times 6^2}{8})=37.05(\text{kN}\cdot\text{m})$$

$$Z_1=\frac{-37.05}{5.4\times 10^{-3}E}=-\frac{6.86\times 10^3}{E}$$

则可得 $M_{BA}=-(279+\frac{6.86\times 10^3}{E}\times\frac{3E\times 0.35^3}{6\times 12})=-291.26(\text{kN}\cdot\text{m})$

$$M_{BC}=316.05-\frac{6.86\times 10^3}{E}\times\frac{4E\times 0.45^3}{8.4\times 12}=291.25(\text{kN}\cdot\text{m})$$

这时实际侧墙的弯矩是按下端为固定端计算时的 1.04 倍，比较接近按侧墙下端为固定端的假定时计算的结果。

这种情况下底板部分的线刚度和外墙（都取 1m 宽度）线刚度的比值为：

$$G_l=\frac{4HI_2}{3lI_1}=\frac{4\times 6\times\frac{0.091125}{12}}{3\times 8.4\times\frac{0.042875}{12}}=\frac{24\times 0.091125}{25.2\times 0.042875}=2.024$$

从例二可看出，底板和侧墙的线刚度之比仅为 2.024，计算结果接近墙下部为固定端时的计算值。该算例主要是节点的不平衡弯矩小，引起节点的转角小，计算结果与墙下端是固定端时接近。

因此，能否把外墙底部当固定端，与以下几个因素有关：

(1) 底板、外墙的线刚度之比与两者的线刚度之和有关；从计算看，如果侧墙的线刚度比底板的线刚度小，则底板上的弯矩传到侧墙上就少，计算结果就近似于按固定端的条件。

(2) 节点的不平衡荷载，因节点的转角和该荷载有关的，当不平衡荷载小、同样的刚度比时，其转角也小，否则就相反；而不平衡荷载与地下室底板和外墙所处的客观受力状态、两部分的结构线刚度有关。

(3) 不考虑底板下的地基土作用，在一定的条件下（桩基础、底板下的土对底板的反力很小或没有）是对的；在底板和地基土紧密结合时，底板受力变形时受到地基土的约束，其相应的“形常数”就比纯杆件结构分析时大，其值要根据底板下的地基土性质而定。

（二）侧墙下设置地梁

在工程设计中，对于外侧墙下的地梁是否要做、如何做的问题有不同的认识，一般有以下几种情况：

(1)认为外侧墙下的地梁是不必做的，即使做也只在侧墙中做暗梁；

(2)认为地梁只是作为承受墙上竖向荷载的，外侧墙的高度大，竖向刚度很好，下方的地梁可做小一点；

(3)认为墙下的地梁作为侧墙下端的固定支座的，应把墙下的地梁做得大一点。

哪种做法符合工程实际受力条件？只有分析了地下室外墙的实际结构条件与受力状况，才能确定在什么情况下可以不做地梁或把地梁按构造做得较小，以及在什么条件下必须做地梁，而且地梁的截面尺寸要满足一定的要求。

外侧墙下地梁嵌入底板以下的土层中，而且两端锚固在刚度很大的承台中，地梁本身对侧墙有很好的锚固作用；另外，地梁具有较大的抗扭刚度，可有效地阻止侧墙与底板相连节点的转动，对于侧墙下端的固定有一定的作用。下面以一个计算例子来说明墙下地梁对侧墙的锚固作用。见图 5(b)示 B 节点的力矩平衡图。

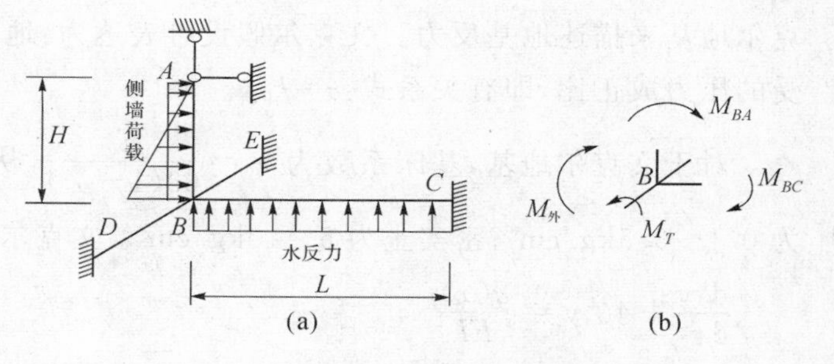

图 5 (a)墙下有地梁时弯矩图；(b)节点力矩图

例三：条件与例一相同，但在侧墙下设一根地梁，截面尺寸为 0.5m×1.0m，计算简图如图 5(a)所示。地梁材料的剪切弹性模量近似取 $G=E/3$，按狭长形矩形截面杆件求扭转惯性矩的公式计算如下：

$$J_n=\frac{1}{3}ht^3=\frac{1}{3}\times1\times0.5^3=0.0417(\text{m}^4)$$

此时根据节点 B 的位移平衡条件可得：

$$r_{11}Z_1+\frac{GJ_n}{L}Z_1+R_{1P}=0 \tag{2}$$

其中，$GJ_n=0.0417\times\frac{E}{3}=\frac{0.125E}{9}$，$L=8\text{m}$。

把 r_{11}，R_{1P} 等数值代入式(2)可得：

$$Z_1=-\frac{13.046\times10^3}{E}$$

此转角比例一中的节点 B 处的转角要小，但减小得不多，仅为例一中的 $\frac{1}{1.295}$，可见做地梁时仅算入抗扭时作用不大，还应计入地梁埋入土中的作用。考虑到地梁侧边的被动土压力是可以减小不平衡弯矩的，所以事实上节点 B 的转角没有这么大。

此时的墙下端的弯矩为：

$$M_{BA}=-(40.5+\frac{13.046\times10^3}{E}\times\frac{3E\times0.3^3}{3\times12})=-69.85(\text{kN}\cdot\text{m})$$

该弯矩与 40.5kN·m 的数值误差为 72%，要想接近理想的计算简图条件，在本例的情况下，地梁还需加大才能达到“固定端”的条件。可见如果靠做大地梁达到“固定端”目的，代价会比较大；但如果把地下室的底板挑出一些，有助于“固定端”的形成。举例计算如下：

假设底板挑出 1m，则由于填土产生的力矩为 42.4kN·m，力矩为逆时针方向。

此时的位移法方程为：

$$r_{11}Z_1+\frac{GJ_n}{L}Z_1+R_{1P}=42.4$$

可得 $Z_1=-\frac{7.467\times10^3}{E}$，该数值为例一中的转角的 $\frac{1}{2.26}$。

$$M_{BA}=-(40.5+\frac{7.467\times10^3}{E}\times\frac{3E\times0.3^3}{3\times12})=-57.3(\text{kN}\cdot\text{m})$$

该数值与墙下是固定端得出的数值相比，还有误差。

(三)考虑地基土上的弹性地基梁板

对于放在弹性地基上的梁、板，除了外荷载作用外，还有地基反力的作用。当弹性地基梁板在外荷载作用下节点发生转动时，梁板发生变形在土中产生的影响深度不大，一般可用比较简单的文克尔地基来描述地基反力。文克尔假设可表达为:地基上的任何一点的沉降与该点单位面积上所受的压力成正比,即有关系式:$\sigma = k_0 y$。

对于文克尔地基,基床系数为 $\kappa_0 = \dfrac{E_0}{63(1-\mu_0^2)}$,从弹性地基梁有关资料[2]中可查到其值:软土为 0.1～0.5kg/cm³;密实土为 5～10kg/cm³。文克尔地基上的弹性地基梁基本微分方程为:

$$\frac{d^4 y}{dx^4} + 4\beta^4 y = \frac{q(x)}{EI}$$

其中,$\beta = \sqrt[4]{\dfrac{k}{4EI}}$,$k = k_0 b$,量纲为 kN/ m²,而 β 的量纲为 m^{-1}。

对于有限长的弹性地基梁,当左端发生单位转角时,形常数为:

$$M_0 = 2EI\beta \frac{\mathrm{sh}\beta l\,\mathrm{ch}\beta l - \sin\beta l\cos\beta l}{\mathrm{sh}^2\beta l - \sin^2\beta l}, Q_0 = -2EI\beta^2 \frac{\mathrm{ch}^2\beta l - \cos^2\beta l}{\mathrm{sh}^2\beta l - \sin^2\beta l}$$

下面举例说明在弹性地基上的地下室底板与侧墙的受力状况。

例四:条件与例一相同,底板取 1m 宽,按放在文克尔弹性地基上的弹性地基梁来计算。

地基土分两种情况:软土与密实土。分别按文克尔地基上的弹性地基梁计算底板的形常数为软土 $3.76\times10^{-3}E$ 和密实土 $8.7422\times10^{-3}E$。前者和不考虑地基土的形常数($3.616\times10^{-3}E$)差不多,计算出的转角也无多大变化;按后者算得的转角为 $-\dfrac{9.02\times10^3}{E}$,是原来转角的 $\dfrac{1}{1.87}$,显然要小很多。计算结果列在表 1 内。

可见如考虑地基土的作用,墙与底板相接处的节点转角和内力会小许多,特别是比较密实的土;如果是软土地基上的板,情况就不同了,这时由于地基土对底板的约束小,墙与底板相交处节点的转角就不会减小很多。

因此,从上述的计算分析可知,考虑了地基土的作用,实际上相当于增大了底板的线刚度。如果地基土越好,则底板在墙的外部荷载作用下产生的转角就会越小,墙的下端作为固定端的计算模型没有问题。可以这样来定论:如果地下室的底板是放在天然地基上,那么地基土反力确实存在,对于好的、密实的土层,底板的线刚度比不考虑地基土作用时大很多,此时可确定地下室底板可作为侧墙下端的固定端;如果底板是放在软弱土层上或是采用桩基础、底板和地基土处于脱离的状况,地基土对底板的作用就很弱或根本没有,此时要把侧墙的下端作为固定端就要采取另外的措施了,比如加大地梁、底板外挑、加厚底板或减小底板的支承长度(L)等。

表 1　各种边界条件下的墙与底板的内力关系汇总表

序号	计算假定	墙下地梁	外挑板	土反力	墙底弯矩(kN·m)	底板弯矩(kN·m)	转角
1	下端固定	无	无	不考虑	−40.5	126.26	0
2	下端弹性连续	无	无	不考虑	−78.525	78.53	$-\dfrac{16.9\times10^3}{E}$
3	下端弹性连续	有	无	不考虑	−69.85	92.47	$-\dfrac{13.046\times10^3}{E}$
4	下端弹性连续	有	有	不考虑	−57.3	112.65	$-\dfrac{7.467\times10^3}{E}$
5	下端弹性连续	无	无	文克尔地基	−60.80	107.03	$-\dfrac{9.02\times10^3}{E}$

三、结　论

(1)当地下室的底板刚度足够大、外侧墙的下端完全可以当作固定端时,墙下的地梁可不设。还有一种情况,当底板的厚度不大,在计算时不将外侧墙的下端当作固定端,而是把外侧墙与底板连接处作为连续弹性节点,外荷载作用下产生的弯矩在侧墙与底板间传递分配,这时在外侧墙下也可不设地梁。考虑到墙上的竖向荷载作用,仅在墙底部设暗梁。

(2)在地下室的底板刚度不大,又要将侧墙的下端按固定端来进行计算时,此时应加设墙下地梁或适当外挑底板。地梁有两个用途:一是竖向受力的需要;二是地梁能有效地阻止外侧墙一底板连接节点的扭转,和地下室底板共同起到固定端的作用。地梁的截面尺寸要足够大,一般其抗扭刚度为:在变形协调的条件下,该地梁所承担的抗扭弯矩应为 B 节点处的不平衡弯矩的 1/3 以上。这样计算得出的节点扭转角就很小,能有效地保证外侧墙下端作为固定端的假定。

(3)从计算分析可看出,当侧墙的线刚度比较小时,底板上的弯矩传递、分配到外侧墙上的就少。侧墙的厚度只要满足受力、抗裂、抗渗要求,不需做得很厚。

(4)当侧墙和底板上的不平衡弯矩小一些,外侧墙下端弯矩比较符合其下端为固定端的假定。

(5)一般在设计时并不考虑地基土的作用,如在软土地基上,土对外侧墙下端的转角影响不大;如果是密实的土,底板又是放在天然地基上时,弹性地基土的反力会遏制弹性地基梁板在节点不平衡力矩作用下的转动效应。此时不做侧墙下地梁也能满足固定端的要求。

参考文献

[1] 扬天祥. 结构力学. 北京:高等教育出版社,1984.
[2] 龙驭球. 弹性地基梁的计算. 北京:人民教育出版社,1981.

混凝土空心楼盖的设计和工程应用

陆少连[1]　尤永健[1]　蔡颖天[2]　沈筱敏[2]
(1.浙江省现代建筑设计研究院有限公司,杭州,310009;
2.杭州市建筑设计研究院有限公司,杭州,310001)

摘　要:现浇空心楼盖是一种节能、高效的建筑结构形式,该结构的受力分析引起结构设计人员的重视;特别是超大活载作用下,楼面荷载如何向周边的框架梁传递,如何正确地设计空心楼盖是工程设计与计算中很重要的问题。本文结合工程计算与实测,得出该种楼盖的板面荷载传递规律。

关键词:空心楼盖;荷载传递;预应力

一、引　言

当前提倡建造绿色建筑,在设计与施工中应尽可能地使用不污染环境或少污染环境的材料和施工工艺,最大化地节能、节地、节水、节材、保护环境。结构方案在做到安全适用、经济合理、施工方便的基础上,优先采用节省材料、环保节能以及便于材料循环再利用的结构体系[1]。在结构设计时,采用大跨度预应力结构和现浇混凝土空心楼盖是钢筋混凝土楼盖结构很好的选择。现浇混凝土空心楼盖以最少的材料换得很大的结构刚度与强度,是一种节材、便宜、易施工同时又节省施工模板材料和缩短施工时间的结构形式。一般现浇混凝土空心楼盖内填的材料为SHK复合芯模,是由高强度高标号的胶凝料、玻璃纤维、外加剂等复合轻质材料制作而成。内填材料外形分为圆柱形和矩形两种,一般上下都有钢筋混凝土薄板。现在还有一种和过去的双向密肋楼板类似的楼盖,其中间填充料放到底,只有上面有钢筋混凝土板,下面没有钢筋混凝土薄板,形成双向密肋梁楼盖结构。

二、工程设计应用

现浇混凝土空心楼盖本身的构造和结构形式与实心混凝土板都不同,在结构设计时与一般的混凝土楼板也有差别。由于现浇混凝土空心楼盖的平面刚度大,跨度可做得很大;而且空心楼板中有很多的肋存在,空心楼板上作用的荷载如何向周边支承板的梁或墙传递,与一般的实心混凝土板是不一样的;空心楼盖的上、下板都比较薄,在实际工程应用时,需分情况区别对待。

(一)空心楼、屋盖结构

现浇混凝土空心楼盖可用于框架、剪力墙、框架一剪力墙、框架一核心筒、板柱一剪力墙等结构，空心楼盖结构比普通混凝土梁板式楼盖复杂，在同样外荷载作用下的内力计算也要复杂得多。空心楼盖根据支承条件，可分为两种：一是无梁空心楼盖，即楼、屋盖空心板直接支承在竖向结构的柱或墙上，称为柱支承板楼盖结构；二是空心楼、屋盖通过周边梁支承在竖向结构上，称为边支承板楼盖结构。两者结构的传力系统不同，在同样荷载作用下的受力计算也不同。

对柱支承板空心楼盖结构的计算分为两部分：一是和竖向支承结构一起作整体结构计算，主要是在水平荷载、地震作用下计算整体结构的位移与内力；二是在竖向荷载作用下，计算空心混凝土板结构各部分的变形和内力。

在《现浇混凝土空心楼盖结构技术规程》中给出了在竖向均布荷载作用下可按该规程规定的拟梁法、直接设计法、等代框架法进行内力分析；水平荷载、地震作用下可按等代框架法进行内力分析[2]。

《现浇混凝土空心楼盖结构技术规程》上规定的空心楼盖上、下都有板的，当下部没板时的计算就应采用密肋梁的设计方法进行计算与设计。

周边有支承的空心楼盖结构，楼板可考虑仅承受竖向荷载，板上作用的外荷载经板向周边的支承梁传递。当空心板内的肋比较密，而且肋在两个方向都均匀布置时，在边支承板楼盖结构的区格板，可按不考虑空腔影响的弹性板进行内力分析；如空心板内的肋是单向布置或两个方向肋的布置疏密不同时，特别是空心板下部没混凝土薄板时，就要根据具体情况按不同的方法进行内力分析。本文的工程实例就属于两个方向肋的布置疏密不同这种情况。

不论哪种板支承情况，在空心板的跨度大时可采用预应力结构体系，做成预应力无梁空心楼盖或预应力空心板、梁结构体系。

(二)在地下室工程的应用

1.人防地下室顶板

附建式人防工程地下室顶板为防核辐射，混凝土顶板厚度不小于250mm。对于空心现浇楼盖的厚度，《人民防空地下室设计规范》中规定：当管道层（或普通地下室）的顶板为空心楼盖时，应以折算成实心板的厚度计算。

2.一般地下室顶板

为防水需要，顶板的厚度也不能做得太薄，应达到防水混凝土板的要求；用混凝土空心板做地下室的顶板，为达到混凝土自防水要求，通常在顶板上加混凝土面层。但当地下室顶盖作为上部结构的嵌固部位时，应注意《建筑抗震设计规范》另有规定：“地下室顶板应避免开大洞；地下室在地上结构相关范围的顶板应采用现浇梁板结构，相关范围以外的地下室顶板宜采用现浇梁板结构；其楼板厚度不宜小于180mm。”

三、工程应用实例

杭州某纸张仓库为一多层的钢筋混凝土建筑，总高23.6m，建筑面积$1.2\times10^4\mathrm{m}^2$，每层的层高分别为：第一层6.9m，第二、三层5.8m，第四层5.1m。建筑使用功能要求：楼面堆放印刷用纸张卷，运输纸张卷的铲运车需在楼面上开动，楼面活荷载达到$30\mathrm{kN/m}^2$。为便于铲运车铲着大卷纸张在楼面运行，结构设计采用9.84m×10.2m的大柱网预应力框架结构，楼面采用预应力现浇钢筋混凝土空心楼板。如按常规的现浇钢筋混凝土楼盖设计做法，需要在双向布置许多次梁架在主框架梁上，以防楼板被铲运车巨大的轮压碾压而产生过大挠度或破裂；或在9.84m×10.2m内做一块厚板，在保证强度、满足刚度及裂缝宽度的条件下，板需要做得较厚，自重相对会大一些。本工程设计为了满足楼板使用上的特殊要求，同时也使结构自重减轻、水平刚度与竖向刚度都增加，采用了现浇混凝土空心楼板技术。板总厚度为500mm，中间布置孔径为360mm的高强复合薄壁管，混凝土现浇成型，结构平面如图1所示。

图1 结构平面图(单位：mm)

现浇混凝土空心楼板技术在建筑大跨度楼面中应用广泛。一般情况下，当工业厂房、仓库、超市建筑的楼面荷载不是很大时，楼盖设计可采用空心板无梁楼盖的方案，楼板在柱边的抗剪、抗冲切都能满足，可以收到比较好的经济效益。也有在空心楼板设计中采用做框架暗梁方案的，预应力空心楼板支承在框架暗梁上。对于这部分空心楼板本身的强度、刚度计算等内容在许多发表的文章中已有叙述。但在楼面荷载很大时，柱边空心楼板的抗剪、抗冲切很难满足；或者在地震区，结构要有很好的抗侧移性能以满足结构的位移要求，楼盖往往要设计成有框架梁的现浇钢筋混凝土空心板楼盖。本工程为了满足楼板的受力要求，在垂直于管方向加了一些肋，每米一根，肋宽为125mm；加上原沿顺管方向的板肋，相当于在空心板的两个方向都有密肋，但两个方向肋的宽度与肋间距不同。

(一)设计解决的问题

针对本工程要求楼面上能开载重铲车、活荷载超大的特点，结构设计采用了大柱网、双向高效预应力混凝土框架结构、现浇预应力空心楼盖的结构方案。这里需要解决两类问题：一类是对结构设计进行优化，所选用的结构体系既能满足使用条件及受力需要，又使设计合理、有较好的经济效益；另一类是结合实际工程解决一些设计中会遇到而现有规范中还没有涉及的问题，以及如果沿用一般的设计方法是无法解决或解决不完善的问题。具体要解决如下两个问题：

(1)对所采用结构体系的优化，以及对两个方向肋的宽度与肋间距不同的预应力现浇混凝土空心楼板的受力计算还没有现成的方法。

(2)现行规范对实心楼板表面荷载向边梁传递有明确规定，而对特殊的预应力空心楼板楼面荷载向周边主梁的双向传递系数没有明确规定，需要研究确定。

(二)结构方案比较

针对本工程楼面堆载大、铲车的轮压大的特点，楼盖结构设计一般可有以下几种方案：

(1)普通的梁板结构，在主框架梁范围内为适应楼面铲车开动，次梁应以双向密肋形式布置较好。

(2)也可在主框架梁范围内做一块 9.84m×10.2m 的钢筋混凝土实心大板。为满足强度、刚度等各方面的要求，需要做预应力大板结构，厚度应在 350mm 左右，板自重为 8.75kN/m^2，这样造价会比较高。

(3)在楼面荷载较大的情况下设计成无梁楼盖时，就需要注意板的厚度以使竖向变形满足要求，同时在柱边要满足抗剪、抗冲切要求。

(4)采用现浇混凝土空心楼板，总板厚为 500mm(折算厚度为 220mm)，减轻结构自重、增加水平刚度与竖向刚度，同时达到美观的要求。

通过分析比较，采用现浇双向钢筋混凝土预应力大梁(500mm×900mm 及 500mm×800mm)、预应力现浇混凝土空心大板结构体系较为理想。空心板总板厚为 500mm，中间圆孔直径为 360mm，孔上边实心部分厚度为 80mm，下边厚度为 60mm，详见图 2。板自重为 5.5kN/m^2，比上述混凝土实心厚板的重量要轻，但平面刚度与抗弯刚度都增加，同时有密肋存在也能有助于铲车开行。无疑这对结构抗御水平地震作用与楼板在铲车载重开动下的楼板的抗弯强度、竖向变形能力都有提高。

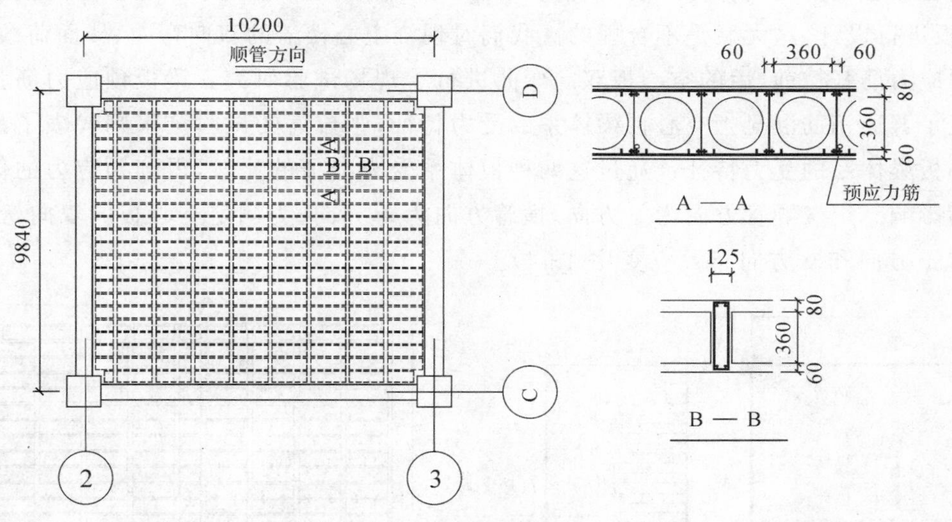

图 2　空心板布置示意图(单位：mm)

在楼面活荷载超大的情况下，采用预应力结构要达到两个目的：①在正常使用时能满足强度与竖向变形的要求；②当楼面活荷载不利分布、有的区域无活载的情况下，不能造成楼面梁过大反拱而使梁的上部开裂。因此经计算分析后，楼盖结构确定为部分预应力结构方案：双向框架大梁配直线有黏结预应力筋，并且为了减小楼板的厚度，把顺管方向的板肋搁置在短跨方向的框架梁上，现浇混凝土空心楼板在顺管方向每肋配单根直线无黏结预应力筋。

(三)经济比较

从表1各种楼板结构的经济性比较可知,采用现浇预应力空心楼板技术的楼盖具有较好的经济效益。这里还不包括由于楼板减轻自重后,结构各部分,特别是基础部分节省的造价。

表1 各种板形的经济比较(10.2m×9.84m)

	钢筋		混凝土		模板(材料+人工)(元)	合计(元)
	质量(t)	价格(元)	体积(m^3)	价格(元)		
空心楼板	4.6	17940	26	7800	5300	31040
350mm 厚板	4.9	19110	35	10500	5300	34910
普通梁板	4.24	16536	22	9200	6600	32336

注:①钢筋按 3900 元/t 计,混凝土按 300 元/m^3 计;②表内数值仅表示一个单元格的。

(四)板面荷载传递分析

本工程现浇预应力钢筋混凝土空心板梁楼盖,集中了空心楼板和预应力结构的优点,承载能力大为提高。然而由于预应力的作用,结构中的应力变得更加复杂,目前除建立精细有限元模型进行弹性阶段的应力分析外,尚没有可供工程设计的、较为精确的计算方法。在工程设计中,需要明确这种新颖楼盖体系的楼面荷载的双向传递系数,从而为结构设计提供计算传递到梁上的荷载。结合本工程情况,对此问题进行了系列现场试验工作与理论分析研究。按规范中给出的矩形双向混凝土实心板上均布荷载传递到周边梁上的方式,是按每个矩形板角 45°方向线分配的,即可以确定如图3所示的荷载传递计算简图。根据该计算简图,楼面荷载的分配规律即 d 值的大小,而要确定 d 值则可以通过对两个方向梁的跨中弯矩比例来确定。

$$\gamma=M_x/M_y,d=(1-2\alpha)l$$

其中,M_x 为 x 方向主梁的弯矩;M_y 为 y 方向主梁的弯矩。

现浇空心楼盖在孔之间存在板肋,目前在设计中可靠的做法是只考虑顺管方向板肋的弯曲刚度,按单向板进行设计,这无疑是不合理的。我们对现浇空心楼盖的双向弯曲、楼面荷载传递问题,以及梁板预应力筋张拉前、后的空心板双向弯曲进行了现场试验研究。梁板预应力筋张拉前的试验结果代表了普通钢筋混凝土空心板梁体系的受力特征,张拉后的试验结果则代表了预应力钢筋混凝土空心板梁体系的受力特征。通过这两种板体系受力特征的比较,得到预应力的作用对板中荷载传递的影响。定义顺管方向为 y 方向,横管方向为 x 方向;为测定空心板的双向弯曲效应,在板的跨中沿 x 方向和 y 方向布置应变片(图4)。

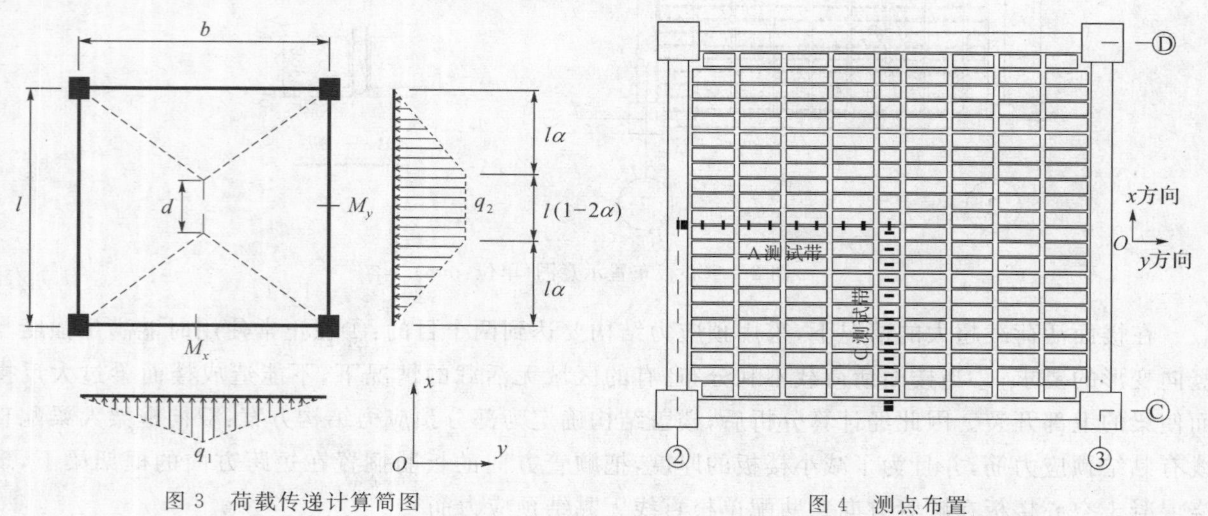

图3 荷载传递计算简图　　图4 测点布置

四、现场测试分析

(一)测试一:不加预应力的空心楼板上堆载

先不张拉梁、板内的预应力筋,按图5所示区域进行两级加载,依次为$6kN/m^2$和$12kN/m^2$,研究普通钢筋混凝土空心板梁体系的板面弯曲情况。测试结果表明,在张拉前,板中x方向的弯曲应变和沿y方向的弯曲应变大致相当,这说明板内存在明显的双向弯曲。

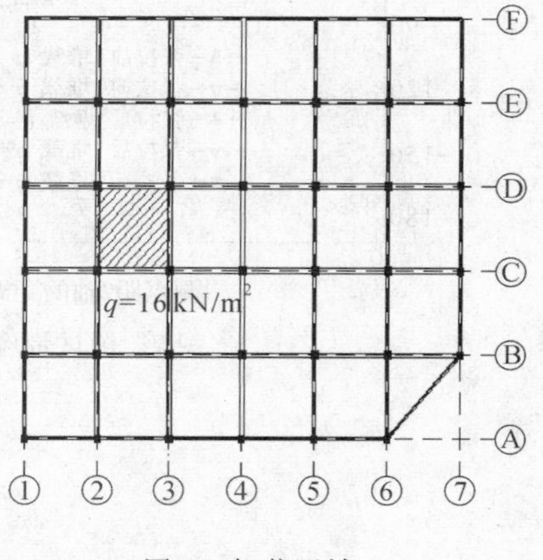

图5 加载区域

试验表明,现浇空心楼盖板面上的荷载传递除了与板的两个方向的弯曲刚度有关外,还与板中预应力筋布置的方向、多少以及周边支承大梁的抗弯刚度有关。另外,无论空心板梁楼盖有无预应力筋,其荷载的分配规律并不按普通实心板的45°线分配,而是取决于顺管方向和横管方向的刚度以及双向边梁的线刚度。

仿照规范中给出的双向混凝土实心板的板面荷载传递过程和近似的计算方法,可以确定如图3所示的荷载传递计算简图。根据该计算简图,确定楼面荷载的分配规律即确定d值的大小;d值确定后,荷载向两边主梁传递分配线的角度也就确定了。在图6(b)中示出了空心楼板在未张拉预应力时楼面荷载向两边大梁的传递分配线。显然,分配到2、3轴线梁上的荷载比分配到C、D轴线的梁上的荷载要多一些,这与2、3轴线梁的截面尺寸大于C、D轴的大梁,抗弯、扭刚度较大有关,也与空心管顺C轴排列、形成的板肋顺C轴方向有关。这与图6(a)所示的普通实心楼板按45°度线的板面荷载分配方式不同,显然此时分配到2、3轴线梁上的荷载比分配到C、D轴线的梁上的荷载要小。

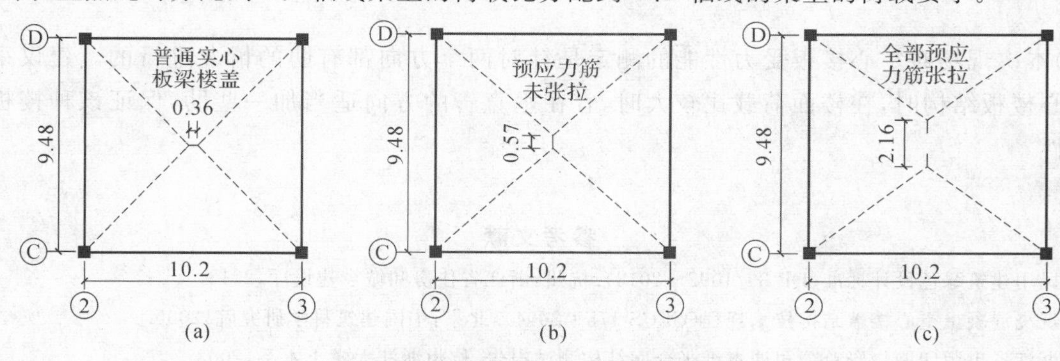

图6 空心板的荷载传递的d值(单位:m)

(二)测试二:张拉预应力后的空心楼板上堆载

先张拉板内和大梁的预应力筋,然后进行两级加载,依次为$12\ kN/m^2$和$16\ kN/m^2$,研究预应力钢筋混凝土空心板梁体系的板面弯曲情况。图7和图8给出了两种板梁体系的板面跨中x方向和y方向的应变。从图中可以发现,无论在张拉前,还是在张拉后,板中x方向的弯曲应变和y方向的弯曲应变都大致相当,这说明板内存在明显的双向弯曲。与此同时,也可按上述做法,计算出张拉后d值为2.16m,如图6(c)所示。从图6(c)中可见到预应力对荷载的传递起了较大的作用,分配到2、3轴线梁上的荷载比分配到D、C轴线的梁上的荷载要更多一些。这主要是由于预应力张拉是顺C、D轴方向的,使得沿预应力筋方向空心楼板的板面刚度加强;同时梁中预应力的作用同时还使 2、3 轴大梁的刚度也变得较大,导致在 2、3 轴线梁所承担的弯矩也增大,即分配到该两根梁上的荷载增大。

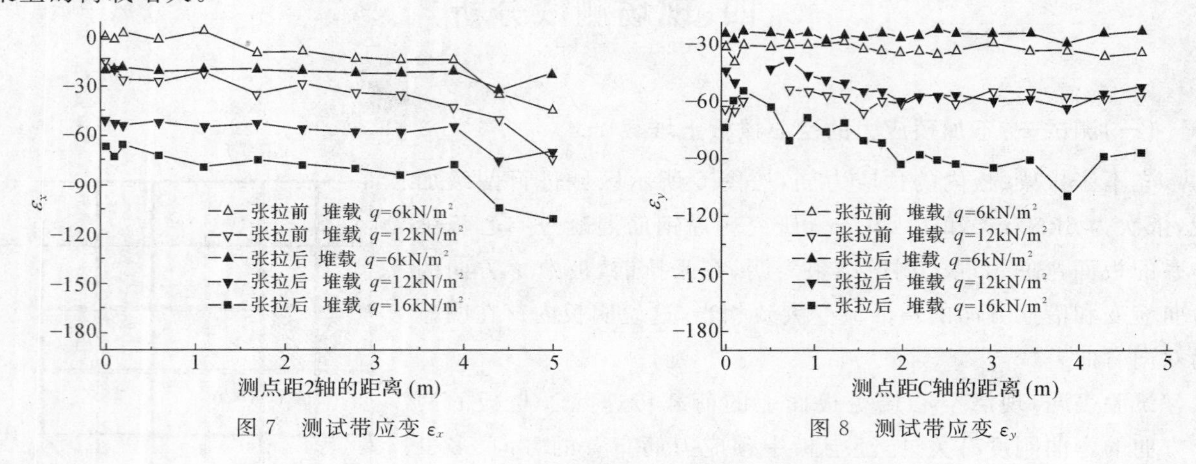

图 7 测试带应变 ε_x　　　　图 8 测试带应变 ε_y

五、结 论

(1)通过对板面两个方向应变分布特性的研究,发现空心板存在明显的双向弯曲作用,简单地将空心板等效为顺横管方向的单向板将导致较大误差。

(2)空心板面均布荷载作用下,板面荷载向四周梁传递不能按普通的实心楼板考虑,而应根据空心板两个方向的刚度、预应力张拉的方向及大小、周边支承主梁的线刚度等因素,来确定板面荷载的传递值。

(3)钢筋混凝土空心楼板在工程中的应用可使自重减小、施工方便,从综合效应讲,有很好的经济性。

(4)根据空心楼板的受力特性,在设计该种楼板结构时,计算楼面荷载向边梁传递的数值建议取一个板格,采用有限元计算程序进行计算,将两方向的肋折算为 T 形梁单元,和边梁一起组合进行计算。

(5)本次现场对空心楼板受力性能的测定是针对两个方向都有肋的情况进行的。建议采用圆柱形空心楼板结构时,在楼面荷载比较大时,宜在垂直管的方向适当加一些肋,保证该种楼板的受力双向性。

参考文献

[1] 民用建筑绿色设计标准(DB 33/1092－2013). 杭州:浙江省住房和城乡建设厅,2013.

[2] 现浇混凝土空心楼盖结构技术规程(CECS 175：2004). 北京:中国建筑科学研究院,2005.

[3] 浙江省出版印刷物资总公司课本纸张仓库结构测试报告. 杭州浙江大学土木系,2003.

组合楼盖的施工缝设置不可忽视

韦国岐　张正浩

(浙江瑞联建筑设计公司,杭州,310008)

摘　要:本文以三幢在建钢结构工程为例,调查分析了预制装配式组合楼面板混凝土开裂的原因,提出这类楼板应采取设置施工缝等关键措施。

关键词:钢结构;预制装配式组合楼板;混凝土;施工缝

一、引　言

对于超长结构按规范或工程经验设置施工缝,在建筑设计与建筑施工中都是十分明确的,否则会在设计或施工中采取相应的技术措施。而对于结构单元平面尺寸没有超长的高层和超高层建筑,往往认为没有设置施工缝的必要,但由于采用的结构形式不同和施工顺序不同,会导致新的情况发生,有时就必须设置施工缝。

假如设计采用钢一混凝土混合结构形式,施工通常按先现浇混凝土核心筒,再分层安装钢结构,最后浇筑周边楼面板(往往是预制装配式组合楼板)混凝土的次序进行[1]。按此施工顺序安排,最后浇筑出的周边楼面板形状,很可能是围绕核心筒的一个圈。而这个"圈"的外围总长度都会超过结构单元平面尺寸,在施工期内遇到较大温差时会出现楼板开裂等问题。

本文列举了三个工程项目,对比说明在这些情况下设置施工缝的必要性。

二、工程概况

这三个工程项目同处一地,均为高层写字楼,工程立面分别见图 1～图 3;工程结构概况见表 1;标准层平面示意如图 4～图 6 所示。

表 1　工程实例结构概况

项　目	地上层数	结构形式	预制装配式组合楼板形式
工程 1	33	钢框架+混凝土核心筒	钢筋桁架楼承板+配筋混凝土
工程 2	25	钢框架+混凝土核心筒	闭口压型钢板+配筋混凝土
工程 3	36	钢框架+混凝土双筒	钢筋桁架楼承板+配筋混凝土

图 1　工程 1 外挂幕墙后立面

图 2　工程 2 完工时立面

图 3　工程 3 幕墙收尾时立面

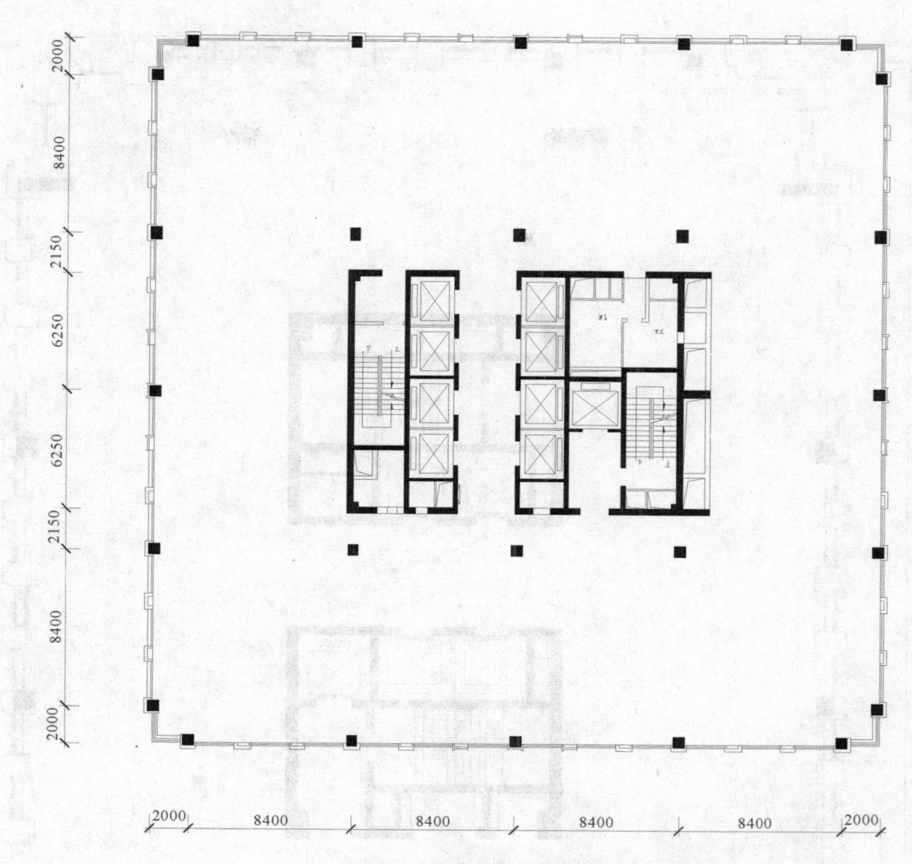

图 4　工程 1 标准层平面(单位:mm)

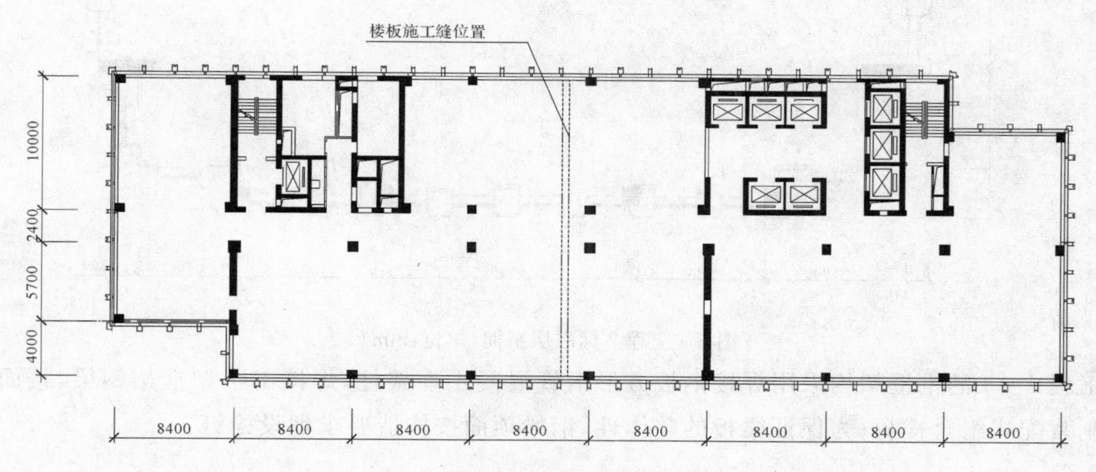

图 5　工程 3 标准层平面(单位:mm)

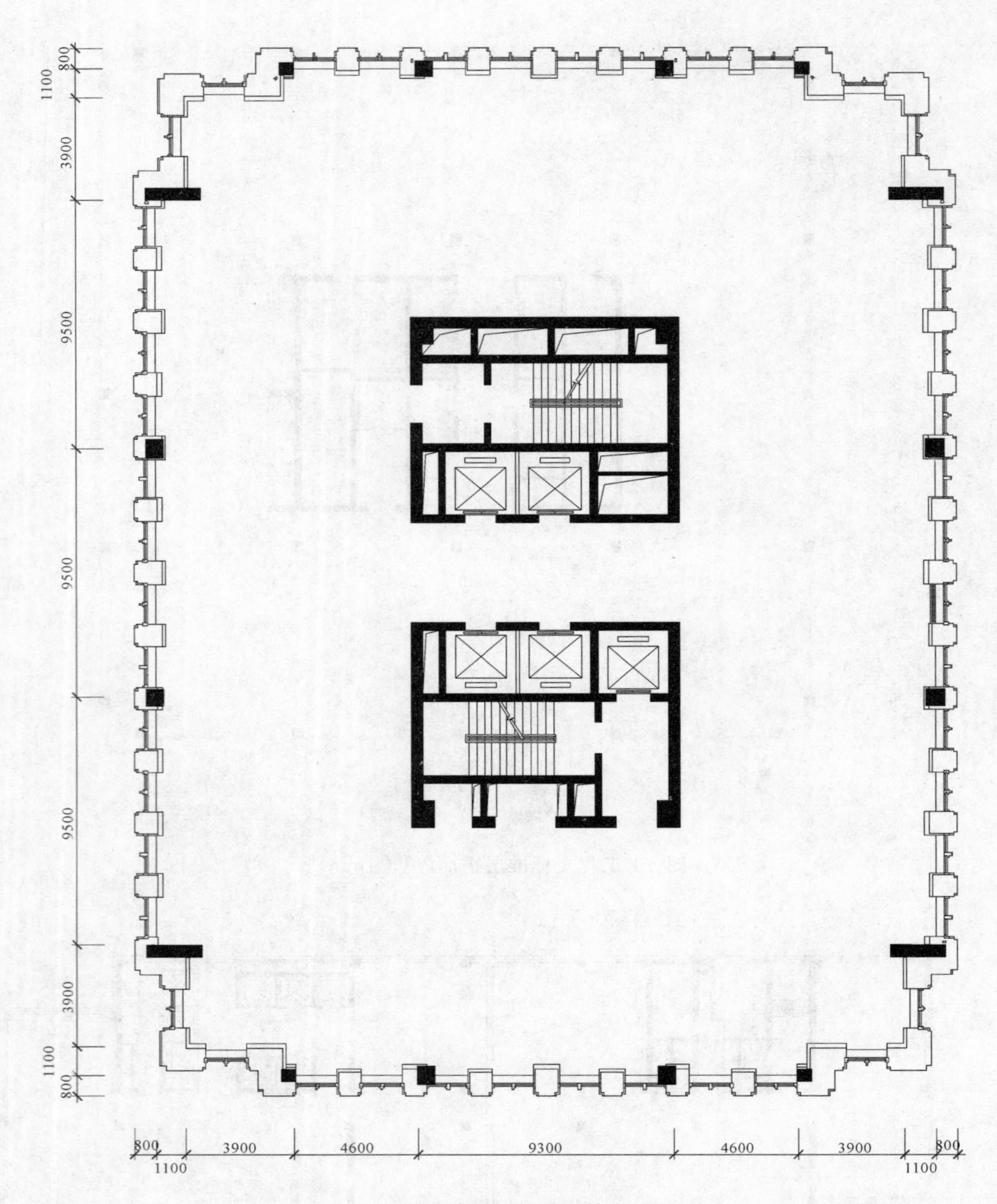

图 6 工程 2 标准层平面(单位:mm)

工程 1～3 的钢框架均采用焊接钢板方形钢管混凝土框架柱,焊接工字型框架钢梁,楼面均采用预制装配式组合楼板;为保证梁板的整体性,钢梁顶面按构造要求埋设栓钉。

三、工程调查

2009 年 6 月中旬,工程 1 核心筒已施工至 23 层,17～18 层钢柱、钢梁正在吊装,组合楼板的混凝土已浇至 12 层;工程 2 核心筒已结顶,正在进行屋面(改用全现浇钢筋混凝土板)施工,外墙围护砌体和钢结构的防火涂料基本同步进行;工程 3 的施工进度比工程 1 稍快,组合楼板的混凝土已浇至 15 层。

6 月 17 日和 18 日连续两天早晚的气温都维持在 23.8℃;而 19 日和 20 日连续两天却出现了 36.8℃和 37.4℃的高温天气,一昼夜内气温升幅达 13℃以上;21 日,工程 1 第 10～12 层四角部位的楼板面混凝土都出现了有规律的裂缝，最大缝宽约 1mm，其分布形状见图 7。第 10 层的楼板混凝土龄期已满一个月，自该层楼板浇筑后未发生其他异常情况。工程 2 也在顶部楼层两外角发现类似工程 1 的板面裂缝，工程 3 未出现这种板面裂缝。

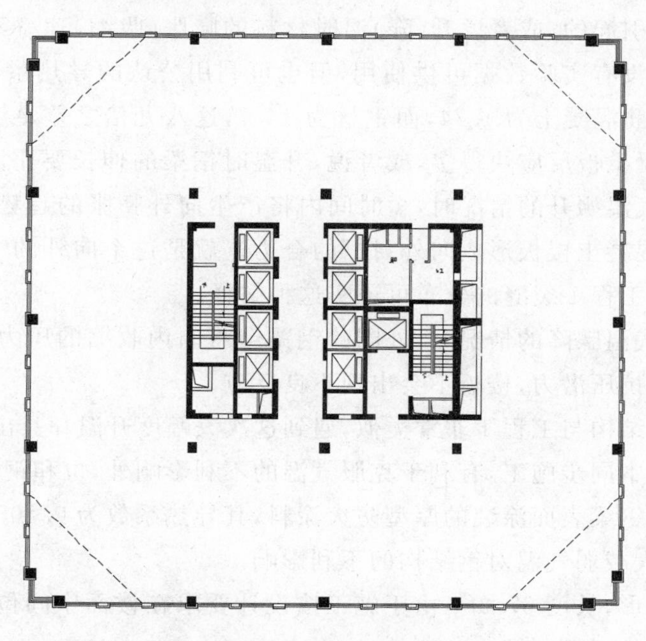

图 7　工程 1 裂缝分布示意图

经调查，工程 1 楼板现浇混凝土采用商品混凝土，原材料和制作工艺、运送条件均满足要求，质量完全有保证。工地现场浇捣、初生期及后期养护严格按施工标准实施。在地下室顶板及已成形的低楼层楼板观感质量良好，除个别板端因模板变形出现局部裂缝外，均未发生开裂现象。

四、问题分析

由工程调查可见，前一天发生的大幅度升温，就是楼板混凝土开裂的直接原因。

大幅的气温变化对一些温度敏感性较强的工程必将引起不利的影响，特别是未竣工的工程，抵御温度作用的能力更为薄弱，往往会出现一些设计时未能料及的问题。粗略分析可知，工程 1 核心筒以外的钢结构部分，外圈围合周长为 150.4m，对角线长已达 53.2m，对覆盖在钢梁顶面的组合楼板而言，这一长度显然已接近或超过了钢筋混凝土结构伸缩缝的最大间距[2]。同理，工程 2 四周外围组合楼板的对角线长也已达 50m。

以往的资料认为常温下结构常用钢材的线膨胀系数约为 $1.2\times10^{-5}/℃$，混凝土的线膨胀系数与钢材接近，所以钢筋混凝土构件内这两种不同材料能在同一构件内良好工作。但列举的工程楼面结构形式与整浇的梁板大不相同，其预制装配式组合楼板是与完全暴露在楼板底的钢梁迭合而成的（见图 8）。近来有资料显示 C40 混凝土的线膨胀系数为 $0.7\times10^{-5}/℃$，明显小于钢材的线膨

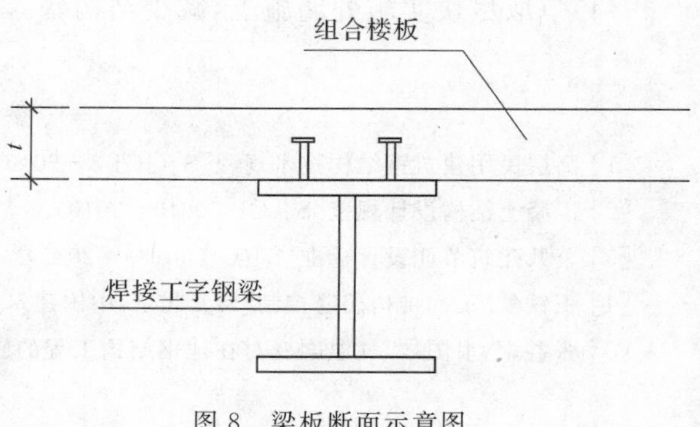

图 8　梁板断面示意图

胀系数 1.2×10^{-5}/℃，因此上部的混凝土板和下部的钢梁因温度变化引起的变形差异就会充分地表现出来。

其实在这类梁板断面形式的结构中，因温度变化引起的伸缩差异更可能是由于钢梁和混凝土板对温度的敏感不一致引起的，或者说升(降)温时材料的膨胀(收缩)速率不一样引起的。衡量这一差异的参数虽然目前没有实验数据可供使用，但也可利用公认的导热系数 λ(W/m·K)来表征这个差别[3]。常温下钢筋混凝土为 1.74，而钢材为 14.7，这八九倍之差足够说明处在同一气温变化环境中，钢梁要比混凝土板反应快得多，或者说，升温时钢梁的伸长要比混凝土板快得多。由此可见，外圈的钢梁遇到气温飙升的情况时，短时间内将产生向外膨胀的趋势，根据平面结构布置的特点，会在四个外角对混凝土楼板形成向外"拉"的合力。就是这个向外的"拉"力把贴在钢梁顶面的混凝土楼板拉裂了。工程 1 裂缝的分布可证实这种解释。

按此推理，若遇上气温骤降的情况时，外圈的钢梁会将向内收缩的压力传递给混凝土楼板，但由于混凝土具有很好的抗压潜力，楼板不会出现不良反应。

再说工程 2 的平面结构与工程 1 非常类似，遇到这次大幅度升温却只出现轻微的开裂现象，其原因除外墙围护砌体基本同步施工，有利于克服气温的不利影响外，也和钢结构的防火涂料紧跟施工有很大关系。因钢柱钢梁表面涂装的厚型防火涂料，其导热系数为 0.105，是钢材的 1/140，对钢结构具保护作用，可大大减弱气温对钢结构的不利影响。

工程 3 平面近似矩形，长度 67.2m，由于施工按设计要求在楼面中间位置留有一条施工缝，因而没有出现类似工程 1 的板面裂缝。

五、对策措施

在高层钢结构工程中，大多采用如列举工程的楼面结构体系，是因为施工快捷方便，符合钢结构体系的要求。但组合楼板的现浇混凝土板面开裂等现象，工程上也是时有发生。本文特别提出在施工中因气温异常而对楼板产生不利影响的问题，也值得设计注意。为保证工程在施工阶段遭遇气温骤变的情况也不会出现这种问题，解决思路无非也是"抗"和"放"的结合[4]，具体地对组合楼板的设计施工及其他工种配合可以提出以下一些措施供参考[5]：

(1)如平面尺度较大，宜在楼面设置施工缝，组合楼板预留施工缝极为方便，只需在板跨中用钢丝网隔离出后浇带即可。工程 1 若事先设缝就不会出现上述情况；

(2)混凝土楼板厚度不能过薄，如板厚小于 120 mm，板面须配置足够的双向构造钢筋；

(3)钢结构防火涂料尽量在满足施工条件时快速完成；

(4)争取尽快实施外墙施工，减少结构暴露时间。

参考文献

[1] 高层民用建筑钢结构技术规程[S](JGJ 3－2010).

[2] 混凝土结构设计规范[S](GB 50010－2010).

[3] 公共建筑节能设计标准[S](GB 50189－2005).

[4] 王铁梦. 工程结构裂缝控制[M]. 北京：中国建筑工业出版社，1997.

[5] 张益堂，韦国岐. 气温剧变对在建钢结构工程的影响分析及对策[J]. 建筑科学，2012(3)：99－101.

杭州市超限高层建筑工程抗震设计的若干问题

单玉川[1]　沈林炯[2]　丁伯阳[2]

(1. 浙江工业大学建筑规划设计研究院，杭州，310014；
2. 浙江工业大学建筑工程学院，杭州，310014)

摘　要：目前高层建筑的超限问题越来越多，本文对杭州地区部分超限高层建筑的超限情况进行了统计列表，并对高度和高宽比超限、扭转不规则、楼板局部不连续、侧向刚度不规则、连体、穿层柱进行了抗震分析。

关键词：超限；高层建筑；不规则

一、引　言

国民经济不断增长、城市人口急剧上升，而土地资源不可再生，促使了高层建筑不断出现；另外，随着人们生活水平提高，公众审美也呈现多样性，这也促使建筑师对建筑物体型不断创新。这些都在促进超限高层建筑蓬勃发展。杭州是浙江省省会城市，在最近十多年的时间，房产业发展非常迅速，大量的高层建筑拔地而起，这当中相当一部分是抗震超限建筑物。

二、杭州高层建筑的抗震设防状况

杭州市的地震基本烈度为6度。以往，在地震基本烈度为6度的地区是不设防的，我国1974年颁布以及在1978年修订的《工业与民用建筑抗震设计规范》(TJ 11—78)都曾明确规定6度区不抗震设防。现实中，这样的规定经不起时间的检验。

(一)抗震设防的必要性

地震对世界人民生命财产之损害巨大，其主要原因是房屋建筑和工程设施缺乏抗震能力，而房屋的抗震能力又与设计建造时是否考虑了地震作用以及按多大烈度设防有关。由于科学技术水平的限制，各地区设防所采用的基本烈度往往与实际所发生的大地震对应的烈度有较大差距，1966—1986年这20年间我国发生的多次强震，均出现在被认为是非地震区，如表1列举的实际震例。

另外，对1949年以来11次$M \geqslant 7$以上强震分析，其中发生在当时认为不抗震地区的有3次。因为不抗震，其损失特别巨大。这3次地震死亡人数占了11次地震的92%，倒塌房屋占了91%。表2为我国(不含港澳台地区)自1949年以来11次$M \geqslant 7$级以上地震发生在6度与7度区的次数、人员伤亡及倒塌房屋间数的比较。

表1　中国(不含港澳台地区)1966—1986年6度区发生7度以上强震统计表

时　间	地　点	震级 M	震中烈度
1966年3月8日	河北邢台	6.5	8
1966年3月22日	河北邢台	7.2	9～10
1969年7月26日	广东阳江	6.4	8
1974年4月22日	江苏溧阳	5.4	7
1979年7月9日	江苏溧阳	6.0	8
1975年2月4日	辽宁海城	7.3	9
1976年7月28日	河北唐山	7.8	11
1981年4月26日	内蒙古博克图	5.6	7
1981年8月13日	内蒙古丰镇	5.8	7
1982年3月20日	新疆布尔津	5.2	7
1986年1月28日	广东阳江	5.0	7
1986年2月9日	黑龙江龙镇	5.0	7
1986年3月1日	黑龙江北安	5.3	7

表2　中国(不含港澳台地区)1949年以来6度区发生 $M \geqslant 7$ 地震震害统计表

	7度区	6度区(不抗震)	合计	6度区(不抗震)占比(%)
次数(次)	8	3	11	27%
死亡人数(万人)	2.0	25.1	27.11	92%
倒塌房屋间数(万间)	54	550	604	91%

以上数据充分证明,在我国占约1/3国土面积原定为不抗震设防地区,考虑进行抗震设防是必要的。因此,杭州应当抗震设防。

(二)抗震设防的若干规定

为了在原不抗震设防的6度区抗震设防,原城乡建设环境保护部抗震办公室于1984年4月颁布了《地震基本烈度6度地区重要城市抗震设防和加固的暂行规定》,其中对于地震基本烈度6度地区的省会和市人口在100万以上的城市,位于市区的一些重要新建工程中7层及7层以上的砖混建筑,以及10层以上的钢筋混凝土建筑等按7度设防,又对济南、郑州、溧阳等10个6度区城市的一些重要工程规定按7度设防或加固。同时,1986年12月,上海市抗震办公室还根据上述暂行规定,结合上海市具体情况制订与发布了上海关于《"地震基本烈度6度地区重要城市抗震设防和加固的暂行规定"的实施办法(试行)》。在这种精神指导下,浙江省相关职能部门也对杭州市等6度区地震设防作出了明确的规定并发布了相应的具体条文。浙江省抗震办公室与杭州市抗震办公室对此做了大量的工作。

在原不抗震设防的6度区适度而有效地抗震,我国城市抗震防灾能力必将大大增强,会带来显著的社会效益与经济效益。

(三)杭州市高层建筑的发展与抗震

杭州城的高层建筑出现于20世纪80年代,当时楼高9层的杭州五金交电公司大楼建成于武林广场,吸引了人们的关注,但它在今天已够不上高层建筑的标准,也没有抗震设防。1987年,中日友好饭店成了西湖边第一幢高楼,虽说只有19层70m高,但值得注意的是,由于执行了1984年原城乡建设环境保护部抗震办公室关于6度区抗震的规定,该大楼已有抗震设防。

应该说相对于广州、上海等城市,杭州高层建筑的建设起步晚,事实上杭州的高层建筑蓬勃发展是在20世纪90年代以后，它经历了三个时期。第一时期出现在1982—1997年，以中山花园、西子花园、泰和苑等为代表。第二时期高层住宅以万安城市花园、国都公寓、城西的一些景观电梯房为代表，表现为一梯2～4户，注重小区内环境及建筑的细节，并有了公用门厅等概念。这个阶段的一个代表楼盘是1998年推出的新金都城市花园。这时《建筑物抗震规范》(GB 11－89)已经颁布，杭州的高层建筑抗震已在技术法规条文内。第三时期为2000年以后，以绿园、白马公寓、金都华庭、朝晖现代城，以及后来的春江花月为代表的第三代高层住宅出现。这些住宅区的规模较大，建筑密度较低，在规划、建筑、户型到环境设计等各方面比之过去的产品都有质的飞跃。规划设计从原先的一盘散沙发展到有围合的庭院布局，强化了中心庭院的概念；建筑立面追求新颖气派，普遍开始采用底层架空设计；基本上是板楼一梯两户的设置。因而，“超限”也较多地出现。但是浙江省抗震专业委员会发挥了较大的作用，对超限建筑从前期方案到施工图都按建设部要求作了认真审查，提出了整改意见。

今天，在土地资源紧缺而房屋需求旺盛的矛盾中，“往高里长”成了城市建筑最直接的选择。2000年，杭州市商品房平均容积率达2.3，其中有许多容积率≥2.5，最高达3.5，而通常容积率超过2.0的楼盘就已经不可能建多层。这意味着，在这些地块都是高层建筑。事实上，随着经济的发展，杭州的楼层高度一再被刷新，100m以上的建筑算是超高层建筑，杭州大厦楼高103.6m，杭州市人民政府大楼高达118.6m。近几年，摩天大楼的焦点已到了钱江两岸，高度为209m、总共42层的杭州第二长途电信枢纽楼早已屹立在钱江边。这些大楼的抗震设计与计算已考虑得较为完善。近两年杭州高层建筑发展更为迅猛，抗震超限建筑也大量出现。表3是近年出现的部分超限建筑，这些超限主要集中体现为扭转不规则、楼板局部不连续、侧向刚度不规则和穿层柱等。以下我们将作详细分析。

三、杭州高层建筑的抗震超限状况分析

(一)高度和高宽比超限工程的抗震设计

在表3中，杭州GRZD项目A塔楼高度、TO有限公司实验塔的高度及高宽比不满足《高层建筑混凝土结构技术规程》(JGJ 3－2010)[1](以下简称《高规》)的要求。杭州GRZD项目A塔楼采用钢筋混凝土框架一剪力墙结构体系，A塔楼主体高度139.3m，按《高规》3.3.2－1，该塔楼超限(大于A级最大高度130m，小于B级最大高度160m)，属于B级高度建筑。TO有限公司实验塔的主楼是采用剪力墙结构体系的细长型建筑物，其高度为168m，按《高规》4.2.2－1，该项目超限(大于A级最大高度140m，小于B级最大高度170m)，属于B级高度建筑；同时其高宽比为7.1，超过《高规》4.2.3的限值6。

对于高度超限的高层建筑，《高规》规定B级高度的高层建筑应提高整个建筑物结构的抗震等级、计算和构造措施，宜采用型钢混凝土柱、钢管混凝土柱以及剪力墙内的墙肢用型钢加强等，以保证结构底部构件具有良好的延性。杭州GRZD项目A塔楼框架和剪力墙抗震等级均为二级，比《建筑抗震设计规范》(GB50011－2010)[2](以下简称《抗规》)表6.1.2规定的抗震等级提高了一级；A塔楼采用钢筋混凝土框架一剪力墙结构体系，中部布置剪力墙形成两个独立的筒体，筒体外周布置钢筋混凝土框架结构，两侧边跨为斜柱，在25层以下的框架柱中设置型钢，以增大其延性。TO有限公司实验塔采用剪力墙结构体系，24～25层为抬柱转换层，剪力墙(－1～6层、24～30层)抗震等级为二级，比《抗规》规定的抗震等级提高了一级。

表 3 近年来杭州市部分超限建筑列表

不规则			杭州 ZGC 中心		YJJJ	杭州 YTGW 广场		中沙 YT
			B 楼	C 楼		E2	E3	
			框架—剪力墙		框架	框架—核心筒	框架	框架—剪力墙
高度(m)			32.4	27	19	63.6	44	49.7
高宽比			1.16	0.79	0.15	2.1	0.5	0.44
不规则	平面	扭转不规则	√	√	√	√	√	√
		凹凸不规则		√	√			
		楼板局部不连续	√	√		√	√	√
不规则	竖向	侧向刚度不规则	√	√		√	√	√
		抗侧构件不连续				√	√	
		楼层承载力突变	√					
其他不规则			穿层柱	穿层柱	穿层柱			

不规则			GML 科技城				杭州 GRZD 项目		TO 公司
			8#楼	11#楼	12#楼	13#楼	A 塔楼	B 塔楼	实验塔
			剪力筒			框架—剪力墙	框架—剪力墙	核心筒	剪力墙
高度(m)			78.95	78.95	59.65	79.9	139.3	139.8	168
高宽比			5.52	5.26	4.35	3.93	5	4.8	7.1
不规则	平面	扭转不规则	√	√	√	√	√	√	
		凹凸不规则				√			
		楼板局部不连续	√	√	√		√	√	√
不规则	竖向	侧向刚度不规则				√			√
		抗侧构件不连续							√
		楼层承载力突变				√	√	√	
其他不规则			穿层柱				穿层柱、斜柱		斜柱

建筑的高度、高宽比过大出现的问题是建筑物在地震或风荷载的作用下,结构的振动形式将由剪切振动变为弯曲振动,计算与结构的抗震方案都会发生较大变化。同时还要注意以下的一些问题[3]:

(1) 在风荷载和地震荷载的作用下,结构会产生较大的倾覆力矩,这就需要对结构进行抗倾覆稳定性验算,并验算在最不利荷载组合下桩是否出现拉力。若桩出现拉力,就需要调整桩的布置或使用抗拔桩;

(2) 高层建筑的位移、加速度较大,影响人居住的舒适性,可以增大结构的整体刚度或在结构中合理设置加强层,减小结构的位移、加速度,满足规范的要求;

(3) 构件产生较大的轴压比,使延性降低,应该增大构件的横截面积或采用钢管混凝土柱等。

(二)平面不规则抗震设计

1. 扭转不规则抗震设计

由表 3 可以看出,杭州地区超限高层建筑的扭转位移比均大于 1.2,属于扭转不规则,YJJJ 项目的扭转位移比大于 1.4。大量的震害表明,扭转反应要产生拉应力,它是造成结构发生地震破坏的重要原因之一,所以保持结构布置规则、对称和加强建筑物的抗扭转能力至关重要。

文献[3]指出,在高层建筑结构的抗震设计中,应考虑扭转与平移振动的耦连反应而引发的动力放大作用,其式为 $\theta r/u = f(e/r,\ T_t/T_1)$。其中,$\theta$ 为扭转角,r 为回转半径,u 为水平位移,$\theta r/u$ 为结构相对扭转响应,e 为偏心距,e/r 为结构的偏心率,T_t 和 T_1 分别为扭转第一振型周期和平动第一振型周期,f 为一复杂函数,具体见文献[4]。由于刚心与质心位置都无法直接定量计算,计算高层建筑结构的偏心率 e/r 比较复杂,所以用位移比来代替。《抗规》和《高规》规定,扭转规则性应满足两个指标:位移比、周期比。

《高规》3.4.5 规定,位移比是在规定水平地震力作用下,采用刚性楼板假定并考虑偶然偏心的影响下,楼层的最大弹性水平位移(或层间位移)与该楼层两端弹性水平位移(或层间位移)平均值的比值(如图 1)。《抗规》和《高规》都规定了位移比超过 1.2 为不规则结构,超过 1.5 为严重不规则结构。地震作用本身具有扭转分量,且实际工程中的设计、施工误差无法定量,计算时引入了偶然偏心,由此计算出来的位移比并不能真正表示建筑结构本身的性能。若位移比超限,仅仅以为是结构刚度布置不均匀而去调整竖向构件的布置是不正确的,因为当建筑物的边长过长,在附加偶然偏心的作用下,结构受到的扭转是非常大的,有时其结构的位移比会大于 1.2,甚至更大。所以在检查结构刚心与质心是否相距过大,是否需要调整竖向构件的布置时,应该在不附加偶然偏心的作用下计算。若结构布置均匀,刚心与质心相距不大而导致的位移比过大,这就需要在结构周边多布置竖向构件,增加结构的抗扭刚度,从而使位移比满足规范的要求。

周期比即扭转第一振型周期与平动第一振型周期的比值。由文献[4]可知,结构的相对偏心距 e/r 对扭振效应有一定影响,较大的周期比对扭振效应的动力增大影响更大,则确保周期比符合规范要求变得尤为重要。若扭转周期比大于 0.9,结构抗扭刚度与抗侧刚度较接近,调整方法如下:

(1)减少结构柱、剪力墙的布置或减小剪力墙厚度,降低平移刚度,增大平动周期;

(2)加大扭转刚度,尤其在离刚心最远处布置剪力墙或增加柱的布置,减小结构扭转周期。

结构平面布置的关键是刚心和质心的位置需接近,以避免扭转带来的结构破坏;否则在地震荷载的作用下,结构平动和扭转相互耦联,会使远离刚心的竖向构件分担的剪力明显增大。因此,结构的平面宜规则,布置均匀,尽量采用圆形、方形、矩形、椭圆形等规则的平面形状。

2.楼板局部不连续抗震设计

《抗规》规定,楼板局部不连续的原因是楼板的尺寸和平面刚度急剧变化(如图 2),例如,有效楼板宽度小于该楼板典型宽度的 50%,或开洞面积大于该层楼面面积的 30%,或较大的楼层错层。杭州 ZGC 中心 B 楼、C 楼局部开洞面积大于 30%;GML 科技城某新城(南区)8#、11#、12#楼局部开洞面积大于 30%;杭州 GRZD 的 B 楼二层开洞面积为 32.3%;中沙 YT 机房顶楼面开洞面积 30%等。从上述高层建筑的超限来看,楼板局部不连续主要体现在开洞面积过大,楼板作为传力构件和受力构件,在建筑结构整体抗震过程中起到重要的作用。对于剪力墙布置均匀的剪力墙结构,楼板对传递楼层地震剪力的贡献较小,楼板开洞对结构整体抗震性能影响不明显;对于框架一剪力墙结构,楼板对传递楼层地震剪力贡献较大,楼板开大洞导致的楼板不连续可能会引起竖向抗侧力构件的塑性破坏[5]。

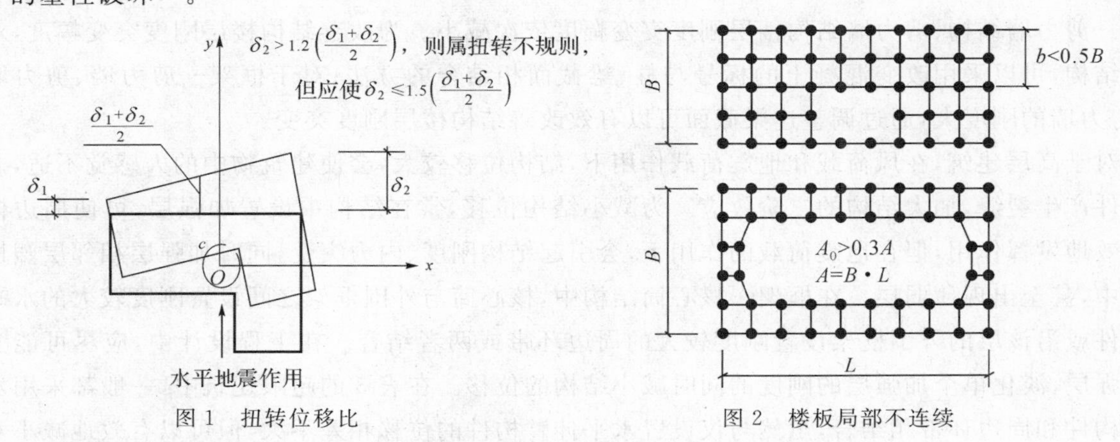

图 1 扭转位移比　　图 2 楼板局部不连续

在实际设计过程中,对于楼板局部不连续需要重点考虑 3 个问题[6]:

(1)结构在进行整体抗震设计分析时，应选取能正确反映楼板平面内实际刚度的计算模型；

(2)结构振型数的选取；

(3)楼板局部不连续使结构水平刚度突变，结构构件应力集中。

楼板开洞后，楼板的整体刚度减弱，结构的各个部分都有可能出现局部振动，降低了结构的抗震性能，一般情况下楼板平面内刚度无限大的假定就不再适用了。在结构设计计算模型中，可采取两种处理方法考虑楼板的面内变形：

(1)分块刚性楼板加弹性楼板的连接；

(2)整个楼面采用弹性楼板。

在分析地震对结构的影响时，应采用足够多的振型数来反映结构动力性能。对于规则的建筑结构，前几个振型就足以反映结构的动力特征；对于楼板局部开大洞的不规则结构，由于楼板刚度突变和楼板平面内的变形，结构的自由度增加，高阶振型的参与质量比例就较大，需要足够多的振型数才能满足振型参与质量达到总质量的90％。

楼板开大洞削弱后，宜在局部薄弱部位予以加强[1]：

(1) 洞口附近楼板加厚，提高楼板的配筋率(双层双向配筋)；

(2) 在洞口周边设置边梁、暗梁；

(3) 在洞口角部设置斜向钢筋，提高抗剪能力。

(三)竖向不规则抗震设计

竖向不规则类型是彼此联系的，例如加强层、转换层、连体的设置会使建筑的结构侧向刚度不规则、竖向抗侧力构件不规则、楼层承载力突变。

1.侧向刚度不规则抗震设计

侧向刚度不规则包括刚度突变、尺寸突变。《抗规》规定，侧向刚度不规则是该层的侧向刚度小于相邻上一层的70％，或小于其相邻三个楼层侧向刚度平均值的80％；除顶层或突出屋面小建筑外，局部收进的水平向尺寸大于相邻下一层的25％。刚度突变一般是由于结构层高的突变，设置加强层、转换层等导致的；尺寸突变一般是由于建筑的通风和采光的要求以及建筑师对于外立面的美观要求而产生的。

由于建筑功能上的需要，高层建筑需要有设备层，设备层对层高的要求相对低一点，这就导致设备层与相邻层的刚度差距较大。在框架、框架—剪力墙、剪力墙结构结构体系中，设备层的存在而导致的刚度突变程度是不一样的[7]。框架结构属于剪切型变形，柱的弯曲变形与其高度成正比；剪力墙结构属于弯曲型变形，若不考虑无害位移，其变形随高度的变化不怎么明显，因此框架结构、框架—剪力墙结构、剪力墙结构楼层刚度突变幅度依次减小。为改善结构楼层刚度突变幅度，对于框架结构，可以采用改变混凝土的标号与柱、梁截面相结合的方法；对于框架—剪力墙、剪力墙结构，剪力墙的刚度大，通过调整连梁截面可以有效改善结构楼层刚度突变。

对于高层建筑，在风荷载和地震荷载作用下，结构位移较大，会使建筑物中的人感觉不适，非结构构件产生裂缝，加大结构的二阶效应。为减小结构位移，常在结构中设置加强层，可使周边框架柱有效地发挥作用，但在地震荷载的作用下，会引起结构刚度、内力突变，同时加强层相邻层塑性变形集中，甚至出现薄弱层。在框架—核心筒结构中，核心筒与外围框架之间设置刚度较大的水平伸臂构件或沿该层的外围框架设置刚度较大的周边环带或两者结合。在工程设计中，应尽可能多布置加强层，淡化单个加强层的刚度的同时减小结构的位移。在表3的超限建筑中，一般都采用水平伸臂构件和周边环带相结合，虽然与仅设置水平伸臂构件的位移相差不大，但可以有效地减小水平伸臂构件所受剪力和弯矩以及加强层上、下楼板的翘曲影响。

转换结构分为框支转换和框架转换，框支转换是对上部剪力墙的转换，框架转换是对上部框架柱的转换。对于框支转换，不仅改变了上部剪力墙竖向荷载的传力途径，而且由于剪力墙的刚度较大，导致转换层上下刚度变化较大，形成薄弱层或软弱层，需采取严格的抗震措施；对于框架转换，虽改变了上部框架柱对竖向荷载的传力途径，但框架柱的刚度较小，转换层上下的刚度变化幅度较小[8]。在表3的超限建筑中，由于其高度较高，较多地选取框架—剪力墙结构体系，故转换结构一般为框支转换。《高规》第10.2.5条规定了部分框支剪力墙结构在地面以上设置转换层的位置，8度时不宜超过3层，7度时不宜超过5层，6度时可适当提高。

尺寸突变是立面收进幅度过大引起的，是一种较为常见的竖向不规则。杭州ZGC中心B、C楼竖向构件位置缩进大于25%，TO公司实验塔4层及28层以上竖向局部收进的水平尺寸大于相邻下一层25%，GML科技城一某新城13#建筑的竖向构件位置缩进大于25%等。从上述超限高层建筑中可知，塔楼首层与裙房顶层水平尺寸相差过大是引起侧向刚度不规则的主要原因。结构体型的不合理收进使得结构竖向刚度不连续、收进处的位移突变、竖向构件的内力变大，在地震作用下体型收进处会首先被破坏。在大震的作用下，破坏会集中于体型收进处，甚至会引起结构的倒塌。立面收进层宜加厚楼板的厚度、加强配筋率，收进部位的竖向构件宜加强配筋，以增加构件的延性[2]。

2.连体抗震设计

连体建筑通常由两个塔楼与一个连体连接而成，致使连体建筑的连体部位质量较大，对抗震十分不利。要尽量减小连体自身的质量，可优先采用钢结构或型钢混凝土结构等。连体不仅要承受恒载、活载，最主要的就是协调连体两端塔楼的变形和振动。连体部分的受力十分复杂，需考虑连体部分梁和楼板的应力和变形，在结构分析中应采用局部弹性楼板和刚性楼板连接的计算模型。对有连体的结构应采用多种计算程序进行弹性和弹塑性分析，明确结构薄弱部位，并对薄弱部位进行加强，满足抗震的要求。杭州余杭区的未来科技城某金融城建筑高度99.5m(图3)，采用框架—剪力墙结构体系，在18层至主屋面设置了宽13.8m、长13.8m的连体。框架、剪力墙抗震等级为三级，连接体与连接体的结构构件在连接体高度范围及其上下层的抗震等级为二级。连接体最下面一层(19层)采用桁架结构体系，连接体结构与主体结构采用刚性连接，连接体结构的主要结构构件伸入主体结构一跨并可靠连接，18～20层地震剪力乘以1.25的放大系数；桁架转换层不考虑楼板传递水平力，将转换层的连体区域上下两层楼板设为弹性膜(图4)。

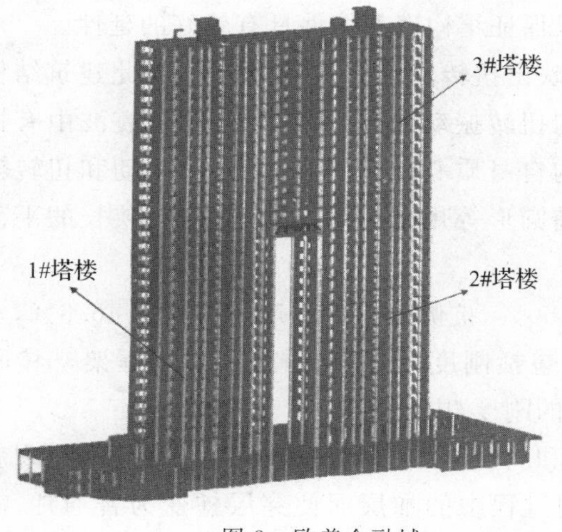

图3 欧美金融城

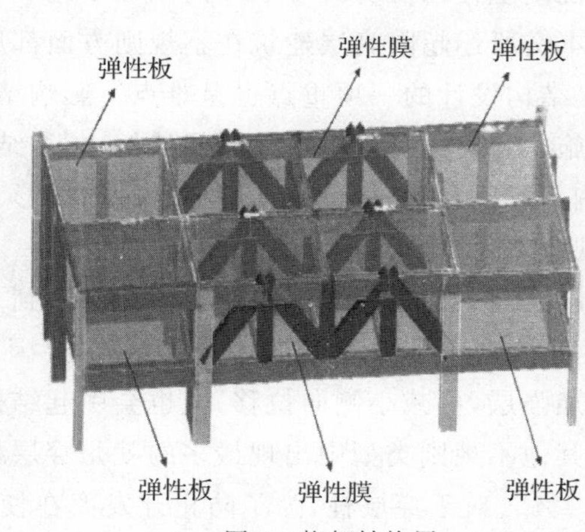

图4 桁架转换层

(四)其他不规则:穿层柱

超限高层多数底层及其以上几层作为商业场所,为满足大空间的要求,结构局部楼板开大洞,致使柱子周围无楼层梁,使柱子的长度增加,通常称为穿层柱。在地震的作用下,楼层的水平地震剪力是根据抗侧力构件的剪切刚度分配的。在多遇地震作用下,结构处于弹性状态,相比于普通柱,穿层柱长度大,剪切刚度小,分配到的剪力较小。随着地震力的增大,普通柱出现塑性铰后,其剪切刚度下降,通过内力的重分布,穿层柱分到的剪力会更大[9]。当地震力持续增大,普通柱塑性铰发展比穿层柱快,最终普通柱柱底塑性铰发生破坏,结构倒塌。

对于商业场所,开发商会改变原结构的使用功能,甚至有可能会在大空间中布置加层,使穿层柱变为普通柱。在罕遇地震作用下,原“穿层柱”会比普通柱先产生塑性铰。在穿层柱的设计中,需对其按非穿层柱复核其在水平地震作用下抗弯和抗剪的承载力,穿层柱端部节点核心区应按中震弹性设计且在端部加配纵筋以延迟塑性铰的出现[10]。

(五)超限高层的抗震计算

对于超限的高层建筑,在结构的抗震计算方面,应采用2个或2个以上不同力学模型的三维空间分析软件,采用振型分解反应谱法,在考虑扭转耦联振动影响时进行整体内力和变形计算,使各项计算指标满足规范的要求,例如反应谱分析时,结构的有效质量系数、周期比、扭转位移比、弹性层间角等;在多遇地震下,对整体结构进行弹性动力时程分析的补充计算,比较弹性时程分析和CQC分析结果;在罕遇地震下,对整体结构采用弹塑性时程分析法和静力弹塑性分析方法,分析整体结构的抗震性能,找出结构薄弱层并分析结构薄弱层弹塑性变形,控制薄弱层使之有足够的变形能力而又不使薄弱层位置发生转移;在设防烈度地震下,对整体结构进行不屈服或弹性验算,从而实现三个水准烈度“小震不坏,中震可修,大震不倒”的抗震设防要求。

四、结　论

(1)随建筑高度的增大,建筑位移以高度四次方增大,由此可知,高层建筑的侧移控制是高层建筑设计的重点之一。对于剪力墙和框架结构体系,更应该注重刚重比,因为刚重比与建筑高度的三次方呈反比。对于B级高度的高层建筑宜提高建筑结构的抗震等级及构造措施,采用型钢混凝土、钢管混凝土柱以及剪力墙墙肢内添加型钢等,以保证结构底部构件具有较好的延性。

(2)本文所述超限高层建筑在不规则方面都反映出扭转位移比均大于1.2,因此建筑结构的对称布置是结构设计的一项重点也是难点。影响结构扭转振动的主要因素为:①地震波中有扭转分量;②在施工和使用过程中造成的偶然偏心;③结构自身质心和刚心不重合;④平动和扭转耦联的放大影响。所以,建筑尽量采用圆形、方形、矩形、椭圆形等规则的平面形状,避免狭长的平面及应力集中现象。

(3)超限高层建筑发生侧向刚度不规则占到了50%,抗侧力构件不连续占到了46.3%,承载力突变占到了18.5%。影响竖向规则性的主要因素包括刚度、强度和质量。对于框架一核心筒结构,设置加强层,可减小侧向位移,但也会引起结构的刚度、内力突变,产生薄弱层。

(4)其他不规则类型中出现最多的就是穿层柱和斜柱,出现穿层柱占到了68.5%,出现斜柱占到了20.4%。对于穿层柱,为了防止开发商在使用过程中的加层而使穿层柱变为普通柱,需对其按穿层柱复核其在水平地震作用下抗弯和抗剪的承载力。

参考文献

[1] JGJ 3－2010 高程建筑混凝土结构技术规程[S].

[2] GB 50011－2010 建筑抗震设计规范[S].

[3] 吕西林,李学平.超限高层建筑工程抗震设计中的若干问题[A].建筑结构学报,2002,23(2):13－18.

[4] 徐培福,黄吉锋,韦承基.高层建筑结构在地震作用下的扭转振动效应[J].建筑科学,2000,16(1):1－6.

[5] 王庆杨,胡守营.楼板局部开洞对结构抗震性能的影响分析[J].建筑结构,2008,38(08):50－52.

[6] 肖志斌,马跃,裘涛.楼板局部不连续钢筋混凝土结构抗震设计[A].工程设计学报,2003,10(4):208－211.

[7] 许崇伟,黄勤勇.层高突变对高层建筑楼层刚度的影响及其对策[A].建筑科学,2006,22(4):16－22.

[8] 朱炳寅.建筑结构设计问答及分析[M].北京:中国建筑工业出版社,2013.

[9] 郑毅敏,王栋.跃层柱抗震性能探讨[J].结构工程师,2012,28(2):89－94.

[10] 林宝新,路斌.某带穿层柱框架结构的抗震性能分析[A].合肥:合肥工业大学学报,2013,36(5):610－615.

超高层建筑结构抗风和抗震性能化设计比较

周平槐　杨学林

(浙江省建筑设计研究院,杭州,310006)

摘　要:对于超高层建筑而言,水平荷载是结构设计的决定性因素。沿海超高层建筑结构往往由风荷载控制,进行基于性能的抗震设计,不一定会成为控制构件截面设计的主导因素。通过对一采用钢筋混凝土框架一核心筒结构体系的超高层建筑实例,假定分别建造在杭州市、宁波市和温州市,进行了不同风荷载和地震作用下的基底剪力、楼层剪力和首层典型墙柱构件内力和配筋等的分析。结果表明,当基本风压为0.5kPa时,对应的楼层剪力和7度设防Ⅲ类场地小震基本相同;当基本风压为0.6kPa时,对应的楼层剪力和7度设防Ⅳ类场地小震基本相同。首层墙柱除角柱和角部墙肢外,大部分在小震和中震计算中均为构造配筋,只有大震不屈服或大震弹性时才是计算配筋。

关键词:超高层;风荷载;地震作用;抗震性能化设计;楼层剪力;构造配筋;计算配筋

一、引　言

建筑主要承受水平荷载和竖向荷载。对于超高层建筑而言,水平荷载是结构设计的决定性因素。水平荷载主要包括风荷载和地震作用。合理确定抗侧力结构体系,从而使得水平荷载下的变形和舒适度满足规范要求,是超高层建筑结构设计的关键内容[1,2]。

地震引起的强烈地面振动及伴生的地面裂缝和变形,使各类建(构)筑物倒塌和损坏,造成巨大的生命财产损失。建筑物的抗震性能研究已经取得了很多的成果,并形成了专门的抗震设计规范,用于指导工程设计。

浙江省多数区域抗震设防烈度低于6度,结构设计时可不考虑抗震。相对而言,台风灾害以其突发性强、危害程度重、影响范围广和灾害链长而成为浙江省的主要自然灾害之一。沿海地区分布着众多重要工业和港口、电厂、机场、高速公路等重要基础设施,人口稠密,生产要素高度聚集,经济发达,台风灾害损失大。因此超高层建筑结构的抗风设计同样重要。相对于地震作用,沿海超高层建筑结构往往由风荷载控制,此时进行基于性能的抗震设计,不一定会成为控制构件截面设计的主导因素。

本文选择一个采用钢筋混凝土框架一核心筒结构体系的超高层建筑实例,假定同一幢建筑分别建造在杭州市、宁波市和温州市,通过比较不同风荷载和地震作用下整体性能和关键构件内力,总结抗风和抗震性能设计的规律,为沿海地区超高层建筑抗风设计和抗震性能化设计提供参考。

杭州、宁波、温州三地的基本风压取值如表1。对于风荷载较为敏感的建筑结构,基本风压均按照百年一遇取值[3];抗震设防烈度以6度(0.05g,g为重力加速度)为主,局部地区为7度

(0.10g),相应水平地震影响系数最大值如表2。场地类别为Ⅲ类时特征周期为0.45s,Ⅳ类时特征周期为0.65s[4]。

表1　基本风压　　　(单位:kPa)

所在地	基本风压(n=50)	基本风压(n=100)
杭州	0.45	0.50
宁波	0.50	0.60
温州	0.60	0.70

表2　水平地震影响系数最大值

设防烈度	小震	中震	大震
6度	0.04	0.12	0.28
7度	0.08	0.23	0.50

二、基于性能的抗震设计计算方法

进行抗震性能化设计时,关键构件的性能目标通常是中震或者大震下的弹性或者不屈服。无论是弹性设计还是不屈服设计,地震内力可不考虑与抗震等级有关的增大系数,也不考虑风荷载组合。

弹性设计时,考虑作用分项系数、材料分项系数和承载力抗震调整系数,设计表达式为[5]:

$$\gamma_G S_{GE} + \gamma_{Eh} S_{Ehk}^* + \gamma_{Ev} S_{Evk}^* \leqslant R_d / \gamma_{RE} \tag{1}$$

不屈服设计时,地震作用效应采用标准值,抗震承载力按强度标准值计算,即作用分项系数、材料分项系数和承载力抗震调整系数均取1.0,设计表达式为:

$$S_{GE} + S_{Ehk}^* + 0.4 S_{Evk}^* \leqslant R_k \tag{2}$$

$$S_{GE} + 0.4 S_{Ehk}^* + S_{Evk}^* \leqslant R_k \tag{3}$$

其中,S_{GE} 为重力荷载代表值的效应;S_{Ehk}^* 和 S_{Evk}^* 分别为水平和竖向地震作用标准值的构件内力,不考虑与抗震等级有关的增大系数;R_d 和 R_k 分别为构件承载力设计值和标准值;γ_G、γ_{Eh} 和 γ_{Ev} 分别为重力荷载、水平地震作用和竖向地震作用分项系数,γ_{RE} 为承载力抗震调整系数。

具体在 *PKPM* 软件中,弹性设计时:① 地震影响系数按中震或大震取值;② 内力调整系数取为1;③ 其余分项系数/组合系数均保留;④ 抗震调整系数 γ_{RE} 取值同小震,详见《高规》表3.8.2;⑤ 材料强度用设计值。

不屈服设计时,可直接勾选"不屈服设计":① 地震影响系数按中震或大震取值;② 荷载分项系数取1,保留组合系数;③ 内力调整系数取为1;④ 抗震调整系数 γ_{RE} 取1;⑤ 材料强度用标准强度。

为确保弹性设计或不屈服设计时均不考虑风载参与组合,基本风压取为0,同时抗震等级均选4级。

此外,安全等级为二级时,无地震参与的基本组合为:

$$\gamma_G S_{Gk} + \gamma_L \psi_Q \gamma_Q S_{Qk} + \psi_w \gamma_w S_{wk} \leqslant R_d \tag{4}$$

有地震参与的基本组合为:

$$\gamma_G S_{GE} + \gamma_{Eh} S_{Ehk} + \gamma_{Ev} S_{Evk} + \psi_w \gamma_w S_{wk} \leqslant R_d / \gamma_{RE} \tag{5}$$

为了将式(1)~(5)的右边统一为承载力设计值 R_d,取抗震调整系数为平均值 $\gamma_{RE}=0.8$,材料标准值是设计值的 1.1 倍,因此进行内力比较时,将式(1) 和式(5) 左边乘以 0.8,而式(2) 和式(3) 左边除以 1.1。

三、算　例

选用工程实例为塔楼地面以上 53 层,屋顶结构标高 220.75m。地下室 2 层,层高均为 5.4m;第 1 层层高 7m;第 2～6 层中,除第 5 层层高 6.5m 外,其余各层均为 5.2m;标准层 7～40 层层高 4.0m,第 41～49 层层高 3.5m,第 50 层层高 4.0m。

采用现浇钢筋混凝土框架一核心筒结构体系,塔楼结构高度略超 B 级高度钢筋混凝土框架一核心筒结构体系的最大适用高度($H=210$m),按 B 级高度高层建筑的有关要求进行设计。25 层以下采用型钢混凝土框架柱,框架部分和核心筒剪力墙抗震等级均为二级。核心筒宽度较小,其高宽比约为 15.5,结构整体侧向刚度偏弱,为提高塔楼结构的整体刚度,更好地满足结构整体稳定性及风和地震作用下的结构位移要求,利用建筑避难层共设置了三道环向桁架(腰桁架)。西侧框架柱在 45 层楼面内退(向内收进)约 2.3m,采用斜柱转换,避免梁抬柱,确保轴向荷载的直接传递,斜柱高度为两个楼层高。

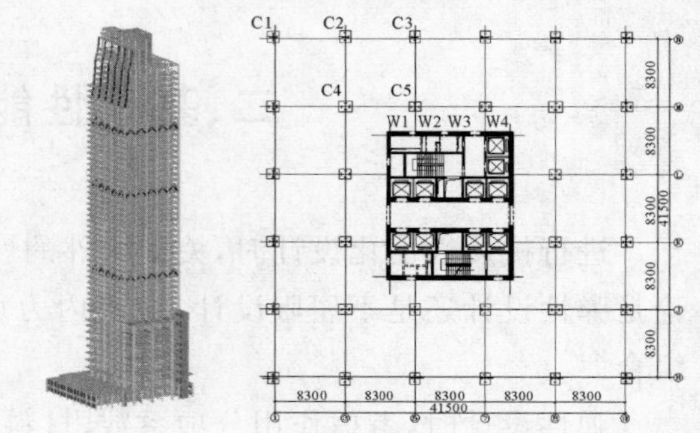

图 1　计算模型及标准层墙柱平面布置(单位:mm)

整体计算模型和标准层墙柱结构布置如图 1。首层柱子 C1 为 1.35m×1.35m,C2～C3 均为 1.3m×1.4m,C4 为 1.3m×1.5m,C5 为 1.2m×1.3m;混凝土强度等级为 C60,内插型钢;核心筒外圈墙肢首层厚 600mm。

结构在 x 和 y 两个方向的尺寸相同,为了方便计算结果的统计,风荷载和地震作用均只考虑 x 方向。

(一)基底剪力比较

针对该工程实例,分别按照杭州、宁波和温州的基本风压进行计算,同时比较 6 度和 7 度设防、场地类别为Ⅲ类和Ⅳ类时的小震、中震和大震的地震响应,共计 15 种情况。只进行弹性计算,均不考虑结构是否进入弹塑性状态。所得基底剪力如图 2 所示。

(1)由于进行的是弹性计算,风荷载下基底剪力比值与基本风压的比值基本一致;相同设防烈度下,Ⅳ类场地对应基底剪力均为Ⅲ类场地的 1.186 倍。

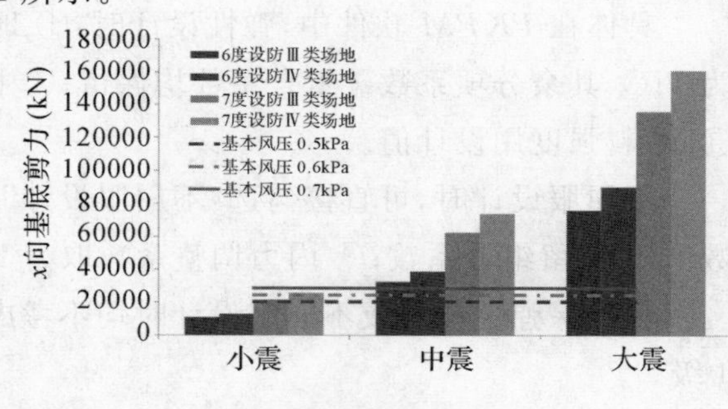

图 2　基底剪力比较

(2)如果建造在杭州地区,基本风压为 0.5kPa,6 度设防,场地类别分别为Ⅲ类和Ⅳ类时,小震下的基底剪力分别是 10860kN 和 12875kN,均约占风荷载下的基底剪力 20249kN 的 50%左右;当该项目按照 7 度设防、Ⅲ类场地进行设计时,小震下的基底剪力和风荷载下的基本相当。中震作用下,基底剪力远大于风荷载,Ⅲ类、Ⅳ类场地分别是风荷载下的 1.6 和 1.9 倍;考虑 7 度设防时则分别是风荷载下的 3.1 倍和 3.6 倍。

(3)如果建造在宁波地区,基本风压为 0.6kPa,6 度设防,局部 7 度设防。风荷载下的基底剪力为 24395kN，6 度设防时，场地类别分别为Ⅲ类和Ⅳ类，对应小震下基底剪力分别约占风荷载下的44%和 52%；当该项目按照 7 度设防进行设计时，Ⅲ类场地对应的小震基底剪力小于风荷载，Ⅳ类场地和风荷载的基本相当。中震作用下，基底剪力大于风荷载，Ⅲ类、Ⅳ类场地分别是风荷载下的1.3 和 1.6 倍；考虑 7 度设防时，则分别是风荷载下的 2.6 倍和 3.0 倍。

(4)如果建造在温州地区，基本风压为 0.7kPa，6 度设防。风荷载下的基底剪力为 28557kN，6 度设防时，场地类别分别为Ⅲ类和Ⅳ类，对应小震下基底剪力分别约占风荷载下的 38%和 45%；当该项目按照 7 度设防进行设计时，Ⅲ类、Ⅳ类场地对应的小震基底剪力均小于风荷载。中震作用下，6 度设防、Ⅲ类场地对应的基底剪力是风荷载下的 1.1 倍，可认为基本相当。6 度设防、Ⅳ类场地是风荷载下的 1.35 倍；考虑 7 度设防时，则分别是风荷载下的 2.2 倍和 2.6 倍。

(5)大震作用下的基底剪力远大于风荷载。

(二)楼层剪力比较

比较上述 15 种不同情况下的楼层剪力发现，当基本风压为 0.5kPa 时，对应的楼层剪力和 7 度设防、Ⅲ类场地、小震时基本相同；基本风压为 0.6kPa 时，对应的楼层剪力和 7 度设防、Ⅳ类场地、小震时基本相同，如图 3 所示。也就是说，该项目建造在杭州地区时，风荷载对应的楼层剪力大于地震作用，只有当设防烈度提高到 7 度设防时，二者的楼层剪力才相差不多；当该项目建造在宁波地区时，只有在 7 度设防且场地类别为Ⅳ类时，二者的楼层剪力才基本相同。

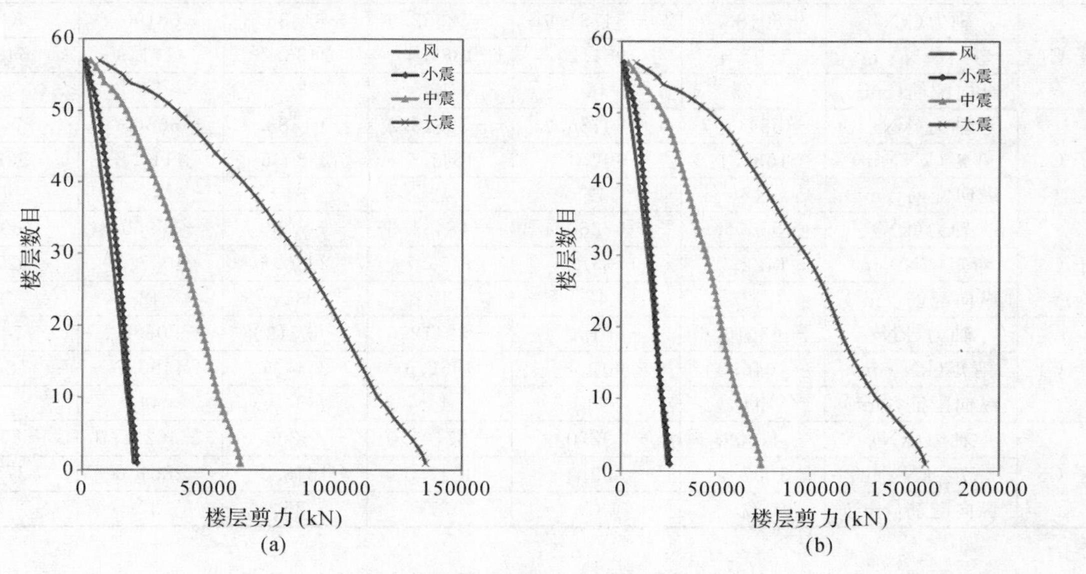

图 3　楼层剪力比较

(a)0.5kPa 风压，7 度设防，Ⅲ类场地；(b)0.6kPa 风压，7 度设防，Ⅳ类场地

(三)构件内力

杭州、宁波和温州的抗震设防烈度基本上都是 6 度区(仅宁波局部地区为 7 度设防)。为简单起见，构件内力比较时均按照 6 度设防考虑，其中杭州场地类别为Ⅲ类场地，宁波和温州则采用Ⅳ类场地。重点分析图 1 中典型框架柱 C1～C5 和核心筒外墙墙肢 W1～W6 在各种不同工况下的内力。

建造在杭州时，首层各柱子和墙肢内力组合值及配筋分别如表 3～4 所示，其中配筋结果考虑了垂直方向的横向水平荷载。以角柱 C1 的轴力为例，风基本组合对应的轴力大于小震基本组合和中震不屈服，略小于中震弹性对应的轴力。首层框架柱中震弹性和中震不屈服设计时，均为构造配筋；大震不屈服设计时，除了角柱外，其余框架柱均为构造配筋，而角柱的计算配筋值也很小；大震弹性设计时，大部分框架柱变成了计算配筋(除个别中柱外)，角柱配筋量显著增加。首层核心筒外圈剪力墙墙肢的配筋情况与框架柱基本一致。

建造在宁波时，首层各柱子和墙肢内力组合值及配筋分别如表5～6所示。由表3可知，框架柱C2和C4的规律基本上分别和C3、C5相同，因此表5不再列入C2和C4。结果表明，角柱C1在风荷载作用下已经是计算配筋，而在小震和中震计算中均为构造配筋，直到大震不屈服或者大震弹性才是计算配筋。中柱在风基本组合下却是构造配筋。首层核心筒外圈剪力墙墙肢在风基本组合和中震不屈服设计时多数为构造配筋，中震弹性设计时仅角部墙肢为计算配筋，大震不屈服设计和大震弹性设计时所有墙肢均为计算配筋。

建造在温州时，首层各柱子和墙肢内力组合值及配筋分别如表7～8所示。墙柱的配筋情况同宁波地区基本一致，风荷载作用下只有角柱C1才是计算配筋，直到大震不屈服或者大震弹性才是计算配筋。首层核心筒外圈剪力墙墙肢在风基本组合和中震不屈服设计时多数为构造配筋，中震弹性设计时仅角部墙肢为计算配筋，大震不屈服设计和大震弹性设计时所有墙肢均为计算配筋。

此外，随着楼层增加，抗震性能化设计控制的构件计算配筋越来越少。一半楼层处除了大震弹性墙柱为计算配筋外，其他情况下均为构造配筋。

表3 杭州地区首层典型框架柱内力组合值及配筋

编号	内力及配筋	风基本组合	小震基本组合	中震不屈服	中震弹性	大震不屈服	大震弹性
柱子C1	轴力(kN)	−60183.5	−54781.9	−52952.9	−64686.3	−68190.6	−84495.3
	弯矩(kN·m)	1591.4	951.2	1887.4	2436.2	4171.9	5406.0
	纵向配筋(cm^2)	42	42	42	39	51	235
柱子C2	轴力(kN)	−58417.7	−54786.2	−50518.2	−61383.0	−60667.1	−74576.6
	弯矩(kN·m)	1538.1	902.4	1841.7	2380.6	4115.8	5336.9
	纵向配筋(cm^2)	42	42	42	34	42	148
柱子C3	轴力(kN)	−55606.6	−53260.4	−48454.6	−58782.7	−56950.4	−69827.3
	弯矩(kN·m)	1422.7	785.2	1756.7	2280.6	4057.1	5271.1
	纵向配筋(cm^2)	42	42	42	34	42	94
柱子C4	轴力(kN)	−63516.6	−58152.4	−52412.0	−63512.8	−60658.5	−74233.3
	弯矩(kN·m)	1646.3	901.4	1962.6	2544.7	4490.7	5831.3
	纵向配筋(cm^2)	41	41	44	34	44	74
柱子C5	轴力(kN)	−41009.3	−39270.9	−37101.0	−45206.0	−46231.9	−57076.2
	弯矩(kN·m)	1037.0	569.2	1247.5	1618.0	2861.0	3715.5
	纵向配筋(cm^2)	37	37	37	25	37	37

表4 杭州地区首层典型核心筒外圈墙肢内力组合值及配筋

编号	内力及配筋	风基本组合	小震基本组合	中震不屈服	中震弹性	大震不屈服	大震弹性
墙肢W1	轴力(kN)	−30716.8	−26182.3	−30271.4	−37648.7	−47912.0	−60581.5
	剪力(kN)	2612.9	1903.9	2532.1	3186.5	4505.0	5751.3
	弯矩(kN·m)	3597.8	2225.6	3812.9	4881.9	7899.6	10194.6
	纵向配筋(cm^2)	0	0	0	57	336	458
	横向配筋(cm^2)	3.0	3.0	2.4	4.7	11.4	14.6
墙肢W2	轴力(kN)	−33499.9	−33691.9	−36388.3	−44966.9	−53734.5	−67517.0
	剪力(kN)	1606.5	1031.9	1844.0	2366.8	3897.9	5036.9
	弯矩(kN·m)	3882.4	2441.9	3958.4	5051.1	7972.5	10269.5
	纵向配筋(cm^2)	0	0	0	0	214	383
	横向配筋(cm^2)	3.0	3.0	2.4	2.4	9.7	11.7

续表

编号	内力及配筋	风基本组合	小震基本组合	中震不屈服	中震弹性	大震不屈服	大震弹性
墙肢 W3	轴力(kN)	−25475.3	−26795.2	−29007.4	−35854.1	−42944.3	−53972.1
	剪力(kN)	801.1	441.8	1086.5	1416.2	2585.8	3365.3
	弯矩(kN·m)	689.1	187.2	1010.6	1346.4	2794.0	3664.8
	纵向配筋(cm^2)	0	0	0	0	213	370
	横向配筋(cm^2)	3.0	3.0	2.4	2.4	8.6	11.2
墙肢 W4	轴力(kN)	−42461.2	−37498.0	−43913.5	−54678.5	−70345.1	−89039.6
	剪力(kN)	614.3	−218.4	1252.5	1727.5	4246.1	5619.1
	弯矩(kN·m)	6620.1	3812.6	6998.8	8996.7	14974.1	19364.5
	纵向配筋(cm^2)	0	0	0	83	494	671
	横向配筋(cm^2)	3.0	3.0	2.4	2.4	10.9	13.8

表 5　宁波地区首层典型框架柱内力组合值及配筋

编号	内力及配筋	风基本组合	小震基本组合	中震不屈服	中震弹性	大震不屈服	大震弹性
柱子 C1	轴力(kN)	−61876.3	−55338.8	−54238.2	−66357.2	−71189.5	−88393.9
	弯矩(kN·m)	1873.4	1084.4	2194.7	2835.7	4889.1	6338.4
	纵向配筋(cm^2)	92	42	42	42	113	298
柱子 C3	轴力(kN)	−55726.0	−53567.8	−49163.8	−59704.7	−58605.3	−71978.6
	弯矩(kN·m)	1706.3	920.5	2068.8	2686.3	4785.6	6218.2
	纵向配筋(cm^2)	42	42	42	42	42	139
柱子 C5	轴力(kN)	−41329.0	−39597.3	−37854.3	−46185.3	−47989.6	−59361.2
	弯矩(kN·m)	1240.4	662.8	1463.6	1898.9	3365.2	4371.0
	纵向配筋(cm^2)	37	37	37	37	37	38

表 6　宁波地区首层典型核心筒外圈墙肢内力组合值及配筋

编号	内力及配筋	风基本组合	小震基本组合	中震不屈服	中震弹性	大震不屈服	大震弹性
墙肢 W1	轴力(kN)	−32677.5	−26940.5	−32020.8	−39922.9	−51993.9	−65888.0
	剪力(kN)	2880.3	2004.4	2763.7	3487.6	5045.5	6453.9
	弯矩(kN·m)	4144.1	2433.1	4291.7	5504.4	9016.7	11646.9
	纵向配筋(cm^2)	22	0	17	98	422	560
	横向配筋(cm^2)	3.0	3.0	4.7	7.4	18.9	20.2
墙肢 W2	轴力(kN)	−34421.1	−34412.2	−38050.4	−47127.7	−57612.7	−72558.6
	剪力(kN)	1858.3	1152.5	2122.4	2728.8	4547.5	5881.4
	弯矩(kN·m)	4437.8	2640.6	4416.6	5646.8	9041.6	11659.3
	纵向配筋(cm^2)	0	0	0	0	301	485
	横向配筋(cm^2)	3.0	3.0	2.4	2.4	12.5	13.7
墙肢 W3	轴力(kN)	−25979.5	−27371.2	−30336.8	−37582.3	−46046.1	−58004.4
	剪力(kN)	974.0	534.5	1300.4	1694.3	3084.8	4014.0
	弯矩(kN·m)	912.8	280.9	1227.1	1627.9	3299.3	4321.7
	纵向配筋(cm^2)	1	0	0	17	290	463
	横向配筋(cm^2)	3.0	3.0	2.4	2.4	11.2	13.4
墙肢 W4	轴力(kN)	−45045.8	−38623.4	−46510.6	−58054.7	−76405.0	−96917.5
	剪力(kN)	991.9	−66.0	1603.3	2183.5	5066.4	6685.5
	弯矩(kN·m)	7717.8	4205.9	7906.1	10176.1	17091.1	22116.6
	纵向配筋(cm^2)	0	0	21	142	619	809
	横向配筋(cm^2)	3.0	3.0	2.4	3.5	13.6	16.4

表 7 温州地区首层典型框架柱内力组合值及配筋

编号	内力及配筋	风基本组合	小震基本组合	中震不屈服	中震弹性	大震不屈服	大震弹性
柱子 C1	轴力(kN)	−63576.7	−55338.8	−54238.2	−66357.2	−71189.5	−88393.9
	弯矩(kN·m)	2156.6	1084.4	2194.7	2835.7	4889.1	6338.4
	纵向配筋(cm^2)	124	42	42	42	113	298
柱子 C3	轴力(kN)	−55846.1	−53567.8	−49163.8	−59704.7	−58605.3	−71978.6
	弯矩(kN·m)	1991.1	920.5	2068.8	2686.3	4785.6	6218.2
	纵向配筋(cm^2)	46	42	42	42	42	139
柱子 C5	轴力(kN)	−41650.2	−39597.3	−37854.3	−46185.3	−47989.6	−59361.2
	弯矩(kN·m)	1444.7	662.8	1463.6	1898.9	3365.2	4371.0
	纵向配筋(cm^2)	37	37	37	37	37	38

表 8 温州地区首层典型核心筒外圈墙肢内力组合值及配筋

编号	内力及配筋	风基本组合	小震基本组合	中震不屈服	中震弹性	大震不屈服	大震弹性
墙肢 W1	轴力(kN)	−34646.6	−26940.5	−32020.8	−39922.9	−51993.9	−65888.0
	剪力(kN)	3148.8	2004.4	2763.7	3487.6	5045.5	6453.9
	弯矩(kN·m)	4692.5	2433.1	4291.7	5504.4	9016.7	11646.9
	纵向配筋(cm^2)	69	0	17	98	422	560
	横向配筋(cm^2)	3.0	3.0	4.7	7.4	18.9	20.2
墙肢 W2	轴力(kN)	−35346.0	−34412.2	−38050.4	−47127.7	−57612.7	−72558.6
	剪力(kN)	2111.3	1152.5	2122.4	2728.8	4547.5	5881.4
	弯矩(kN·m)	4995.4	2640.6	4416.6	5646.8	9041.6	11659.3
	纵向配筋(cm^2)	22	0	0	0	301	485
	横向配筋(cm^2)	3.0	3.0	2.4	2.4	12.5	13.7
墙肢 W3	轴力(kN)	−26485.9	−27371.2	−30336.8	−37582.3	−46046.1	−58004.4
	剪力(kN)	1147.7	534.5	1300.4	1694.3	3084.8	4014.0
	弯矩(kN·m)	1137.4	280.9	1227.1	1627.9	3299.3	4321.7
	纵向配筋(cm^2)	42	0	0	17	290	463
	横向配筋(cm^2)	3.0	3.0	2.4	2.4	11.2	13.4
墙肢 W4	轴力(kN)	−47641.4	−38623.4	−46510.6	−58054.7	−76405.0	−96917.5
	剪力(kN)	1371.0	−66.0	1603.3	2183.5	5066.4	6685.5
	弯矩(kN·m)	8820.0	4205.9	7906.1	10176.1	17091.1	22116.6
	纵向配筋(cm^2)	0	0	21	142	619	809
	横向配筋(cm^2)	3.0	3.0	2.4	3.5	13.6	16.4

四、结　论

对同一栋建筑物，本研究进行了不同风荷载和地震作用下的基底剪力、楼层剪力和首层典型墙柱构件内力和配筋等的分析。结果表明，对于沿海地区，超高层建筑结构设计往往受风荷载控制，此时进行抗震性能化设计不一定会增加关键构件的内力和配筋。

(1)当基本风压为 0.5kPa 时，对应的楼层剪力和 7 度设防、Ⅲ类场地、小震时基本相同；基本风压为 0.6kPa 时，对应的楼层剪力和 7 度设防、Ⅳ类场地、小震时基本相同。基底剪力同理。也就是说，该项目建造在杭州地区时，风荷载对应的楼层剪力大于小震作用，只有当设防烈度提高到 7 度设防时，二者的楼层剪力才相差不多；当该项目建造在宁波地区时，只有在 7 度设防且场地类别为Ⅳ类时，二者的楼层剪力才基本相同。

(2)首层角柱C1有可能在风荷载作用下已是计算配筋,而在小震和中震计算中均为构造配筋,直到大震不屈服或者大震弹性才是计算配筋。首层核心筒外圈剪力墙墙肢在风基本组合和中震不屈服设计时多数为构造配筋,中震弹性设计时仅角部墙肢为计算配筋,大震不屈服设计和大震弹性设计时所有墙肢均为计算配筋。

参考文献

[1] 建筑抗震设计规范(2008年版)(GB 50011－2001)[S].北京:中国建筑工业出版社,2008.

[2] 高层建筑混凝土结构技术规程(JGJ 3－2010))[S].北京:中国建筑工业出版社,2010.

[3] 杨学林.复杂超限高层建筑抗震设计指南及工程实例[M].北京:中国建筑工业出版社,2014.

[4] 韩小雷,季静.基于性能的超限高层建筑结构抗震设计——理论研究与工程应用[M].北京:中国建筑工业出版社,2013.

超长超高层钢筋混凝土结构的温度应力分析与设计

章宏东[1]　方鸿强[2]
(1.汉嘉设计集团股份有限公司,杭州,310005;2.浙江杭萧钢构股份有限公司,杭州,310003)

摘　要:以某超长超高层建筑为例,本文阐述了年气温变化对主体结构受力的影响。按照不同的施工次序、温度条件和材料性能的假定考虑了几种情形。对温度引起的内力和变形采用有限元方法(ETABS)进行了计算。参考了几种文献来计算温度荷载、收缩和徐变带来的构件内力,并评估这些内力对于结构的影响,包含对裂缝出现频度和宽度的估计,以及对局部区域的加强措施以控制裂缝并提高承载力。根据分析结果,对此类超长超高层建筑结构的温度应力分析与设计提出了建议。

关键词:温度应力;收缩和徐变;施工顺序

一、项目概况

杭州高德置地广场项目位于杭州市新的中央商务区。项目包括塔楼A、塔楼B、塔楼C和一个三层地下室,其中塔楼A中布置有一家酒店、办公及零售商业,高43层(图1);塔楼B中布置有办公和零售商业,高25层;塔楼C主要功能为商业,高6层。目前,塔楼B已结顶,塔楼A、C正在主体施工。

塔楼A的主体高度为193.50m,平面形状大致为长方形,尺寸为165m×34m(图2);主体结构形式采用现浇钢筋混凝土框架—剪力墙。在第23层和第25层之间插入一个由12.3m高的组合钢桁架构成的传力系统,如此可以删除一条与建筑长度一面垂直的柱线。这样在结构中形成一道宽度为两个开间的竖槽,从第1层延伸到第23层。建筑外立面上还有另一道相似的竖槽,位于第25层和第43层之间。在这个位置,一个位于第43层和屋顶层之间的7.8m高的组合钢桁架系统跨越三个开间宽的竖槽,形成一个耦合结构,连接大楼的两半。

图 1 塔楼 A 效果图

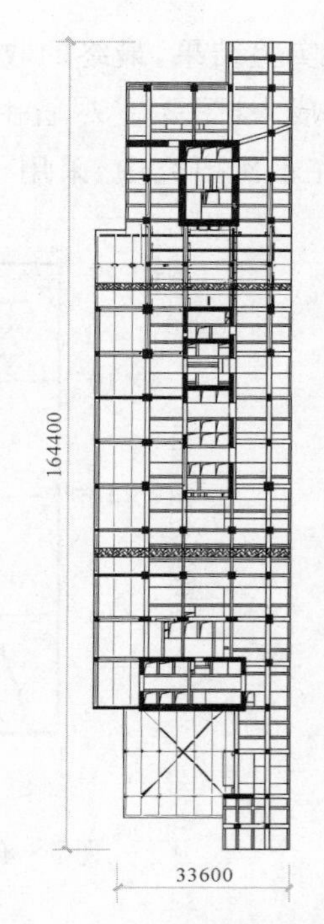

图 2 塔楼 A25 层结构平面(单位:mm)

二、温度变化

根据《民用建筑热工设计规范》(GB 50176－93)[1]和杭州市气象局网站、中国气象局网站等相关资料,杭州市最高、最低月平均气温分别约为 38℃和－4℃。

由于建筑在完工后将会有采暖和空调,实际的温度荷载效应会由于建筑的采暖或者制冷而减轻。因此,预计温度荷载效应最大的时刻将在施工中,或者施工结束但是幕墙尚未封闭,建筑尚未使用的时候。在相对较短的施工期间(2～3 年),遇到极端气温变化的可能性与长时期(例如建筑寿命)相比略有减小。因此在本研究中,采用与平均最高和最低气温相近的温度荷载是比较合理的。

三、收缩和徐变

收缩和徐变是与混凝土构件中可能出现的与时间相关的变形。美国混凝土学会(ACI)提供了关于混凝土结构中的收缩、徐变和温度效应的描述[2]。

由于此研究主要是考虑混凝土楼板的收缩和温度效应,考虑到温度荷载的存在时间较短,而且主要研究收缩和温度引起的楼板轴向反应与开裂,所以徐变没有计入。对于楼板内长期的轴向应力,忽略徐变将是偏于保守的,因为徐变可以随时间缓慢地释放应力。

ACI 209R[2]中给出式(1),描述了湿养护 7 天的标准条件下,混凝土的时间相关的收缩变形应变:

$$\varepsilon_{sh}(t)=\frac{t}{35+t}\times 780\times 10^{-6} \tag{1}$$

根据相关实验结果，最终的收缩应变超过 600×10^{-6} m/m。在第 30 天后浇带浇筑前，约 40% 的收缩能够完成[7]（图 3）。尽管由以往的工程实践经常观测到，建筑中实际发生变形大约是上述数值的一半，在本次研究中，采用了未减小的上述实验结果。

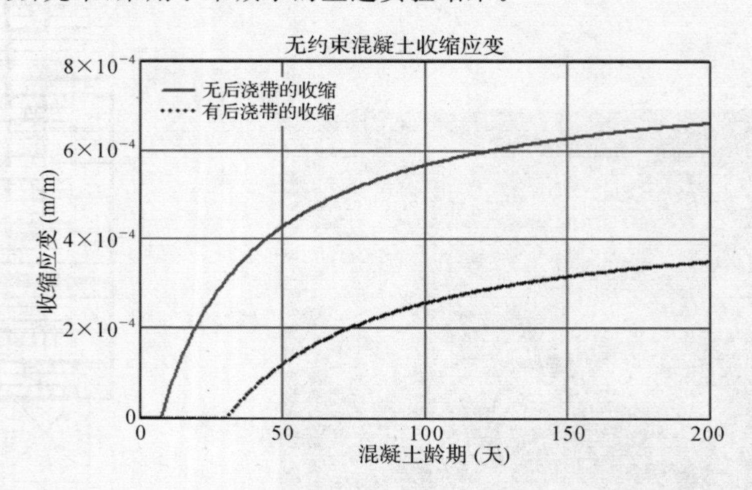

图 3　有后浇带和无后浇带情况下收缩随时间的变化

四、变形缝和后浇带

变形缝通常在混凝土楼板中设置，以允许不同的楼板区域分别变形，避免因为水平方向的变形引起大的应力累积。这些水平方向变形的原因包括温度、收缩、地震以及其他因素。通常，在设计中选择一个变形缝之间的最大距离，并使得变形缝布置间距不超过此设计距离。确定这个"正确"变形缝间距是一个存在争议的问题，各种导则和推荐之间相差很大，通常建筑中多根据经验选定。当需要对建筑行为有更多了解时，通常采用分析方法，尤其是对于形状不规则或者复杂的建筑。

Expansion Joints in Buildings——Technical Report 65（以下简称 TR65）[3]，提供了使用经验方法和分析方法的导则。此文件建议采用一个目标设计温度变化，用（T_w-T_m）或（T_m-T_c）来定义，其中 T_m 是普通施工期间的平均温度，施工期间通常假定为一年中温度高于 0℃ 的时间段；T_w 和 T_c 分别表示设计高温和设计低温，分别指夏天和冬天 99% 的时间内不被超过的气温。TR65 也建议采用 $C\cdot DT$ 来分析，其中 DT 是上面定义的温差，而 C 是一个折减系数，当建筑物有采暖时（$C=0.70$）或者同时有采暖与空调时（$C=0.55$）采用。

在杭州，（T_w-T_m）大约为 18℃，而（T_m-T_c）大约为 16℃。根据控制工况（18℃），可以按照图 3 确定变形缝的最大间距为 170m，大于塔楼 A 的长度，表明塔楼 A 不需要设置温度缝。上述最大允许长度应根据下列规则进行调整：

（1）如果建筑物具有采暖以及空调，允许长度应增加 15%；

（2）如果建筑无采暖，该长度应减少 33%；

（3）如果建筑物具有固定的柱基，该长度应减少 15%；

（4）如果建筑一端的刚度明显高于另一端，该长度应减少 25%。

根据上述规则（1）和（3），长度调整相互抵消，因此允许的温度缝间距为 170m；如果规则（4）适用，则允许间距为 128m。在所有情况下，允许设缝间距与建筑长度相近，表明可能不需要温度缝。

五、收缩和温度荷载的设计考虑

目前《建筑结构荷载规范》(2006 年版)(GB 50009－2001)[4]未针对温度和例如收缩等类似荷载给出建筑设计中使用的荷载组合的详细导则。*Minimum Design Loads for Buildings and Other Structures*(ASCE/SWI 7－05)[5]，是被其他规范，包括《IBC 国际建筑规范》广泛引用的一份文件。ASCE/SWI 7－05 的第 2 章给出了设计中采用的荷载组合。主要的重力荷载参与组合的承载能力极限状态和正常使用极限状态组合如表 1 所示。

表 1　依据 ASCE 7－05 的荷载组合

承载能力极限状态	正常使用极限状态
$1.4D$	D
$1.2(D+T)+1.6L+0.5(L_r \text{ or } S \text{ or } R)$	$D+L+T$
$1.2D+1.6(L_r \text{ or } S \text{ or } R)+L$	$D+(L_r \text{ or } S \text{ or } R)$
	$D+0.75(L+T)+0.75(L_r \text{ or } S \text{ or } R)$

表 1 中，D＝恒荷载；L＝活荷载；L_r＝屋顶活荷载；R＝雨荷载；S＝雪荷载；T＝自约束内力，由差异沉降、混凝土的徐变和收缩、收缩补偿混凝土的膨胀，以及结构寿命周期中构件温度变化所引起。

ASCE/SWI 7 的条文说明也指出，自约束内力经常在混凝土中产生裂缝，因此会释放一部分相关的应力，并建议在考虑这些效应时计入降低的刚度。

六、施工顺序影响

混凝土结构需要很长时间进行施工，时间跨度从几个星期、几个月直到几年，尤其是对于大型或者高层建筑。所以，建筑的不同部分不可避免地会在不同的环境条件下完成，材料性质也可能不同。

对于高层建筑，在不同楼层之间的施工可能有明显的时间差。不同楼层的混凝土楼板在不同的环境温度下浇筑和硬化。在任一时刻，各层楼板混凝土龄期不同，具有不同的收缩速度，尤其在早期收缩速度较快的时候。在本文中，考虑温度在楼板中引起的应变时，也同时考虑了收缩应变。这些应变可能是附加的，或者可能依赖于几个因素相互抵消。当不同楼层的楼板受到同样的温度时，他们可能出现不同的应变，依赖于每层楼板的施工温度和不同的收缩应变，而后者依赖于楼板龄期、边界条件和其他因素。因此，每块楼板将有独特的反应，依赖于混凝土龄期、浇筑和养护时的环境条件、变形缝和/或后浇带的位置和浇筑时间，而这些因素都受施工次序和持续时间的影响。因此，考虑可能的施工次序，包括几种不同的开始时间、施工速度和进度的情形，将能够更好地估计环境效应对于楼板性能的影响，可以使我们对不同施工次序下，同一建筑的不同楼层之间的性能不同的原因有更好的理解。施工次序的效应通过研究建筑中每层的温度和收缩应变分布方面的几个不同变量来模拟，研究的变量包括：

(1) 施工开始时间。考虑了四种不同情况：(冬季)1 月 1 日，(春季)4 月 1 日，(夏季)7 月 1 日和(秋季)10 月 1 日。

(2)每层的典型施工周期假定为 10d。

(3)后浇带封闭时间假定为 30d。

模拟中采用了一些假定来估计温度和收缩应变。每块楼板的初始温度取后浇带封闭时的温度,任何时刻的净收缩应变取为 t 时间的总应变减去后浇带封闭之前已经发生的收缩应变。

混凝土的收缩大部分发生在浇筑的初期,并随着时间的推移而逐渐减少。采用了后浇带之后,收缩能在更短的时间内稳定下来,沿建筑高度趋于均匀分布。

然而,即使其环境温度相同,温度效应在各层基本上不同,这是因为每层楼板在不同的温度下施工。

在分析中,发现以下规律:

(1) 采用后浇带可以明显降低收缩应变,大约减少了 40%。

(2) 净收缩应变在低层较大,因为他们施工比高层早,但是这个差别随着时间慢慢消失。

(3) 控制温度工况是对应最冷天气的(12 月)。

(4) 在情形 1 下,连续 4 年总应变(含净收缩和温度应变)如图 4 所示,其中左图表示夏天的分布情况,右图表示冬天的分布情况。在情形 3 下,连续 4 年总应变(含净收缩和温度应变)如图 5 所示。

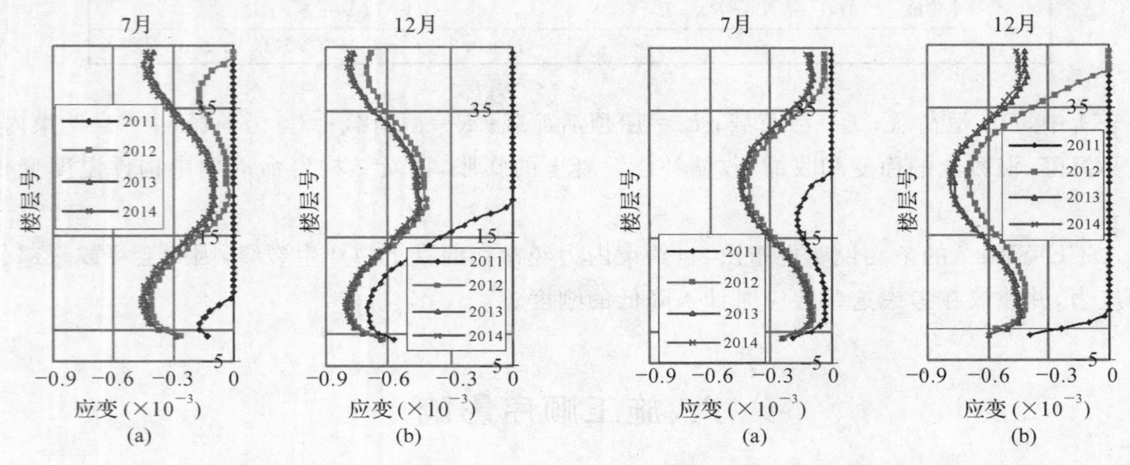

图 4　情形 1 收缩和温度应变沿建筑高度分布

图 5　情形 3 收缩和温度应变沿建筑高度分布

从图 4 和图 5 中总结出以下规律:

(1) 温度应变基本上小于净收缩应变或者与其相近。

(2) 温度应变与收缩应变的总和基本上是负值,最低温度基本上带来最大的应变需求。因此,只考虑冬天出现的最低温度(12 月份)是足够的。

(3) 峰值应变在各种情况下大致相同。此外,温度应变接近于或者小于净收缩应变;温度变化引起的应变最大约等于净收缩应变,约是总收缩应变的一半。

(4) 各种情形之间不同的是峰值应变出现在沿建筑高度的位置。情形 1 导致峰值应变出现在建筑的顶部和底部(5 层和 42 层),而最小应变出现在建筑高度中部(20 层);情形 2 导致峰值应变出现在底层和 33 层,情形 3 导致峰值应变出现在 24 层,而情形 4 导致峰值应变出现在 14 层。

考虑到上面最后一点,并考虑到建筑立面(图 1),可以看到建筑在大部分高度有竖向开洞,除了底部、22～23 层以及 43～44 层。这些楼层比其他楼层受到的约束多,因为开洞能够让两边的楼板相对自由变形,从而释放轴向应力。因此,可以预计最差的情形将是这些完整的楼层(首层、22 层和 44 层)上应变最大的情形。虽然没有一个情形导致这三个部位(底部、中间和顶部)同时出现最大应变,但是情形 1 在底部和顶部导致最大应变,情形 3 在中部导致最大应变。

七、结构分析

根据上述施工次序的模拟，对建筑采用计算机软件 ETABS 进行了同时考虑收缩应变和温度应变的分析。

楼板采用一个 0.5 的刚度折减系数来考虑楼板通常总会在重力荷载和其他原因作用下出现裂缝的情况。当混凝土开裂时，局部减小的刚度同时也减小了应力。墙和楼板的混凝土都假定具有 9.9×10^{-6}mm/℃的热膨胀系数[6]。

温度分析采用了前述施工次序模拟中讨论的两种情形，即情形 1(施工在 1 月开始)和情形 3(施工在 7 月开始)。收缩和温度应变的效应通过在混凝土楼板施加均匀的温度荷载来实现。等效的温度荷载按照收缩和温度变化引起的总应变来确定，因此各层的温度荷载不同。

如图 6 和 7 所示，这些应力通常较低，尤其是有开洞(不连体)的楼层。楼板的大部分区域这些应力低于 500kPa，一半以上区域低于 150kPa，说明虽然有局部区域可能存在局部的拉应力，但是不存在整个楼板范围的拉应力。需要注意，显示的楼层代表了应力最高的楼层，因为它们是整个楼层连续(没有开洞)而被选出的。在一些区域，尤其是核心筒周围，以及连体结构角部，有些局部区域峰值拉应力略微超过 1MPa。然而，这些应力还是比较低的，因为并没有超过混凝土的开裂强度。尽管如此，仍然有可能出现一些小的裂缝，尤其是考虑到与重力和其他荷载同时出现时，但是这应该和通常出现在角部附近的楼板收缩裂缝一致。这类裂缝可以通过提供角部钢筋、凹角、边梁，并在混凝土剪力墙角部提供附加配筋等方法来减少。

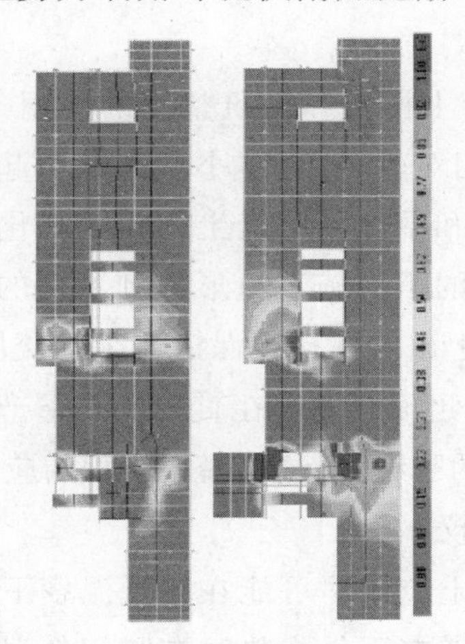

图 6　情形 1 下 43 和 44 层最大拉应力

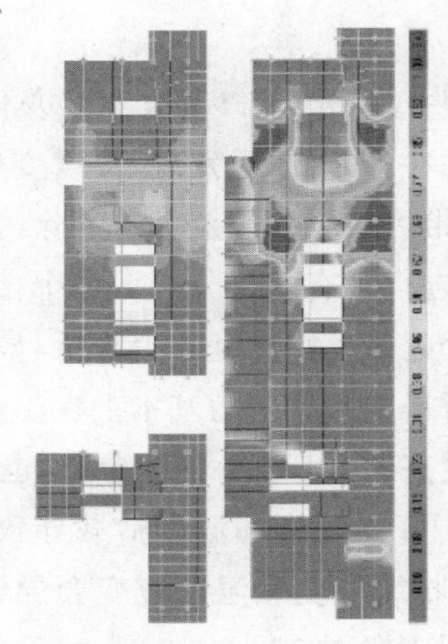

图 7　情形 3 下 25 和 26 层最大拉应力

注意到顶层(41 到 44 层)的应力比情形 1 中的明显偏低，而 25～26 层的应力则比情形 1 明显偏高。这是与图 4 和图 5 中显示的应变分布相一致的，即情形 1 的峰值应变出现在建筑底部和顶部，而情形 3 的峰值应变出现在建筑中部。

我们没有对情形 2 和情形 4 进行直接分析，因为其峰值应变不出现在楼板连续的楼层。应该强调，考虑的情形总只有一种会实际发生，因为每种情形假设了完全不同的施工日程和次序。实际发生的情形可能与考虑的情形都不相同，但是情形 1 和情形 3 可能代表了对收缩和温度荷载可能导致的峰值拉应力的较高估计。

八、预期的应力和开裂

当拉应力足够高时，裂缝会出现，如果进行忽略，可能导致麻烦。对C40混凝土，抗拉强度设计值为1.71MPa。因为所有情形下楼板中的拉应力基本上远低于1.25MPa，因此预计楼板不会在直接受拉下出现裂缝。但是，即使楼板的某些区域出现高过预期的拉应力，例如2.5MPa，或者某处楼板已经在重力或者其他荷载下开裂，只会有0.2mm宽的微小裂缝出现，该宽度的裂缝还是能满足规范要求。

上述计算也假定截面承受持续的拉力，这是很保守的假定。在温度和收缩荷载作用下，一旦截面开裂，温度/收缩应变变形可以发生，应力就会消散，而钢筋中的应力可以通过假定钢筋和混凝土之间应变协调来按照胡克定律确定。这种应力重分布不能在线性模型中得到，钢筋中的应力必须根据结构的整体约束来估计。通过应力图形，可以看到峰值拉应力基本出现在剪力墙边缘。对分析结果的进一步分析(未列出)表明，拉应力的方向主要是沿着建筑物的长向。由于这些应力仅分布在局部区域，仅在核心筒周围存在，而核心筒之间的区域应力很小，说明应力是由于墙边的局部约束条件而出现的，当微裂缝出现后将会消散。在这种情况下，混凝土开裂后钢筋中的拉引力大约在10～20MPa，相对较低。这样的应力升高将仅会轻微提高钢筋的截面受拉利用率。

九、结　论

对塔楼A进行了分析，以研究温度变化对于钢筋混凝土楼板和建筑整体的使用条件的影响(收缩的影响也考虑在内)。结果发现，温度变化引起的应力相对较小，基本小于收缩引起的应力。同时发现，使用后浇带之后收缩应变可以消除约40%。把收缩和温度变化产生的应变转化成了温度荷载施加到建筑，并进行了有限元分析。每个楼层根据所研究的不同施工情形受到不同的温度荷载。得到的应力在整个建筑范围内基本上很低，最高拉应力基本上出现在楼板保持连续的楼层，即建筑的中部和顶部。分析得到的拉应力基本上在1.25MPa以下，因此预期不会在直接受拉下产生开裂。即使某些区域出现较高的2.5MPa的拉应力，也只会出现细小的裂缝，而这将释放累积的应力。

下面是对于降低收缩和温度荷载导致开裂趋势的建议：

(1)由于净收缩应变和温度应变会导致拉应力，混凝土应该尽可能在较低温度下浇筑。这可能包括在冬季月份开始施工、在较凉爽的天气浇筑楼板，或者在天气炎热时在晚间气温较低的时段浇筑楼板。这些推荐可能不容易全部实施，但是应该尽可能采用。

(2)后浇带应该在两侧楼板完成后30d或更晚浇筑。

(3)为了降低高约束度区域的开裂趋势，在所有角部设置附加钢筋，包括楼板开洞，尤其是剪力墙筒体的周围。

所有楼板配筋应至少满足GB 50010－2002规定的温度收缩钢筋的要求。温度收缩钢筋应连续，并在所有支座采用90°弯钩或者其他方式满足锚固长度要求。沿其长度方向的钢筋搭接接头应满足GB 50010－2002要求。

参考文献

[1] 民用建筑热工设计规范(GB 50176－93).北京:中国计划出版社,1993.

[2] Prediction of creep, shrinkage and temperature effects in concrete structures. Manual of Concrete Practice, ACI Committee 209. Part 1, 209R 1－92, 1990.

[3] Expansion Joints in Buildings, Technical Report 65. Standing Committee on Structural Engineering of the Federal Construction Council, Building Research Advisory Board, Division of Engineering, National Research Council, Washington, D. C. ,1974.

[4] 建筑结构荷载规范(2006 年版)(GB 50009－2001).北京:中国建筑工业出版社,2006.

[5] Minimum Design Loads for Buildings and Other Structures (ASCE/SEI 7－05). American Society of Civil Engineers, Reston, VA, 2005.

[6] 混凝土结构设计规范(GB 50010－2002).北京:中国建筑工业出版社,2002.

[7] 章宏东,方鸿强.混凝土结构的温度变形分析及控制措施//第四届海峡两岸结构岩土工程学术研讨会.杭州:浙江大学出版社,2007:418－424.

无黏结钢绞线体外预应力加固改造技术的工程应用

项剑锋　陈　微

(浙江剑锋加固改造工程国际集团有限公司,杭州,311112)

摘　要:无黏结钢绞线体外预应力加固改造技术自1988年开始已在百余个加固改造工程中得到应用。其中无黏结钢绞线体外预应力加固受弯构件的方法已被纳入我国现行《混凝土结构加固设计规范》中。本文介绍了该项加固改造技术在四种情况下的工程应用实例,并配有典型工程的施工照片。

关键词:无黏结钢绞线;体外预应力;加固改造技术;工程应用

"无黏结钢绞线体外预应力加固法"是于1988年在传统的以低强钢筋作为补强拉杆的"预应力下撑式拉杆法"的基础上逐步发展起来的。开始时是以光面钢绞线作为补强拉杆[1-2],当无黏结钢绞线问市以后又改为以无黏结钢绞线作为补强拉杆[3-4]。这种加固方法已应用于百余个加固改造工程。这种技术已被建设部采纳,编入我国现行《混凝土结构加固设计规范》[5]中。本文介绍了这种新技术的工程应用典型案例。

一、用于加固砼强度低于C40的大梁、火灾受损的大梁和严重开裂的大梁

由于体外预应力技术是依靠预应力产生的反向弯矩平衡掉一部分外荷载产生的弯矩,它不仅减小了大梁截面受拉边缘的最大拉应力,还同时减小了截面受压边缘的最大压应力,使大梁对砼强度要求降低,只要端部支承点处的局部承压能力能满足要求即可;而且它在梁中永远保持了一个轴向压力,可以减小裂缝宽度并有效控制裂缝进一步发育。所以高效体外预应力技术很适宜用来加固砼强度低于C40的大梁、火灾受损的大梁和严重开裂的大梁。

但我国2006年颁布的《混凝土结构加固设计规范》规定,对采用预应力加固构件砼强度的要求和混凝土结构设计规范一样,即不低于C40。对于现实存在的大量混凝土强度低于C40的混结构能否采用体外预应力技术进行加固?这是一个摆在我们面前需要解决的难题。对这类低于C40,特别是混凝土强度只有C15或更低的结构采用体外预应力技术进行加固时,应注意复核受压区的混凝土的强度,以防发生混凝土结构脆性破坏。

我国的预应力结构设计规范之所以规定预应力砼构件的砼强度不得低于C40,这是针对预制构件而言。在预应力技术应用的初期,主要是应用于预制构件,如桥梁、吊车梁、屋面梁、屋架下弦杆这类预应力预制构件。对于这种平时以承受自重为主的预应力预制构件,必须考虑两个问题:一是施加预应力时构件截面要能够承受较大的预压应力;二是要避免构件因预压应力过大而产生过大的由砼徐变产生的预应力损失。因此,预应力预制构件的砼强度要求不低于C40是有道理的。

但对于需要作预应力加固处理的砼构件，一般都是现浇楼面梁和板。这类构件平时已承受了较大的荷重，所施加的预应力不会产生较大的预压应力，它只会同时减小截面受压边缘的最大压应力和受拉边缘的最大拉应力，因此它反而降低了对砼强度的要求。

下面介绍这方面的四个典型工程实例。

1. 杭州第二棉纺织厂南纺车间 272 根严重开裂的风道大梁（兼作屋架托梁）的加固

杭州第二棉纺织厂南纺车间建于 1958 年，当时为了片面追求施工进度，风道大梁（兼作屋架托梁）在砼令期不足的情况下就进行安装，而且砼的强度也很低。由于过早承受荷载，而且是以静荷载为主，经复核安全系数也不足，大梁长期处于高应力状态。所以厂房建成后不久，大梁便出现裂缝，而且逐年增加。为了减轻荷载，将青平瓦改成石棉瓦，但裂缝仍继续发展。曾多次召开专家会议，情况仍没有改善。至 1990 年被定为危房，准备移地重建，但由于资金困难，决定作加固处理。

1991 年，我们受厂方委托，用高强钢绞线体外预应力加固法对这 272 根大梁进行了加固。我们在大梁两侧各配置了一根光面钢绞线，采用 5 跨和 6 跨连续配置，用手工横向张拉（见图 1）。钢绞线的防腐采用刷环氧胶泥和聚氨酯防腐涂料，梁的裂缝用白水泥封缝。加固以后，对钢绞线的应力作了四年长期测试，应力变化很小，梁的裂缝经封闭以后再也没有出现过，后来摘掉了危房帽子，至今使用良好。

(a)

(b)

图 1　杭州第二棉纺织厂南纺车间 272 根严重开裂的风道大梁（兼作屋架托梁）的加固

2. 浙江华亚杯业有限公司厂房开裂大梁的加固

浙江华亚杯业有限公司厂房为五层多跨框架结构房屋，经浙江中技建设工程检测有限公司检测，该厂房大部分主梁的砼强度都达不到设计要求，且除二层楼面主梁因楼面未投入使用没有开裂外，其余楼面和屋面主梁及屋面次梁和部分楼面次梁均出现了正截面抗弯裂缝和斜截面抗剪裂缝。我们采用无黏结钢绞线体外预应力加固法对其进行了加固（见图 2）。经加固以后使用情况良好。

(a)

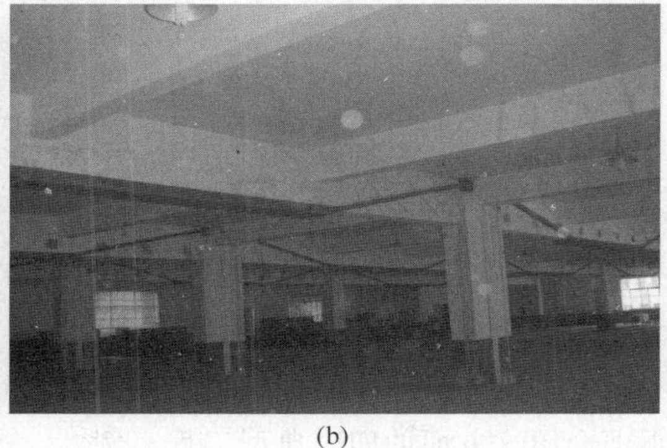
(b)

图 2　浙江华亚杯业有限公司厂房开裂大梁的加固

3. 浙江上虞天丰粮食有限公司面粉厂仓库楼面梁加固

浙江上虞天丰粮食有限公司面粉厂仓库因楼面荷载过大，而大梁砼强度很低，大梁严重开裂。我们用无黏结钢绞线体外预应力加固法对大梁进行了加固（见图 3），加固以后大梁的承载能力大幅提高，裂缝封闭以后不再出现。

(a)

(b)

图 3　浙江上虞天丰粮食有限公司面粉厂仓库楼面梁加固

4. 宁海县跃龙电控器材厂厂房 C 火灾受损后楼面大梁加固

宁海县跃龙电控器材厂厂房 C 为二层二跨框架结构厂房，由于底层失火，二层楼面梁严重受损。我们采用无黏结钢绞线体外预应力加固法对受损大梁进行了加固。在梁的两侧各布置一根低松弛无黏结钢绞线，无黏结钢绞线的外面再套一根白色 PVC 管（见图 4）。

(a)

(b)

图 4　宁海县跃龙电控器材厂厂房 C 火灾受损后楼面大梁加固

二、用于加固承载能力相差很大的梁和板

当楼、屋面梁、板承载能力相差很大时，例如要将办公用楼面改作密集型档案库使用，要在普通楼面上建造桑拿浴池，在这种情况下梁和板不仅承载能力严重不足，还会产生过大挠度。采用体外预应力技术可以同时解决梁和板的强度和刚度问题，也不会出现超筋问题。

下面介绍这方面的四个典型工程实例。

1. 浙江宁海县工业供销公司综合楼底框大梁加固

这是一座底框结构的五层楼房，底层为商店，上层为住宅。由于设计时荷载取值错误，8m 跨度底框横梁的截面高度仅为 70cm，而且大梁的砼强度也很低。房屋建成后大梁产生很大挠度，并严重开裂，楼层的横墙也出现严重的八字形裂缝。经复核，大梁的承载能力相差 40%，而且刚度也严重不足。这件事发生在 1988 年，当地建工局委托我们提供加固方案并负责加固施工。

我们在加固设计规范中推荐的以低强钢筋作为补强拉杆的“下撑式预应力拉杆法”的基础上作了改进，用光面高强钢绞线取代低强钢筋作为补强拉杆，并对施工工艺和张拉工具进行了进一步研究和试验，创出了“钢筋砼大梁高强钢绞线体外预应力加固法”。

根据计算，我们在大梁两侧配置了 3 对 6 根极限强度为 15000kg/cm^2 的光面钢绞线，采用手工横向张拉施加预应力。张拉以后，上部四层房屋在梁底木支撑松开以后又上抬了 8mm。上层横墙的八字形裂缝明显变小。裂缝经封闭以后再也没有开裂。当时由于市场上还没有无黏结钢绞线，只得采用光面钢绞线。钢绞线的防腐采用涂抹黄油，外包塑料布和棉布条的方法(见图 5)。

图 5　宁海县工业供销公司综合楼底框大梁加固

2. 宁波新福钛白粉有限公司办公楼 12m 跨楼面大梁加固

宁波新福钛白粉有限公司办公楼三层和四层 2 根 12m 跨度的无黏结部分预应力大梁，因装潢施工钻孔时把大梁内的 6 根无黏结钢绞线全部割断，我们采用体外无黏结预应力钢绞线对大梁进行加固。在体外布置了 6 根成三折线形布置的无黏结钢绞线，每根钢绞线张拉 170kN。在张拉了 4 根钢绞线时梁底的支撑便松开了，所以体外预应力的加固效果是很好的(见图 6)。

(a)

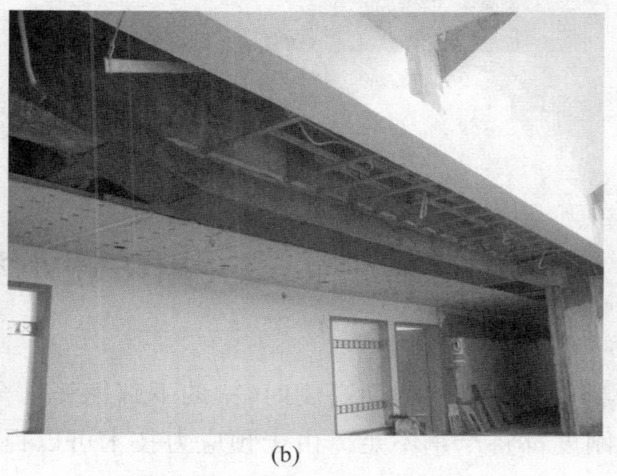

(b)

图 6　宁波新福钛白粉有限公司办公楼 12m 跨楼面大梁加固

3. 永康市城建大楼档案库楼面加固

永康市城建大楼档案库楼面原为一般用途多孔板楼面，改为档案库使用后要增加 600kg/m² 的使用荷载。我们采用无黏结钢绞线体外预应力技术对楼面梁进行加固（见图 7）。

图 7　永康市城建大楼档案库楼面加固

4. 辽宁省丹东市大东港区码头梁、板加固

大东港区码头因堆载超载过大，致使码头横梁严重开裂，其中有个别板也受到损伤。某单位曾用“粘贴碳纤维布法”对横梁进行了二次加固，但横梁的裂缝仍无法解决。我们分析，主要是超载严重时横梁内的非预应力钢筋将产生很大的塑性变形，这种变形在码头卸载以后不能回缩回去，它阻碍了大梁裂缝的闭合。业主又委托我们用无黏结钢绞线体外预应力加固法对码头横梁进行了加固，并用钢支托无黏结钢绞线下撑式预应力拉杆法对板进行了加固，取得了很好的效果（见图 8）。

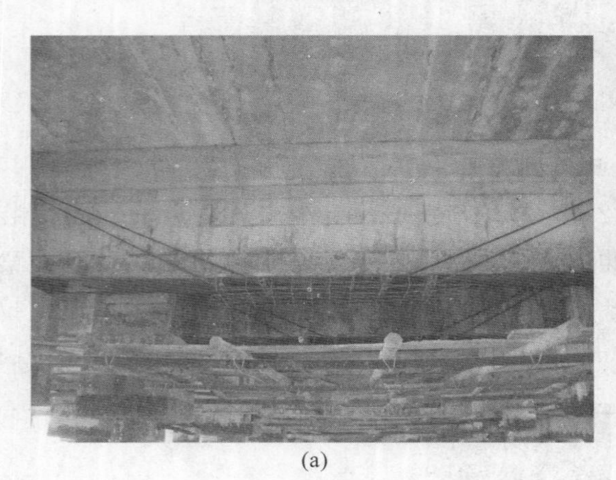

(a)

(b)

图 8　辽宁省丹东市大东港区码头梁、板加固

三、用于减小梁的截面高度

当要减小梁的截面高度时，梁的下部钢筋已全部去除，只保留了上部负钢筋，梁的承载能力和截面刚度都将严重不足。由于预应力技术可以提供反向弯矩平衡外荷载，所以可以用这种技术来减小梁的截面高度。当需要作抗震考虑时，还要在梁的两端梁底位置用植筋的方法将正弯矩钢筋植入柱子内。

把无黏结钢绞线体外预应力加固法用于减小梁的截面高度是一种简单而有效的方法。原有大梁用体外预应力加固以后就不需要再设临时支撑，直接可以将下部的混凝土和主筋去除。梁底箍筋和构造筋的砼保护层比较小，该区段宜采用高强自流的灌浆料灌实。

下面介绍这方面的四个典型工程实例。

1.浙江平湖嘉和花苑商办2#楼屋面梁减小截面高度改造

嘉和花苑商办2#楼的8m跨度屋面主梁和6m跨度屋面次梁，因为要影响设置阁楼层，开发商要求将主梁的截面高度由800mm改为400mm，将次梁的截面高度由600mm改为400mm。

由于是屋面梁，荷载不是很大，而且可以把负弯矩区段的钢绞线埋设在屋面保温层中，钢绞线在跨中和支座处的位置高差可以做得较大，以产生较大的反向弯矩，所以我们采用无黏结钢绞线体外预应力技术，按弯矩图形布置钢绞线。在预应力张拉以后将下部截面砼凿去，将箍筋保留一定长度，弯折后用电焊连接，然后设置模板将底部箍筋和两侧及顶部钢绞线用C25细石砼包裹，两端锚具也用细石砼包裹(见图9)。

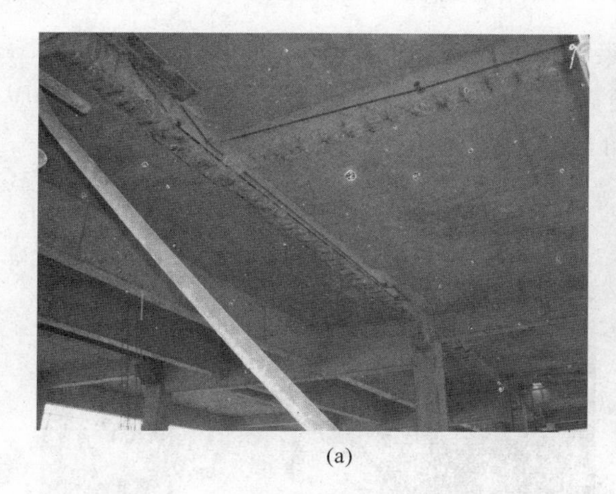
(a)

(b)

图9 平湖嘉和花苑商办2#楼屋面梁减小截面高度改造

2.浙江慈溪市三环钢管有限公司厂房屋面梁减小截面高度改造

该厂房端头三间有两根15m跨度的屋面梁，梁高1500mm，因吊车通行需要，要将梁的截面高度减小为930mm。厂方委托我们提供加固处理方案并负责加固施工。

因为是屋面梁，荷载不是很大。根据计算，分别配置8根和6根极限强度为1860N/mm^{2}的UΦ^{j}15.2低松驰无黏结钢绞线，每根钢绞线的张拉力为170kN便可以平衡掉这二根屋面梁的上部荷载。我们采用无黏结钢绞线体外预应力技术先对大梁进行加固，在预应力张拉以后将下部截面砼凿去。为了避免凿砼时伤及上部截面砼，在上部截面的下边缘处粘贴一层4mm厚的钢板。在凿去砼后保留一部分箍筋，弯折后相互焊接，然后设置模板，将底部箍筋和两侧钢绞线、铁件及端部锚具用C25细石砼包裹(见图10)。

(a)

(b)

图 10　慈溪市三环钢管有限公司厂房屋面梁减小截面高度改造

3. 浙江慈溪市弘元羽毛有限公司综合楼过道梁截面高度减小改造

该工程过道梁由于影响集装箱通过，需减小梁截面高度。我们采用无黏结钢绞线体外预应力技术先对大梁进行加固，然后去掉下部截面(见图 11)。

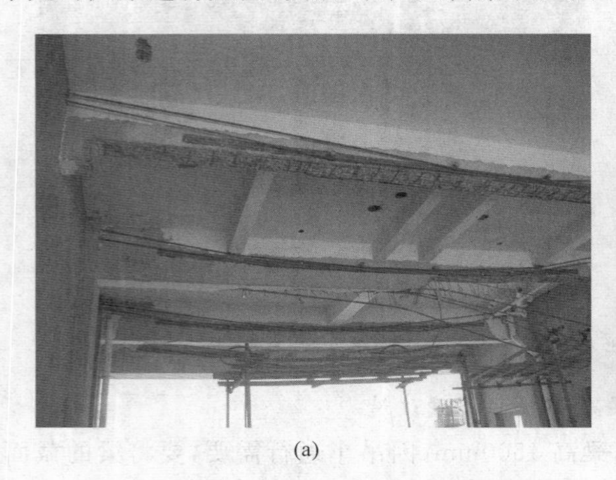

(a)

(b)

图 11　慈溪市弘元羽毛有限公司综合楼过道梁截面高度减小改造

4. 杭州国际汇丰中心楼面大梁减小截面高度改造

杭州国际汇丰中心大楼为高层钢筋混凝土框－架剪力墙结构房屋。由于装修需要，建设方要求将大楼 25、26 层四跨楼面主梁减小截面高度 100mm。我们采用无黏结钢绞线体外预应力技术先对大梁进行加固，然后去掉下部截面并在大梁底部通长增设了一块钢板(见图 12)。

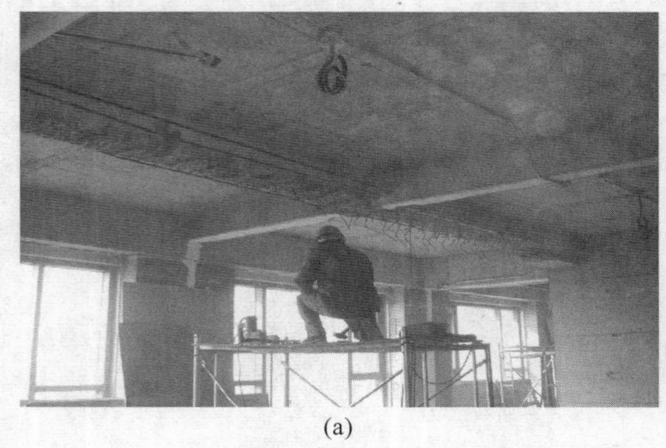

(a)

(b)

图 12　杭州国际汇丰中心楼面大梁减小截面高度改造

四、用于拆除承重柱和承重墙

当柱子和承重墙所受荷载不是很大时，可采用无黏结钢绞线体外预应力加固法对大梁或圈梁进行加固，加固后再将柱子或承重墙拆除。由于预应力提供了一个反向弯矩，产生反拱，在柱子或承重墙拆除后不会产生过大挠度而使上部楼板或墙体出现裂缝，也可以做到使柱子或承重墙拆除后上部结构不产生挠度。

拔柱和拆墙的改造工程是加固改造工程中难度比较大的一种，它必须解决好三方面的问题：一是要解决拔柱、拆墙后梁构件的承载能力；二是要解决两端柱子的承载能力；三是要避免拔柱、拆墙后上部结构产生过大变形而开裂。

梁构件的承载能力是依靠布置在体外的无黏结预应力钢绞线所产生的向上反力来解决。当所需要的无黏结钢绞线数量过多(超过 8 根)时，就不宜用体外预应力的方法。为了确保安全，当所需钢绞线数量少于 4 根时，也要配置 4 根。

当端部设有钢筋混凝土柱子时，一般情况下承载能力可以满足；如果不满足，可以采用加大截面法或双侧预应力角铁撑杆法对柱子进行加固。端部没有柱子时要新增柱子。

由于预应力可以产生反拱，梁构件自身的变形一般不大，但要防止两端柱子产生过大沉降。如果柱基底面增加的应力不是很大，柱基可以不作处理；如果增加的应力过大，则应加大基底面积和基础厚度，必要时要采用设置锚杆静压桩的方法进行处理。

下面介绍这方面的三个典型工程实例。

1. 浙江宁海县越溪乡政府大楼底层门厅拔柱改造

由于乡政府大楼门厅进门处中间有一根柱子，影响外观和使用，我们用无黏结钢绞线体外预应力技术先将原二跨连续梁托起，然后将柱凿除(见图 13)。

图 13　宁海县越溪乡政府大楼底层门厅拔柱改造

2. 浙江慈溪市职业高中教学楼顶层拆除承重墙改造

在拆除承重墙之前，先用无黏结钢绞线体外预应力技术将圈梁托起，然后将承重墙拆除(见图 14)。

(a)

(b)

图 14　慈溪市职业高中教学楼顶层拆除承重墙改造

3. 浙江宁波华力医疗包装有限公司办公楼拆墙改造

该工程为二层建筑，底层承重墙只承受楼面的重量，跨度为 7.5m。经计算，在圈梁两侧各配置 2UΦ15.2 无黏结钢绞线，平衡掉楼面现有使用荷载。在预应力张拉以后将承重墙拆除，然后再在圈梁下部增设 2Φ16 非预应力钢筋，用加大截面法补足承载能力（见图 15）。

(a)

(b)

图 15　宁波华力医疗包装有限公司办公楼拆墙改造

参考文献

[1] 项剑锋. 高效预应力加固和改造技术的工程应用[C]//建筑结构增刊，首届全国既有结构加固改造设计与施工技术交流会论文集，2007.

[2] 混凝土结构加固设计规范（GB 50367－2013）.

[3] 项剑锋. 高强钢绞线预应力加固法[J]. 建筑技术，1992(6).

[4] 项剑锋. 钢筋混凝土大梁高强钢绞线预应力加固法[C]//陶学康. 后张预应力混凝土设计手册. 北京：中国建筑工业出版社，1996.

[5] 项剑锋. 钢筋混凝土大梁无黏结钢绞线体外预应力加固法[C]//结构工程师增刊，预应力结构基本理论及工程应用，同济大学，2000.

绵阳富乐国际学校装配式体育馆建筑钢结构深化设计关键技术

赵　力

(浙江东南网架股份有限公司,杭州,311209)

摘　要:本文从分析绵阳富乐国际学校装配式体育馆建筑的工程特点入手,建立BIM建筑技术信息数据模型,同时通过钢柱的深化设计和预制装配式钢筋桁架组合楼板的深化设计,提高各类装配构件的制作和安装精度,确保工程质量,缩短施工周期,降低施工成本,并取得成效。

关键词:装配式钢结构建筑;深化设计;BIM建筑技术;预制装配式钢筋桁架组合楼板

一、工程概况

国内首个装配式钢结构抗震学校绵阳富乐国际学校位于四川省绵阳市,总建筑面积约87650m²,其中地上约87073m²,地下约576m²,包括6幢教学楼、4幢宿舍楼、1幢食堂、1幢综合楼及其连廊和1幢两层的体育馆(图1)等。本工程全部采用以绿色、低碳、循环为特征的装配式钢结构建筑体系,这也是我国自主创新研发的装配式钢结构建筑技术首次在学校建筑中的应用,它已成为当年立项、当年设计、当年开工、当年交付使用、施工总工期仅5个月的经典案例。

二、结构特点

本工程主体钢结构采用正交斜放装配整体式空间钢网格多层大跨度盒式结构,屋盖采用多点支撑双层网架,篮球场楼盖为正交斜放装配整体式钢空腹夹层板结构,健身房采用空腹桁架结构形式,预制装配式钢筋桁架组合楼承板,墙架为装配整体式钢网格墙架。

三、深化设计关键技术介绍

(一)BIM建筑技术的应用

绵阳富乐国际学校是国内首个装配式钢结构抗震学校,要求当年立项、当年设计、当年开工、当年交付使用,施工总工期仅5个月时间,因此,深化设计工作必须迅速、正确。若有一根构件由于深

图 1 体育馆现场安装图

化设计错误导致加工出问题，都会影响现场装配，直接影响进度和工程质量，因此，本工程的深化设计采用现代 BIM 建筑技术。

BIM 即建筑信息模型（Building Information Modeling），是以建筑工程项目的各项相关信息数据作为模型的基础，进行建筑模型的构建，通过数字信息仿真模拟建筑物所具有的真实信息。它具有可视化、协调性、模拟性、优化性和可出图性五大特点。

本工程的深化设计运用 BIM 建筑技术的 tekla structure 计算机辅助设计程序建立三维整体建筑信息模型（见图 2），以代替传统的平面深化设计模式。它不仅具有碰撞检查的功能，避免了传统深化设计工作中遇到安装对接的碰撞问题。同时，中期施工图如有改动，只要修改模型，相关的深化设计图都会作相应的改动，避免了传统深化设计工作中的漏改问题。另外，它还能与计算机辅助制造（CAM）技术紧密配合，完成工程的采购、下料和结算，完成钢构件制造所需要的各种加工图和零件图，同步生成各种清单报表（见图 3），大幅度地提高了深化设计的准确性和工作效率，也为现场装配式施工提供了有效的信息数据平台。

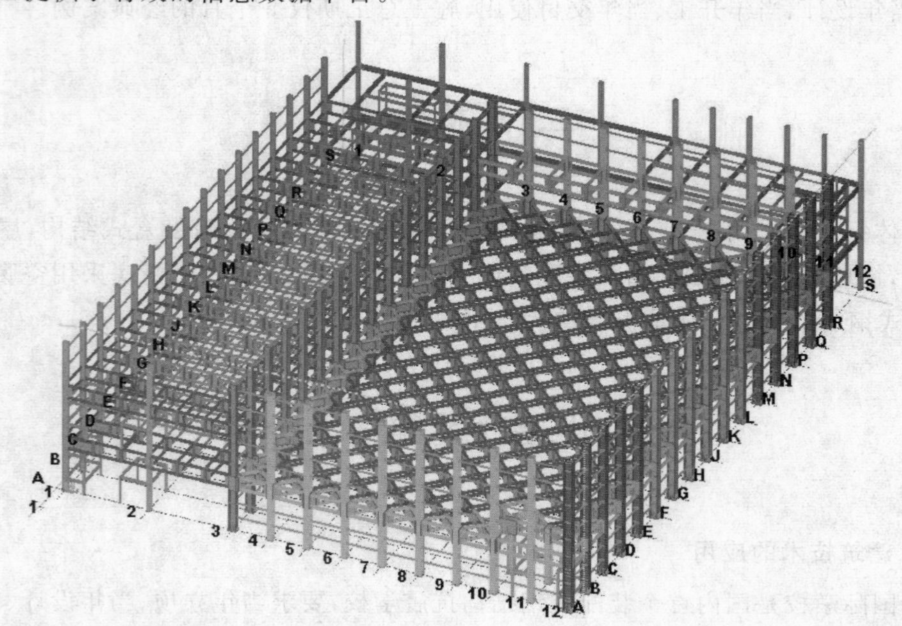

图 2 Tekla structure 模型

东南网架股份有限公司构件清单　工程号: 1　页: 1
工程名:Tekla Corporation　状态:　日期: 23.12.2014

构件编号	数量	截面规格	长度(mm)	表面积(m2)	单重(kg)	总重(kg)
A99	48	PL16*167	167	0.1	6.9	332.3
A103	29	PL16*900	900	4.1	250.3	7258.9
A104	31	PL16*900	1946	4.8	295.5	9161.3
A105	432	PL16*167	167	0.1	6.9	2990.3
GL1-1	12	H150*150*6*8	3325	2.9	83.6	1003.5
GL1-2	273	H150*150*6*8	3400	3.0	85.5	23345.5
GL1-3	1	H150*150*6*8	1575	1.4	39.6	39.6
GL1-4	1	H150*150*6*8	1625	1.4	40.9	40.9
GL1-5	2	H150*150*6*8	2435	2.1	61.2	122.5
GL1-6	11	H150*150*6*8	3275	2.9	82.4	906.1
GL1-7	1	H150*150*6*8	640	0.6	16.1	16.1
GL1-8	88	H150*150*6*8	3600	3.2	90.5	7968.0
GL2-2-1	1	HN600*200*11*17	3750	7.6	399.0	399.0
GL2-2-2	1	HN600*200*11*17	7275	16.4	857.5	857.5
GL2-2-3	1	HN600*200*11*17	7550	16.0	828.5	828.5
GL2-2-4	2	HN600*200*11*17	7550	16.1	860.4	1720.9
GL2-2-5	1	HN600*200*11*17	3700	7.8	405.6	405.6
GL2-2-6	1	HN600*200*11*17	7200	15.4	813.4	813.4
GL2-2-7	2	HN600*200*11*17	7200	15.6	835.8	1671.6
GL2-2-8	1	HN600*200*11*17	7200	15.8	843.2	843.2
GL2-2-9	1	HN600*200*11*17	7330	15.0	785.8	785.8
GL2-2-10	1	HN600*200*11*17	7230	15.5	821.3	821.3
GL2-2-11	1	HN600*200*11*17	7230	14.8	775.4	775.4
GL2-2-13	1	HN600*200*11*17	8560	17.9	947.8	947.8
GL2-2-14	1	HN600*200*11*17	8560	18.4	977.7	977.7
GL2-2-15	2	HN600*200*11*17	7560	15.5	814.4	1628.7
GL2-2-17	1	HN600*200*11*17	6180	14.0	723.6	723.6
GL2-2-18	1	PL12*566	7525	17.4	1012.1	1012.1

图 3　Tekla structure 出的构件清单

(二)钢柱的深化设计技术

在钢柱深化过程中不仅要按施工图深化设计,还要考虑现场塔吊或者其他吊装设备的机械性能、运输队的运输条件以及现场焊接条件和运输中是否会造成变形等因素,才能确定好钢柱的分段点,以便提高深化设计精度,提高现场装配效率,减少施工浪费,提高工程质量。

本工程最高的钢柱约为 17m,结合装配式现场施工的特点,在确定施工组织设计的吊装条件和运输状况后,为减少施工环境对现场焊接质量的影响,在长度环节上所有钢柱都按照通长深化设计,同时对个别钢柱重量约 11t,超过塔吊吊装负荷的情况,制定了使用汽车吊配合的专项施工方案,实现了预期的目标。

(三)空腹梁深化设计技术

装配整体式空间钢网格多层大跨度盒式结构的特点是采用空腹网格楼面,若按照施工图的单元形式(见图 4)由工厂制作,规格过大,容易变形,装车运输和现场吊装相当不方便,因此,本工程采用以平面单榀形式进行深化设计(见图 5)。在深化设计中,考虑到空腹梁跨度很大,安装后挠度过大,经建筑设计单位同意采用 L/500 现场安装起拱。同时,在深化设计的工艺和车间交底中重点说明现场安装起拱的要求,务必保证加工精度,避免现场安装对接不上,造成工程进度拖延和不必要的经济损失。

图 4　工厂原定制作单元

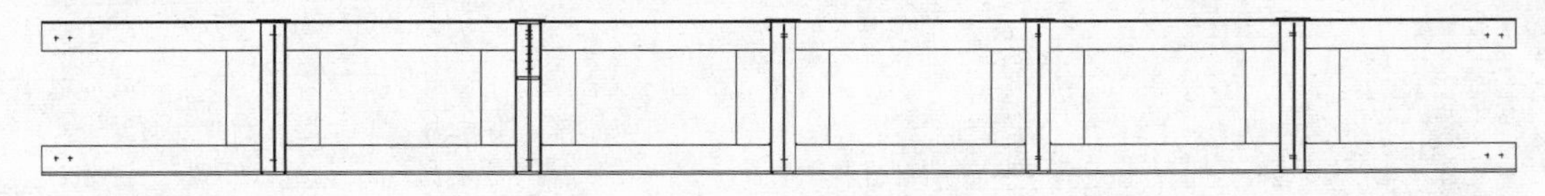

图 5　采用的制作单元

(四)预制装配式钢筋桁架组合楼板深化设计技术

钢筋桁架模板是将楼板中钢筋在工厂加工成钢筋桁架,并将钢筋桁架与底模连接成一体的预制装配式组合模板(见图 6)。本工程的楼面采用预制钢筋桁架组合楼板技术,钢筋形成桁架,承受施工期间荷载，底模托住现场湿混凝土，减去大量的支模系统，从而可加快施工进度，确保工程质量，节约施工费用。

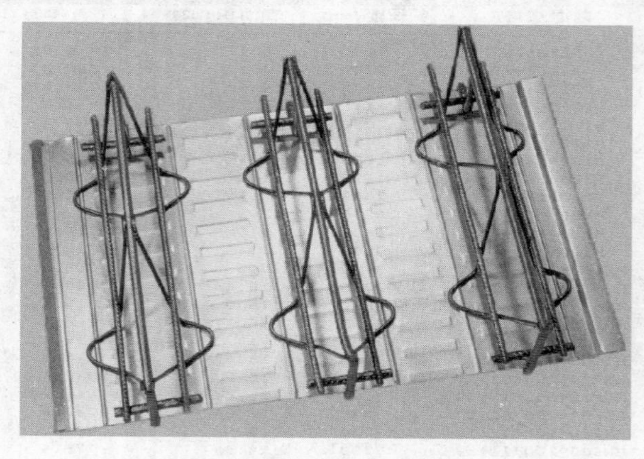

图 6　钢筋桁架楼层板

在预制装配式钢筋桁架组合楼板深化设计前，必须正确地选型，这就需要在进行钢筋桁架楼承板设计时，充分考虑楼板的跨度和厚度以及混凝土强度等级等各种因素，运用 Excel 编制的设计程序(见图 7)进行计算，从而选择正确的型号进行深化设计。由于钢筋桁架楼层板在端部需要焊接支座钢筋，所以深化设计时，在条件允许的情况下板长一般取 100 的倍数，使腹杆钢筋断在波峰或波谷处，让支座钢筋更好地焊接和受力。在具体布板的时候，首先应统筹考虑，尽量减少需要现场切割板的情况，以增加施工效率和减少不必要的浪费。

四、结　语

从本工程可以清楚地看到，装配式钢结构建筑的深化设计是施工图与工厂车间加工以及现场装配的桥梁，对保证各类装配式构件的质量与现场安装的精度和进度起着关键性的作用。因此，必须充分运用包括 BIM 在内的现代建筑技术，在施工图的基础上统筹考虑项目现场的条件，采用标准化设计、工厂化制造、集成化运输、装配化施工等技术和手段，以实现工厂与工地的“无缝对接”和紧密配合，确保工程质量，缩短施工周期，降低施工成本。

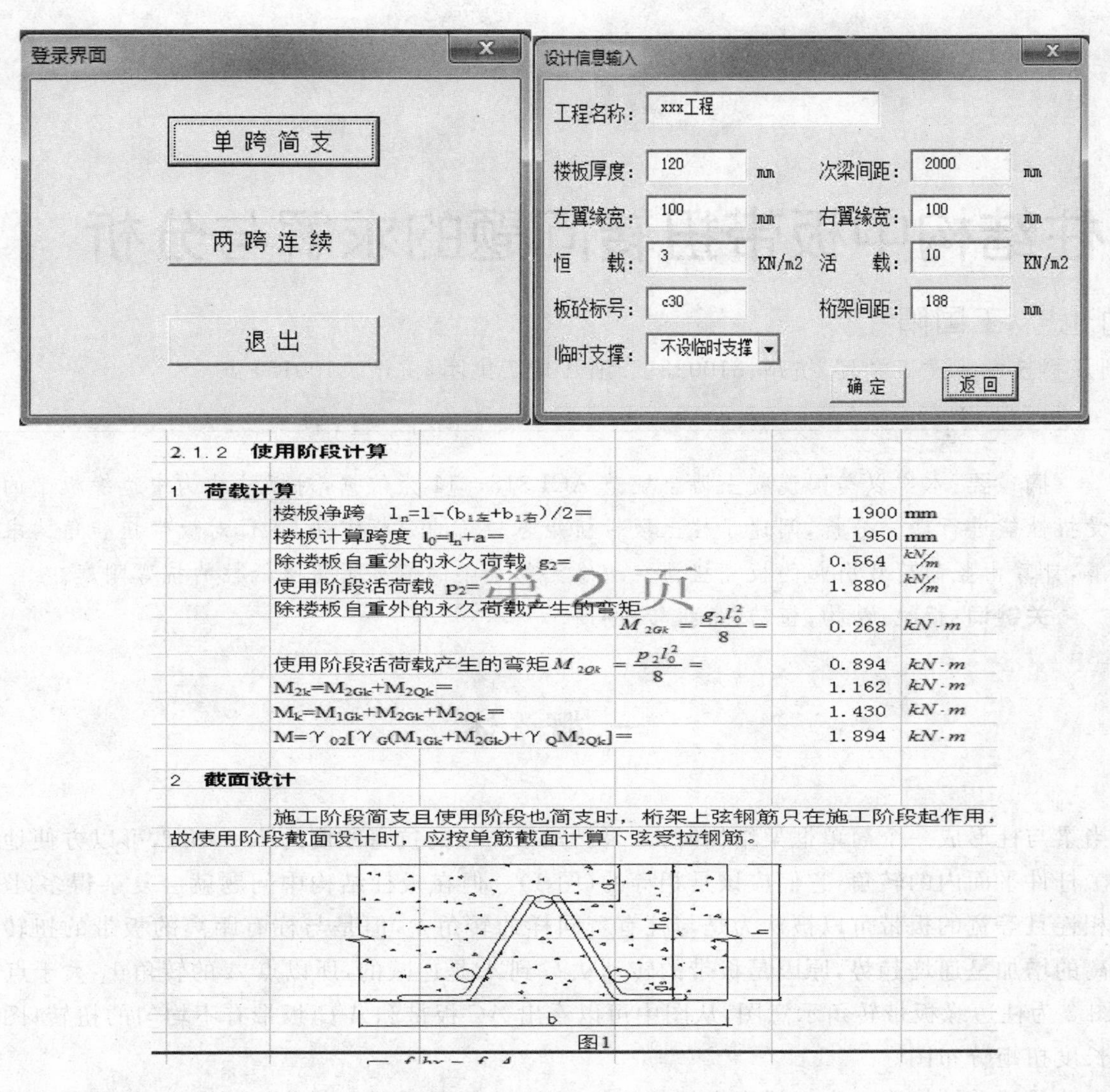

图 7 钢筋桁架楼层板计算程序

参考文献

[1] 何云飞，郭圆圆．沈阳同方时代广场钢结构深化设计技术．钢结构，2013.

[2] 中华人民共和国住房和城乡建设部．中华人民共和国建筑工业行业标准（JG/T 368－2012）．北京：中国标准出版社出，2012.

板柱结构中板带扭转问题的求解与分析

黄竹也[1]　王国阳[2]

(1. 浙江科技学院建工学院，杭州，310023；2. 浙江建工集团，杭州，310015)

摘　要：本文以美国混凝土协会规范 ACI 318—11 为依据，对板柱结构中边缘板带的受扭性能进行理论分析，阐述了柱上板带扭矩与转角的分析方法，通过对板带扭转角的求解，计算由竖向荷载引起的板壳扭曲在边缘无约束梁的情况下将降低柱的抗弯刚度。

关键词：板柱；结构；扭转；角扭转；刚度

一、概　述

当梁与柱形成一个简单框架结构时，如果已知梁与柱的抗弯刚度为 $K=M/\theta$，可以方便地计算出两个杆件平面内的转角，它们应该是相等的(图 1)。但在板柱结构中问题就会复杂得多(图 2)，与柱相连且等宽的板带可以被认为是与柱有着同样的转角 θ_c，但是与柱有距离的板带的扭转角随着距离的增加呈递增趋势，原因是板带的转动从 C 到 A 是递减的，所以点 A 的转角 θ_A 大于点 C 的 θ_C。图 3 为柱边缘板带转角示意图，从图中可以看出 AC 板带和 $A'C$ 板带有不均匀的扭转；图 4 为单位长度扭矩分布图。

在肋梁楼盖结构当中由于梁有良好的抗扭刚度，在梁承受了大部分扭矩之后，板所受到的影响就非常小；但是无梁的楼盖，由于板直接由柱子支撑，板的抗扭刚度与柱的抗弯刚度相差悬殊；无梁楼盖内部往往两个方向的柱距相等或接近，所以中间柱上板带的扭转不明显，而边缘板带就不能忽视。国内对于板柱结构的配筋计算依据集中在弯曲破坏和剪切破坏，主要分析柱上板带对于弯矩的传递与分配[1-3]。美国混凝土协会编写的混凝土设计规范[4]，提出了利用柱上板带自柱边缘到跨中的扭转角公式，求解等效立柱的刚度和受扭(边缘)板带的刚度，用于等代框架的内力分析，并将支撑楼板的上下柱刚度纳入考虑范围。

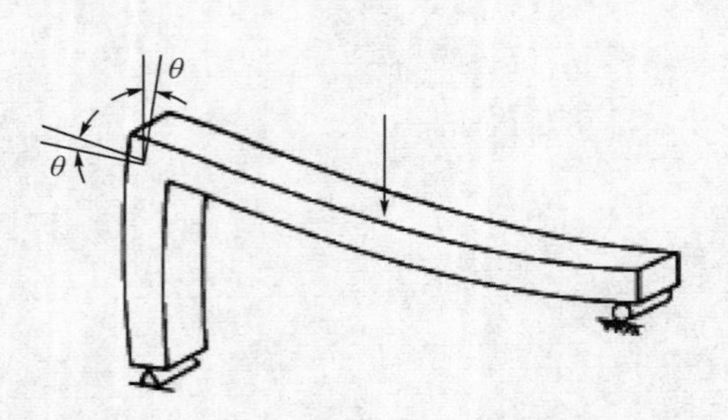

图 1　梁柱节点转角示意图

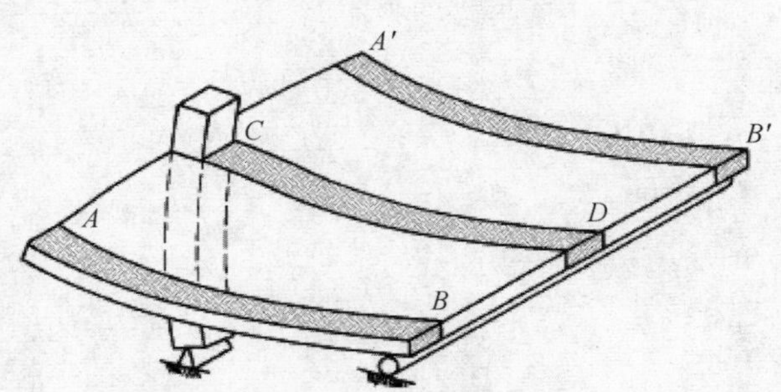

图 2　板柱结构变形示意图

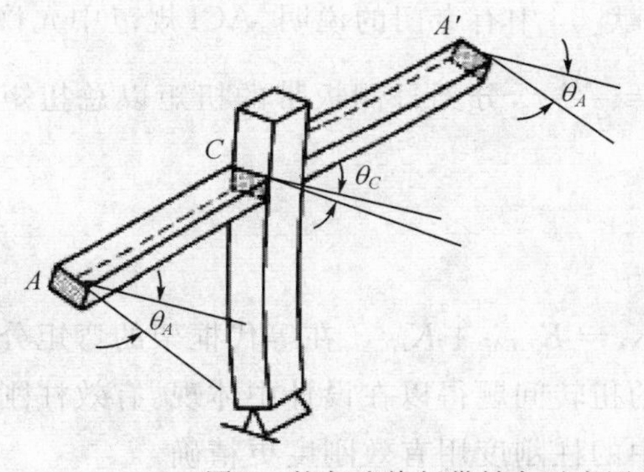

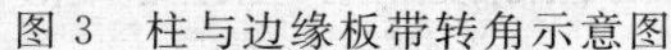
图 3　柱与边缘板带转角示意图

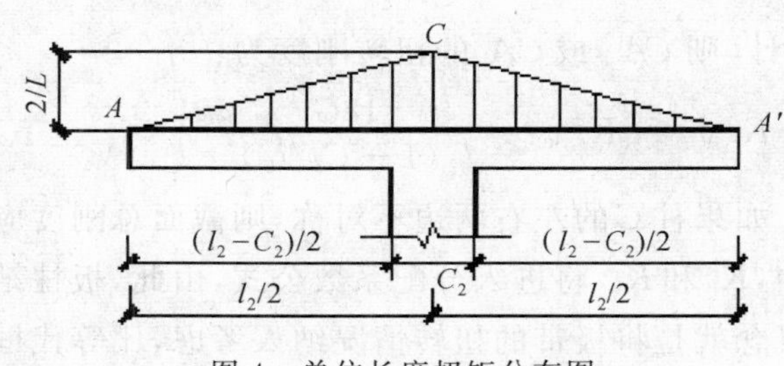

图 4　单位长度扭矩分布图

二、扭转刚度与扭转角的计算

美国混凝土协会规范[4] 认为板的上柱与下柱刚度需同时考虑，引入了立柱等效刚度的概念 K_{ec}，该参数综合考虑了变形协调条件：

$$K_{ec} = 1/\text{边缘梁的平均扭转角} \tag{1}$$

其中，M 为由竖向荷载产生的通过板传向柱的力矩；θ_{ec} 为边缘板带平均扭转角；θ_c 为单位扭矩作用下柱子的转角，等于上下立柱抗弯刚度之和的倒数；$\theta_{t,avg}$ 为单位扭矩作用下边缘板带的转角，等于其平均扭转刚度的倒数。$\theta_{ec} = \theta_c + \theta_{t,avg}$；$K$ 为扭转刚度，将 $\frac{1}{K}$ 称为柔度；$\sum K_c = \frac{1}{\theta_c}$ 为柱扭转刚度；$K_t = \frac{1}{\theta_{t,avg}}$ 为边缘板带单位扭转角 $\theta_{t,avg}$ 所对应的扭转刚度。因此，可以将 θ_{ec} 表达为：

$$\frac{1}{K_{ec}} = \frac{1}{\sum K_c} + \frac{1}{K_t} \tag{2}$$

通常的板柱结构中，板的抗扭刚度 K_{ec} 比柱的抗弯刚度 $\sum K_c$ 小很多，刚度相差越悬殊，板带和板带扭转的不均匀分布越显著。从式(2) 中可以预见，如果 K_t 很小，则 K_{ec} 的值就会比 $\sum K_c$ 小很多。研究对象的几何关系及其尺寸如图5所示。将该问题简化为平面问题，沿柱中心线 $A-A'$，单位长度扭矩分布如图4所示。文献[5]认为由板上竖向荷载产生的外力矩即扭矩 T 从点 C 到点 A 或点 A' 呈斜线分布，则沿杆件每个横截面上的内力扭矩应按二次抛物线形状分布，开口向上，如图6左侧示意图所示。若截面抗扭刚度为 CG（C 是截面几何特征系数，类似于极惯性矩，见式(5)；G 为剪切模量），则单位长度转角的变化如图6右侧示意图所示。端头点 A 或点 A' 的扭转角 $\theta_{t,end}$ 应该是沿杆件每个横截面扭转角的综合，等于图6左侧 T 曲线与水平轴包含的面积（如阴影部分所示）。根据二次抛物线的面积积分获得 $\theta_{t,end}$ 如式(3) 所示。ACI假设平均转角 $\theta_{t,avg}$ 等于端头转角 $\theta_{t,end}$ 的 1/3，则得到式(4)。

$$\theta_{t,end} = \frac{1}{3}\frac{(1-C_2/l_2)^2}{2CG}\left[\frac{l_2}{2}(1-C_2/l_2)\right] \tag{3}$$

$$\theta_{t,avg} = \frac{l_2(1-C_2/l_2)^3}{36CG} \tag{4}$$

$$C = \sum\left[\left(1-0.63\frac{x}{y}\right)\frac{x^3y}{3}\right] \tag{5}$$

此处，l_1 和 l_2 分别对应于矩形截面的短边和长边，文献[5]中有专门的说明。ACI 规范中允许 G 用$E/2$ 替代，国内的剪切模量则通过查表获得。因为 $K_t = \frac{M}{\theta_{t,avg}}$，分到每侧板带的扭矩以总扭矩的 1/2 计，则 CA' 或 CA 的扭转刚度为：

$$K_{t,AC'} = K_{t,AC} = \frac{18G}{l_2(1-C_2/l_2)^3} \tag{6}$$

如果柱C的左右两边不对称，则截面总刚度应该为$K_t = K_{t,CA'} + K_{t,CA}$。在等代框架的弯矩分配法中，$K_t$ 和 K_{ec} 将进入分配系数公式，由此，板柱结构中的扭转问题得以在设计中体现。有效柱刚度的概念就是将板带的扭转情况纳入考虑，比等代框架法中的柱刚度用有效刚度更精确。

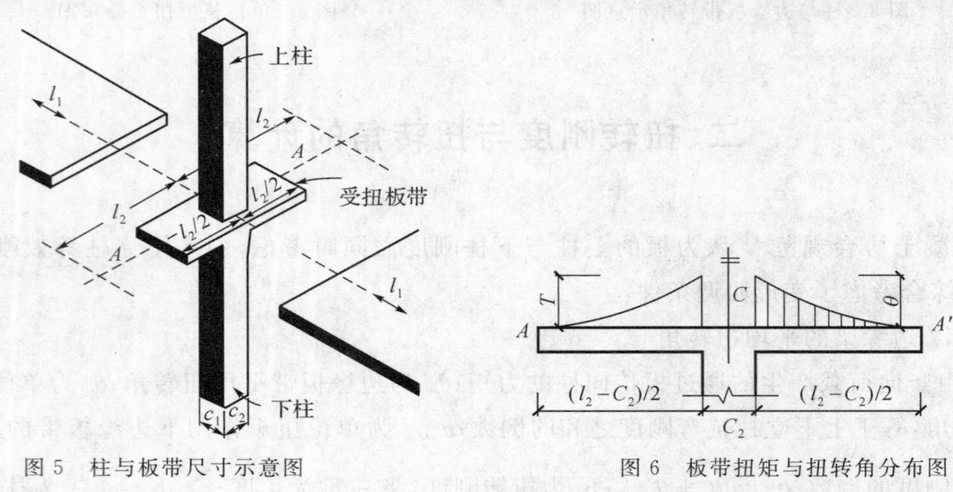

图 5 柱与板带尺寸示意图　　图 6 板带扭矩与扭转角分布图

三、ACI 规范算例

算例如下：表 1 是无梁楼盖几种不同柱网尺寸情况下，观察柱有效刚度和柱原线刚度的比例，研究对象无梁楼盖的边缘板带，楼房层高相等，为 3.9m，柱网两个方向等跨等间距，B1 和 B2 无柱帽，B3 和 B4 有柱帽，B5 为有柱托(drop panel)无柱帽的情况。混凝土板与柱等级相同，混凝土剪切模量按混凝土弹性模量的 1/2 计算。表 1 中柱抗弯线刚度公式中的系数与柱尺寸有关，柱等效刚度与柱原刚度之比为 $K_{ec}/\sum K_c \times 100\%$。

表 1 无梁楼盖抗扭刚度的计算和对比

	柱网	柱截面	柱帽	柱抗弯线刚度	板厚(mm)	板扭转刚度	柱有效刚度	柱有效刚度与柱原线刚度之比
B1	6m×6m	0.6m×0.6m		680	200	179	142	20.8%
B2	8m×8m	0.8m×0.8m		715	240	213	164	22.9%
B3	6m×6m	0.6m×0.6m	0.8m×0.8m	692	185	173	146	21.1%
B4	8m×8m	0.8m×0.8m	1.0m×1.0m	722	230	207	161	22.2%
B5	8m×8m	0.8m×0.8m		715	220	211	163	22.8%

从表 1 的对比演算可以看到，柱子有效刚度只有柱原有效刚度的 20%左右，这说明考虑了柱上板带的扭转以后，柱的抗弯能力大幅削减，等代框架法依赖与梁柱的线刚度进行弯矩的分配，继而求得内力，所以，在板柱结构的设计中，讨论和计算这个问题是十分必要的。混凝土现浇肋梁楼

盖中，由于梁的厚度比板的厚度大很多，所以梁的抗扭刚度比板的抗扭刚度大很多，因此这个问题不明显；同时，无梁楼盖如果能设置边梁的话，这个问题也将大大得到缓解。

四、结　语

本文依据 ACI 规范对等代框架法中柱有效刚度的定义和解法，在对无梁楼盖的边缘板带在竖直荷载下的扭转角和扭转刚度分析的基础上，计算了五个常用尺寸和工况下的楼盖。通过对比发现，由柱上板带的扭转引起的柱抗弯能力的削减不容忽视。2013 年广东省颁布的《现浇混凝土空心楼盖行业规程》(DBJ 15－95－2013)[6]中第 5.5.5 条款提到，“等代框架当跨度相差较大或相邻两跨荷载相差较大时，应考虑柱及柱两侧抗扭构件的影响”，提出了等效抗弯柱刚度的概念，因此本文论题在国内无梁楼盖结构设计中正逐步引起重视。

参考文献

[1] 朱聘儒. 双向板无梁楼盖. 北京：中国建筑工业出版社，1999：11－20.
[2] 沈蒲生. 楼盖结构设计原理. 北京：科学出版社，2003：228－238.
[3] 混凝土结构设计规范(GB 50010－2010). 中华人民共和国国家标准，2012.
[4] Building Code Requirements for Structure Concrete (ACI 318－11) and Commentary：254－258.
[5] Wight JK. Reinforced Concrete Mechanics and Design, 6E. 2011：668－680.
[6] 现浇混凝土空心楼盖结构技术规程(DBJ 15－95－2013). 广东省住房和城乡建设厅，2013.

屋面拉线桅杆新增荷载后的改造方法研究

阎勇琦[1]　朱俞江[2]　姚云龙[1]
(1. 华信咨询设计研究院有限公司，杭州，310014；2. 浙江省建筑设计研究院，杭州，310006)

摘　要：屋面拉线桅杆是一种量大面广的移动通信基站配套结构，随着4G牌照的发放，新增4G设备荷载对拉线桅杆结构安全的影响不容忽视。本文结合工程实际，通过对典型的15m拉线桅杆不同天线层数，不同拉线道数的计算分析，找出经济和施工便利的最优改造方式，同时对拉线的固定点进行分析，提出切实可行的改进措施，以节约投资。

关键词：屋面拉线桅杆；新增荷载；改造方法

一、引　言

移动通信领域技术的发展非常迅速，我国在3G发牌5年后的2013年年底发放4G牌照，对应移动通信领域快速发展的是配套移动通信基站的的建设改造。大量屋面拉线桅杆由于不断新增设备形成的结构安全不容忽视，然而屋面拉线桅杆确实是一种使用材料较省、安装运输较为方便的移动通信基站配套结构，在城市移动通信领域大量采用。现存的大量屋面拉线桅杆是3G牌照发放后，各大运营商投入大量资金建设的。随着4G牌照的发放，新增4G设备会在屋面拉线桅杆上新增荷载，从而引发大量的屋顶拉线桅杆因不满足结构要求而被替换的问题，进而造成大量资金和人力的浪费，既不符合节能减排的要求，也对运营商的建设资金造成了更大的压力。因此，是否能通过简单的加固措施解决该结构问题，从而达到节约建设资金和节能环保的双重目的，成为本文研究的重点。通过研究，本文提出了切合工程实际的、简单可行的改造方案，供实际工程采用。

二、模型建立

屋顶移动通信基站大量采用15m高的拉线桅杆作为挂设移动设备的机架，因此选择15m这个高度作为模型样本，分别对挂设1、4层天线(3层拉线)，2、4层天线(2层拉线)，3、3层天线(2层拉线)三种情况进行有限元分析，确定三种情况下的实际受力情况。拉线桅杆单线图及天线布置如图1所示。

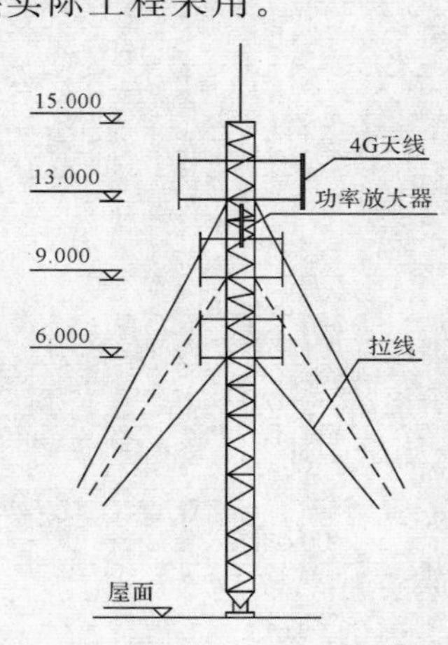

图1　15m拉线塔示意图(单位：m)

拉线桅杆模型采用通用有限元程序建立，杆体选用梁单元，拉线选用只受拉的杆单元。桅杆脚与地面采用铰接，拉线与杆身、拉线与屋面的连接采用铰接。

拉线角度小于 65°，拉线初应力采用降温法施加，拉线初应力[1] 取 200N/mm²，基本风压取 0.6kN/m²。

按《移动通信工程钢桅杆桅结构设计规范》[2] 第 3.2.5 条，钢桅杆结构的抗震设防烈度为 8 度及以下时，可不进行抗震截面验算，因此考虑到量大面广的情况，本文只验算风荷载作用下的承载力。

三、荷　载

(一)基本风压设计值

对桅杆本身，因馈线较多(估算有 30 根左右)，因此桅杆体型系数按实体取 μ_s 为 1.3；风振系数 β_z 取 1.35；风压高度变化系数按 B 类场地 50m 高度位置取统一值 $\mu_z = 1.67$[1]。

$w_k = \beta_z \mu_s \mu_z w_0 = 1.35 \times 1.3 \times 1.67 \times 0.60 = 1.76(\mathrm{kN/m^2})$

$w = 1.4 w_k = 1.4 \times 1.76 = 2.46(\mathrm{kN/m^2})$

(二)杆体荷载(线荷载)设计值

$q_1 = w \times 0.6 = 1.48(\mathrm{kN/m})$，方向为风荷载作用方向，其中杆身宽度为 0.6m。

$q_2 = 1.2 \times (0.30 + 0.10) = 0.48(\mathrm{kN/m})$，方向为重力方向，其中杆体重量按 300N/m、馈线 100N/m 考虑。

(三)天线荷载

拉线桅杆 13m 标高处设置 3 副 4G 天线，4G 天线迎风面积按 1.0m²/副取值，由于天线支架沿圆周均布，因此考虑 0.70 的折减系数；4G 天线下方的功率放大器迎风面积取 0.25m²/个，共 6 个，同样由于沿杆体圆周均布，考虑 0.8 的折减系数。因此新增设备的风荷载设计值为：

$P_1 = w \times (1.0 \times 3 \times 0.70 + 0.25 \times 6 \times 0.8) = 8.12(\mathrm{kN})$，方向为风荷载作用方向；

$G_1 = 1.2 \times (3 \times 0.20 + 6 \times 0.25) = 2.52(\mathrm{kN})$，方向为重力方向，其中 4G 天线重量按 200N/付、功率放大器按 250N/个考虑。

其余天线支架处各设 3 副 G 网或 D 网天线，迎风面积取 0.75m²，因天线沿天线支架圆周均布，因此考虑 0.70 的折减系数，则天线荷载为：

$P_2 = w \times (0.75 \times 3 \times 0.70) = 3.88(\mathrm{kN})$，方向为风荷载作用方向；

$G_2 = 1.2 \times (3 \times 0.20) = 0.72(\mathrm{kN})$，方向为重力方向，其中 G 网或 D 网天线重量按 200N/副考虑。

综上所述，3 个模型的天线荷载输入如表 1 所示，有限元计算结果见表 2。

表 1　15m 不同拉线桅杆模型荷载

<table>
<tr><th>类型</th><th>13m</th><th>11m</th><th>9m</th><th>6m</th><th>拉线位置</th></tr>
<tr><td>1</td><td>P_1、G_1</td><td>P_2、G_2</td><td>P_2、G_2</td><td>P_2、G_2</td><td>13m、9m、6m</td></tr>
<tr><td>2</td><td>P_1、G_1</td><td>P_2、G_2</td><td>P_2、G_2</td><td>P_2、G_2</td><td>13m、6m</td></tr>
<tr><td>3</td><td>P_1、G_1</td><td colspan="2">P_2、G_2</td><td>P_2、G_2</td><td>13m、6m</td></tr>
</table>

表 2 15m 不同拉线桅杆结果

类型	位移(mm)	轴力(kN)	弯矩(kN·m)	拉线力(kN)
1	79.363	61.899	15.4	22.750
2	123.346	61.793	32.4	33.880
3	121.34	54.053	29.5	30.539

四、承载力验算

(一)位移比验算结果(表 3)

表 3 位移比验算结果

类型	位移(mm)	位移比	规范要求	是否满足
1	79.363	1/264	1/75	满足
2	123.346	1/170	1/75	满足
3	121.34	1/173	1/75	满足

注:规范为 YD/T 5131—2005。

(二)杆身验算

桅杆杆身均采用统一形式,具体如图 2 所示,其中主材为 Q345 L56mm×5mm 的 60°角钢,单肢面积为 542mm^2,间距 B 为 600mm,斜缀条为 Q235 L30mm×3mm 的角钢,间距 H 为 375mm,根据规范要求,对于杆体需要分别进行①整体稳定计算、②斜缀条验算、③分肢稳定验算、④压弯构件验算、⑤拉线验算。各型桅杆参数如表 4 所示。

表 4 各型桅杆参数

类型	最长柱长(m)	换算长细比 max(λ_{ox},λ_{oy})	稳定系数	拉线类型及面积(mm^2)
1	6	27.8	0.895	1×7×2.6/37
2	7	31.5	0.873	1×7×2.6/37
3	7	31.5	0.873	1×7×2.6/37

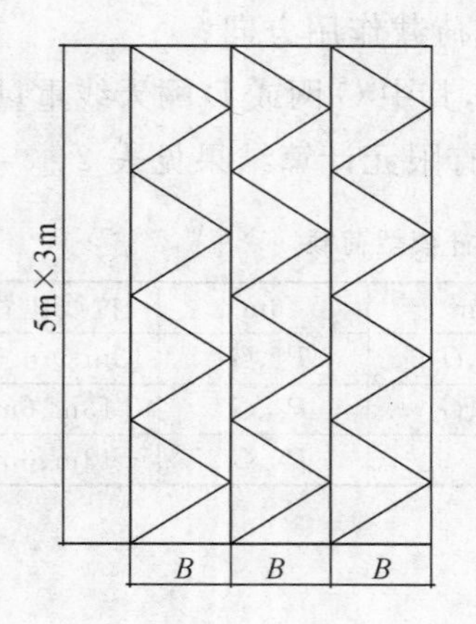

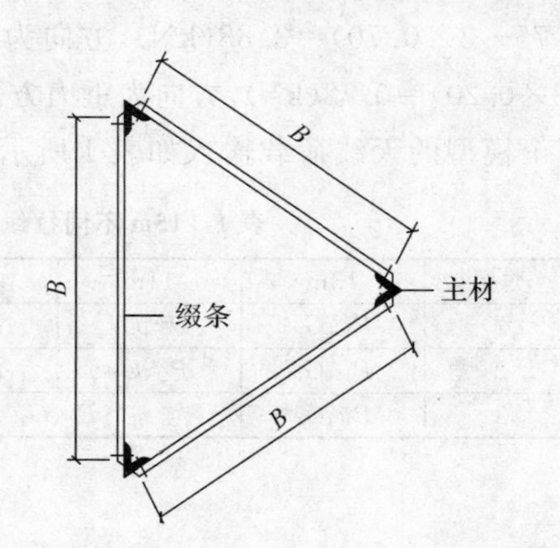

图 2 杆身详图

(1)整体稳定计算：

根据公式 $\sigma=\dfrac{N}{\varphi A}=\dfrac{N}{\min(\varphi_x,\varphi_y)A}$ 分别计算。

(2)斜缀条验算(各型桅杆相同)：

$$N_d=\frac{V/2}{\sin\alpha}=\frac{\dfrac{Af}{85}\sqrt{\dfrac{f_y}{235}}}{2\sin\alpha}=\frac{7.18/2}{\sin 58^\circ}=4.23(\text{kN})$$

$$L=\sqrt{600^2+375^2}=708(\text{mm})$$

$$\lambda=L/i_v=708/5.86=121$$

其中，N_d 为轴力，L 为斜缀条长度，i_v 为最弱轴回转半径。

查表得 $\varphi=0.432$，则稳定应力为：

$$\sigma=\frac{N}{\varphi A}=\frac{4.23\times10^3}{0.432\times175}=56.0(\text{N/mm}^2)$$

(3)分肢稳定验算

按钢结构规范[3]要求，分肢长细比不大于两方向换算长细比较大值的0.7倍，即可不验算分肢稳定性。因分肢长细比为：

$$\lambda=\frac{750}{10.99}=68>\max(\lambda_{ox},\lambda_{oy})\times0.7$$

故需要对分肢稳定进行重新验算。

根据《高耸结构设计规范》[1]第5.6.4条计算，参数较难明确，而《欧洲钢结构规范》[4]第6.4条提供的计算方法较为明确，但公式为双肢格构柱，而本次计算模型为三肢格构柱，因此根据《欧洲钢结构规范》进行演化计算，取初弯曲[4]为：

$$e_0=0.002\times l$$

其中，l 为柱长。

演化《欧洲钢结构规范》第6.54条后得：

$$N_1=\frac{N}{3}+\frac{\sqrt{3}M_{f,ED}}{2B}=\frac{N}{3}+\frac{\sqrt{3}(N_{e_0}/3+M_{ED})}{2B}\Big/\left(1-\frac{N}{N_{cr}}\right)$$

其中，$N_{cr}=\dfrac{\pi^2EI_{eff}}{l^2}$，$M_{ED}$ 为塔身弯矩。$I_{eff}=0.5B^2A+3\mu I_f$，其中 I_f 为角钢绕 I 轴惯性矩，计算为 87992mm^4；μ 根据《欧洲钢结构规范》[4]表6.8计算为1。代入上式得 N_1。由分肢长度 $L=750\text{mm}$，按最弱轴计算：

$$\lambda=L/i_v=750/10.99=68$$

查表得 $\varphi=0.675$，则稳定应力按 $\sigma=\dfrac{N_1}{\varphi A}$ 计算。

(4) 压弯验算

根据公式 $\dfrac{N}{\varphi_x A}+\dfrac{\beta_{mx}M_x}{W_{1X}\left(1-\varphi_x\dfrac{N}{N'_{EX}}\right)}$ 分别计算。

(5) 拉线验算

根据公式 $\sigma=\dfrac{N}{A_L}$ 分别计算，计算结果如表5所示。

表 5　杆身验算结果

类型	整体稳定应力(MPa)	斜缀条验算(MPa)	分肢稳定验算(MPa)	压弯构件验算(MPa)	拉线验算(MPa)
1	42.56	56	118.8	98.34	614.86
2	43.56	56	187.3	157.9	915.67
3	39.39	56	168.2	119.17	825.37

根据表 5 计算结果可以发现，桅杆本身强度、稳定均能满足规范的要求，但是拉线强度对于桅杆类型 2 和桅杆类型 3 来说，已经超出了规范规定的 800MPa 要求。而对于桅杆类型 1 来说，所有参数均满足规范要求，可以直接加装 4G 设备。所以对于本文所讨论的面大量广的拉线桅杆来说，研究的主要关注点就是如何解决拉线强度不满足的情况。

找出了问题的关键点，解决方案也就呼之欲出，可以选取的最经济方案无外乎两种：

(1)更换拉线；

(2)增加拉线道数。

首先分析第一种方案：更换拉线类型为 1×7×3.5 的钢绞线，面积为 $67mm^2$。选用该种拉线后，拉线强度对应桅杆类型 2 和桅杆类型 3 分别为 505.67MPa 和 463.64MPa，均可以满足规范要求小于 800MPa 的规定。

其次分析第二种方案：增加拉线道数为 3 道，拉线类型不变。桅杆类型 2 和桅杆类型 3 新增一道拉线后和桅杆类型 1 的拉线道数相同，通过表 5 的结果显示，各项参数也均满足规范要求。

根据上述分析可知，两个方法从理论上均可行，那么施工上是否存在问题呢？经过与施工单位的沟通发现两种方案均可行，但是各有缺点：

第一种方案由于更换拉线需要将所有的拉线都从紧固状态转为松弛状态，对于负载工作的拉线桅杆来说，容易发生倒塌的危险，其次在更换拉线的过程中要保证通信基站的连续工作，相对来说难度更大一些，需要更加小心谨慎。

第二种方案对于找寻相对独立的拉线与屋面的连接点来说难度相对较大。通过这个分析，发现大量的拉线桅杆还存在另外一个比较严重的安全隐患，即所有的拉线与屋面连接点均置于同一点，也就是所有的可靠性置于一个连接点。这样不管拉线桅杆本身如何满足规范要求，只要有一个连接点无法承受拉线拉力，那么就会导致整个拉线桅杆倒塌，从而引发严重的安全后果。而新设拉线与屋面为可靠连接点，不仅可以降低原正常使用拉线桅杆的拉线拉力，使原有连接的可靠度提高，而且多点可靠连接进一步提高了屋面拉线桅杆的安全度。

综上所述，确定采取新增拉线的方法来进行屋面拉线桅杆新增荷载后的改造，同时要求新设拉线与屋面连接点不得采用原有拉线点，须另行增设可靠连接点且拉线角度不得大于 65°。

五、结　论

(1)对于量大面广的屋面拉线桅杆在新增设备荷载时，必须重新进行结构复核，否则容易造成安全隐患。

(2)通过有限元分析，找寻新增荷载后工作改造的关键点，从理论上给出改造可行方案的设计思路，但同时需要注意理论与实际相结合，最终给出切实可行的设计方案。

(3)《钢结构设计规范》和《高耸结构设计规范》对分肢稳定的计算不明确。《钢结构设计规范》仅提供分肢稳定无须计算的长细比要求，而《高耸结构设计规范》对于 Nm 这个参数没有给出具体计算需要考虑的因素和计算方法,从规范的实用性来讲不是很好。最后通过对欧洲钢结构规范公式进行演算得出分肢稳定的计算结果,可供参考。

(4)屋面拉线桅杆采用新增拉线道数的方式,有效减小原有拉线拉力;同时新增拉线另行增设可靠连接点可将原拉线桅杆结构的安全度适当提高,通过如此简单适用的方式,不仅节约大量投资且施工方便,可供各大运营商大面积推广。

参考文献

[1] 高耸结构设计规范(GB 50135－2006).中华人民共和国建设部,2007.
[2] 移动通信工程钢塔桅结构设计规范(YD/T 5131－2005).中华人民共和国信息产业部,2006.
[3] 钢结构设计规范(GB 50017－2003).中华人民共和国建设部,2003
[4] Eurocode 3:Design of Steel Structures (English Version). European Committee for Standardization,2001.

某厂新建轻钢厂房结构设计

程志敏

(浙江东南网架股份有限公司设计院,杭州,311209)

摘　要:本文针对轻钢厂房在结构设计阶段,在满足生产工艺要求的基础上,分析如何做到结构设计合理、可靠和经济,并简要介绍了轻钢厂房在结构和节点构造设计中碰到的问题和做法,以供参考。

关键词:门式刚架结构;吊车梁;刚架柱;伸缩缝;节点设计

一、工程简介

某厂新建轻钢厂房是为了扩大生产规模而新建了钢构件加工车间。厂房的平面尺寸为218m×120m,横向为跨度为24m的五连跨,纵向在端部设30m单跨,跨度方向与横跨垂直布置,总建筑面积为26260m²。厂房檐口高度为12.4m,墙面有女儿墙,并设一道高窗,屋面布置采光天窗和通风气楼。根据生产工艺的需要,在整个车间共设置了28台吊车,吊车吨位最大的为20t桥吊,并设有双层吊车。厂房在纵向端部30m处设置一道横向伸缩缝。桩位布置图详见图1。

二、结构选型与布置

根据生产工艺平面布置,在轻钢厂房端部的30m跨处设置一条横向伸缩缝,整个厂房的结构分为两部分:第一部分的平面尺寸为188m×120m,横向为24m的五连跨,按照门式刚架结构体系进行设计;第二部分的平面尺寸为120m×30m,纵向为30m的单跨。在结构设计的开始阶段,按照生产工艺需要,钢构件在整个厂房内通过吊车就能满足水平方向的运输要求,因此,该部分的柱位必须采用单侧抽柱的布置进行结构设计。桩位布置图详见图2。

由于30m单跨的跨度较大,而且跨内还布置了两台起重吨位为20t的桥式吊车,结构计算采用纵横两个方向刚架结构体系进行计算与分析。计算结果显示,刚架在抽柱一侧的位移和水平力均较大;在柱顶位移满足规范规定的限值条件下,抽柱刚架和托梁的截面都很大,抽柱一侧的24m跨的吊车梁的截面也比8m跨的吊车梁大很多;该轻钢厂房的地基条件很差,基础持力层地基承载力特征值只有70kN/m²,抽柱一侧刚架的柱距为24m,造成刚架柱两侧的柱脚反力相差3倍以上。根据计算,抽柱一侧的钢柱基础需要采用桩基础才能满足要求。综合以上因素,在单侧抽柱布置条件设计下的工程造价将比不抽柱布置条件设计下的工程造价大很多。因此,与业主进行沟通后,在满足生产工艺需要的前提下,对厂房内的水平运输布置进行了调整:端部30m跨按不抽柱布置进行结构设计，并通过在横向伸缩缝处布置纵向地轨来满足水平运输的要求，从而在保证结构功能使用的前提下，节约了建造成本，加快了施工进度，缩短了工期，取得了良好的经济效益。

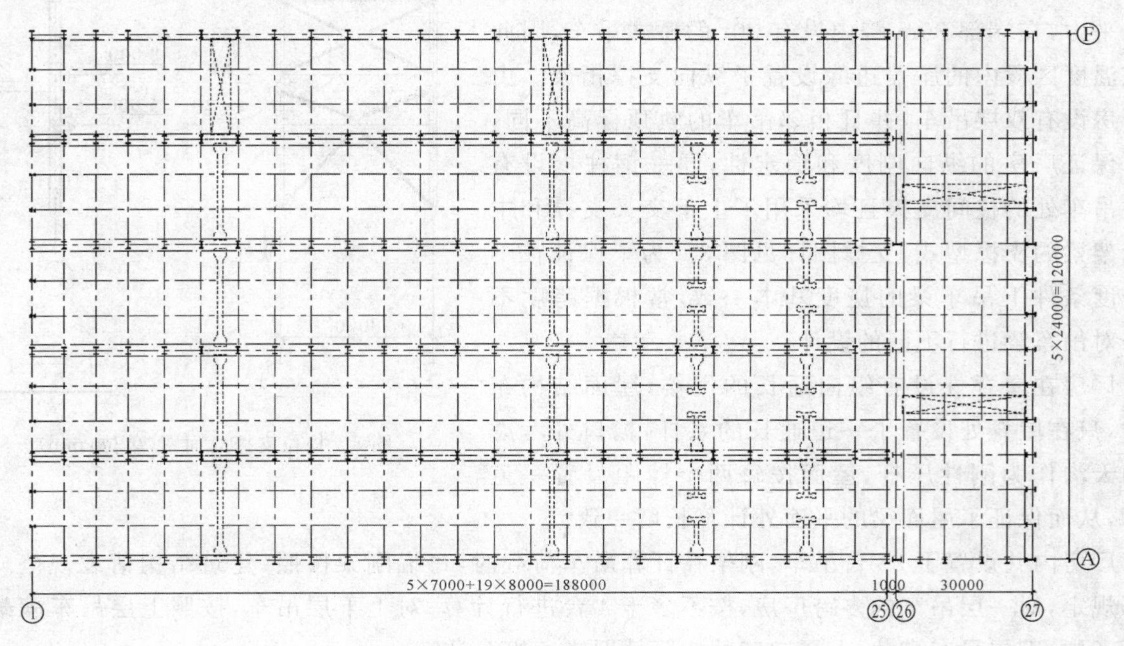

图 1　柱位布置图一(单位:mm)

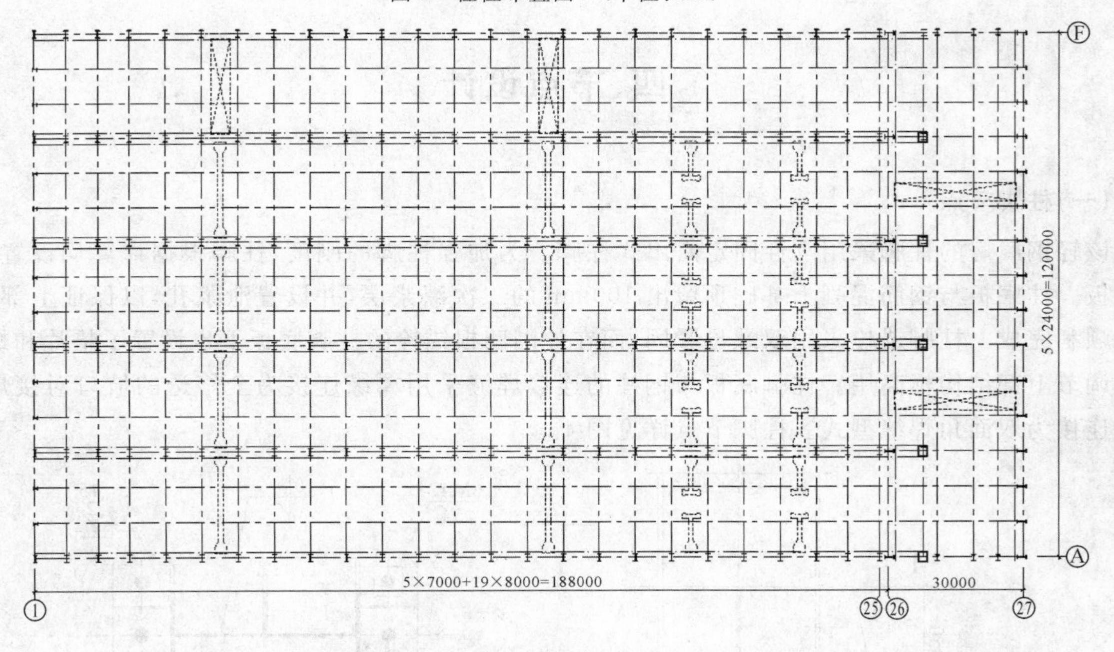

图 2　柱位布置图二(单位:mm)

三、结构设计

厂房的结构布置经过调整，布置图详见图 1，整个厂房结构受力体系明确，结构设计合理。厂房每个温度区段的纵横向尺寸均不大于《门式刚架轻型房屋钢结构技术规程》[1]中第 4.3.1 条的规定，因此，结构的温度应力对结构的影响可不考虑。厂房的支撑布置按照《门式刚架轻型房屋钢结构技术规程》[1]中第4.5.1条的规定进行布置，在每个温度区段两端的柱间支撑仅设置柱上支撑，以释放纵向水平力，在端部30m跨内设有20t的桥式吊车，因此在该温度区段内的屋盖边缘设置了纵向支撑桁架。由于厂房设有双层吊车，并且相邻吊车的轨顶标高不同，为了保证厂房的纵向刚度和稳定性，同一钢柱上设有三层吊车处的柱间支撑且均采用了上下交叉支撑和中部桁架梁的支撑型式，支撑图详见图3。为了保证在不同跨度条件下吊车梁的挠度基本一致，常根据跨度不同来对吊车梁进行不同的设计。

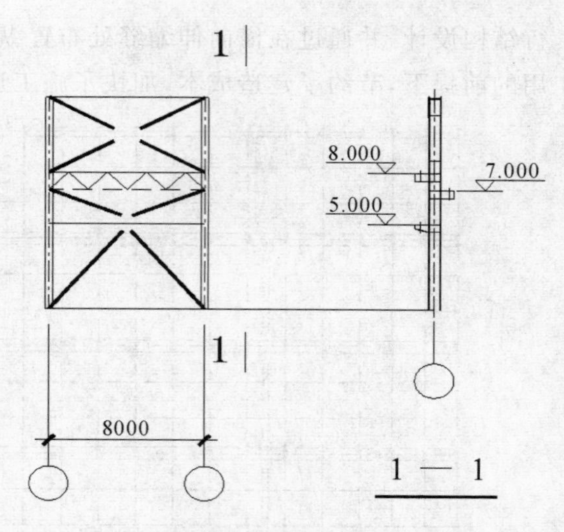

图3　柱位支撑立面图(单位:mm)

厂房在屋脊处设有纵向通长的气楼，屋面结构布置中，只在屋脊处设置了一道通长的系杆，檐口处考虑纵向天沟作为刚性压杆，屋面按每两个檩距设置一道隅撑，从而保证了屋面梁的平面外计算长度一致。

厂房内共设置了28台吊车，刚架在计算吊车荷载时，每榀刚架按照《建筑结构荷载规范》[2]的计算规定，对一层吊车的多跨厂房，按不多于4台进行计算；对上下层吊车，按照上层吊车满载、下层不考虑，下层吊车满载、上层空载的实际情况进行组合计算。

四、节点设计

(一)柱脚节点

该轻钢厂房的柱脚采用刚性固定露出式柱脚。为加强柱脚的刚度，柱脚根据计算均设置垂直加劲板。柱底板与钢筋混凝土基础顶留出100mm的二次灌浆层，并设置泄浆孔，以保证上部钢柱安装顺利完成。柱脚锚栓采用双螺母紧固，而在外围四根锚栓的柱脚底板下也设置了垫片和螺母，作为调节上部结构标高用。柱脚底板与钢柱的连接焊缝采用翼缘连接为全熔透的坡口对接焊缝，腹板连接为双面角焊缝型式。柱脚节点详见图4。

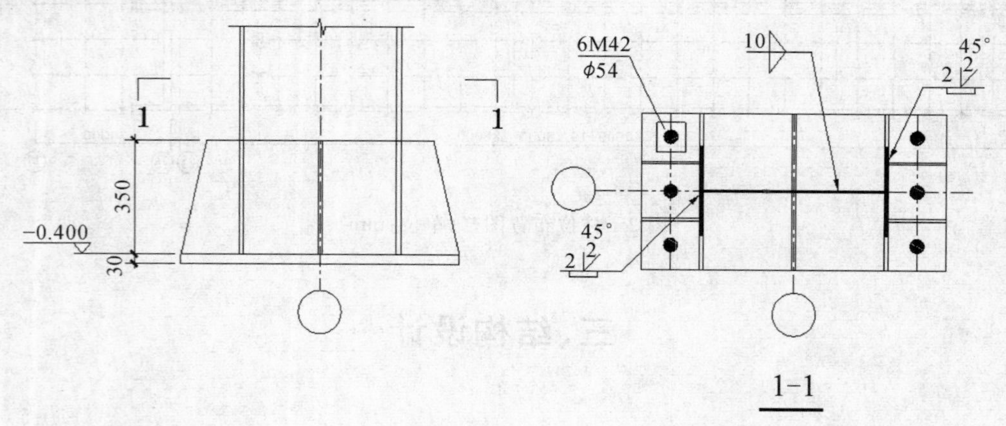

图4　柱脚节点(单位:mm)

(二)梁柱节点

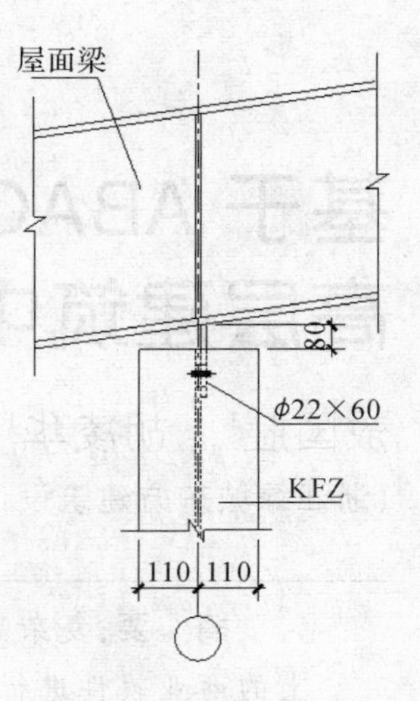

图 5　梁柱节点连接图(单位:mm)

该轻钢厂房的梁柱刚性连接均采用端板竖放外伸式连接节点,梁、柱翼缘与传力端板间的连接焊缝均采用坡口全熔透对接焊缝连接,梁、柱腹板与传力端板间的连接焊缝采用等强的角焊缝连接。山墙抗风柱与屋面钢梁采用铰接连接节点,且连接螺栓位置沿竖向设置椭圆孔。梁柱节点连接图详见图 5。

(三)吊车梁连接节点

该轻钢厂房的吊车型式有三种:桥式吊车、单梁吊车和半跨门式吊车。吊车梁与钢牛腿的连接采用了突缘式和平板式两种,而桥式吊车和单梁吊车的吊车梁均采用突缘式连接,半跨门式吊车的吊车梁则采用了平板式连接。由于吊车的起重吨位不大,吊车梁均为中级工作制,因此吊车梁均按无制动结构进行设计。吊车梁均采用焊接工字钢,上翼缘板与腹板的拼接焊缝采用坡口全熔透对接焊缝连接,下翼缘上不得引弧;下翼缘如需对接时,则应在跨度的 1/4～1/3 的范围内拼接,拼接焊缝等级为一

(四)次构件节点

该轻钢厂房的屋面和柱间柔性支撑采用 ϕ20 的圆钢,用 M24 花兰螺栓作为拉紧装置进行拉紧,而圆钢与钢柱上对应位置设置的连接板用螺栓连接。由于梁柱刚性连接均采用端板竖放外伸式连接节点,中柱的上柱截面为 500mm 宽,这样内天沟的断面尺寸按节点构造只有 350mm 宽,为了保证内天沟的排水通畅,在内天沟的断面尺寸上采用了高度变截面的型式。屋脊处布置的通长系杆与屋面支撑应在一个平面内,由于屋脊处有梁梁刚性连接节点,系杆与钢梁的连接只能通过梁梁刚性连接端板外增设连接板进行连接。次构件节点图详见图 6。

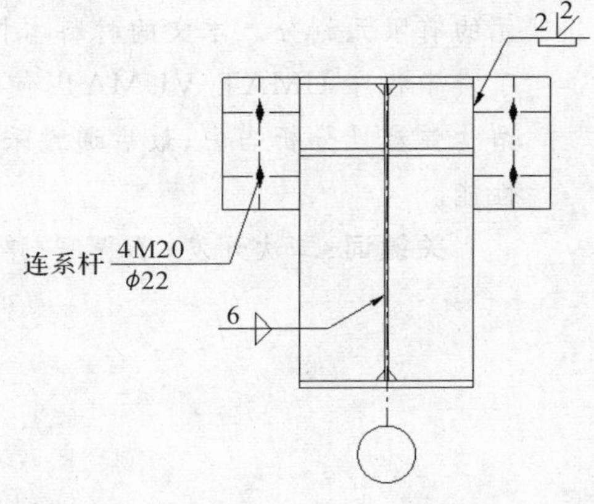

图 6　次构件节点连接图(单位:mm)

五、结　论

(1)轻钢结构在工业厂房的应用已经非常普遍,而生产工艺布置决定了结构的具体型式。但在实际设计应用过程中,本文通过结构设计方案的比较,以及生产工艺的可调整性,使构设计在合理、可靠和经济上取得了统一。

(2)节点设计是钢结构整体稳定、安全和可靠的有效保证。

基于 ABAQUS 的二次开发及其在高层建筑中的应用

敖国胜[1]　胡凌华[1]　包　风[1]　庄新炉[1]
(浙江绿城东方建筑设计有限公司,杭州,310012)

摘　要:复杂高层结构通常都需进行弹性和弹塑性时程分析,并且需要两个或两个以上的商业软件进行对比分析计算。ABAQUS 作为复杂结构分析的利器,可以对结构进行详细的静力及动力性能分析。本文通过基于 Etabs 文件和 ABAQUS 命令流文件之间的内在逻辑关系,实现了结构模型的转换,并且通过内嵌入数学算法,实现了杆单元和壳单元的有限元划分。本文的材料本构采用基于《混凝土结构设计规范》的本构关系,并编制了户子程序 UMAT/VUMAT,使得通用有限元软件 ABAQUS 能更方便地应用于复杂结构弹塑性分析当中;最后通过采用开发的前后处理程序验证了某结构在大震下的抗震性能。

关键词:二次开发;子程序;弹塑性时程分析;抗震性能

一、引　言

目前,超高层建筑越来越多,结构体型越来越复杂,因此对结构分析手段的要求越来越高。随着电子计算机的飞速发展,有限元的出现和广泛应用大大地促进了钢筋混凝土结构的非线性分析,在土木工程领域出现了很多著名的通用有限元软件,其中 ABAQUS 由于具有较强的非线性计算能力而得到广泛应用。该软件可以精确地对结构整体进行动力弹塑性分析,也可以对节点进行精确建模的静力分析等;软件引入了混凝土塑性损伤模型损伤概念,能较好地描述混凝土在往复荷载作用下的力学行为;它可以模拟结构在拉压过程中的塑性积累、刚度退化,性能变化等,比较适合模拟地震等循环荷载作用下的材料性能。此外,在《高层建筑混凝土技术规程》[1]中规定,高层建筑应考虑施工模拟的影响,ABAQUS 能考虑几何非线性及材料非线性的施工模拟。

二、混凝土材料损伤模型

混凝土材料单轴拉伸和压缩应力一应变曲线(图 1 和图 2)显示,应力一应变曲线存在下降段,当应力超过峰值以后卸载时存在刚度退化现象,混凝土中存在大量微小损伤及分布的裂缝的情况。

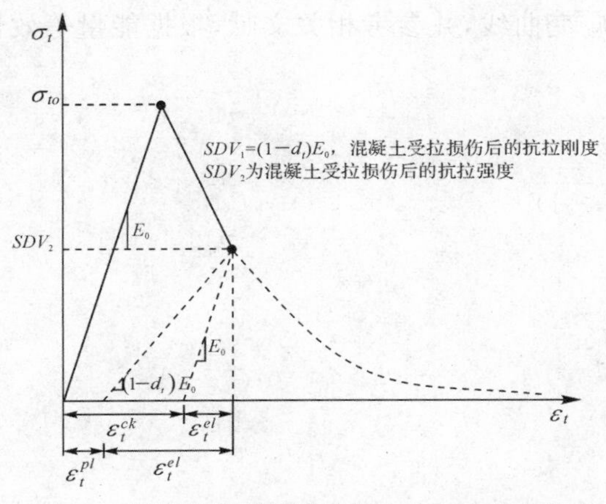

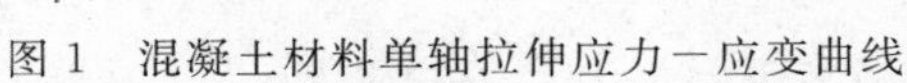
图 1　混凝土材料单轴拉伸应力一应变曲线

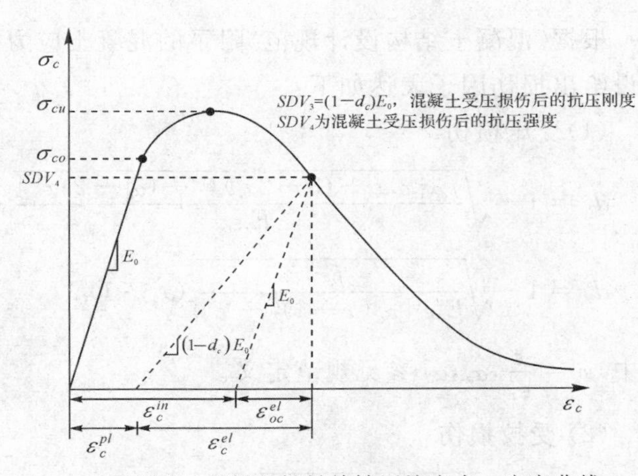

图 2　混凝土材料单轴压缩应力一应变曲线

ABAQUS 损伤塑性模型将损伤指标引入混凝土模型，其本质是对混凝土的弹性刚度矩阵加以折减，以模拟混凝土的卸载刚度随损伤增加而降低的特点[2]。它能够模拟各种结构（梁、桁架、壳和实体）中混凝土和其他准脆性材料，并采用各向同性弹性损伤结合各向同性拉伸和压缩塑性理论来表征混凝土的非弹性行为；它还能模拟混凝土裂缝闭合前后的行为，从而更好地模拟反复荷载下混凝土的反应。

ABAQUS 损伤塑性模型中[3]，考虑损伤时的有效应力可以表示为：

$$\sigma = (1-d)\bar{\sigma} \tag{1}$$

其中，d 为损伤因子，其值在 0（无损）到 1（完全失效）之间变化；$\bar{\sigma}$ 为有效应力。

有效应力和弹性应力之间的关系可以表示为：

$$\bar{\sigma} = D_0^{el}(\varepsilon - \varepsilon^{pl}) \tag{2}$$

其中，D_0^{el} 为材料的初始（无损）刚度，ε^{pl} 为塑性应变。

其应力－应变关系为弹性标量损伤关系：

$$\sigma = (1-d)D_0^{el}(\varepsilon - \varepsilon^{pl}) \tag{3}$$

模型中采用损伤指标 d_c、d_t 分别来表示混凝土在受压和受拉时损伤引起的刚度退化，以单轴受力为例可以表示为：

$$D_c = (1-d_c)D_0^{el} \tag{4}$$

$$D_t = (1-d_t)D_0^{el} \tag{5}$$

由式(4) 和式(5) 及图 1、图 2 可知，混凝土在受压和受拉损伤后，刚度不是初始的 E_0，而是分别退化为$(1-d_c)E_0$ 和$(1-d_t)E_0$。

三、损伤塑性模型损伤因子取值方法

（一）损伤因子计算公式推导

目前，损伤模型在混凝土结构的弹塑性时程分析中应用较多。采用 ABAQUS 损伤塑性损伤模型进行计算时，用户需分别输入材料的受压、受拉应力－应变曲线，以及材料受压、受拉时损伤因子－非弹性应变曲线。当缺少实验数据尤其是损伤因子－非弹性应变曲线实验数据时，可以结合《混凝土结构设计规范》[4] 中提供的混凝土应力－应变曲线并根据能量[5] 等效原理计算得出所需参数。

根据《混凝土结构设计规范》附录的混凝土应力－应变曲线，并参考相关文献，根据能量等效性假设给出损伤因子表达如下：

(1)受压损伤

$$d_c = 1 - \sqrt{\frac{f_c^* [\alpha_a x + (3-2\alpha_a)x^2 + (\alpha_a - 2)x^3]}{E_0 \varepsilon_c x}} \ (x \leqslant 1)$$

$$d_c = 1 - \sqrt{\frac{f_c^*}{E_0 \varepsilon_c [\alpha_d (x-1)^2 + x]}} \ (x > 1)$$

其中，$x = \dfrac{\varepsilon}{\varepsilon_t}$，$\alpha_a$，$\alpha_d$ 参见规范定义。

(2) 受拉损伤

$$d_t = 1 - \sqrt{\frac{f_t^* (1.2 - 0.2x^5)}{E_0 \varepsilon_t}} \ (x \leqslant 1)$$

$$d_t = 1 - \sqrt{\frac{f_t^*}{E_0 \varepsilon_t [\alpha_t (x-1)^{1.7} + x]}} \ (x > 1)$$

其中，$x = \dfrac{\varepsilon}{\varepsilon_t}$，$\alpha_t$ 参见规范定义。

以上推导出的是受拉与受压损伤因子和总应变的关系式，但在 ABAQUS 的输入中，需要转换成受拉、受压损伤因子和非弹性应变的关系式，它们曲线关系如图 3 和图 4 所示。

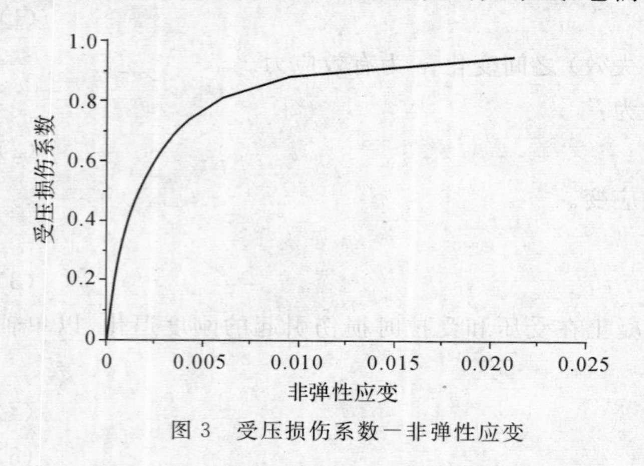

图 3　受压损伤系数－非弹性应变

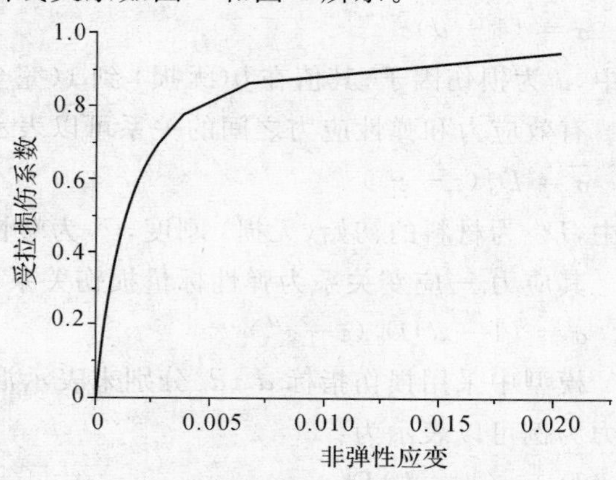

图 4　受拉损伤系数－非弹性应变

(二)应力应变与结构承载力的对应关系

《高层建筑混凝土结构技术规程》和《建筑抗震设计规范》[6]中仅对关键构件在各个性能水准下的弹性设计与不屈服承载力进行验算，其他构件仅有定性分析。为了能更好地体现各种构件在不同破坏形态的变形状态，本文参考了美国土木工程协会标准 ASCE 41－06（既有建筑抗震加固标准），它给出了对于基于性能的抗震设计方法关于构件变形性能指标限值的规定。ASCE 41－06 把构件性能水平分为以下四个阶段：充分运行阶段（Operational，OP）、基本运行（Immediate Occupancy，IO）、生命安全（Life Safety，LS）、接近倒塌（Collapse Prevention，CP）。同时根据《高层建筑混凝土结构技术规程》3.11 条及《房屋倒塌设计规程》[7]（征求稿），可得到基于材料应力－应变与结构抗震性能目标对应的关系（表 1，图 5，图 6）。通过表 1 可以很好地把结构在地震作用下的抗震性能与承载力的状态结合起来。

表 1　基于应变的结构构件损坏等级判别准则

损坏等级	损坏程度	判别准则	
		混凝土	钢筋
1 级	无损坏	$\|\varepsilon_3\| \leqslant \|\varepsilon_p\|$	且 $\|\varepsilon_1$ 或 $\varepsilon_3\| \leqslant \varepsilon_y$
2 级	轻微损坏	$\|\varepsilon_3\| \leqslant \|\varepsilon_p\|$	且 $\varepsilon_y < \|\varepsilon_1$ 或 $\varepsilon_3\| \leqslant 1.5\varepsilon_y$
3 级	轻度损坏	$\|\varepsilon_3\| \leqslant \|\varepsilon_p\|$	且 $1.5\varepsilon_y < \|\varepsilon_1$ 或 $\varepsilon_3\| \leqslant 0.005$
4 级	中度损坏	$\|\varepsilon_p\| < \|\varepsilon_3\| \leqslant 1.2\|\varepsilon_p\|$	且 $0.005 < \|\varepsilon_1$ 或 $\varepsilon_3\| \leqslant 0.01$
5 级	比较严重损坏	$1.2\|\varepsilon_{cp}\| < \|\varepsilon_3\| \leqslant \|\varepsilon_{cu}\|$	或 $0.01 < \|\varepsilon_1$ 或 $\varepsilon_3\| \leqslant 0.015$
6 级	严重破坏	$\|\varepsilon_3\| > \|\varepsilon_{cu}\|$	或 $\|\varepsilon_1$ 或 $\varepsilon_3\| > 0.015$

注：ε_1 为主拉应变（最大主应变）；ε_3 为主压应变（最小主应变）；ε_p，ε_{cu} 分别为混凝土轴心受压峰值应变、轴心受压极限应变，当为箍筋约束混凝土时，应采用合适的约束混凝土应力一应变模型确定峰值压应变和极限压应变；ε_y 为钢筋的屈服应变。

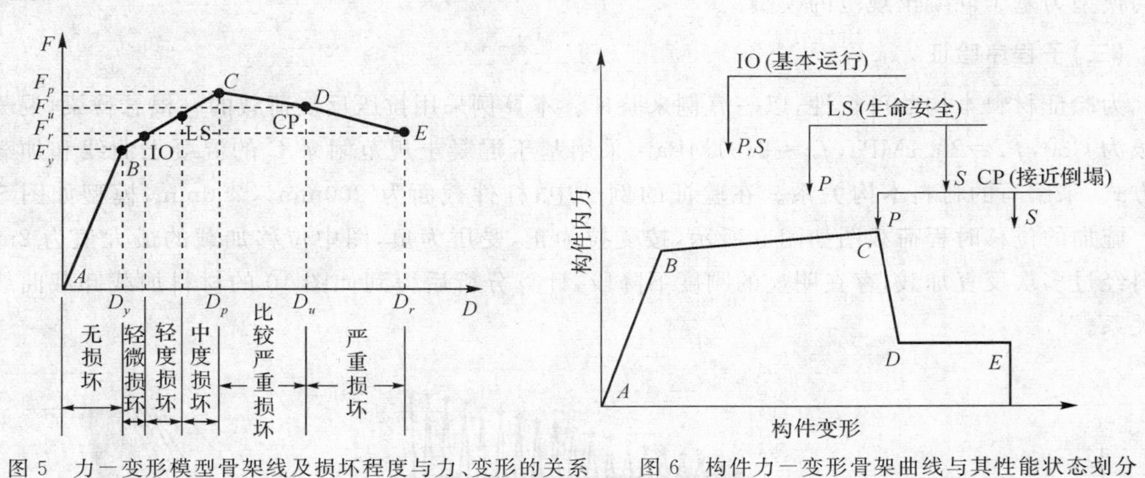

图 5　力一变形模型骨架线及损坏程度与力、变形的关系　　图 6　构件力一变形骨架曲线与其性能状态划分

四、二次开发

(一)转换程序

由于 ABAQUS 的模型是以数据格式读入并建立的，因此必须从别的模型中转为 ABAQUS 可以读入的数据格式，同时对导入的模型加以有限元划分。本转换程序采用 VB[8] 结合数据库访问技术编制，以 Etabs[9] 导出的 e2k 数据为输入接口，根据不同的要求，将输入模型转换成 ABAQUS 的 inp 数据输入文件，其转换程序的界面见图 7。

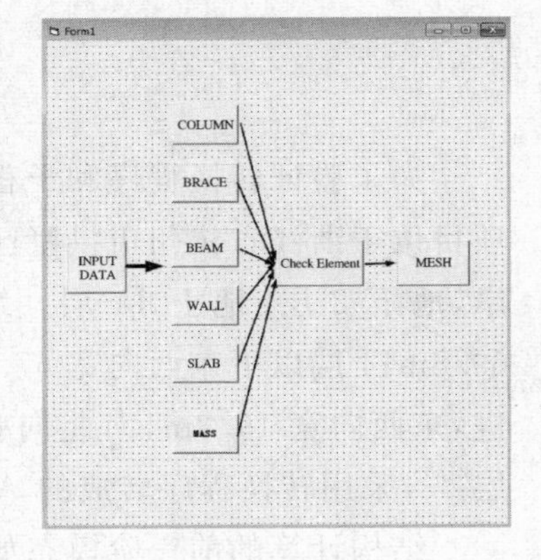

图 7　转换程序界面

转换程序可以自动导入设计模型的截面属性，包括截面几何属性、材料属性和构件截面方向等信息；可根据规范设计的配筋，自动导入、生成，并等效成底筋和顶筋。转换程序能自动区分梁的受拉面与受压面，同时根据梁单元划分区分支座与跨中钢筋的不同面积；还能根据定义荷载信息自动转换成质量，根据墙肢厚度判断布置钢筋网的排数，并根据 PKPM 的剪力墙计算配筋，生成配筋数据。在转换程序中内嵌线单元和面单元划分程序，转换前不需对设计模型单元进行剖分，因为在 Etabs 中手工划分要花费大量时间，且不均匀；在转换过程中程序能自动根据自定义的规则对线单元和面单元进行剖分，即能节省大量时

间，又能保证均匀划分；划分时为了保证精度可以以 1m，1.1m，1.2m 等为基数进行单元划分。

(二)子程序

在 ABAQUS 自带的子程序中，没有合适的基于规范的材料本构模型，因此必须自己开发适用的材料子程序来分析结构的抗震。在 ABAQUS 中允许用户通过子程序以 FORTRAN 代码的形式来扩展主程序的功能，在隐式求解器 Standard 和显式求解器 Explicit 中分别为子程序 UMAT 和 VUMAT。UMAT 根据主程序提供的应变增量和状态变量，在积分点处求解应力增量和确定新的状态变量，更新刚度矩阵，接着返回主程序，进行下一增量步的求解。VUMAT 同 UMAT 相似，不同之处在于 VUMAT 不需要更新刚度矩阵，而是由前一步计算结果直接递推下一步计算结果。文中利用 UMAT 和 VUMAT 接口，开发适用于钢筋混凝土杆系单元的混凝土材料模型，其本构模型为基于混凝土规范的模型。

(三)子程序验证

为验证材料本构的可行性，以一算例来验证。本算例采用拉压反复荷载的一根悬臂梁，混凝土等级为 C30，$f_{ck}=20.1\text{MPa}$，$f_{tk}=2.01\text{MPa}$。采用基于混凝土规范附录 C 的混凝土曲线和加载卸载方式，来编写的材料本构关系。在验证的例子中，杆件截面为 200mm×200mm，模型如图 8 所示。施加的位移时程荷载图如图 9 所示，按受拉为正，受压为负，图中位移加载的最大值为 2mm。材料经过多次反复加载，存在明显的刚度下降段，计算分析后得到如图 10 的材料加载卸载曲线本构关系。

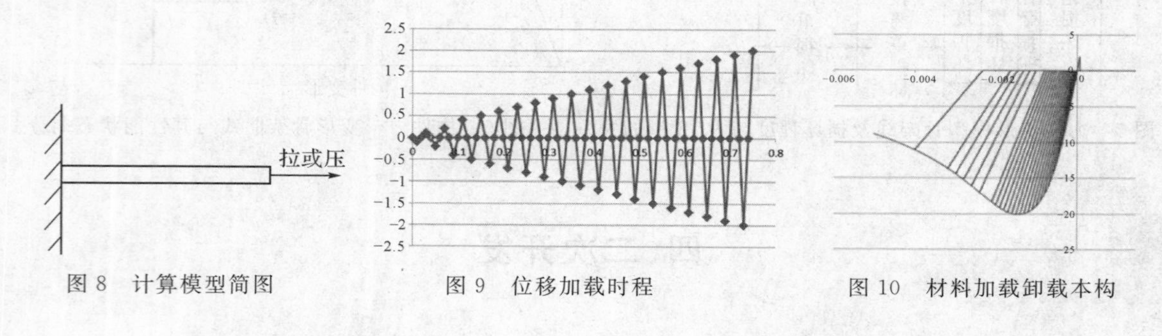

图 8 计算模型简图　　图 9 位移加载时程　　图 10 材料加载卸载本构

五、实际工程验证

为了验证转换程序和子程序的有效性，以一个项目为例来验证。项目位于浙江省杭州市拱墅区，东临上塘高架路，西至京杭大运河东岸，地下 2 层、地上 14 层。结构屋面高度 64.95m，建筑屋架高度 69.8m；4 层以下东西向宽 67.4m、南北向长 144.4m；4 层以上结构收进，东西向宽 19.3m、南北向长 90.0m。该项目属 A 级高度复杂高层[10]，采用转换程序转成的 ABAQUS 结构模型(图 11)。

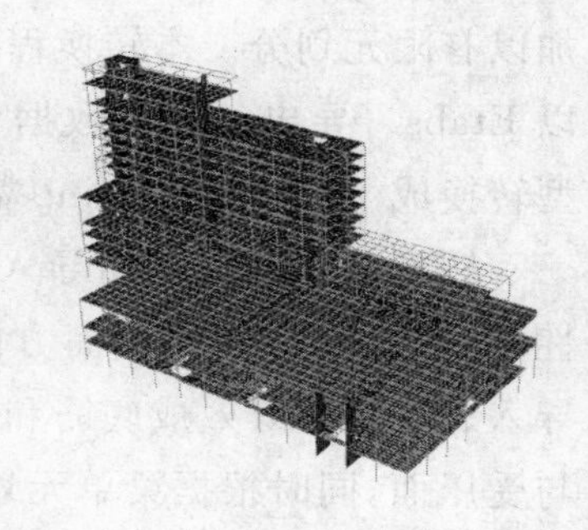

图 11 ABAQUS 有限元模型

结构计算的前三阶模态如图 12 所示，括弧中的值为采用 PKPM 计算的周期。从图中可知，ABAQUS 计算的结构周期和振型与 PKPM 较吻合。

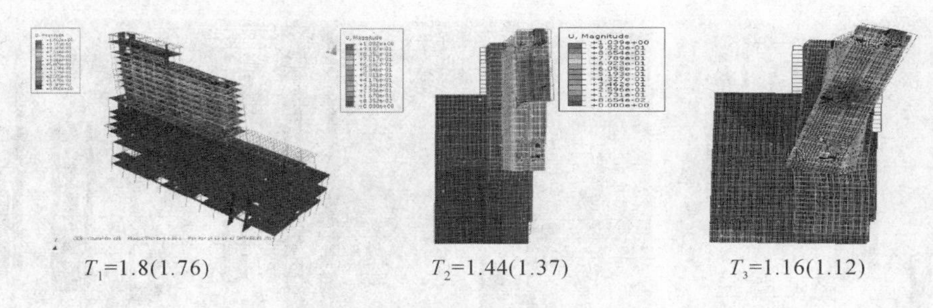

图 12　结构振型及周期(单位:s)

结构分析输入采用三向地震波,按 6 度罕遇地震输入,最大加速度为 125cm/s^2,主次方向地震波峰值比为 $X:Y:Z=1:0.85:0.65$,持续时间都为 30s。图 13 为所选用地震波信息,地震作用下的反应如图 14～15。

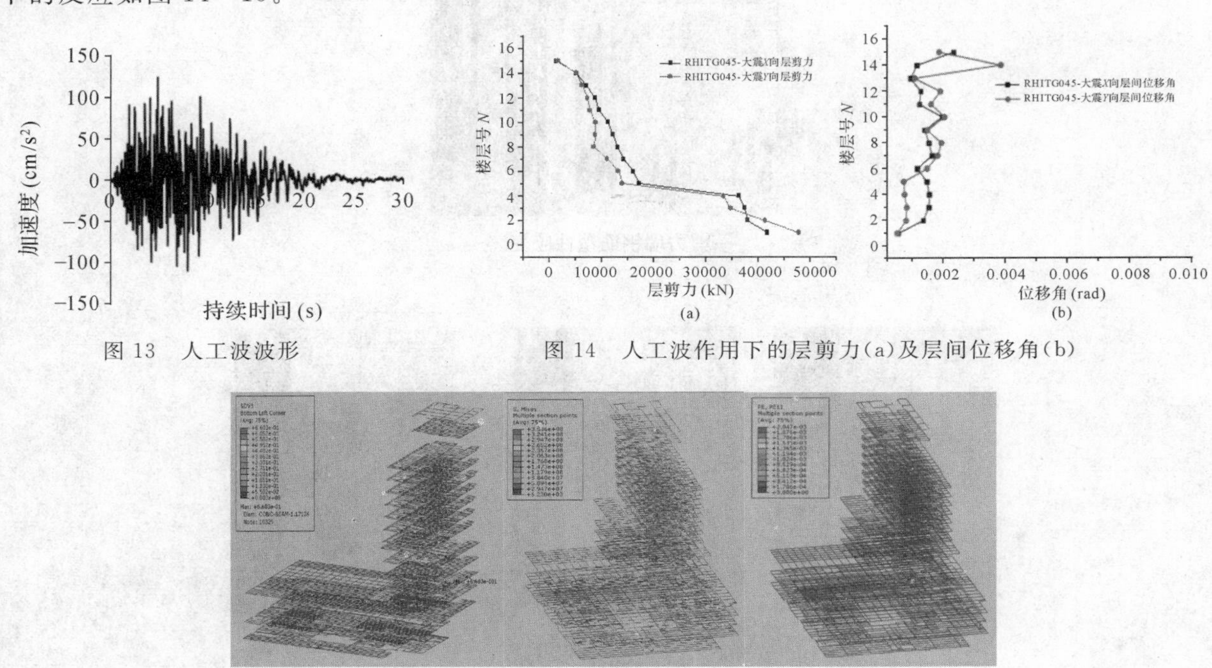

图 13　人工波波形

图 14　人工波作用下的层剪力(a)及层间位移角(b)

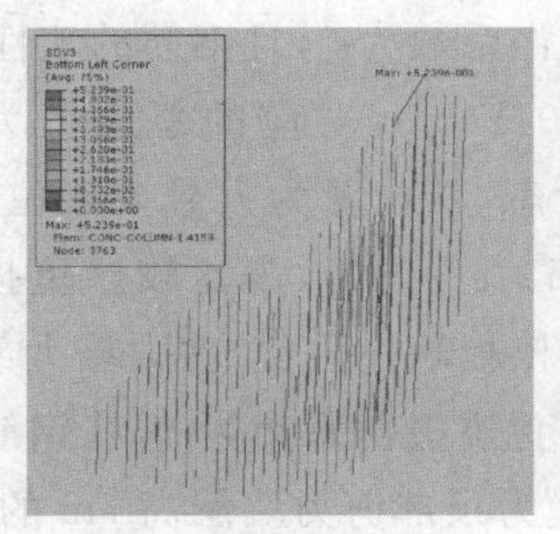
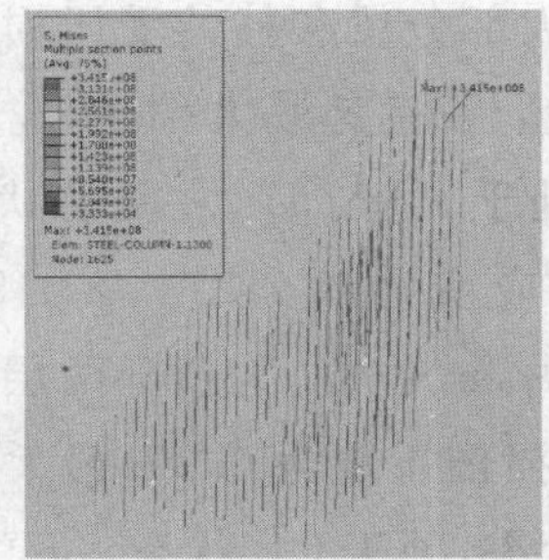
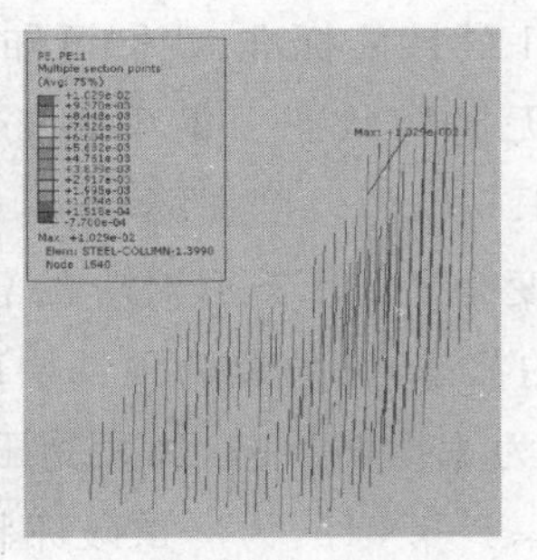

柱受压损伤　　柱钢筋应力　　柱钢筋塑性应变

(b)

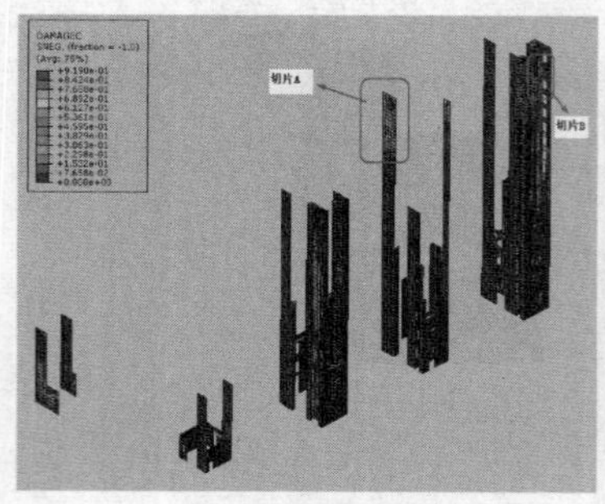

剪力墙受压损伤

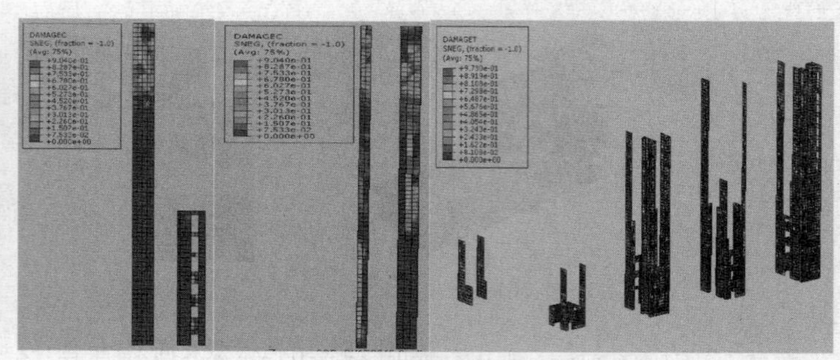

剪力墙受拉损伤

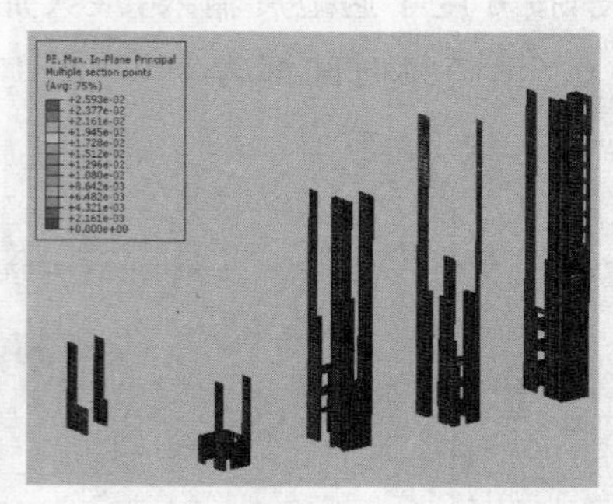

剪力墙钢筋塑性应变

(c)

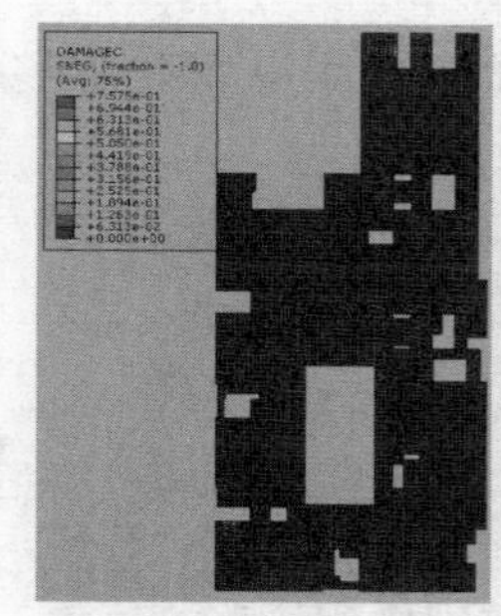

楼板受压损伤

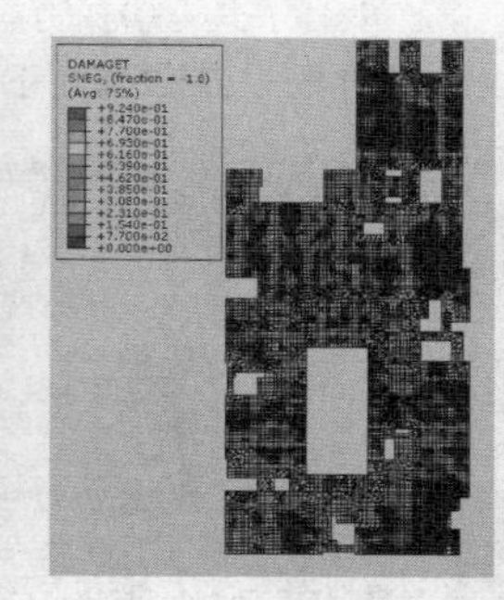

楼板受拉损伤

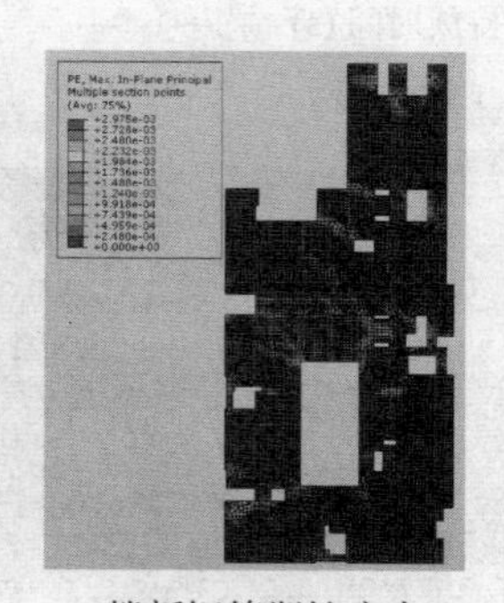

楼板钢筋塑性应变

(d)

图 15 梁、柱、剪力墙、楼板损伤及钢筋塑性应变

根据表 1 的性能标准，我们可知大部分梁和柱的受压损伤系数为 0，且钢筋的塑性应变为 0，局部梁和柱为无损伤状态。梁中钢筋塑性应变最大值为 2.04E－3，对应的总应变为 3.98E－3，$5E-3>\varepsilon>1.5\varepsilon_y$，为轻度损坏状态，处于 IO 与 LS 之间的状态，其位置为大悬挑梁位置；柱中最大钢筋塑性应变为 10.2E－3，对应的总应变为 0.01214，$0.015>\varepsilon>0.01$，为比较严重损坏，处于 LS 与 CP 之间的状态，其位置为顶部层高 7m 位置，为顶部两层楼板缺失位置；剪力墙大部分的受压损伤系数为 0，为无损伤状态，最大受压损伤系数为 0.92，最大受拉损伤系数为 1，其钢筋最大塑性应变为 0.0259，$\varepsilon>0.015$，为严重破坏状态，处于 CP 状态，位置为顶部剪力墙层高 7m 的位置；典型楼板为裙房顶部位置，其损伤较大位置为大开洞的地方，其钢筋的最大塑性应变为 2.97E－3，对应的总应变为 4.91E－3，$5E-3>\varepsilon>1.5\varepsilon_y$，为轻度损坏状态。

六、结　论

本文采用 VB 程序，以 Etabs 导出的 e2k 数据库为输入接口，将 Etabs 模型转换成 ABAQUS 的输入数据，为复杂高层建筑结构进行动力弹塑性分析提供了工具；通过开发的前处理转换程序，能快速准确地建立 ABAQUS 弹塑性模型；同时通过二次开发，能结合《高层建筑混凝土结构技术规程》、《抗震设计规范》和美国土木工程协会标准 ASCE 41－06 进行结构性能的评价，并能对结构进行定性和定量的抗震性能分析。

参考文献

[1] 高层建筑混凝土结构技术规程[S](JGJ 3－2010).

[2] 江见鲸，陆新征，叶列平. 混凝土结构有限元分析[M]. 北京：清华大学出版社，2005.

[3] ABAQUS Inc. Abaqus theory manual[Z]. ABAQUS Inc.，2007.

[4] 混凝土结构设计规范[S](GB 50010－2010).

[5] 李兆霞. 损伤力学及其应用[M]. 北京：科学出版社，2002.

[6] 建筑抗震设计规范[S](GB 50011－2010).

[7] 房屋建筑防倒塌设计规程(征求稿). 中国工程建设标准协会.

[8] 杨忠宝，康顺哲. VB 语言程序设计教程. 北京：人民邮电出版社，2010.

[9] 北京金土木软件技术有限公司、中国建筑标准设计研究院. ETABS 中文版使用指南. 北京：中国建筑工业出版社，2004.

[10] 远洋商务区酒店超限抗震审查报告，2014.

装配式混凝土结构研究综述

鲁　浩　邹道勤
(浙江大学建筑工程学院,杭州,310058)

摘　要:近年来,由于国家对环境保护的重视及人力资源的渐缺、我国产业化进程的不断加速等因素的影响,装配式结构以其生产效率高、产品质量好、对环境影响小、有利于可持续发展等优点,在我国又再次被纳入发展之列。装配式结构节点的发展经历了由最初的某种单一的连接方式逐步向具有更好性能的混合节点转变。本文就国内外装配式混凝土结构的新发展以及装配式结构节点形式的发展做了简要介绍,同时探讨目前国内装配式混凝土结构发展中存在的问题。

关键词:装配式结构;住宅产业化;混合节点

一、国外装配式混凝土结构的发展状况

国外装配式结构的发展兴起于第二次世界大战后。由于战后大规模重建的需求和劳动力匮乏的特点,预制混凝土特有的工业化生产方式符合了当时的需求,预制混凝土在欧美各国得到了广泛应用。

欧洲国家发展了很多新型预制混凝土技术,如盒子建筑、预制折板、预制壳等球[1]。其中应用比较广泛的是德国的钢筋混凝土叠合板式剪力墙结构体系(图 1),它根据结构设计计算的墙板进行配筋,窗子及穿墙套管等可事先预埋在预制墙板里。现场施工时,直接现浇混凝土于叠合墙板之间。

北美地区的美国和加拿大,其装配式混凝土建筑应用非常普遍。北美的预制建筑主要包括建筑预制外墙和结构预制构件两大系列。如今,装配式结构已得到普遍应用,如在洪都拉斯 San Pedro Sula 市的预制预应力混凝土悬索行人桥[2],美国北卡洛林娜州 Charlotte 市 IJL 金融中心[3]等。

亚洲地区以韩国和日本为首,他们借鉴了欧美的成功经验,在探索预制建筑的标准化设计施工基础上,结合自身要求,在预制结构体系整体性抗震和隔震设计方面取得了突破性进展。日本的装配式混凝土建筑从第二次世界大战以后到 1990 年持续发展,并在地震区的高层和超高层建筑中得到十分广泛的应用[4];同时,日本的预制混凝土建筑体系设计、制作和施工的标准规范也很完善[5]。目前,日本比较受欢迎的是外壳预制核心现浇装配整体式 RC 结构体系,混凝土结构的梁、柱构件的混凝土保护层连同箍筋预制(称为预制外壳或永久性模板)、外壳装配定位并配置主筋后浇筑核心部分混凝土的装配整体式 RC 结构(图 2)。日本在 2002 年建成的 Arpan 大楼采用的就是这种装配式体系。这种体系节省大量的施工模板;减少劳动力,交叉作业方便,加快施工进度;安装精度

高，保证质量；节能减排；降低施工成本；结构具有良好的整体性、承载力特性和抗震性能。

目前，澳大利亚的速成墙结构墙板(图 3)这种装配式结构体系的使用也比较广泛，这种结构外壳用石膏玻纤板制成空心腔墙板，部分空心石膏玻纤墙板可用于各种非承重内外隔墙及 1～2 层承重墙结构。这种结构形式建造速度快、用工量少、安装方式简单、运输方便、节省空间；环保节能，单位面积能耗少、可利用再生资源、材料 100％重复利用；外观质量、使用舒适度好；同时具有较好的经济性，比砖混结构住房多 5％左右的利用空间、造价较低；具有较好的抗火性、耐水性和耐其他化学物腐蚀性。但速成墙板不适于抗震设防区域的承重墙体。

图 1　叠合板式剪力墙结构体系

图 2　预制混凝土梁、柱外壳

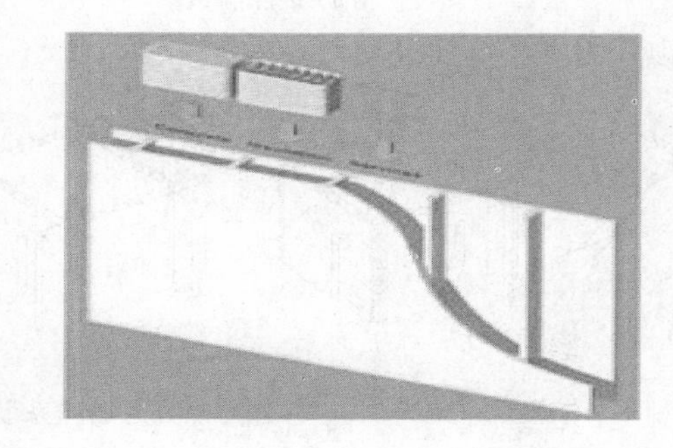

图 3　速成墙板构造

二、我国装配式混凝土结构的发展状况

我国的预制混凝土技术是从效仿苏联的技术起步的，在 20 世纪五六十年代开始研究装配式混凝土建筑的设计施工技术，形成了一系列装配式混凝土建筑体系。较为典型的建筑体系有装配式单层工业厂房、装配式多层框架、装配式大板等建筑体系。到 20 世纪 80 年代，装配式混凝土建筑的应用达到全盛时期。但在 1976 年 7 月 28 日唐山地震发生后，人们清楚地认识到装配式结构在抗震性能上的不足，装配式结构的发展从此受到限制，进而逐渐被现浇结构所取代。近十年来，一方面，随着人们对装配式结构研究的不断深入，装配式结构的抗震性能有了很大提高；另一方面，随着国民经济的持续快速发展、节能环保要求的提高、劳动力成本的不断增长，我国产业化进程不断

加快,住宅工业化的趋势越来越明显[6],装配式结构在我国的建筑领域又开始活跃起来。

万科一直致力于装配式结构的研究,主要集中于装配式框架结构的研究和开发。2005 年,万科公司主持建成了工厂化预制钢筋混凝土多层住宅 1 号试楼[7];2008 年 7 月 1 日,开发了金域蓝湾工业化住宅楼——沈阳万科工业化住宅示范楼[8],其结构形式为剪力墙结构-预制外墙与现浇内墙结合式,首创了预制外墙和剪力墙结构体系融合的新模式。南京大地集团公司从法国引进一种预制预应力钢筋混凝土装配整体式框架结构体系——世构(Scope)体系。

西安建筑科技大学提出的密肋复合墙板(图 4),由密肋式复合墙板与轻型框架或隐形框架联合组成,并由相对密布的钢筋混凝土框格与粉煤灰加气砌块或其他硅酸盐砌块经预制而成。

香港与日本共同推广研究的预制钢筋混凝土叠合剪力墙结构(图 5),该结构包括预制钢筋混凝土外墙模、预制钢筋混凝土阳台等预制构件;运至现场时进行吊运安装,而后绑扎剪力墙钢筋,安装内墙模,浇筑剪力墙混凝土,楼板亦可为现浇或装配。同济大学对剪力墙体系装配—现浇式密柱结构(图 6)进行了一系列研究;天津大学设计院则一直致力于预应力混凝土双向叠合楼板的研究。

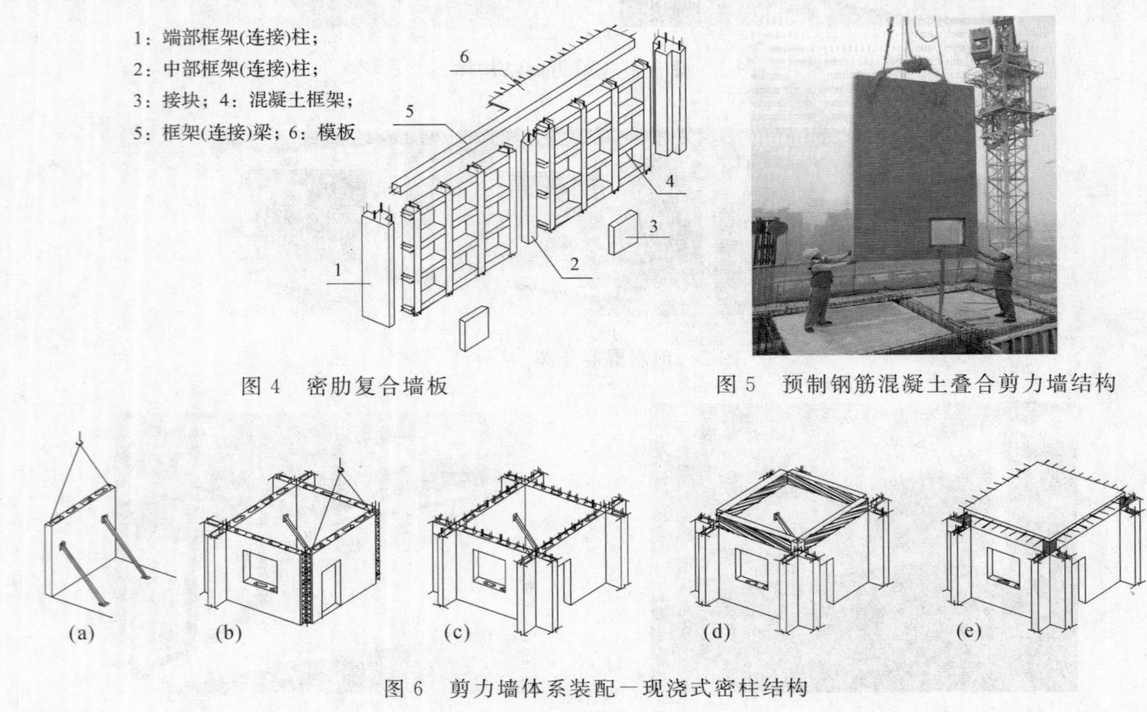

图 4　密肋复合墙板

图 5　预制钢筋混凝土叠合剪力墙结构

图 6　剪力墙体系装配—现浇式密柱结构

三、装配式混凝土结构节点

传统的装配式钢筋混凝土结构(PC)装配形式一般采用胶锚连接、浆锚连接、间接搭接、机械连接、焊接连接或其他连接方式(图 7),通过后浇混凝土或灌浆使预制构件的混凝土结构具有可靠传力并达到承载要求[9]。近年来,随着装配式结构的逐步发展,国内外学者对装配式(RC)结构做了大量的研究工作,开发了多种装配式结构形式,如无黏结预应力装配式框架、混合连接装配式混凝土框架、预制结构钢纤维高强混凝土框架、装配整体式钢骨混凝土框架等。经过多年的发展,装配式结构无论是在装配形式还是外观上都有了很大改善,装配式结构的形式也不再拘泥于以前的那种“半装配式”的形式,而变得越来越适应社会发展的需要。如今装配式结构的应用涵盖了大多数建筑领域,包括住宅、办公楼、工业厂房、仓库、公共建筑、体育建筑等,在建筑领域中所占的比重也越来越大。

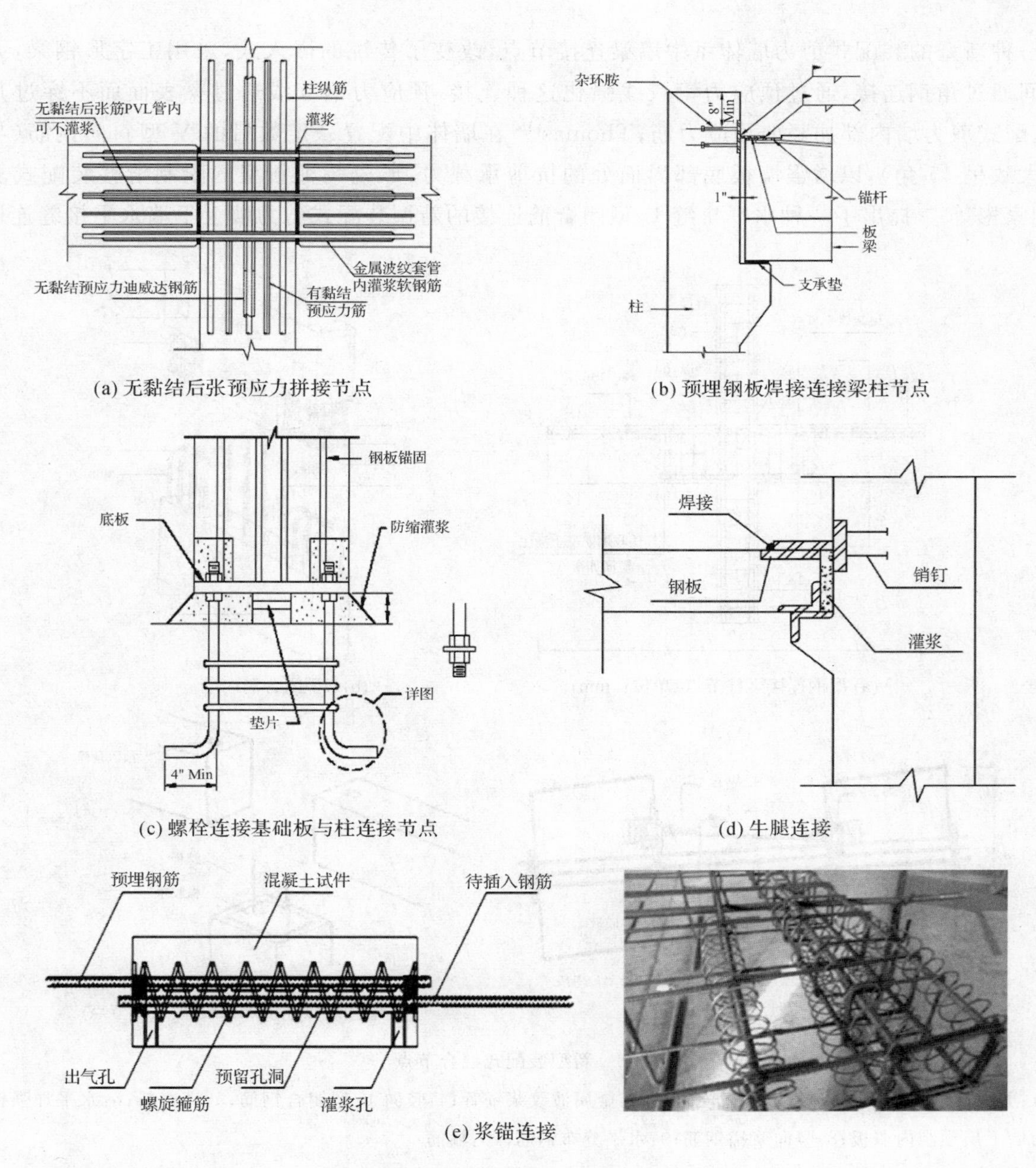

(a) 无黏结后张预应力拼接节点

(b) 预埋钢板焊接连接梁柱节点

(c) 螺栓连接基础板与柱连接节点

(d) 牛腿连接

(e) 浆锚连接

图 7　传统装配式连接方式

装配式结构研究的主流集中在对装配式结构节点的研究。传统的湿连接的整体性通常等效于现浇结构，但装配程度太低，不适应建筑工业化的发展，而传统的干连接整体性又太差。为了改进装配式结构的抗震性能，同时适应建筑工业化的趋势，目前，装配式框架结构中所使用的节点通常不是单纯的某种类型的节点，而是某些节点的综合或者在节点连接部位加上阻尼器等消能构件，又或者在原来的一些连接方式上做一些改进，使连接具有更好的抗震性能，我们通常称这些新型的节点为混合节点[10]。这些混合节点综合了传统节点的特性，不论是在连接整体性方面还是抗震耗能能力方面都优于传统节点。其中比较有代表性的几种混合节点有：意大利等国家广泛采用的一种柔性的梁柱连接形式[11]，这种新型节点在传统的螺栓连接的基础上加入橡胶垫以增强节点的耗能能力，为干式连接；Morgen 和 Kurama[12] 在无黏结预应力连接的基础上，在节点地方加上消能装置，形成一种新型节点；同济大学的刘文清[13] 研究的几种新型的现浇节点，即现浇柱端节点(CIPC)、现浇梁端节点(CIPM)、叠合节点(GOK-W)、内置钢盒式螺栓节点；2004 年 Kurama[14] 提出了一种新型的装配式剪力墙体系中墙梁连接节点，改变了传统的嵌入式，采用工字形钢梁，梁与墙之间通过角钢连接，通过预应力钢绞线强化这种连接，预应力钢绞线通过梁表面而不穿过其内部，装配式剪力墙内部加竖向预应力筋；Thomas[15]在墙体中配置一定数目的V型斜向钢筋（与水平面大致呈45°角），以增强墙板底部界面处的抗剪承载力，形成一种新型的限制滑移装配式复合墙；刘家彬等[16]提出了一种水平拼缝U型闭合筋连接的新型装配式剪力墙上下墙水平接缝连接。

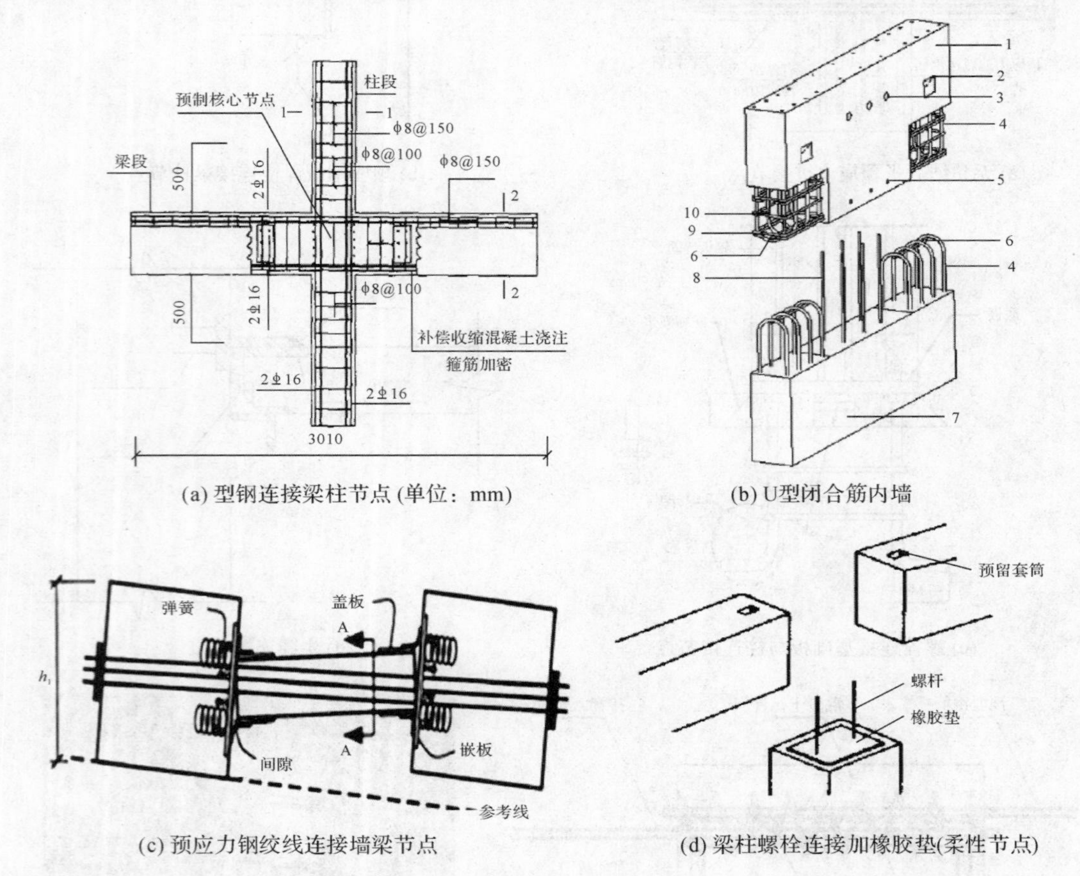

(a) 型钢连接梁柱节点 (单位：mm)　(b) U型闭合筋内墙

(c) 预应力钢绞线连接墙梁节点　(d) 梁柱螺栓连接加橡胶垫(柔性节点)

图8　新型装配式混合节点

1：剪力墙上层预制内墙板；2：预留浇筑孔；3：金属波纹浆锚管；4：竖向U型闭合钢筋；5：灌浆料；6：水平加强钢筋；7：剪力墙下层预制内墙板；8：竖向浆锚钢筋；9：水平分布钢筋；10：箍筋

四、我国的装配式混凝土结构研究存在的问题

(1)研究不够系统全面。目前我国装配式结构的应用已开始兴起，很多高校和企业都对装配式结构进行了研究，但都比较零散。很多都是直接引进国外的研究成果，而没有对我国的装配式结构进行一个系统的研究总结，出台相关手册，为装配式结构设计时节点的选用提供指导。

(2)抗震设计方面的研究匮乏。我国装配式结构存在的主要问题就体现在抗震设计这一块，主要有两个方面：其一，装配式结构的基础性研究，特别是在高烈度地震区的抗震性能研究，滞后于工程建设的快速发展，因此，装配式结构在我国的应用还局限于低烈度区和非抗震区；其二，虽然存在一些地方性设计规范，但总的来说，抗震设计指导规范相当匮乏，目前我国的装配式结构抗震设计还停留在将装配式节点视为刚接或铰接，然后利用现浇结构的设计理论来进行设计，而没有在设计中体现装配式结构节点的半刚性的特点。虽然研究者都意识到基于位移、基于性能的设计方法更适用于装配式结构的抗震设计,但仅仅停留在研究阶段,没有相关规范对此进行指导。

(3)装配式程度不高。目前,我国使用的装配式结构应该称为半装配式结构,都是装配与现浇的混合,装配式程度基本较低,全装配式结构的使用目前处于试验阶段。虽然装配式结构节点的种类很多,但由于干连接节点要么施工起来太复杂,要么性能较差,目前真正运用于实际工程的多是湿连接(部分现浇或者现浇节点)。而且对装配式结构节点的研究人们关注得更多的是节点的性能,而没有考虑其实用性。为了适应我国住宅产业化大发展,需要提高装配化的程度,这包含两个方面:一是装配式结构中装配式所占的比例;二是装配式结构中装配式节点的使用比例。这就要求对干连接进行大量研究,找出抗震性能好、易于进行装配的节点。

参考文献

[1] 范力,吕西林,赵斌. 预制混凝土框架结构抗震性能研究综述[J]. 结构工程师,2007, 8(12):90—97.

[2] Li ZQ, Rigoberto RC. Precast prestressed cabled-stayed pedestrian bridge for Bufalo industrial park[J]. PCI Journal,2000,5(3):22—33.

[3] Stewart H, Hamvas SM, Gich HA. Curved precast faqade adds elegance to IJL financial center and parking structure[J]. PCI Journal,2000,5(3):34—35.

[4] 李晓明. 装配式混凝土结构关键技术在国外的发展与应用[R]. 住房和城乡建设部住宅产业化促进中心,黑龙江省住房和城乡建设厅,2011.

[5] 黄宇星. 预制混凝土结构连接方式研究综述[J]. 混凝土,2013,5(1):120—126.

[6] 范悦. 新时期我国住宅工业化的发展之路[R]. 住房和城乡建设部住宅产业化促进中心,黑龙江省住房和城乡建设厅,2011.

[7] 万科集团. 预制混凝土结构房[J]. 城市住宅,2011,2(11):79—82.

[8] 曲艺. 装配式剪力墙结构体系在万科金域蓝湾建筑中的应用[J]. 工业建筑,2013, 3(9):165—168.

[9] 装配式混凝土结构技术规程(征求意见稿)[S].

[10] Nigel Priestley MJ. The PRESSS Program——Current status and proposed plans for phase III[J]. PCI Journal,1996(3—4):22—40.

[11] Biondini F, Ferrara L, Toniono G, et al. Results of pseudo dynamic test on prototype of precast RC frame[C]. RILEM Publications,2003:1534—1548.

[12] Morgen BG, Kurama YC. A friction damper fof post-tensioned precast concrete beam-to-colun joints[J]. 13th World Conference on Earthquake Engineering,2004(3189).

[13] 刘文清. 宇辉集团采用工业化生产方式建设住宅的实践[R]. 住房和城乡建设部住宅产业化促进中心,黑龙江省住房和城乡建设厅,2011.

[14] Kurama YC. Posttensioned hybrid coupled walls under lateral loads[J]. Journak of Structural Engineering, 2004,13(5):297—309.

[15] Thomas NS. Cyclic load behavior of low-slenderness reinforced concrete walls: design basis and results[J]. ACI Structural Journal,1999,96(4):649—666.

[16] 刘家彬,陈云钢,郭正兴,张建玺. 装配式混凝土剪力墙水平拼缝U型闭合筋连接抗震性能试验研究[J]. 东南大学学报,2013,43(3):565—570.

BIM技术在既有建筑改造设计中的应用研究

陆　皞　姚云龙
(华信咨询设计研究院有限公司,杭州,310014)

摘　要:既有建筑在改造设计中通常会改变使用功能,原建筑复杂性对改造难易程度的影响不可忽略,缺乏对既有建筑的空间认识会导致设计效率低下,各专业容易出现碰撞等情况。本文使用 BIM 技术对既有建筑改造设计进行整体控制,建立了不同阶段建筑构件的定义方法,研究既有建筑改造设计中建模流程的划分,并采用 BIM 技术完成了专业中心模型及整体模型的协同设计,最后采用 BIM 技术实现五阶段信息化,可以为使用方提交不同阶段的图纸,有利于指导各阶段实施。本文的研究成果有助于 BIM 技术在既有建筑改造设计中深入应用。

关键词:BIM　既有建筑　改造设计　构件定义　信息化

一、前　言

在建筑的使用过程中,当发生使用功能改变时,必须对既有建筑重新进行功能分析,并根据改造后的使用功能对原建筑进行改造。传统的改造方案首先收集原建筑二维图纸,在原图纸的基础上重新绘制二维图纸,最后根据新绘制的二维图纸进行施工。然而既有建筑通常布置有繁杂多样的管道或设备,许多信息不能准确地反映到二维图纸中,当改造后的新建筑功能布置较为复杂时,往往由于既有建筑改造阶段的土建相关人员对原建筑及新建筑缺乏整体性观念,交流不到位,从而导致效率较低;各个专业对原建筑认识不足,致使新增设备与既有设备存在冲突的可能性提高。如何解决既有建筑改造设计中存在的问题迫在眉睫。BIM(Building Information Modeling)技术在建筑中的使用彻底改变了行业发展,许多新建大型工程已经开始使用该技术[1-2],但在既有建筑改造中使用该技术的还很少[3]。为了更好地研究如何基于既有建筑改造出符合新增功能要求的新建筑,本文将在既有建筑改造中引入 BIM 技术,并结合某数据机房改造工程详细介绍基于 BIM 技术的既有建筑改造设计应用。

二、模型建立

(一)专业分析

基于 BIM 的建模方法有很多种,在既有建筑改造中主要是通过收集已有的图纸资料,采用“翻图建模”的方式建立既有建筑模型[4]。某数据机房改造工程项目既有建筑使用功能为工厂，原建筑涉及专业较少，主要包括总图、建筑、结构、给排水、暖通、电气等。将其改造为数据机房后，需要增加通信、电源、动环、监控、空调、电气等多个专业。改造后的建筑需要对既有建筑功能布置进行调整，结构需要重新核实承载能力，暖通和电气需要根据数据机房的要求进行重新布置，场地内需要新增电缆沟、油管沟等多条管线，需要替换既有建筑围墙，涉及场地总图的修改等。因而场地调查的精确程度对后期各专业设备布置的选取影响很大。首先对调查取得的资料进行整理，将其中总图、建筑、结构、给排水进行“翻图建模”。建立的改造前模型见图 1，其中(a)为原厂房一，拟改造为第一生产楼，(b)为原厂房二，拟改造为第二生产楼。

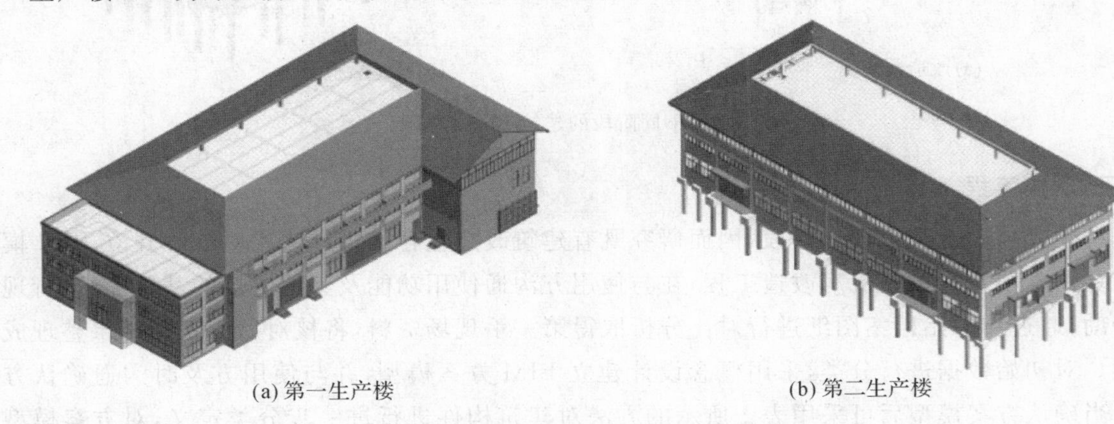

(a) 第一生产楼　　(b) 第二生产楼

图 1　重建的既有建筑 BIM 模型

(二)构件定义

为了充分体现改建工程的特点，重建的既有建筑 BIM 模型对构件的定义规则做出了划分，其中将既有建筑构件、拆除的建筑构件、新增的建筑构件分别进行了区分定义，并定义了不同阶段，既有利于不同阶段效果的展示，又可以对不同阶段设备的位置进行校核，以此满足不同阶段同一位置可能布置不同设备的要求。根据文献[5]结合 CBIMS 技术标准对部分构件的定义见表 1。

表 1　重建的既有建筑 BIM 模型构件定义(部分)

信息	改造阶段			建成阶段
	保留构件	拆除构件	新增构件	构件
阶段编码	1	2	3	
产品编码	12	12	12	
实际产品	250511(桩)	250534(雨棚)	250525(门式钢架)	桩＋门式钢架
信息编码	1－12－250511	2－12－250534	3－12－250525	1－12－250511 3－12－250525

根据表 1 定义的结果，可以在模型中通过制定规则，选择展现不同阶段的构件，通过整理构件表可以得到需要拆除的建筑构件类型及数量，同时可以获得新增的建筑构件类型及数量。对获得工程量表可以分别统计拆除费用和新增费用。图 2 是通过构件定义展示的不同阶段建筑模型。

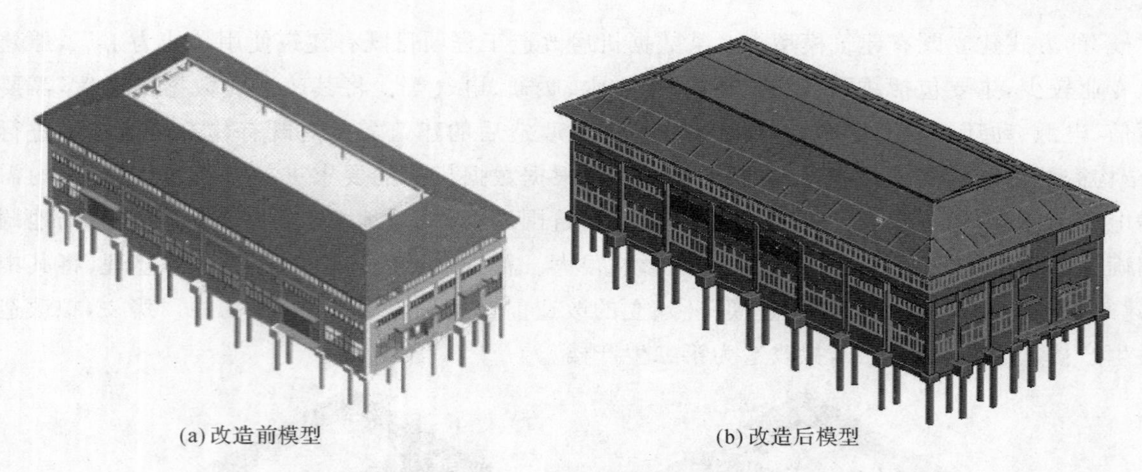

(a) 改造前模型　　(b) 改造后模型

图 2　不同阶段的建筑 BIM 模型

(三)建模流程

模型建立伴随着整个设计阶段，因而研究既有建筑改造包含的设计流程对准确建立 BIM 模型非常重要。本项目为数据机房改造工程，在与使用方沟通使用功能及其他要求的基础上，进行现场数据踏勘，通过与原始档案图纸进行对比分析取得第一手现场资料，将核对后的正确结果整理成初始数据。对初始数据进行分类，采用概念设计建立 BIM 方案模型，并与使用方及时沟通确认方案模型。当确认方案模型后可采用表 1 所示的方法对建筑构件进行进一步分类定义，对方案模型进一步深化得到与实际相符合的 BIM 模型。将该原建筑模型成果作为各专业设计的初始条件提交给设计工作平台，形成初始模型。

在初始模型的基础上，各专业进行设计阶段工作。研究数据机房改造工程可知，原建筑包含专业总图、建筑、结构、给排水、暖通、电气等，在本次改造建筑中均会涉及。且此部分专业均存在对既有建筑进行更改的可能性，所以建议既有建筑涉及的专业应统一在中心模型 A 中进行操作更改。而需要增加的通信、电源、动环、监控、空调、电气等多个专业，在既有建筑功能中不存在，所以为了节省服务器的计算能力、储存空间以及存取速度，建议通信专业部分可单独形成另外一个中心模型 B。最后两个中心模型通过链接的方式实现合并，形成整体模型。建模流程见图 3。

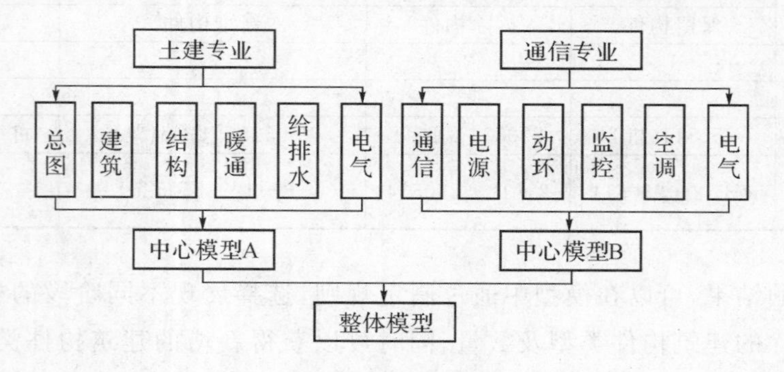

图 3　建模流程图

三、协同设计

本项目结构专业需要重新核实承载能力，在建筑屋顶增加顶棚、拆除第二生产楼某区域局部楼层、增加动力机房设备基础、不间断电源动态 UPS 基础、增加冷却塔架等；暖通专业需要根据更改后的使用功能布置冷却塔、冷水机组、冷冻水供回水管道、末端制冷设备等；通信专业需要布置设备机柜、走线架、尾纤槽、ODF 架、综合支架、接地系统等。实际所涉及的专业达到 10 余个，各专业图纸数量又非常多。该项目第一生产楼共计三层，第二生产楼共计两层，在每层平面上各个专业都有图纸，而且部分专业内部又有数张图纸，平均每层图纸数量约计 20 张。要全部熟悉各专业图纸，不仅需要具有通晓全专业知识的员工，还要员工具有很好的空间想象能力；实际上，即便全专业员工也无法对工作中各专业不断更新的数据进行掌控。所以在项目实际操作中，通常是将各专业的二维平面图进行叠加，核对是否发生碰撞，但核对效率非常低下，而且并不能完全保证核对的准确率；部分工程即便是经过核对，在施工阶段仍然会出现各种各样的问题。尤其是对于要求出图特别快的项目而言，留给各专业核对的时间非常少，而且因为图纸更新的速度非常快，所以导致最终交付的图纸容易存在较多的碰撞。对于改造项目，除了现有各专业碰撞问题，还存在与既有建筑碰撞的问题。

本项目改造设计使用 BIM 技术建立初始建筑模型，通过对初始建筑模型进行修改形成改造后的建筑信息模型（中心模型 A），将通信专业建立的建筑信息模型（中心模型 B）链接入中心模型 A，从而形成最终的整体模型。在中心模型 A 形成的过程中，各专业采用工作集的方式进行协同，可实时判断改造后新增的构件与既有建筑构件是否发生碰撞，各专业新增构件是否发生碰撞。在最终提交的中心模型 A 中通过土建各专业的协同设计，已消除土建专业自身存在碰撞的可能性，为既有建筑改造中土建部分的正确实施提供了良好的基础。中心模型 B 则包含了通信专业的全部信息。由于通信专业 90%以上的数据信息是在建筑内部布置的，所以通信专业具有独自完成中心模型的可能性，形成的中心模型 B 也通过工作集的方式协同，来消除通信内部各专业的相互碰撞问题。最后将中心模型 B 链接到中心模型 A，形成最终的整体模型并检查碰撞，对发生碰撞的区域进行修改。通过两阶段的协同设计可以消除碰撞冲突。

四、成果提交

通过协同设计的 BIM 模型已消除各专业碰撞的可能性，可以采用该模型为项目的全生命周期服务，通常可以实现五阶段信息化，即设计、施工、运营、维护、更新全面实现信息化。提交给使用方的是整个 BIM 模型以及采用该模型生成的不同阶段图纸。为既有建筑改造提供的 BIM 模型，可以让使用方及各专业人员对建筑的内部空间和全貌有一个充分的认识。图 4～图 6 为该数据机房改造项目方案设计阶段的图纸。

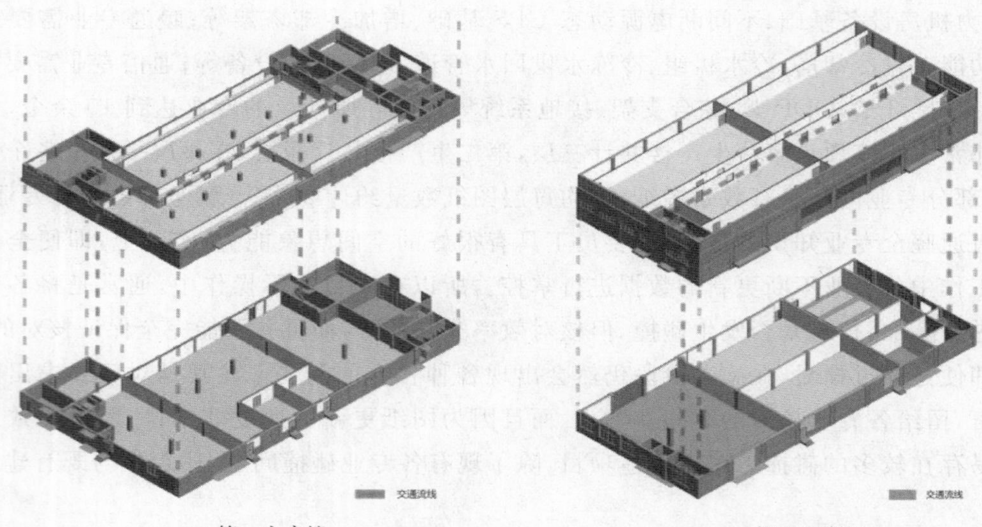

(a) 第一生产楼　　(b) 第二生产楼

图 4　改造后的建筑剖轴侧图

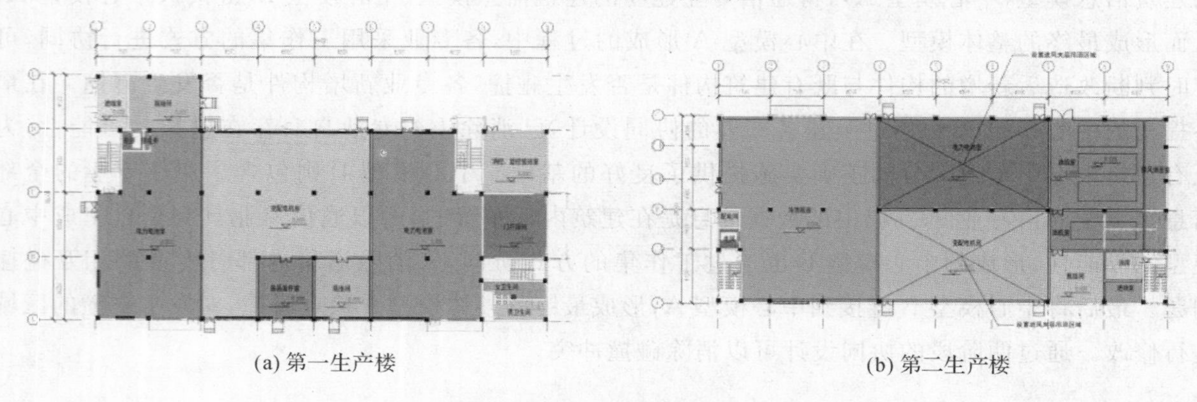

(a) 第一生产楼　　(b) 第二生产楼

图 5　改造后的建筑一层平面图

图 6　改造后机房内通信走线架、机柜轴侧图

五、结　论

本文通过总结 BIM 技术在既有建筑改造设计中的应用，得出如下结论：

(1)既有建筑改造设涉及的专业较多，对原建筑进行详细分析建立 BIM 模型，有利于使用方及各专业人员对建筑的内部空间和全貌有一个充分的认识。

(2)既有建筑 BIM 模型可将既有建筑构件、拆除的建筑构件、新增的建筑构件进行区分定义，并定义不同阶段，既有利于不同阶段效果的展示，又可以对不同阶段设备的位置进行校核，还可以通过整理构件表得到需要拆除及新增的建筑构件类型及数量，有利于统计工程量。

(3)应充分考虑既有建筑涉及的专业及改造后涉及的专业，并根据与原有专业是否相关划分为两大类，分别建立不同的中心模型，最后可对中心模型进行链接形成整体模型成果。

(4)采用 BIM 技术进行协同设计，使得各中心模型在提交前可以消除内部碰撞，最后采用链接形成整体模型成果并进行统一碰撞检查。

(5)通过协同设计的 BIM 模型可以实现五阶段信息化，提交给使用方的是整个 BIM 模型以及采用该模型生成的不同阶段图纸，有利于指导各阶段实施。

参考文献

[1] 李华峰，崔建华，甘明，张胜. BIM 技术在绍兴体育馆开合结构设计中的应用[J]. 建筑结构，2013，43(17)：144－148.

[2] 张学斌. BIM 技术在杭州奥体中心主体育场项目设计中的应用[J]. 土木建筑工程信息技术，2010，2(4)：50－54.

[3] 曾松林. BIM 在某卷烟厂技改工程设计阶段的应用[J]. 企业技术开发，2013，32(13)：51－53.

[4] 徐迪，潘东婴，谢步瀛. 基于 BIM 的结构平面简图三维重建[J]. 结构工程师，2011，27(5)：17－21.

[5]清华大学 BIM 课题组. 中国建筑信息模型标准框架研究[M]. 北京：中国建筑工业出版社，2011.

BIM 技术在某商业项目中的应用

陈　森　龚　铭

(大象建筑设计有限公司,杭州,310012)

摘　要:本文介绍了建筑工程中 BIM 项目组的工作模式,从碰撞检查及修正、净高控制、工程量管理几方面进行可视化设计的技术管理;通过 BIM 技术在设计过程中的应用,实践了可视化设计技术,有效解决了大型建筑物各组成部分的精确定位难题;通过建筑物三维信息模型的建立及共享,能得到合理的综合管线布置,并在此基础上对建筑功能及外观效果进行优化;同时通过模型信息统计出各类材料的工程量,在设计前期就能有效控制材料的计划使用量,最终实现提高设计效率,节约资源投入的目的。

关键词:建筑信息模型;BIM 技术;碰撞检查

一、工程概述

本项目用地位于浙江省杭州市临平新城核心区的临平地铁站南侧 C－5－04 地块。地块东临迎宾大道、南临翁梅路、西临规划道路、北临王家畈港,地上部分为 1 幢 39 层办公楼(1＃楼)、1 幢 26 层办公楼(2＃楼)、1 幢 188.7m 科研楼以及 1 幢 3 层为主局部 4 层的商业建筑。效果图见图 1。

本工程设计全过程采用 BIM 技术进行三维建模,其中地下室的 BIM 模型如图 2。通过 BIM 技术的应用,旨在推广三维化设计,解决各专业三维建模衔接,有效提升施工图的准确性及深度,重点解决各专业内部错、漏、碰及管线综合设计的问题。

本工程使用的 BIM 软件为 Revit,并配合 CAD 辅助出图。Autodesk Revit 系列软件是专为建立建筑信息模型打造的一款 BIM 软件,内有强大的自定义功能可满足各类工程需要,且伴随的各种构件也可自定义各种参数与信息,并和项目相互关联。模型建立后,可运行 Revit 进行碰撞检查,实现多方位、多接口、多角度观察,并在其上完成可视化、协调、模拟、优化、出图等多项工作,使项目进展顺利。

本工程的建筑信息模型,搭建了一个拥有相同信息的平台,不局限于设计单位,它可以为业主、施工单位,甚至后期的物业管理等提供可视化的建筑信息,从而避免由于信息数据不同造成的工作效率低下。

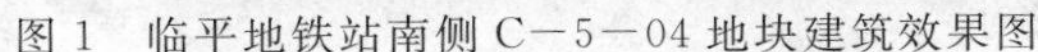

图 1　临平地铁站南侧 C－5－04 地块建筑效果图

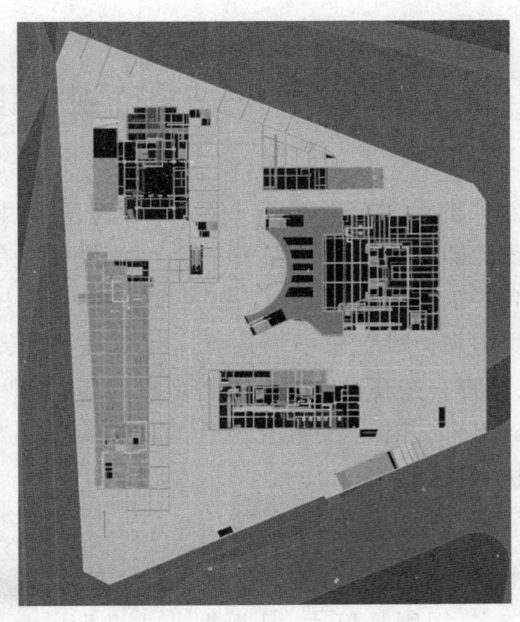

图 2　地下室 BIM 模型

二、BIM 项目组的工作模式

建立一个目标明确、协调统一的 BIM 项目组，是保证 BIM 在本工程中成功实施的关键。为便于协调沟通，BIM 项目组由各专业的项目参与人员组成，地点设在项目负责人办公室，由项目负责人组织协调各专业设计人员参与 BIM 的实际应用。参与专业包括建筑、结构、给排水、暖通、电专业等，围绕 BIM 项目组的所有信息和指令开展工作。

BIM 项目组成立后，参与方依据实际需求，提前准备和录入资料信息，基于 BIM 模型发现问题、讨论方案并解决问题，提高了本工程 BIM 技术的工作效率和功能价值。

本工程的工作流程是以 BIM 项目组为中心，进行项目初步设计阶段、施工图阶段的全过程设计管理，具体的操作管理流程见图 3。

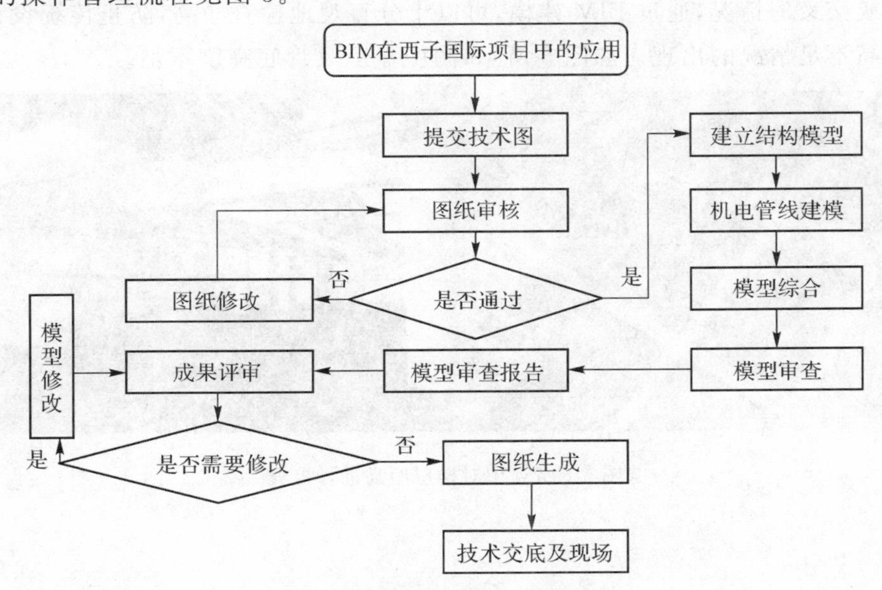

图 3　BIM 项目组操作管理流程

三、可视化设计的技术管理

BIM的最大价值是可以极大缩短整个项目管理流程各环节反馈循环的时间。“可视化”将设计中的改动即时地显示在模型中，各专业设计师在第一时间看到这些变化，同时给予反馈，这样就极大提高了工作效率。采用三维可视化的BIM技术也可使工程完工后的状貌在施工前就直观清楚地呈现出来。BIM模型均按真实尺度建模，传统设计中省略的部分(如管道保温层等)均得以展现，从而将一些在设计图纸上看似没问题、实则存在的专业设计问题，在可视化的BIM模型中彻底地暴露出来。因此，可视化设计的技术管理成为BIM技术是否能体现其价值的关键。本工程的可视化技术包括下面几方面。

(一)碰撞检查及修正

本项目为大型公建，结构形式复杂，管线较多，图纸量巨大，且根据业主及职能部门的要求存在大量的设计变动，通过创建的BIM模型能检查出存在的问题，提前调整实施方案，有效节约图纸评审修改的时间及不必要的损失。通过建模后进行碰撞检查，可以发现诸多问题，及时进行多个专业的协调沟通，得到最佳设计方案，使整个建筑更加合理化。如图4所示，圆圈处表示排水管与结构梁碰撞。

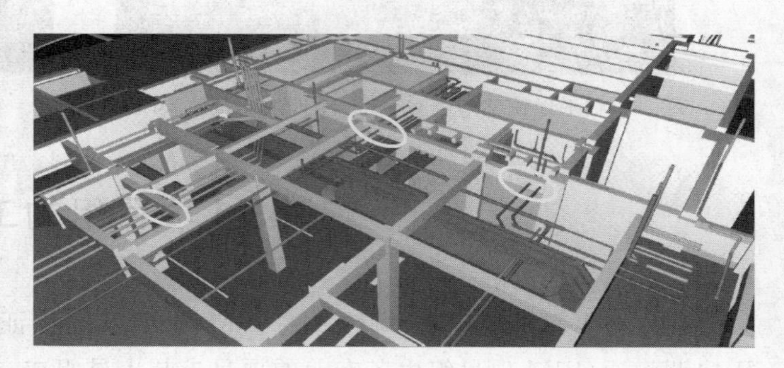

图4 碰撞检查

(二)净高控制

本工程的大底盘地下室中设备管线布置复杂，通过地下室净高的有效控制，合理优化各种管线的布局，能最大程度地减小地下室层高，节省开挖费用。地下室风管的尺寸较大，而且存在与其他设备管线重叠或交叉的情况，通过BIM建模，可以十分直观地检查净高，防止传统设计过程中容易疏忽的局部净高不足情况的出现。如图5所示，图中显示风管底高度不足。

图5 BIM中对楼层净高进行控查

(三)工程量管理

本工程前期就采用BIM软件Revit建立起完整的地下室模型。在初步设计阶段,通过PMCAD与Revut的互转软件,直接将结构数据导入PKPM算量软件,形成结构模型(如图6);通过PKPM自带的算量程序(STAT)接力PKPM设计数据完成工程材料量统计,为工程量的初步估算提供了依据,并极大节省了工程概预算的工作量。

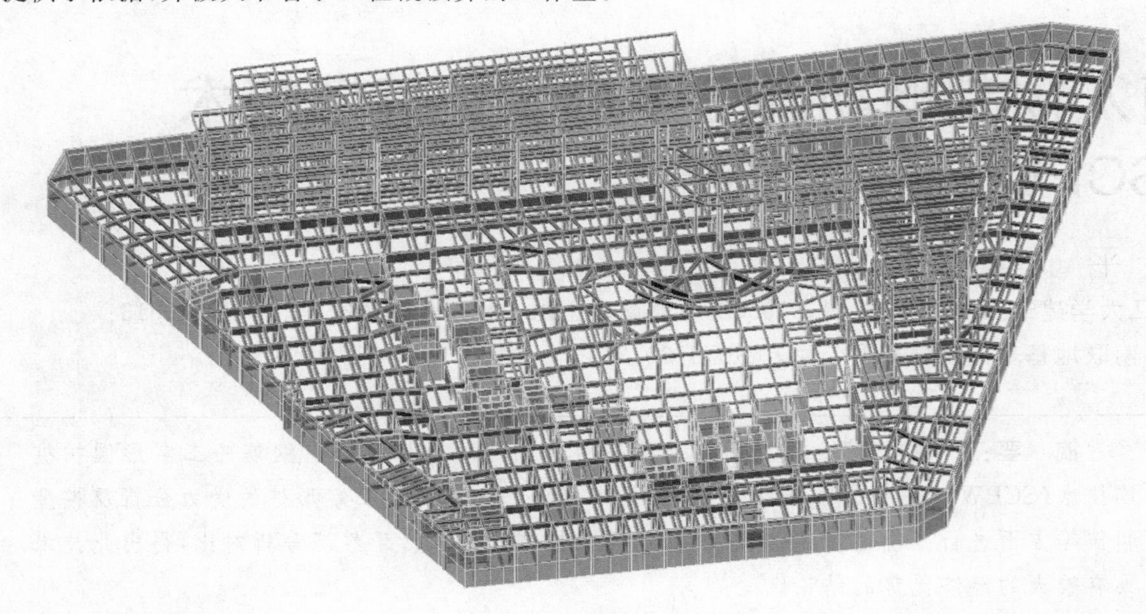

图6 地下室结构模型

四、结论

BIM技术综合应用于本工程,通过可视化设计技术解决了大型建筑物各组成部分的精确定位难题;通过建立3D模型优化了建筑功能的实现和外观效果;通过碰撞检查,优化综合管线布置;通过建模统计出各类材料工程量,有效控制材料的计划使用量和实际使用量。总体而言,通过应用BIM技术可优化项目管理流程,提高设计效率,节约资源投入。通过本项目的BIM技术实践,可以预计,随着数字化建设的发展及普及,BIM在推进我国建筑业信息化发展方面,将起到至关重要的作用。

植入预制钢筋砼工字形围护桩墙技术(SCPW 工法)的研发

严 平
(浙江大学建筑工程学院,杭州,310058;杭州南联土木工程科技有限公司,杭州,310013;
杭州南联地基基础工程有限公司,杭州,310013)

摘 要: 本文提出了一种新型基坑围护桩墙技术——植入预制钢筋砼工字形围护桩墙技术(SCPW 工法),对施工工艺、施工技术要点、施工机械、工字形桩的受力分析及桩型制作等方面进行了全面阐述;与传统基坑围护桩墙做法进行了经济分析对比,得出此技术具有较大的经济优势的结论。

关键词: 围护桩墙;工字形桩;SCPW 工法

一、概 述

基坑围护是目前岩土工程的热点,随着城市建设的发展和汽车时代的到来,地下基坑围护工程大量涌现。现有的围护桩墙技术很有限,常见的主要是传统钻孔灌注排桩结合水泥搅拌桩或旋喷桩帷幕组成的围护墙和强力水泥搅拌土植入可回收型钢围护墙做法(SMW 工法)[1-3],而地下连续墙由于造价昂贵仅用于高深基坑工程中。常用的钻孔灌注排桩墙、咬合桩墙以及地下连续墙不但施工复杂,施工速度慢,造价高,而且具有需处理泥浆等缺点。这些传统工法在成桩中将产生3倍以上桩孔体积的泥浆,污染环境,与城市建设可持续发展方向相悖,因此泥浆外运处理是项亟待解决的严峻问题。若泥浆问题不解决,可预言该项传统技术将被淘汰。

新近开发推广的水泥搅拌桩插入可回收型钢围护墙做法(SMW 工法)具有施工速度快、造价相对低和无需泥浆外运处理等优点,但存在着造价受施工工期牵制和回收型钢麻烦等问题。

植入预制钢筋砼工字形围护桩墙技术(简称 SCPW 工法)[1-3]是新近开发的围护工法,具有施工简单、速度快、质量安全可靠、造价低、无需泥浆外运处理、无需后期回收型钢等优点。此工法植入的钢筋混凝土桩通过工厂化生产,采用预应力钢棒配筋,C50 砼,蒸气养护,生产速度快(3 天可拆模起吊),桩身刚度大,抗弯强度高(相当直径 800mm 钻孔桩)。本围护工法与传统钻孔桩围护相比,具有施工速度快、桩身质量可靠、无泥浆外运污染环境、围护桩墙综合造价要比钻孔桩做法节约20%左右等优点。且此法施工无噪音或低噪音、无挤土或低挤土,相比 SMW 工法,其围护墙刚度大,属于一次性投入,无回收等费用,也不存在由于工期延误而增加费用,且正常工期情况下其围护综合费用要比 SMW 工法节约 10%左右。

SCPW 工法是一项系列研发项目,历时数年。笔者对桩体的截面受力性状、配筋方式、桩体制作、接桩方法、各种土层的搅拌和植桩、围护墙的受力变形和稳定、专用植桩机的研发等做了系统研究,共发表约 10 篇论文,指导了 5 名研究生以此为课题完成硕士论文[4-8],并已形成一套较完善的设计、施工和质量控制体系,完成了企业标准。

SCPW 工法在 2006 年通过浙江省建设厅科研成果鉴定,2009 年获得杭州市科技进步三等奖,2011 年获浙江省级工法,2012 年获第四届中国岩石力学与工程学会科学技术三等奖,获第二届浙江省岩土力学与工程学会科学技术一等奖。在 SCPW 工法就围护墙施工方法、预制桩的连接、专用多功能植桩机的研发方面共申报并获得 7 项国家专利,其中 1 项为发明专利。它是杭州南联工程公司研发的新技术之一,据此,杭州南联工程公司近年来已成功完成了 40 多项基坑围护工程。

二、SCPW 工法简介

(一)SCPW 工法的成墙原理

SCPW 工法的成墙原理是采用大功率强力搅拌桩机对土体进行水泥搅拌形成流塑状,在水泥土初凝前植入预制钢筋混凝土工字桩,水泥土凝结后与桩共同形成止水挡土围护桩墙。

强力水泥搅拌具有双重功效:一是形成的水泥土帷幕具有挡土止水功能;二是松动土体起到引孔作用,使预制钢筋混凝土工字桩能顺利植入,从而在植桩过程中无(或低)噪音、无(或低)挤土。

(二)SCPW 工法的成墙工艺流程

SCPW 工法的成墙工艺流程是用专门为该技术研发的二机合一植桩机,其特点是将多轴强力水泥搅拌系统和压桩系统组合在一起,边搅拌土边压桩,一次性完成围护墙施工。其施工工艺如图 1 所示。

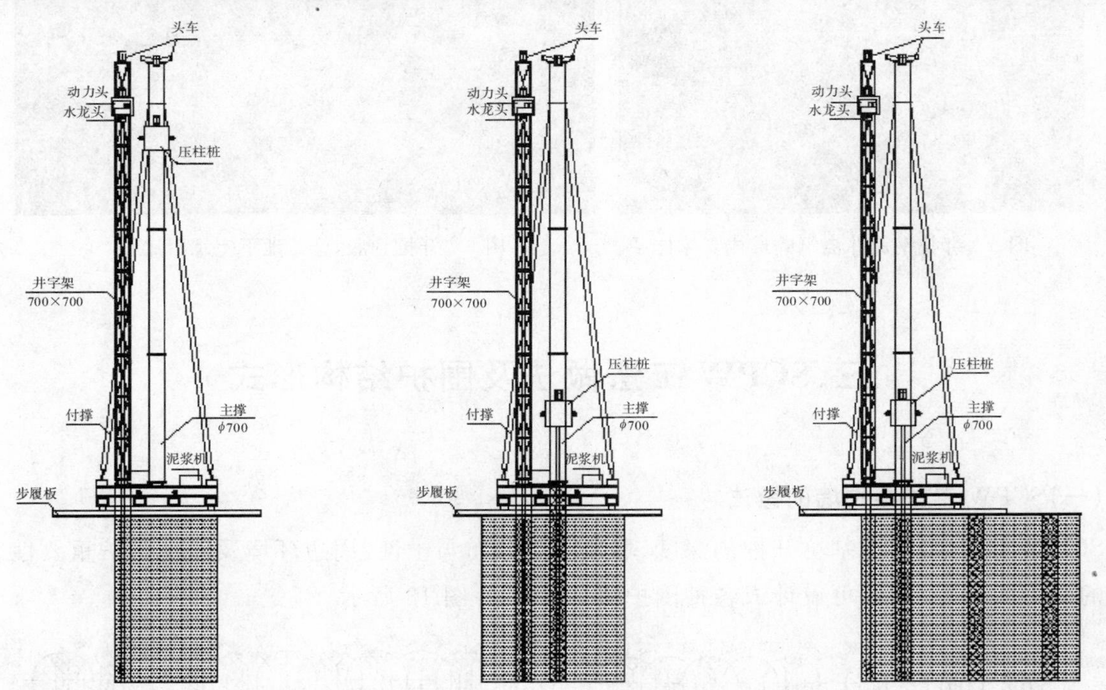

图 1　SCPW 工法的成墙工艺流程(单位:mm)

(三)SCPW 工法的施工过程

SCPW 工法的施工开挖全程如下：

(1)首先打设植入预制工字桩围护墙。打设情况参见现场施工照片(图 2～图 3)。

(2)开挖至围护墙顶，清理预制钢筋混凝土工字桩头，浇筑围护支撑及压顶梁素砼垫层，绑扎钢筋并浇筑砼形成支撑体系。示例参见现场施工照片(图 4～图 5)。

(3)待支撑体系砼养护达强度要求后，开挖至基坑底，进行地下室承台底板施工。示例参见现场施工照片(图 6)。

图 2　工字桩施工时桩机下部情况

图 3　工字桩施工时桩机上部情况

图 4　开挖至围护墙顶

图 5　绑扎钢筋并浇筑砼形成支撑体系

图 6　开挖到底，施工地下室承台底板

三、SCPW 工法做法及围护结构形式

(一)SCPW 工法围护墙的做法

SCPW 工法中，根据基坑开挖的深度、场地土层分布与土性、周边环境及基坑围护重要性、围护桩墙的受力大小等因素，可设计成各种围护墙，如图 7～图 13 所示。

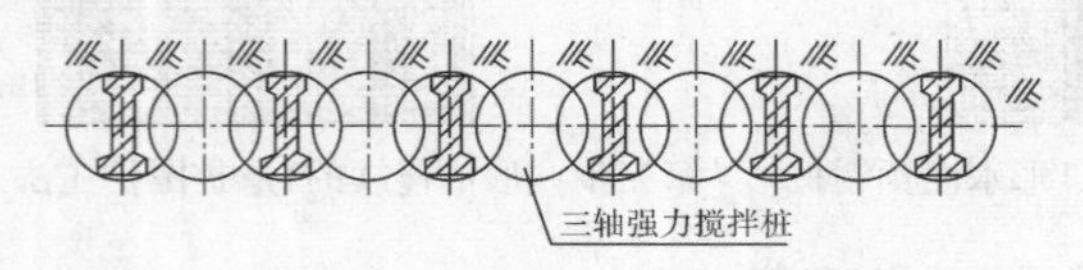

图 7　隔一植一桩围护墙

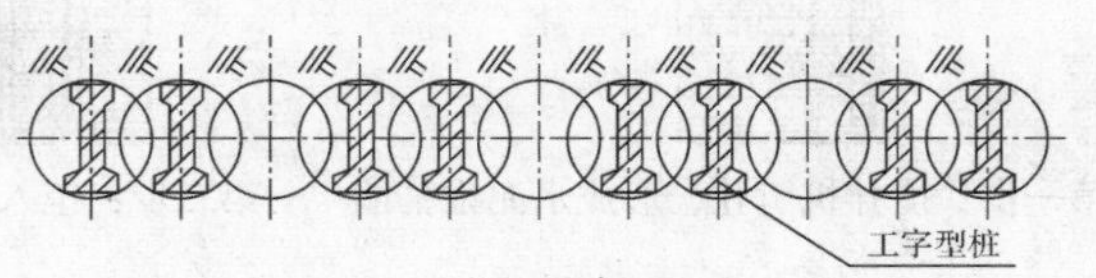

图 8　隔一植二桩围护墙

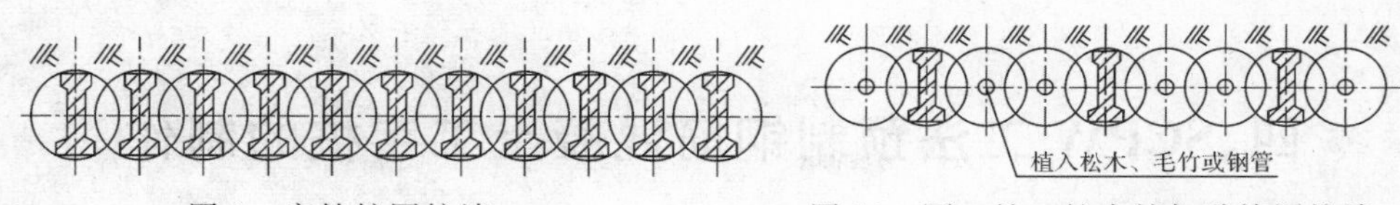

图 9 密植桩围护墙　　图 10 隔二植一桩内植加劲棒围护墙

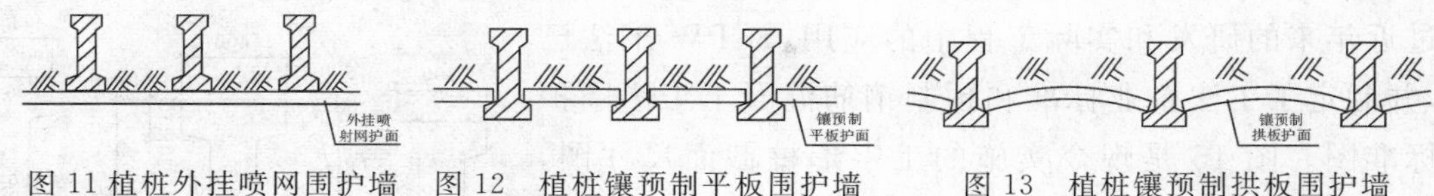

图 11 植桩外挂喷网围护墙　图 12 植桩镶预制平板围护墙　图 13 植桩镶预制拱板围护墙

(二)SCPW 工法的围护结构形式

和传统的钻孔灌注排桩一样,SCPW 工法在基坑工程中有如图 14 所示各种围护形式。

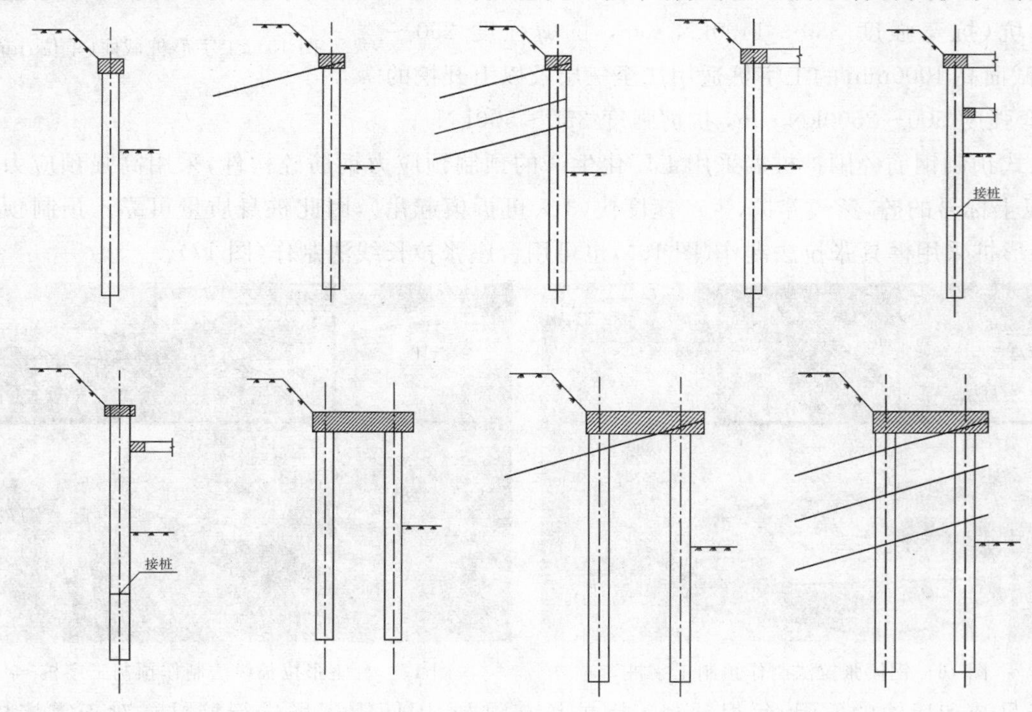

图 14 基坑工程中各种围护形式

(三)SCPW 工法的适用范围

预制钢筋混凝土工字桩作为一种抗侧构件,和传统的钻孔灌注桩一样,原则上适用于各种常见工程地质条件下的基坑围护工程,尤其适合土质差、需要桩墙围护的深浅基坑工程。

由于配备较大功率强力搅拌功能,输出扭矩能搅拌常见土性较好的黏性土和砂性土,使其在基坑工程中的适用性大大扩展。

由于新研发二机合一植桩机适用于旧城区狭窄环境基坑工程,可紧贴已有建筑物或围墙打设围护桩,使其在基坑工程中的适用性进一步拓展。

预制钢筋混凝土工字桩作为一种抗弯构件,只要能通过水泥搅拌手段、水泥旋喷手段或采用水泥浆护壁的常规钻孔手段松动土,然后通过桩体自重,并辅助以静压或振动将桩体植入土中;或直接通过静压或振动将桩体压入土中,辅之挂网喷射砼、镶预制平板或拱板、砌筑或浇筑护面层等,结合传统的锚杆技术,形成抗侧围护墙,可拓宽应用于土木工程的各领域,如各种山体护坡工程、港口码头工程、河海护堤工程、道桥护坡工程等。

四、SCPW工法预制钢筋混凝土工字桩的制作

经过近年来的研发和实际工程中的应用，SCPW工法已趋成熟，并制定了工法企业标准和预制钢筋混凝土工字围护桩制作标准图。图15是现今实施的工字形桩截面尺寸图，分别适用于各种开挖深度的基坑工程。其中截面高600mm的工字桩适用一层开挖的基坑(抗弯强度250～650kN·m，抗剪强度150～250kN)；截面高800mm的工字桩适用一至三层开挖的基坑(抗弯强度380～1400kN·m，抗剪强度250～480kN)；截面高1000mm的工字桩适用二至三层及以上开挖的基坑(抗弯强度500～2500kN·m，抗剪强度350～500kN)；

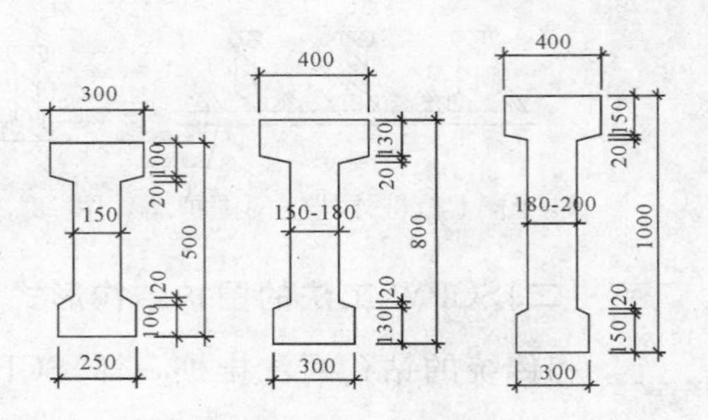

图15　工字形桩截面(单位：mm)

植入式预制钢筋砼围护桩墙采用工厂化生产的预制预应力钢筋砼构件，采用高强预应力钢棒配筋，C50以上标号的砼，蒸气养护，生产速度快(3天可拆模起吊)，因此桩身质量可靠。预制预应力钢筋砼工字形桩采用模具张拉法制作(图16)，也可用台座张拉长线法制作(图17)。

图16　钢模张拉法制作预制工字桩

图17　台座张拉长线法制作预制工字桩

由于吊装和运输的原因，每根预制工字桩长有限制，因而需现场进行接桩。对于需接桩工程，若采用模具张拉法生产的预制桩，接桩方法是在桩头预埋张拉钢板，预应力钢棒与钢板墩头卡接，上下桩头通过钢板焊缝连接(图18)；若采用台座张拉长线法生产预制桩，接桩方法是在桩头预埋传力钢筋，通过上下桩头绑焊钢筋达到接桩目的。

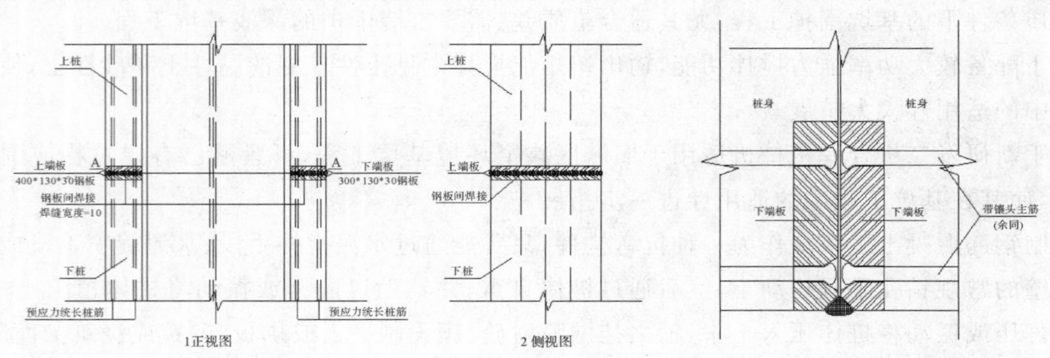

图18　模具张拉预制桩接桩方法(单位：mm)

五、SCPW工法的研发要点

(一)各种土体的强力搅拌问题

SCPW工法中最常用的成墙方式是用强力水泥搅拌桩将土体搅拌成浆糊状水泥土,然后植入预制工字桩。凡可搅拌的土层均可采用该项围护技术。因此,如何对各种土层进行搅拌,直接影响该围护技术的施工工效和应用。由于配备了强力搅拌功能,对一般土较软黏性土和砂性土层,要搅拌松动土无任何问题,而重点解决的是较密实的砂性土层、砂砾土层以及老黏土层的搅拌问题。

为此,从搅拌动力输出、三轴搅拌钻头及叶片分布、输送水泥浆液性状、高压喷射空气状况等方面着手,研讨如何以较小的钻进扭转力更好地钻进和搅拌面临的土层,为此针对不同的土层,对钻进搅拌系统进行优化分析、改进、试验,解决其搅拌的可行性和工效问题。

此外,对老城区存在各种地下障碍物土层中的强力搅拌也是常需解决的问题。

(二)各种土体搅拌后植桩问题

植入预制工字形桩在较软的黏土和粉细砂土层中并无问题,要研究和解决的是在较密实土层中的植桩问题,主要是搅拌成孔的平直以确保刚性预制桩在孔内顺利植入,以及植桩中砂性土颗粒的悬浮,使置换出的水泥土流可顺利向上翻出。为此就钻杆的刚度和钻进搅拌中的平稳性、水泥浆液的添加材料、搅拌和植桩在时间上的配合等,针对不同土性指标的土层取样,进行室内优化试验和现场植桩试验,制订质量控制和验收标准,并注重施工经验的长期积累和总结。

(三)植桩机械施工工效问题

要解决植桩机械施工工效问题,必须研讨优化植桩施工中二机合一植桩机与挖机的协调,优化植桩施工方向中预制桩的摆放、移送、起吊、定位等的配合;研究二机合一植桩机搅拌与植桩的合理安排,针对不同土层,试验探讨一搅一植、多搅多植、硬土层清水先搅后复搅植桩、夜间搅拌第二天直接植桩或复搅植桩等;研究各种复杂场地内大型植桩机的移机和定位,研究旧城区狭窄场地的成桩施工等。

(四)围护桩墙水泥土帷幕质量及抗渗问题

SCOW工法中水泥土帷幕质量及抗渗性状是需重点关注的问题。从原理上,SCPW工法是将预制工字桩全截面植入浆糊状水泥土中,凝结后形成一体的挡土和止水围护墙,但实际工程中若水泥土质量不行,和其他围护方法一样,也会出现工程事故。关于水泥土的质量控制,完全可参照现行SMW工法中三轴搅拌桩施工规范要求的参数执行,但对具体工程,仍应针对搅拌转速、搅拌叶片及分布形式、喷浆搅拌下沉和提升速度、水泥浆液拌制的参数(水泥掺量、水灰比、添加剂等)[9]、水泥浆液的输送距离及注浆泵的配置,以及搅拌施工现场质量控制体系的建立,开展研究并加强施工总结。

(五)预制工字形桩的制作工艺及质量问题

预制钢筋混凝土工字桩是在工厂采用钢模张拉法或台座张拉长线法制作。为此,针对钢模张拉法的钢模构造和强度、配置各钢捧的墩头及同步端板张拉预应力均匀性、钢筋笼制作的工效及机械化制作、台座张拉长线法的台座分布和养护、浇筑砼的运输和振捣等问题,开展研究并解决问题。

(六)预制工字形桩接头问题

在深基坑工程中,由于运输吊装原因,单根预制工字桩受长度限制(≤15m),通常需在现场植桩中接桩。作为能传递弯剪力的接桩头,必须对现场植桩施工中预制钢筋混凝土工字桩的连接方法开展研究。为此,针对接桩的方法及传力方式、接头构件的制作及受力性状、接头的制作和误差控制、现场接桩的施工可操作性及工效、接头的质量控制体系等问题开展研究并寻求解决方案,获得了国家专利。

六、SCPW 工法施工机械的研发

针对水泥搅拌土 SCPW 工法,研发了 SCPW 工法专用植桩机[10],并获得了国家专利。该植桩机由水泥搅拌桩主塔和植桩主塔联合组成:水泥搅拌桩主塔可以根据需要打设大直径的单轴、双轴和三轴搅拌桩,其搅拌土的能力与一般 SMW 工法的桩机相同;植桩主塔配备了静压桩系统、振动压桩系统和吊桩系统,可根据需要植入预制钢砼管桩、预制钢砼工(T)字形桩和型钢(SMW 工法)等,如图 19 所示。该机器为搅拌机和植桩机二机合一,在施工中边搅拌土边植桩,大幅提高了施工效率。由于桩机配备了吊桩系统,现场仅需一台挖机配合,相比传统 SMW 工法(其除挖机外还需专门配备一台吊机才能施工),可大幅度节约机械费用。

图 19　SCPW 工法专用植桩机

该多功能强力搅拌植桩机,施工效率高,适合于各种常见土体。此外,该植桩机经适当改造还适用于其他新型桩基施工,如新开发的沉管 T 形或工字形桩围护桩、水泥搅拌土植入预制钢筋混凝土芯棒复合承压桩、多轴咬合钻孔灌注围护桩,也可替代价格昂贵的 SMW 工法桩机。此外,该植桩机经专门改造,适用于城市内场地狭小的深基坑工程中。

目前,杭州南联公司已有五台植桩机,并在实际工程中得到应用。

七、SCPW 工法的设计计算要点

植入预制工字形围护桩墙与传统的钻孔灌注桩墙一样,可组成各种围护结构,如悬臂排桩围护、排桩加内撑围护、排桩结合土锚围护、双排桩门架围护、排桩复合土钉墙围护等。上述围护体系在围护结构的受力、变形和稳定性状方面是相同的,无非是将现浇的抗弯圆桩构件改为预制的工字形桩抗弯构件。具体围护工程设计中,仅需将工字形桩截面刚度换算成等效圆形截面刚度,现行的设计计算规范(规程)、计算方法、计算程序都适用。因而在围护工程设计计算中,以往为钻孔灌注圆桩开发的围护工程设计软件和相关规范对植入预制工字形围护桩墙都适用。

目前最常用的围护工程设计计算程序是北京理正软件和同济大学的启明星软件,据此对植入预制工字形围护桩墙围护结构进行如下常规设计计算分析:

(1)围护体系的受力和变形计算分析;

(2)围护体系整体稳定计算分析;

(3)坑底土抗隆起稳定计算分析;

(4)坑底土抗管涌稳定计算分析;

(5)围护的抗倾覆稳定计算分析;

(6)基坑底抗承压水突涌稳定计算分析;

(7)支撑或锚杆体系受力、变形及稳定计算分析等。

据上述分折可以决定出植入预制工字形桩墙围护结构的具体做法,如工字形桩距、桩长、桩截面尺寸、支撑体系的平面和垂直分布及尺度大小等;同时也可得出工字形桩及支撑体系在各工况下的弯矩、剪力、变形包络图,据此可进行工字形桩的截面配筋设计。

预制钢筋混凝土工字桩是预应力构件,其截面配筋设计包含预制桩制作、吊装运输和起吊植桩工况的设计和植桩后作为围护构件的设计。依据现行的钢筋混凝土结构设计规范,我们编制了截面设计计算程序,对预制工字形桩在各种配筋组合情况下,对截面的抗弯、抗剪强度进行计算,对预制桩制作、吊装运输和起吊植桩工况的强度和抗裂进行验算,编制了预制钢筋混凝土工字桩企业标准图和配筋设计计算表,根据围护受力大小可方便地进行截面配筋设计[11]。

植入预制工字形围护桩墙技术中,预制工字形桩长受运输吊装限制,一般长度不超过 15m,因此在深基坑工程中常需现场接桩。接桩的设计原则一是将接头设置在基坑底以下围护墙弯剪受力相对较小处,二是接头处的抗弯剪强度不低于预制工字桩非接头处。据此我们研发了工字形桩接头连接做法、设计计算方法,并进行了实体接头抗弯剪试验验证,编制了接头做法企业标准图,可方便地根据接头受力大小决定接头配件及焊缝要求。

八、SCPW 工法预制工字桩截面与接头设计和抗弯剪试验

(一)预制工字形围护桩的截面设计和抗弯剪试验

SCPW 工法中预制钢筋混凝土工字形桩的截面优化研究很关键,研究的目的是在满足围护墙的受力变形前提下,确定截面形状和尺寸,使工形桩截面抗弯剪性能最优,截面面积最少。如此砼用量最少,节约造价;桩体重量最轻,利于吊装、运输和植桩。此外是桩的配筋研究,具体包括抗弯配筋及预应力的施加量、高强钢棒与混凝土的握裹力及抗拉强度的发挥、能发挥其抗拉强度抗剪要求及配箍率、吊装运输阶段的起吊及抗裂问题、作为临时围护构件的裂缝控制问题、桩头和桩尖的加强、预应力预制围护桩受力方向变化及施加预应力的意义等。

在理论研究的基础上,我们对预制钢筋混凝土工字桩的抗弯剪性状进行了三次大型实体破坏性试验[12-13],表明工字桩混凝土对钢筋的握裹力满足要求,高强钢棒完全能发挥其抗拉强度;而且试验过程中桩的挠度达到了 300mm 而未破坏,裂缝已超常发展,但释放外力后几乎完全回弹,表明了工字桩有极好的弹性能力,在其强度范围内挠度增加和裂缝发育而不破坏,改变了传统钢筋混凝土的脆性特点;试验还验证了作为临时和大变形的抗弯构件,预应力工字形围护桩只需按工字型桩

的强度极限状态设计，保证足够的安全储备，可以不考虑或降低关于永久抗弯构件设计中裂缝宽度限制要求。

此外还对采用 SCPW 工法的多项围护工程进行了实测(图 20)，验证了围护墙及支撑体系的受力和变形，据此充分验证了理论分析和设计计算的正确性和可靠性。

图 20　实体工字形桩大型实体破坏性试验照片

(二)预制工字形围护桩的接头设计和抗弯剪试验

预制钢筋混凝土工字形桩连接[14-15]做法是 SCPW 工法在深坑中应用的关键，也是该项技术的研发重点。为此我们专门选定两名研究生分别以先张长线法生产桩的接桩和先张钢模法生产桩的接桩开展研究，主要研究接桩的方法、接头的传力方式、接头处的砼应力应变分布和应力集中状况、钢棒墩头和端板的抗冲剪强度、钢棒群的应力分布均匀性、接头处焊缝的受力性状、辅助锚固筋的加强作用及对接头区砼的作用等。研究从理论探索着手，借助有限元程序分析，然后进行大型实体工字桩接头的抗弯剪破坏性试验验证。三次大型接头实体抗弯剪试验表明，接头处各部件受力明确，拟定的设计计算方法正确，考虑了实际接桩中制作焊接质量下降，因此有着大于常规设计的安全储备(3 倍以上)，验证了接桩方法的安全性、合理性和可靠性。

九、SCPW 工法与现行技术对比

(一)植入预制工字桩墙与钻孔灌注桩墙对比

(1)单根预制钢筋混凝土工字桩与直径 800mm 钻孔灌注桩截面用料对比

如图 21 所示是最常用的 800mm 高预制工字桩与钻孔灌注桩截面尺寸及配筋，据此就截面用料对比如下：

①预制工字桩截面积为 0.17m^2(薄型)和 0.1865m^2(厚型)，而钻孔桩截面积为 0.5m^2，约为预制工字桩的 2.5 倍，即后者的截面砼用量约为前者的 2.5 倍；

②预制工字桩截面受力配筋分布于两端，而钻孔灌注圆桩按常规沿圆周分布，工字桩截面抗弯有效高度 h_0 要比钻孔灌注圆桩大，截面受力配筋抗弯功效高；

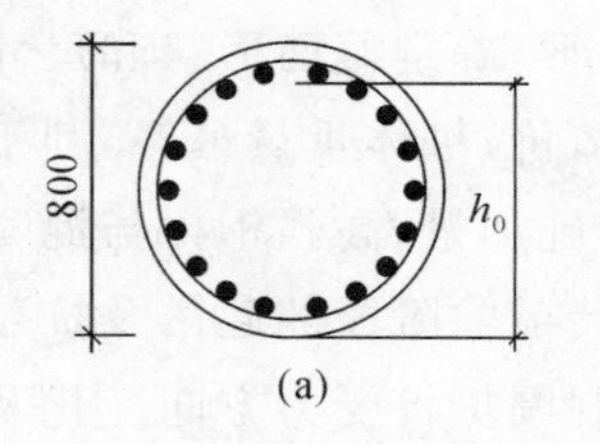

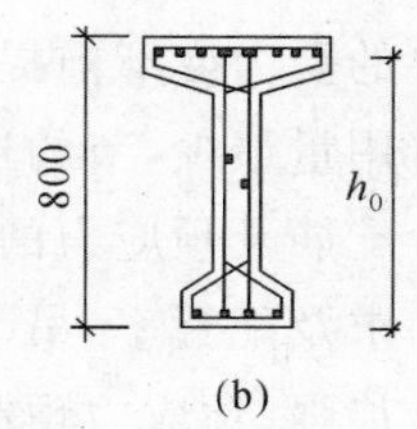

图 21　钻孔灌注圆桩(a)与工字桩(b)截面对比(单位：mm)

③预制工字桩截面配筋采用高强钢棒，抗拉强度标准值为 1420MPa，而钻孔灌注圆桩截面配筋采用Ⅲ级钢，抗拉强度标准值为 360MPa。

如此三方面综合对比，根据配筋量的大小，植入单根预制工字桩的成桩单价约 2100～2200 元/m^3，乘上平均截面积，约 370～390 元/m；而打设单根钻孔灌注圆桩成桩单价约 1200～1400 元/m^3，乘上平均截面积，约 600～700 元/m。因此，就单根植入预制工字桩与打设单根钻孔灌注圆桩费用而言，前者比后者节约 38%～44%。

(2)植入预制工字桩墙与钻孔灌注桩墙综合经济指标对比

作为整体围护结构，围护桩只是其中的主要组成部分，还有水泥搅拌桩帷幕、支撑体系等，这些部分对各种围护桩墙技术的做法基本相同，在水泥搅拌桩帷幕方面钻孔排桩墙可适当节约些。经过对已完成采用植入预制工字桩墙技术的 30 多个围护工程的预决算数据进行统计，仅就围护桩墙作对比，植入预制工字桩墙的造价要比钻孔灌注桩墙节约 20%左右；就整体围护结构作对比，植入预制工字桩墙的造价要比钻孔灌注桩墙节约 15%～20%。

(3)植入预制工字桩墙与钻孔灌注桩墙施工速度及质量对比

对常见的黏质和砂质土层中，一台二机合一植桩机施工预制工字桩墙的工效是平均每天 10 根，而且同步完成了水泥搅拌桩帷幕；而一台常用的 10 型钻孔灌注桩机成桩需复杂施工工序，工效是平均每天仅可打设 1～2 根桩，而且必须待水泥搅拌桩帷幕达一定强度后才能施工钻孔桩。因此在围护桩墙施工工效上，植入预制工字桩墙技术占有绝对优势。

在施工质量上，预制钢筋混凝土工字桩是工厂化生产，采用高强预应力钢棒配筋，C50 以上标号的砼，蒸气养护，生产速度快(3 天可拆模起吊)，因此桩身质量可靠；而钻孔灌注桩成桩施工需泥浆护壁钻孔、制作钢筋笼并分节放设、水下浇筑砼等复杂施工工序，存在着许多影响成桩质量的环节，其桩身质量稳定性无法与预制桩相比。

(4)植入预制工字桩墙与钻孔灌注桩施工用电量对比

每台二机合一植桩机需配备一台 415kVA 变压器，工效基本为平均每天完成 10 根工字桩的植桩施工，而且已包括了三轴搅拌桩帷幕施工，则每台(套)植桩机每天可完成基坑延米 12m 的围护桩墙施工(隔一植一桩的桩距是 1.2m)。对最近刚完成的杭州万科某基坑工程进行估算，围护周长约 1400m，若配置三台(套)强力搅拌植桩机，只需要三台 415kVA 变压器，理论上约 43 天即可完成围护桩墙施工。

而目前市场上每台(套)10 钻孔桩机功率通常为 55kW(正常施工状态下平均用电)，工效为每台(套)钻孔桩机基本为一天一根围护桩。对上述围护桩墙周长 1400m 的围护工程，若采用钻孔灌注桩墙，工期控制目标为 45 天，每天需投入 26 套钻孔桩机进行围护桩施工，则钻孔桩机总用电量将达到 1430kW。以上用电量还未包括帷幕的施工，整个基坑至少要投入两台(套)三轴搅拌桩才能跟上钻孔围护桩的施工。每台(套)三轴搅拌桩帷幕的施工机械还需要配置一台 315kVA 变压器，则场地总共至少要配置 5 台以上 415kVA 变压器投入围护桩墙施工中。至于如此多桩机如何协调好交错施工也是关键，否则必影响工期。

因此在用电耗能即节能减排方面，SCPW 工法也占绝对优势。

(5)植入预制工字桩墙与钻孔灌注桩文明施工环保对比

SCPW 工法的工艺是采用三轴强力水泥搅拌桩松动土体使之形成流塑状水泥土，在水泥土初凝之前植入工字形围护桩，水泥土凝结之后与工字形围护桩共同形成复合止水挡土桩墙结构，而植桩施工将上翻出部分水泥土浆，很快就凝结形成较硬土。因而植入预制工字围护桩墙施工具有基本无(少)挤土、无泥浆外运和环境污染、无(低)噪音的特点，符合城市可持续发展，具有环保文明施工、绿色节能减排等政策理念。

而钻孔桩施工工序繁杂，大批钻孔桩同时施工，噪音大，施工产生的大量泥浆污染需要外运，施工现场产生的众多泥浆池、坑、孔洞会带来较大安全隐患，更严重的是泥浆外运后的场地占用及如何处理的问题，这是与环保文明施工、绿色节能减排及城市可持续发展政策相悖的。

(二)植入预制工字桩墙与植入可回收型钢墙(SMW 工法)对比

SMW 工法是近年来从日本引进的新围护技术。相比钻孔灌注桩墙技术,综合造价要比钻孔桩做法节约 10%左右,且具有施工速度快、桩身质量可靠、无泥浆外运和污染环境、施工无噪音或低噪音、无挤土或少挤土等优点。但 SMW 工法存在如下缺点:①型钢租赁费高,必须待地下室外墙防水层完成基坑回填后才能回收型钢,围护造价将随围护时间延长而不断增加,因而围护造价常超过预算而大幅增加,最后造价往往与传统钻孔桩围护接近或超出;②型钢回收工作烦琐,其中包括了型钢起拔、拔除型钢后孔洞注浆,并且经常因地下室已经施工完成及周边环境条件影响,型钢回收工作相当困难甚至难以回收,从而产生造价抬高或经济纠纷问题;③型钢起拔还会引起周边土体一定的变位和沉降,因而带来不利影响。经测算,若地下室在 6 个月内完成,采用该做法比传统钻孔桩做法可节约 10%左右造价;若地下室施工在 7~8 个月完成,采用该做法与传统钻孔桩做法造价基本持平;若地下室施工超过 7~8 个月完成,采用该做法造价将超过传统钻孔桩做法。

(三)SCPW 工法相比 SMW 工法

(1)在成桩墙施工工效方面,SCPW 工法与 SMW 工法相当,应该说后者更快些,因其植入的是较轻的型钢,但 SMW 工法有后期的拔桩回收施工,而 SCPW 工法一次完成,无后期施工。

(2)在成桩墙施工机械方面,SMW 工法施工需一台大型三轴搅拌桩机,并需配备一台汽车吊机和一台挖机辅助施工,而 SCPW 工法仅需一台用电同等的大型二机合一植桩机和一台挖机辅助施工,植桩机本身有三轴搅拌机和吊装、静压、振动植桩功能,节约了一台汽车吊机。

(3)在桩墙强度方面,高 800mm 工字桩围护墙刚度大,工字桩抗弯强度可达 1400kN·m(1000mm 工字桩达 2500kN·m),而 700mm 型钢抗弯强度为 750kN·m,因而 SCPW 在深基坑围护方面适用性更广。

(4)预制钢筋混凝土工字桩仅需钢筋、水泥和黄沙石子就可源源不断地供桩,而 SMW 工法需前期大量投资购买型钢,若采用租赁型钢,其租赁单价将会受市场围护工程量多少和周转用型钢的囤积量的影响;SMW 工法的型钢租赁费用还直接受地下工程工期制约,存在因工期延误而增加租赁费用成本的缺点;此外,SMW 工法存在型钢后期回收、孔洞注浆工序烦琐等缺点,常因地下室已经施工完成及周边环境条件影响造成型钢回收工作困难甚至难以回收等,从而导致造价抬高或经济纠纷问题;也常因型钢无法回收,而无法使用。

(5)在经济指标方面,经大量工程围护方案对比,在正常施工工期情况下,SCPW 工法相比 SMW 工法,其围护综合费用节约 5%~10%。

十、SCPW 工法在工程中的应用

近年来杭州南联工程公司(是杭州南联土木工程科技和南联地基基础工程二个有限公司的简称)应用 SCPW 工法在杭州、绍兴及上海等处成功完成了 40 多项基坑围护工程设计、施工和监测。这些基坑土层分布主要是软黏土层和砂性土层,基坑开挖深度 5~14m,有些基坑周边环境很复杂。此处以杭州浙江普瑞科技大厦基坑围护工程[16]为例(图 22),介绍如下。

本基坑工程开挖面积一般,周长约 420m,平面形状基本为四边形。两层地下室,开挖深度 10.0~11.0m,基坑开挖影响深度范围内为土性一般的粉质黏土,南部区域坑底是软土层。基坑北侧为已建建筑物,东南角紧邻民房,南侧为民房,西侧为厂房,相距均不足 3m,局部不到 2m,周边环境条件很敏感。基坑围护采用SCPW工法结合两道钢筋混凝土内支撑结构。基坑工程已开挖完成，根据监测情况，坑边土体变位得到有效控制，未影响周边环境，达到安全可靠、施工便捷、缩短工期、大大节约围护投资等目的，取得了很好的社会效益和经济效益。

图22　浙江普瑞科技大厦开挖至二层支撑底和开挖到坑底施工现场照片

参考文献

[1] 严平.一种水泥搅拌土帷幕植入预制钢筋砼抗侧向力桩的方法.发明专利ZL 200710068309.412.

[2] 严平.预制钢筋砼T形/工字形桩抗侧向.实用新型专利ZL200720108572.7.

[3] 严平.变直径水泥搅拌桩帷幕植入抗侧向力桩围护墙. 实用新型ZL201020531917.1.

[4] 卓宁.工字形预应力围护桩的抗剪试验研究.硕士学位论文，浙江大学，2012.

[5] 张鹏.预应力工字形围护桩抗弯试验研究.硕士学位论文，浙江大学，2012.

[6] 李小菊.水泥搅拌土植入工形桩围护墙在粉砂土层基坑中的应用. 硕士学位论文，浙江大学，2011.

[7] 蔡淑静.单排桩结合抗拔锚管复合围护结构在软土基坑中的应用研究，硕士学位论文，浙江大学，2011.

[8] 杨抗.基坑围护工程中水泥搅拌土植入钢砼T(工)形桩技术研究，硕士学位论文，浙江大学，2007.

[9] 李小菊，夏江，李永超，严平.水泥搅拌土植入工形桩配比实验研究. 低温建筑技术，2010(10).

[10] 严平.多功能水泥搅桩机.实用新型专利ZL200820122063.4.

[11] 刘辉光，严平，李艳红，龚新辉，陈旭伟.水泥搅拌土植入工形钢筋混凝土桩基坑围护技术.施工技术，2009，38(9).

[12] 张鹏，严平.预应力工字型桩抗弯试验研究.低温建筑技术，2012(4).

[13] 卓宁，严平.工字型预应力混凝土围护桩受力性能探索.低温建筑技术，2012(3).

[14] 严平.预制钢筋砼抗侧向力T形或工形桩的连接(先张法长线生产).实用新型ZL201020105273.X.

[15] 严平.预制钢筋砼抗侧向力桩的连接结构(先张法钢模生产).实用新型ZL201210213489.1.

[16] 刘晓煜，严平.双排预制工字形桩在软土深基坑中的应用.低温建筑技术，2010(5).

超深基坑中可旋转多轴咬合围护桩墙技术的研发

严　平

(浙江大学建筑工程学院,杭州,310058;杭州南联土木工程科技有限公司,杭州,310013;
杭州南联地基基础工程有限公司,杭州,310013)

摘　要:本文提出了适用于深基坑的可旋转多轴咬合围护桩墙这一新型围护桩墙做法,系统地阐述了该技术的技术原理、适用范围、施工工法及机械设备的研发,与常规基坑围护墙进行了经济分析、对比。

关键词:深基坑工程;可旋转多轴咬合围护桩墙

一、概　述

随着城市建设的飞速发展,地铁车站、多层地下车库和地下商场等大深度基坑工程越来越多,目前国内外用于这类大深度基坑工程的围护墙通常为地下连续墙,也有采用大直径单排钻孔灌注排桩或大直径单排咬合钻孔灌注排桩围护墙的做法。针对基坑工程深度的不断增加,现行的围护墙技术存在着如下缺点:

(1)施工速度慢、造价昂贵、施工工艺复杂而且质量不稳定(施工中泥浆护壁成槽(孔),放置钢筋笼,然后水下浇筑砼等);

(2)这些围护墙结合支撑体系要承受如此大深度基坑开挖产生的巨大水土侧压力,其抗侧强度和刚度明显不足,只能被动地依靠增大配筋、地下连续墙厚度和钻孔排桩直径以及增加内支撑的道数来解决,但是如此会大幅增加工程投资和施工难度,并且延长施工周期。

针对大深度基坑工程越来越多的趋势,研发更合理的深基坑工程围护墙势在必行。针对此课题,近年来我们提出了适用于大深度基坑工程的植入预制钢筋混凝土空腹桩墙技术和可旋转多轴咬合围护桩墙技术,并对这两项技术从理论分析、工程设计方法、成墙施工工法、专用的成墙机械设备,到工程的应用,进行了全面的研究和开发。

本文就可旋转多轴咬合围护桩墙技术的原理、围护墙的做法、适用范围、工程设计方法、成墙施工方法、施工机施设备等的研发作详细介绍。

二、可旋转多轴咬合围护桩墙的技术原理及适用范围

可旋转多轴咬合围护桩墙[1]由沿围护轴线方向的多轴钻孔灌注素砼咬合桩墙和定位旋转90°并与围护墙轴线垂直的多轴钻孔灌注配筋砼受力咬合桩墙组成，也可以由沿围护轴线方向采用水泥搅拌桩、旋喷桩或高压注浆形成的帷幕，结合定位旋转90°的多轴钻孔灌注钢筋砼受力桩组成(图1)。

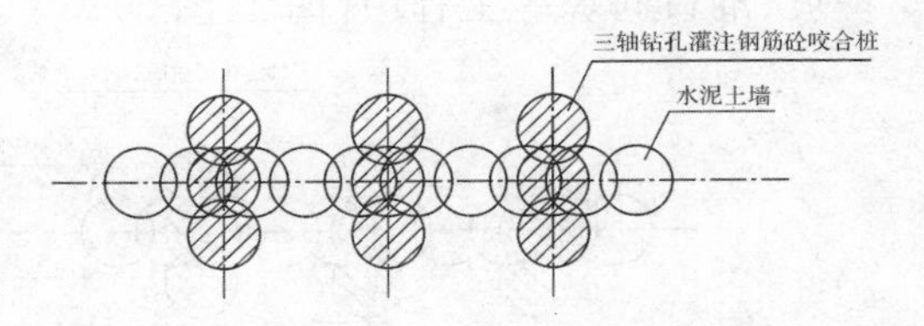

图1　可旋转多轴咬合围护桩墙示意图

承受基坑侧压方向的配筋多轴咬合桩的轴数可以是二轴[2]、三轴，也可以是更多轴，最常用的应为三轴。因多轴咬合桩体平面定位旋转90°，使其与围护轴线垂直，与受侧向压力方向一致，如此相比传统的单轴钻孔灌注排桩墙或普通的单轴钻孔灌注咬合桩墙，其抗弯能力和围护墙刚度大幅提高。对二轴钻孔灌注咬合桩墙来说，在同样的配筋条件下，抗弯能力提高了1.75倍，围护墙刚度提高了约5倍，而造价仅增加20%；对三轴钻孔灌注咬合桩墙来说，在同样配筋条件下，抗弯能力提高了2.5倍，抗侧刚度提高了约15倍，而造价仅增加30%。

可旋转多轴咬合围护桩墙利用新开发的平面定位可360°旋转的多轴钻孔灌注砼桩机，在成墙施工中，沿基坑边根据需要可灵活改变每幅多轴咬合桩墙的方向，如此可方便地在深基坑工程中一次形成咬合的多轴桩墙，使围护墙抗侧弯刚度及强度大增，具备高深度开挖的围护墙功能，达到围护安全并降低工程造价的目的。

在基坑的内部，根据开挖深度设置多层钢筋砼多层内支撑、多层锚杆，或内支撑结合锚杆，使其与围护墙形成完整的围护结构，抵抗土体的侧向水土压力。由于多轴咬合围护桩墙的刚度与抗弯能力要比目前用于超深基坑工程的大直径排桩墙、咬合桩墙或地下连续墙都大，由此相比传统的围护结构，可旋转多轴咬合围护桩墙的支撑层数可以减少，达到降低造价、方便和加快施工的目的。

地下连续墙技术是目前在多层地下室、地铁开挖等超深度基坑中最安全可行和应用最多的方法。据初步计算，可旋转多轴钻孔灌注砼咬合桩墙的抗弯能力在常规配筋条件下，要比地下连续墙刚度提高6倍，抗弯能力提高2倍，而配筋量减小一半，综合造价也仅为地下连续墙的一半。因此在起深开挖基坑中，可旋转多轴钻孔灌注咬合桩墙相比传统围护墙，在施工速度、施工机具和方法的简便、围护墙的刚度与受力、围护造价等方面，具有显著优势，体现了其先进性[3]。

可旋转多轴钻孔咬合桩墙的成桩工艺属常规的钻孔灌注桩，因此原则上适合各种土质中需抗大侧向力的基坑工程、护坡工程、道桥工程、河堤港口等土木工程的各领域。

三、可旋转多轴咬合围护桩墙的做法

(一)可旋转多轴钻孔咬合桩墙的做法

根椐受力的多轴咬合桩的分布间距和帷幕的各种做法，可根据围护工程的需要打设成如图2所示各种形式的可旋转多轴咬合围护桩墙。

(二)可旋转多轴钻孔咬合桩墙围护的结构形式

在超深基坑中，可旋转多轴钻孔咬合桩墙结合内支撑，可形成完整的墙与撑围护结构体系，也可结合多层锚杆形成墙与锚围护结构体系，还可内撑与锚杆混合使用，形成墙与撑、锚复合围护结构体系(图 3)。在土木工程的其他领域，它还作为悬臂抗侧桩墙或加锚杆的抗侧桩墙，应用在诸如护坡、港口河堤等工程中(图 4、图 5)。

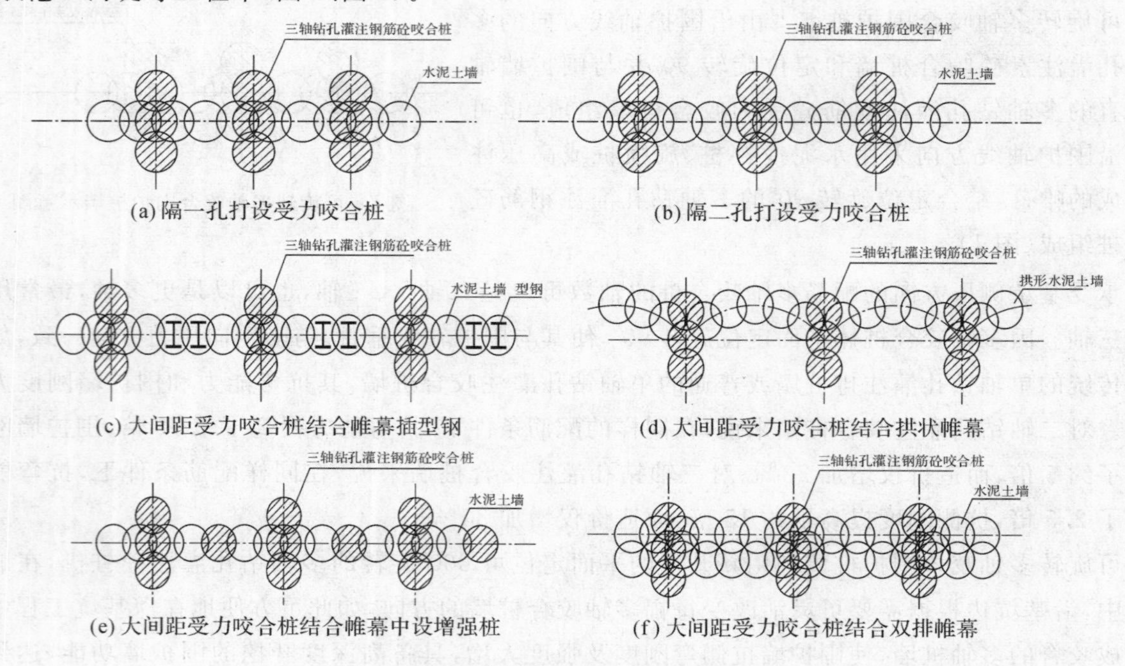

(a) 隔一孔打设受力咬合桩　(b) 隔二孔打设受力咬合桩

(c) 大间距受力咬合桩结合帷幕插型钢　(d) 大间距受力咬合桩结合拱状帷幕

(e) 大间距受力咬合桩结合帷幕中设增强桩　(f) 大间距受力咬合桩结合双排帷幕

图 2　可旋转多轴咬合围护桩墙的各种形式

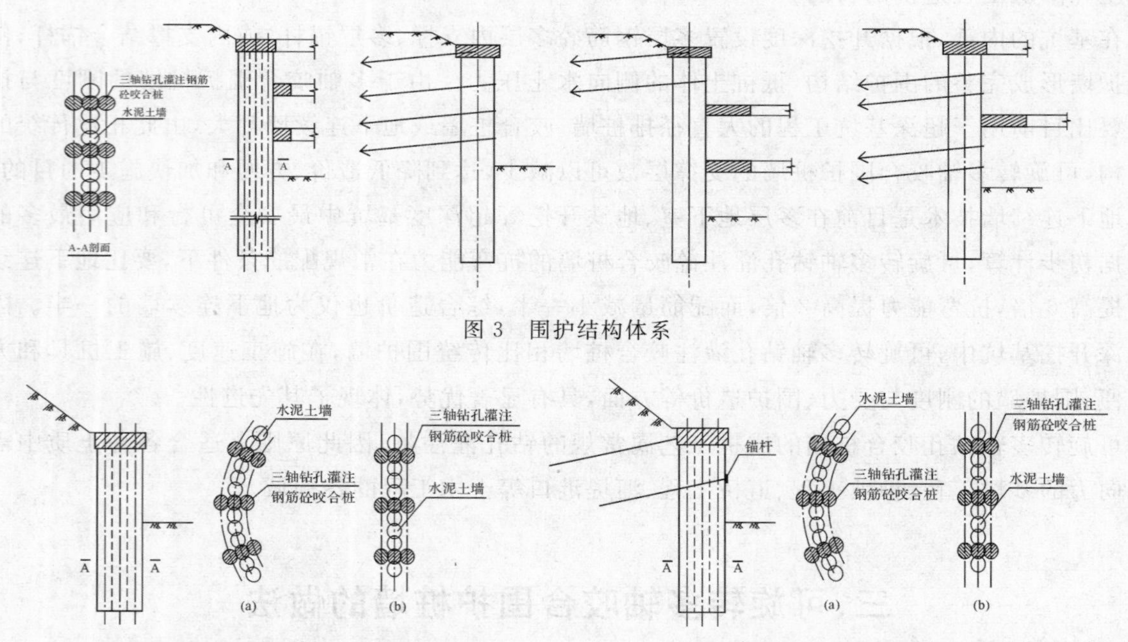

图 3　围护结构体系

图 4　多轴咬合桩形成的悬臂式围护形式　　图 5　多轴咬合桩结合锚杆在港口支护中的应用

(三)多轴钻孔咬合受力桩的截面配筋做法

可旋转多轴钻孔咬合桩墙采用新研发的特殊三轴咬合钻孔桩机，旋转使沿围护受力方向打设咬合三孔，放入整体钢筋笼，浇灌砼后形成三圆咬合的整体抗弯剪截面，结合截面两头的受力主配筋，使截面的抗侧刚度和抗弯剪强度增大。受力咬合桩的截面配筋如图 6 所示。

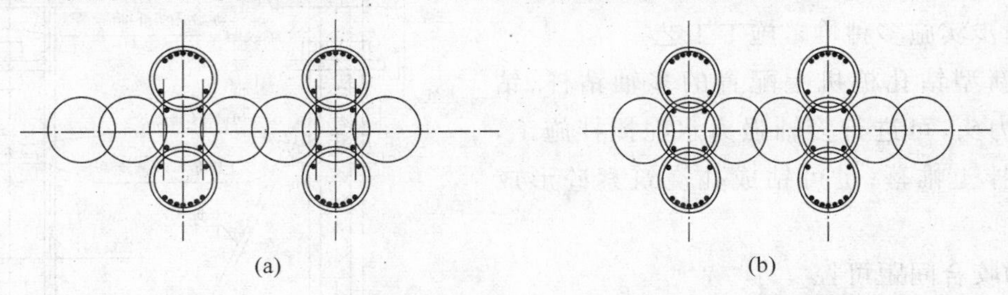

图 6　多轴咬合桩的配筋形式。(a)双箍加连接筋法；(b)三箍相扣做法

四、多轴可旋转咬合围护桩墙的施工工法

(一)咬合围护桩墙的成墙方式

根据土质情况、开挖深度、周边环境状况、施工要求等，可采用不同的方式施工可旋转多轴咬合桩围护墙：

(1)先打设水泥搅拌桩帷幕，同步旋转间隔打设多轴受力咬合桩形成围护墙；也可先打设低标号素砼帷幕桩，再同步旋转打设多轴受力咬合桩形成围护墙。

(2)先间隔打设多轴受力咬合桩，施工完成后，再在受力咬合桩间打设旋喷桩帷幕，形成围护墙。

(3)先间隔打设多轴受力咬合桩，开挖过程中，在咬合桩外挂钢筋网喷射砼，使之形成围护墙。

(二)受力咬合围护桩墙的成桩方式

通常可旋转多轴受力咬合桩施工方式与普通单轴钻孔灌注桩相同，采用泥浆护壁，水下浇灌砼工艺，即沿围护受力方向打设咬合三孔 → 清孔→放入整体钢筋笼→水下灌注混凝土。

根据土质情况，多轴受力咬合桩的成孔方式可以采用泥浆护壁的常规多轴钻成孔(图 7(a))，也可采用多轴旋挖钻成孔(图 7(b))或多轴长螺旋钻成孔(图 7(c))。

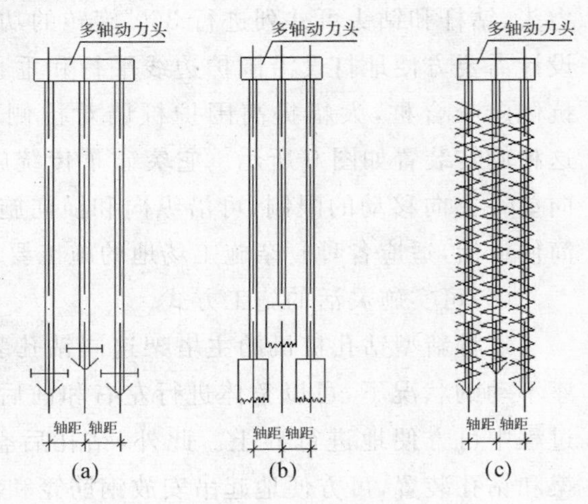

图 7　多轴受力咬合桩的成孔方式

(a)先帷幕再咬合桩；(b)先咬合桩再旋喷桩帷幕；(c)咬合桩结合钢筋网喷射砼

五、多轴可旋转咬合围护桩墙的施工设备研发

针对可旋转多轴咬合桩围护墙的施工需要，我们研发了专用打桩机，解决了可旋转多轴咬合桩围护墙的施工机械问题，并获得了国家专利[4]。该新研发的打桩机具有如下特点(图 8)。

(1)可实施新型的咬合多孔施工工艺

在这种新型钻孔桩机上配置了并列的多轴钻杆、钻头和多轴动力头。此处多轴一般为双轴或三轴，根据需要也可为四轴或更多轴(以下均以三轴为例进行说明)。如此钻孔放入钢筋笼，浇灌砼后一次形成截面为多孔咬合的圆柱桩体。

(2)可同步实施多种帷幕施工工艺

在这种新型钻孔桩机上配置的多轴钻杆、钻头和多轴动力头,可进行多轴强力水泥搅拌施工,形成水泥搅拌土帷幕;也可钻成孔浇筑素砼形成砼帷幕。

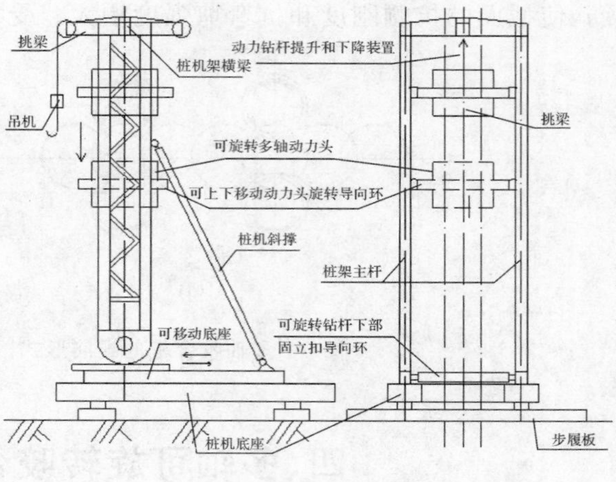

(3)多轴咬合间距可控

这种新型钻孔桩上配置的多轴动力头,其输出轴间距是可以调整的。多轴钻杆的间距可进行调整,结合配置钻头直径的变化,可根据设计需要打设各种直径和咬合尺寸的多轴咬合桩。

图 8　打桩机结构示意图

(4)钻孔方式多样化

这种新型钻孔桩机可根据不同的土性,多项选择其钻孔的方式。可在动力头不变的情况下,配置不同的钻头和钻杆,形成普通的多轴孔咬合泥浆护壁钻孔桩机、多轴孔咬合旋挖钻机、多轴孔咬合长螺旋钻机和短螺旋钻机。

(5)可旋转的动力钻进系统

这种新型钻孔桩机具有桩机主架不动,而桩多轴动力头、钻杆和钻头可并列进行 360°旋转的功能,可以根据设计需要方便地打设沿围护边线平行和垂直的帷幕桩和抗侧向咬合桩,大幅提高围护桩墙对抗侧刚度和强度。这种旋转装置如图 9 所示。它突破了传统施工设备只能向单一方向移动的限制,可沿纵向和横向施工,施工更加简便灵活,适应各种复杂施工场地的施工要求。

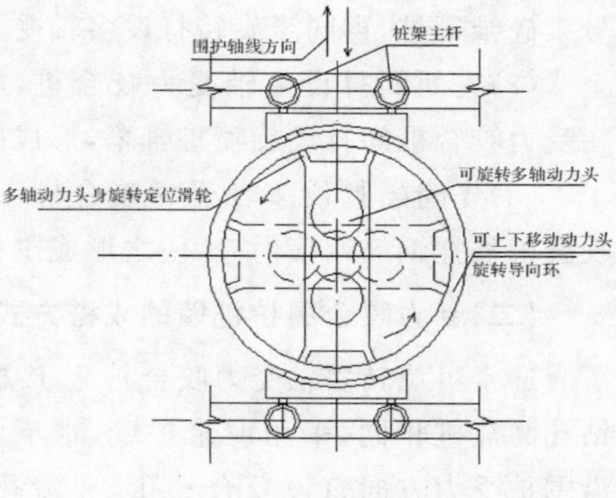

图 9　钻孔桩机的旋转装置

(6)可实施灵活的施工方式

这种新型钻孔桩机的主塔架连同钻孔装置在桩机底座不动的状况下,可以整体进行左右和前后移动,在钻孔过程中可方便地进行弃土。此外,钻孔后整体移开主塔架和钻孔装置,可方便地起吊安放钢筋笼和浇灌桩砼。

(7)底座形式多样化

这种新型钻孔桩机的底座可以是一般的履带式、步履式或轨道式和汽车式。桩机的整机可以前后左右移动和转弯。

六、可旋转多轴咬合围护桩墙的研发内容及成果简介

(一)可旋转多轴咬合围护桩墙的试验研究简介

这是一种新型抗侧桩体形式,在对其抗弯剪承载力进行理论分析的基础上,我们进行了四次试验,以对理论分析结果及实际承载力进行验证。图 10 为试验构件制作、抗弯剪破坏试验的过程和试件裂缝开展及破坏的试验现场照片。

图 10 试验现场照片

通过模型试验得到了三轴钻孔咬合桩正截面抗弯承载力、斜截面抗剪承载力及各级荷载下构件挠度和钢筋应力值，用以验证理论分析的正确性。对比建立的三轴钻孔咬合桩正截面抗弯承载力计算公式、斜截面抗剪承载力计算公式和抗弯刚度公式，得到如下结论：

(1)正截面抗弯承载力试验结果比理论计算结果要大 50%以上，所以理论公式是比较保守的，偏于安全的，是符合概率极限状态设计法要求的。该理论公式可以作为三轴咬合桩截面设计的计算公式。

(2)斜截面抗剪承载力的试验结果比理论计算结果要高出 25%，所以理论结果也是偏于安全的，可以作为截面抗剪承载力的验算公式。

(3)通过构件试验挠度和理论挠度的对比可知，随着荷载的变化，理论值和试验值的差值也不断变化。总体来说，随着荷载的增加，理论值与试验值的差值越来越小。

(二)可旋转多轴咬合围护桩墙的研发内容及成果简介

可旋转多轴咬合桩围护墙技术的研发内容及成果如下：

(1)三轴咬合桩截面的力学特性的理论研究。利用现行计算机分析手段和传统力学分析手段探讨这种特殊截面的抗弯和抗剪性状，完成了截面抗弯剪性状理论研究，建立了这种特殊截面抗弯剪钢筋砼构件的截面配筋设计计算方法。

(2)桩体进行的抗弯剪强度试验研究。对这种特殊截面的抗弯构件，制作了缩小比例尺度的实体三轴咬合钢筋砼桩体构件，对其进行了抗弯和抗剪强度的试验研究。主要研究在侧向荷载作用下桩体的抗弯剪性状，检测桩体构件的横向变形及裂缝的开展过程和规律，检测桩体构件的破坏形式及极限抗弯剪承载力，用以验证和拟订这种特殊抗侧构件的截面配筋设计计算方法。

(3)可旋转多轴咬合桩围护墙的受力、变形及稳定性研究。针对常见的土性，对各种组合的可旋转多轴咬合桩围护墙的受力、变形及稳定性进行研究，拟订相应的围护设计计算方法。

(4)研究这种特殊咬合圆截面的配筋方式。针对这种特殊咬合圆截面拟定其配筋方式，确定这种钢筋笼的制作方法和成桩过程的现场安放步骤，拟订质量检验标准。

(5)研究这种特殊三轴咬合桩的泥浆护壁和砼的浇灌问题；针对常见的土层，研究这种特殊钻孔的泥浆护壁问题；研究放置钢筋笼后，这种特殊钻孔桩的砼浇注问题以及相应的质量控制标准问题。

(6)可旋转多轴咬合桩围护墙专用成墙设备的研发。对这种可旋转多轴咬合桩围护墙，仍采用目前已很成熟的泥浆护壁成孔，放入钢筋笼后再水下浇灌砼成桩的技术。对此研发打设多轴咬合钻孔成墙的专用设备，这种设备具备打设多轴咬合桩，可方便地旋转改变方向；可以打设多轴水泥搅拌桩，也可打设泥浆护壁多轴咬合孔；放入钢筋浇灌形成钢筋砼受力桩，或不放钢筋浇灌素砼形成帷幕[5]。

七、可旋转多轴咬合围护桩墙的技术经济指标

(一)可旋转多轴咬合围护桩墙与地下连续墙对比

以软土中20m基坑开挖为例，均设四层支撑，围护墙计算最大弯矩沿基坑每延米达2100kN·m。图11(a)为采用桩距为2m的3ϕ800咬合桩墙，帷幕为双排直径850mm的三轴水泥搅拌桩做法；图11(b)为1000mm厚地下连续墙做法。

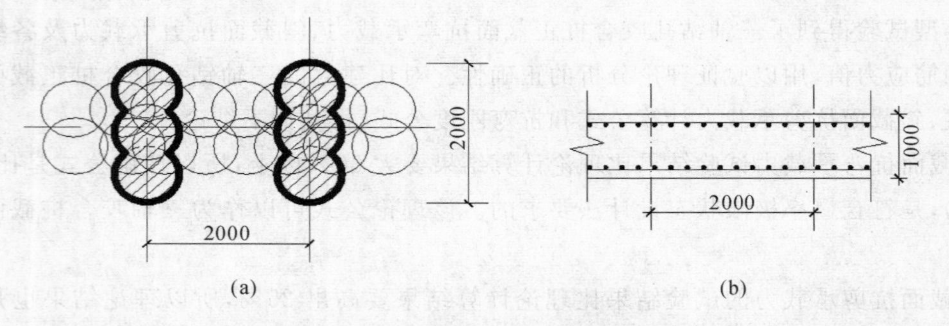

图11 (a)三轴咬合桩桩端墙做法；(b)地下连续墙做法(单位：mm)

(1)可旋转多轴咬合桩墙

桩距2m，承受弯矩4200kN·m，沿竖向每米每边需配置Ⅲ级钢14ϕ25，中间4ϕ16架立筋，箍ϕ8@200，加劲箍ϕ16@2000，竖向每米总用钢量118kg，市场价约413元；沿竖向每米混凝土用量是1.4m³，按400元/m³来计，市场价约560元；桩距2m区段水泥搅拌桩帷幕1.89m³，市场价约470元。可旋转多轴咬合桩墙2m区段沿竖向每米的工程直接费用为1443元。

(2)地下连续墙

2m区段1000mm厚地下连续墙，竖向每边需配置Ⅲ级钢ϕ28@80，水平配置ϕ20@200，沿竖向每米墙用钢量590kg，市场价约2100元；2m区段1000mm厚地下连续墙，沿竖向每米混凝土用量是2m³，按400元/m³米计，市场价约800元。地下连续墙2m区段沿竖向每米的工程直接费用为2900元。

(3)可旋转多轴咬合桩墙与地下连续墙对比

从用钢量对比来看，可旋转多轴咬合桩围护墙与地下连续墙用钢费用相差约5倍。

若不计咬合桩墙的成孔费用和地连墙的成槽费用，咬合桩墙的费用比地下连续墙费用约节约30%。

由于可旋转多轴咬合桩抗弯刚度和强度要比地下连续墙大得多，支撑层数可以减少，可进一步减少地下工程施工工期，节约造价。

(二)可旋转多轴咬合围护桩墙与传统钻孔排桩墙相比

在造价相同(截面面积相同和纵筋配筋相同)的前提下，对比可旋转多轴咬合桩墙和传统钻孔排桩墙截面承载力：

(1)抗弯承载力：可旋转多轴咬合桩墙较传统钻孔桩提高超过50%；

(2)截面抗剪:可旋转多轴咬合桩墙较传统钻孔桩有所降低,但幅度很小,约 10%;

(3)抗弯刚度:可旋转多轴咬合桩墙的抗弯刚度是传统钻孔桩的两倍以上。

由以上对比可知,可旋转多轴咬合桩墙具有比传统大直径钻孔排桩墙更好的抗侧强度、刚度和技术经济指标。

八、结　论

针对目前基坑工程开挖深度越来越大的趋势,可应对的围护技术仅是造价昂贵的地下连续墙、大直径的钻孔排桩墙或咬合桩墙,寻求更经济合理的围护墙技术势在必行。可旋转多轴咬合桩墙是针对超深基坑工程开发的新技术,也可作为土木工程其他领域的抗侧桩墙。据上所述,鉴于其独特的技术经济指标,对此技术进行研发和推广,必将产生很好的经济和社会效益。

可旋转多轴咬合桩围护墙技术是 2012 年杭州市建委正式立项的重点科研开发项目,我们就该围护墙技术的的抗弯和抗剪性状利用现行计算机程序建模进行了分析,得出其截面力学性状及变化规律,并与按传统力学和钢砼结构学分析手段推导的结果进行对比,探讨了这种特殊截面的抗弯和抗剪性状,建立了设计计算方法;对采用这种多轴咬合桩的各种组合所形成的围护墙,在基坑围护施工的各工况下,对其受力、变形和稳定性进行研究分析,确立了设计计算方法;对这种特殊截面的桩体进行实体抗弯和抗剪强度的破坏性试验研究,用以验证理论分析结果和所建立设计计算方法的正确性。为可旋转多轴咬合桩围护墙技术建立了一套较完整的施工工艺和质量控制体系,并研发了专用成墙施工设备。

可旋转多轴咬合桩围护墙技术是一项系列发明,就可旋转多轴咬合桩围护墙技术及专用设备的研发已获 3 项国家专利,申报并正审核 1 项发明专利。可旋转多轴咬合桩围护墙技术已于 2015 年 4 月正式通过杭州市建委组织的重点科研项目鉴定验收。

参考文献

[1] 严平. 可旋转多轴钻孔灌注砼咬合围护桩墙. 实用新型专利 ZL200920114091.6.

[2] 严平. 可旋转双轴钻孔咬合抗侧向力围护桩墙. 实用新型专利 ZL200720133235.3.

[3] 姚远涛. 三轴钻孔咬合桩承载力性能研究. 硕士学位论文,浙江大学,2010.

[4] 严平. 多功能可旋转多轴咬合钻孔桩机. 实用新型专利 ZL201320009197.6.

[5] 严平,等. 深基坑工程中横向多轴钻孔咬合灌注桩围护墙技术的开发研究. 研究总报告.

超深基坑植入预制巨型空腹围护桩墙技术的研发

严　平

(浙江大学建筑工程学院,杭州,310058;杭州南联土木工程科技有限公司,杭州,310013;
杭州南联地基基础工程有限公司,杭州,310013)

摘　要:本文提出了适用于深基坑的植入预制巨型空腹围护桩墙这一新型围护桩墙技术,系统地阐述了桩墙做法、适用范围、施工工法及机械设备的研发,对巨型空腹桩这一桩型进行了详细描述,与常规基坑围护墙进行了经济分析、对比。

关键词:深基坑围护工程;巨型空腹桩

一、概　述

基坑围护是目前岩土工程的热点,随着城市建设发展和汽车时代的到来,目前明显呈现两个趋势:一是大范围的一层或二层地下基坑工程的大量出现;二是地下围护工程趋向开挖越来越深,超深基坑的数量越来越多。然而应对的围护桩墙技术很有限,软土中常用的仅是传统钻孔灌注排桩和咬合桩墙,或是地下连续墙。这些传统围护墙存在施工复杂、影响质量因素多、施工速度慢、造价高等缺点,更致命的是,在成桩墙中将产生3倍以上桩孔体积的泥浆,它污染环境,与城市建设可持续发展方向相悖。因此,泥浆外运处理是一个亟待解决的严峻问题。若泥浆问题不解决,可预言这些传统技术将被限制使用甚至淘汰。

植入式围护桩墙是能克服以上缺点的新型围护墙。植入式围护桩墙分为两类:一类是新近从日本引进的植入可回收型钢围护墙(SMW工法);一类是国内自主研发的植入式预制钢筋砼围护桩墙技术,它包含了适用于1～3层地下室基坑围护的植入预制钢筋砼工字围护桩墙(SCPW工法)、适用于1层地下室基坑围护的植入预制钢筋砼空心菱形围护桩墙、适用于高深地下基坑围护的植入预制钢筋砼巨型空腹围护桩墙等。最近从日本引进的渠式切割水泥土连续墙(简称TRD工法),主要适用于打设深层止水帷幕,也可发展成植入式桩墙,其可植入可回收型钢,也可植入一次性不回收的预制钢筋混凝土桩体,但造价相对昂贵。

植入式预制钢筋砼围护桩墙采用工厂化生产的预制预应力钢筋砼构件,采用高强度钢棒配筋和高标号砼浇筑,蒸气养护,避免了传统钻孔桩或地下连续墙需采用质量控制难度大的泥浆护壁、水下浇筑砼等复杂工序,因此植入式预制钢筋砼围护桩墙具有更好的质量保证。

植入式预制钢筋混凝土桩墙中,桩体作为一种抗侧构件,和传统的钻孔灌注桩一样,通过上述植桩方法,原则上适用于各种常见工程地质条件下的基坑围护工程,尤其适合土质差、需要桩墙围护的深浅基坑工程中。

本文主要介绍适用于超深基坑工程的植入预制钢筋砼巨型空腹围护桩墙技术[1]，除基坑工程外，其还可作为悬臂抗侧围护墙，或结合传统的锚杆技术，推广适用于土木工程的各领域，如各种山体护坡工程、港口码头工程、河海护堤工程、道桥护坡工程等。

二、植入预制巨型空腹桩墙技术的做法

植入式预制钢筋砼围护桩墙[2]工法采用专门的施工桩机，搅拌松动土体，使之形成流塑状水泥土，在水泥土初凝之前利用静力压桩系统植入预制钢筋混凝土围护桩体，若遇局部较难植桩处，可采取配置的高频振动辅助压桩，达到设计要求。水泥土凝结之后，与预制桩共同形成复合止水挡土围护桩墙结构，结合内支撑、锚杆或其他结构形成完整的围护体系。

（一）植入式围护桩墙的预制巨型钢筋砼桩

植入式预制钢筋砼围护桩墙工法中，植入的预制钢筋混凝土桩体截面具备良好的抗弯剪性状，而且截面积小，作为预制构件重量轻，便于运输和起吊植入，造价低。

图 1 是截面高达 1.5m 以上的巨型空腹桩。预制钢筋混凝土巨型空腹桩的桩身抗侧刚度大，抗弯强度高。以单列三孔空腹桩为例，矩形截面尺寸 500mm × 2000mm，截面积相当于直径 750mm 的实心圆桩，但抗弯强度相当于直径 2000mm 的钻孔桩，约是常规 800mm 的厚地下连续墙的 3 倍，而造价仅为之一半。

图 1　预制钢筋砼巨型空腹桩

植入式预制钢筋砼围护桩墙采用工厂化生产的预制预应力钢筋砼构件，采用高强预应力钢棒配筋，C50 以上标号的砼，蒸气养护，生产速度快（3 天可拆模起吊），因此桩身质量可靠。

（二）植入预制钢筋砼巨型空腹桩的接桩做法

由于吊装和运输的原因，每根预制空腹桩长有限制，因而需现场进行接桩[3-4]。对于需接桩的工程，若预制桩采用模具张拉法生产，接桩方法是在桩头预埋张拉钢板，预应力钢棒与钢板墩头卡接，上下桩头通过钢板焊缝连接（图 2）。图 3 是采用模具张拉法生产的预制巨型空腹桩的接头做法。若预桩桩采用台座张拉长线法生产预制桩，接桩方法是在桩头预埋传力钢筋，通过上下桩头绑焊钢筋达到接桩的目的（图 4）。

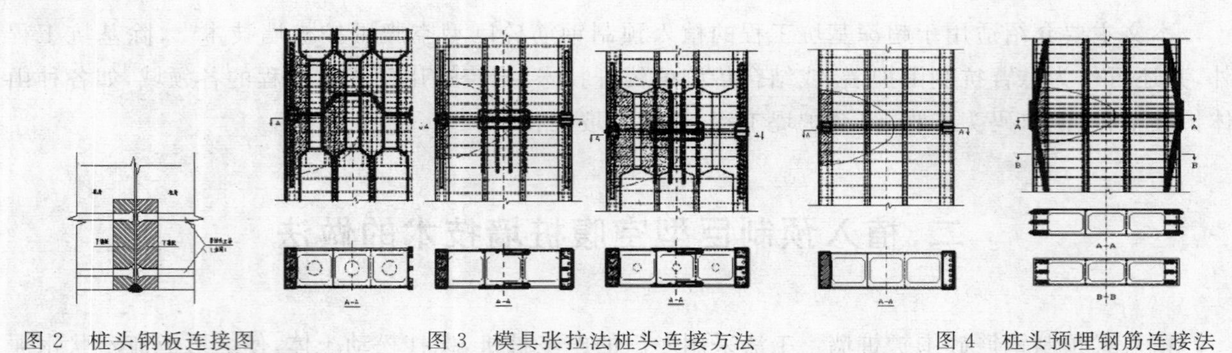

图 2　桩头钢板连接图　　图 3　模具张拉法桩头连接方法　　图 4　桩头预埋钢筋连接法

(三)植入预制钢筋砼巨型空腹桩墙做法

根据不同土层、开挖深度及打设空腹桩的方法,可形成不同的植入式巨型空腹围护桩墙(图 5)。

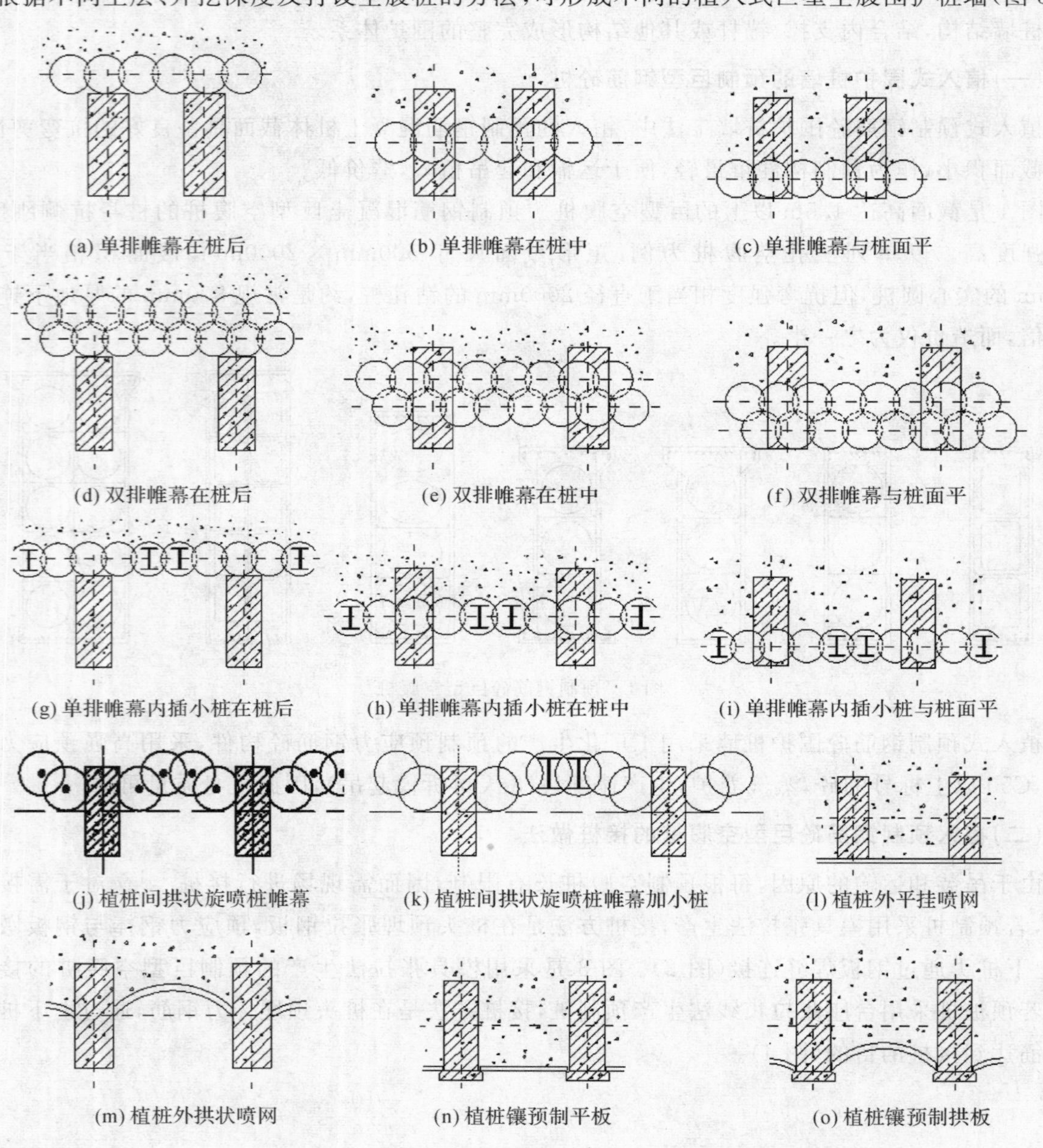

图 5　各种植入式巨型空腹围护桩墙

（四）植入预制钢筋砼巨型空腹桩墙围护结构形式

植入式预制钢筋砼巨型空腹围护桩墙结合内支撑、锚杆或支撑与锚杆混合，形成完整的围护结构体系（图 6）；它也可作为悬臂抗侧围护墙，或结合传统的锚杆技术，推广适用于土木工程的各领域，如各种山体护坡工程、港口码头工程、河海护堤工程、道桥护坡工程等。

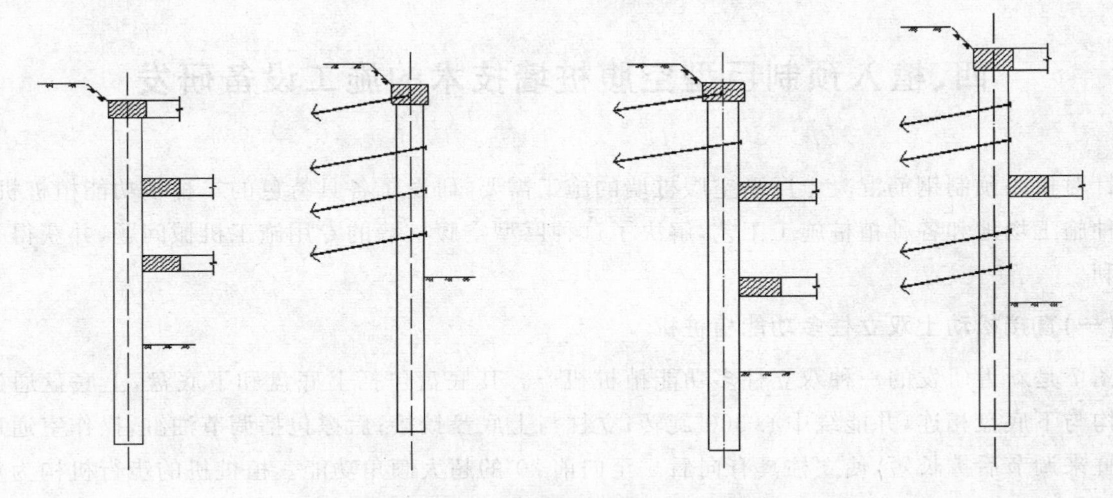

图 6　植入预制巨型空腹桩墙围护结构形式

三、植入预制巨型空腹桩墙技术的施工工法

根据基坑围护开挖深度、土层状况、预制桩体的截面形状、挡土止水帷幕的做法等状况，研发了植入式巨型空腹围护桩墙的成墙方法[5]。

（一）松动土植桩法

对于预制钢筋混凝土空心菱形桩和巨型空腹桩，可以利用空心桩孔，借助专门开发的植桩机，将水泥高压旋喷桩管直接插入孔内并落出桩尖，启动高压旋喷松动土层，一边向下旋喷一边植桩，直至设计标高。对巨型空腹桩，可根据空腹数选配多根组合高压旋喷桩管植桩。对需止水土层，可结合旋喷桩形成围护桩墙；对无需止水土层，也可采用挂网喷射混凝土或镶预制板护面成墙。

对粉砂土层，研发了采用特制的振冲头进行多管组合水泥振冲松动土植桩成墙。

（二）预成孔植桩法

对于较硬土层，可采用预成孔植桩法，其原理是利用钻机或成槽机采用水泥浆护壁成孔或槽，植入预制钢筋混凝土桩凝结后成墙。对于不会塌孔的好土层，也可干成孔（槽）植桩，再注水泥浆成墙。对预制巨型空腹桩，采用特制类似地下连续墙成槽机成槽植桩。

对于植入巨型空腹桩围护墙，若土层有止水要求，当强力水泥搅拌桩能搅动时，可先进行水泥搅拌桩帷幕施工，然后用成槽机成槽植入空腹桩成墙；当强力搅拌松动土有难度时，可先成槽植入空腹桩，然后用旋喷桩形成帷幕。对无需止水土层，也可采用挂网喷射混凝土或镶预制板护面成墙。

（三）直接植桩法

对于可利用静压、振动或锤击能将预制桩进入土层设定标高，并不会因为挤土、施工噪音等影响周边环境的围护工程，可采用直接植入法。对需止水土层，可结合旋喷桩形成围护桩墙；对无需止水土层，也可采用挂网喷射混凝土或镶预制板护面成墙。

预制植入式桩墙中桩体作为一种抗侧构件，和传统的钻孔灌注桩一样，通过上述植桩方法，原则上适用于各种常见工程地质条件下的基坑围护工程，尤其适用于土质差、需要桩墙围护的深浅基坑工程。

四、植入预制巨型空腹桩墙技术的施工设备研发

针对植入预制钢筋混凝土巨型空腹桩墙的施工需要，研发了各具特色的二种多功能植桩机，适应各种施工场地和各种植桩施工工艺，解决了这种巨型空腹桩墙的专用施工机械问题，并获得了国家专利。

（一）直接松动土双立柱多功能植桩机

图 7 是新近研发的一种双立柱多功能植桩机[6]。其底盘包括上底盘和下底盘，上底盘通过旋转机构与下底盘相连，并能绕中心 360°旋转；立柱与上底盘铰接；后撑包括调节油缸，操作室通过调节油缸来调节后撑长短，使立柱具有向后 5°至向前 20°的超大倾角功能。植桩机的步行机构为步履移动机构，行走步履上设置双底盘结构，这在目前同类桩机中属于首创。

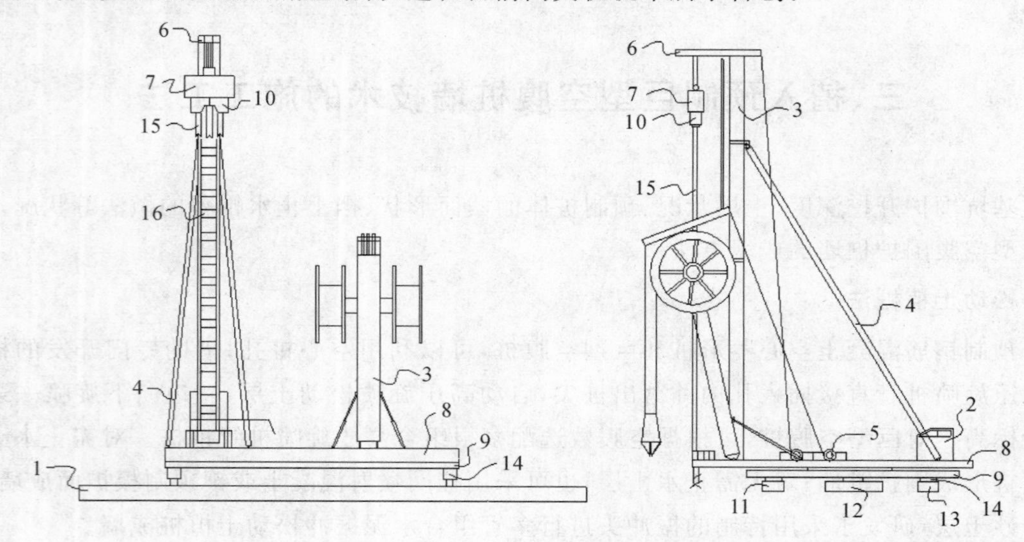

图 7　双立柱多功能植桩机

1：步行机构；2：操作室；3：立柱；4：后撑；5：卷扬机；6：天车；7：作业机具；8：上底盘；9：下底盘；10：多功能夹头；11：前步履；12：中步履；13：后步履；14：升降油缸；15：钻杆；16：滑轨；17：旋喷头

（二）直接松动土三立柱多功能植桩机

图 8(a)是新近研发的另一种三立柱多功能植桩机，并获得了国家专利[7]。该植桩机通过在双底盘上设置三个并排的立柱，使钻孔、压桩两个工序集成在一台施工机械上，减少了施工机械数量，实现了工序一体化；其次，三立柱间可以分别安装具有不同功能的机具设备，同时多轴动力头可以进行双轴、三轴或多轴施工，适应性强；再次，施工时多轴动力头可以进行 360°旋转（图 8(b)），突破了传统施工设备只能向单一方向移动的限制；最后，上底盘可以 360°旋转并完成相应的功能作业，能适应各种复杂的施工场地。

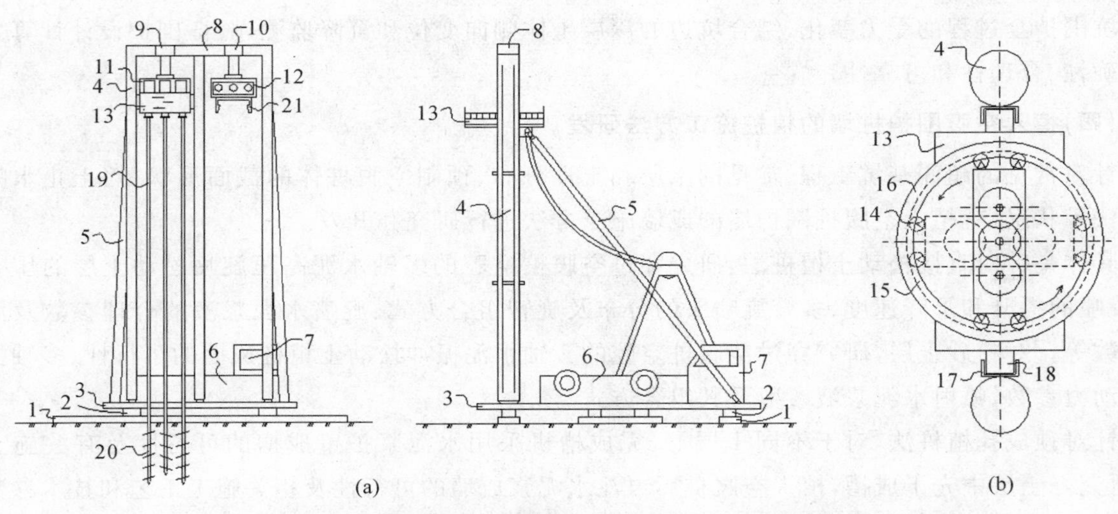

图 8 (a)三立柱多功能植桩机;(b)多轴动力头旋转示意

1:步履;2:油缸;3:双底盘;4:立柱;5:后撑;6:卷扬机;7:操控室;8:横梁;9:第一组滑轮组;10:第二组滑轮组;11:多轴动力头;12:振动锤;13:转向框架;14:定位滑轮;15:内置滑道;16:旋转导向环;17:立柱上滑道;18:滑块;19:多联钻杆;20:多联钻头;21:夹具

五、植入预制巨型空腹桩墙技术的研发简介

(一)预制空腹桩截面受力性状研究

针对植入的各种巨型空腹截面桩的抗弯剪性状和截面稳定性进行了理论研究和分析,具体对这种空腹桩的截面形状、空腹区的排列、矩形截面长边两头的加厚区和腹壁尺寸、截面的配筋形式、高强度预应力钢棒的配置及强度发挥、截面抗弯性状、截面抗剪性状、空腹壁的受力及稳定、水泥土充填空腹桩后桩体截面形状的变化等开展研究。

研讨各种巨型空腹截面桩在制作、吊装、植入及围护阶段的桩体受力和变形性状,研究作为临时围护桩体与常规抗弯剪构件之区别以及制作中施加预应力的功效,提出了适用预制钢筋砼抗侧围护桩的截面配筋设计理论,建立了截面配筋的设计计算方法,并对这些结论进行大型实体抗弯剪破坏性试验来验证。

(二)预制空腹桩的接桩方法和受力性状研究

在深基坑工程中,由于运输吊装的原因,单根预制桩受长度限制(≤15m),通常需在现场植桩中接桩。针对采用钢模张拉法或台座张拉长线法制作的各种植入桩研发了相应的接法方法,具体是对这种预制钢筋砼空腹桩连接方法的接头处各连接件的受力性状、传力方式、接头处砼的受力状况及加固方式、焊缝的受力状况以及接头在承受弯矩和剪力状况下的同步受力问题、接头各部件的设计计算理论和方法开展研究。

对预制钢筋砼空腹桩接头的抗弯剪强度性状,除进行理论分析、提出设计计算方法、确定接桩现场施工操作及验收标准外,进行大型实体破坏性抗弯剪试验,用以验证接桩技术的可靠性。

(三)植入空腹围护桩墙的设计计算方法和受力性状研究

针对常见的超深基坑工程,常见的土性状况,常用的内支撑、锚杆或撑锚组合结构,研究合理的围护结构体系受力和稳定分析方法。通过实际工程中在桩体、层层支撑和围图梁中埋设钢筋计,监测基坑围护全过程的受力变化，结合坑边的深层土体侧向变位和沉降监测，验证围护设计计算方法的正确性、合理性和可靠性。

（四）植入空腹围护桩墙的植桩施工方法研发

针对常见的超深基坑工程、常见的土层和土性分布、预制空腹桩体的截面形状、挡土止水帷幕的做法等状况，就植入空腹桩围护墙的成墙施工方法进行研究和开发。

具体是针对直接松动土植桩法，研究穿过空腹桩空腔的多轴水泥高压旋喷松动土层的压力大小、旋喷的提升和下降速度、多管旋喷头的分布及旋转组合方式、旋喷水泥浆液的合理参数及添加剂参数等。对粉砂土层，研究穿过空腹桩空腔的多轴水泥振冲松动土植桩成墙的可行性、多轴振冲器的动力参数、喷射水泥浆液参数及其组合方式。

针对预成孔植桩法，对于不同土层，研究成槽机采用水泥浆护壁成槽的可行性及有关施工参数，研究好土层中先干成槽，植入空腹桩后再注水泥浆成墙的可行性及相关施工工艺和技术参数。

针对直接植桩法，研究直接植桩的可行性及适用土层、植桩所需的静压或振动的动力参数、植桩将产生的挤土效应等。

研究水泥土挡土止水帷幕的做法以及对植入空腹桩的影响；研究现场空腹桩的接桩施工方法、施工速度、质量控制和验收标准。

（五）预制桩体工厂化生产的研发

针对桩体模具张拉生产法和台座长线张囊拉生产法，就桩体钢模板的制作、施加预应力方法、钢筋笼的机械化制作、空腹桩的滑模或充气囊模制作工艺的研发、砼的输送和蒸气养护、接桩头预埋件及保证制作精度等展开了研究，解决了制桩中出现的问题，建立和完善了整套生产制作方法和质量控制体系。

（六）植入空腹围护桩墙的植桩机械研发

针对植入空腹桩围护墙的各种成墙施工方法，研发了相应的植桩设备，具体是研究植桩设备钻杆的快速连接、多轴钻杆旋喷头或振冲头的构造和组合、成桩机的主机架的形式和行走系统、机架自主吊装系统及稳定性、钻杆旋转和上下运动的动力系统、静压和振动植空腹桩系统、水泥浆的制备和输供系统等。

六、植入预制巨型空腹桩墙的技术经济指标

目前国内外用于超深基坑工程的围护墙仅是地下连续墙，在国内也有用钻孔灌注咬合桩墙和大直径钻孔排桩墙。这几种围护墙在成桩墙中产生约3倍墙体积的泥浆需外运处理，污染环境，与城市建设可持续发展方向相悖，而且施工复杂、影响质量因素多、施工速度慢、造价高。植入预制钢筋混凝土巨型空腹桩墙正是为克服上述传统围护墙技术的缺点而研发的，是一种适用于超深度开挖的新型围护墙技术。现以在软土中开挖20m的超深基坑为例，将植入预制钢筋混凝土巨型空腹桩墙与目前最常用的地下连续墙作对比，以说明植入巨型空腹桩墙在技术经济指标上的优势。

图9中是采用桩距为2m的600mm×2000mm（宽×高）植入预制巨型空腹桩墙，帷幕为双排直径850mm的三轴水泥搅拌桩做法，与之相对比的是图10的1000mm厚地下连续墙。若该基坑均设四层支撑，围护墙计算最大弯矩沿基坑每延米达2100kN·m。现对比这两种围护墙的用料和造价。

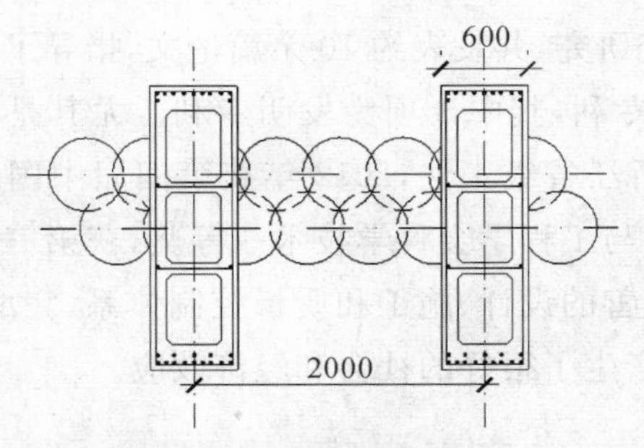

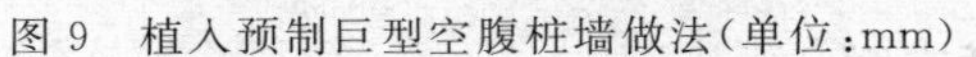

图 9　植入预制巨型空腹桩墙做法(单位:mm)

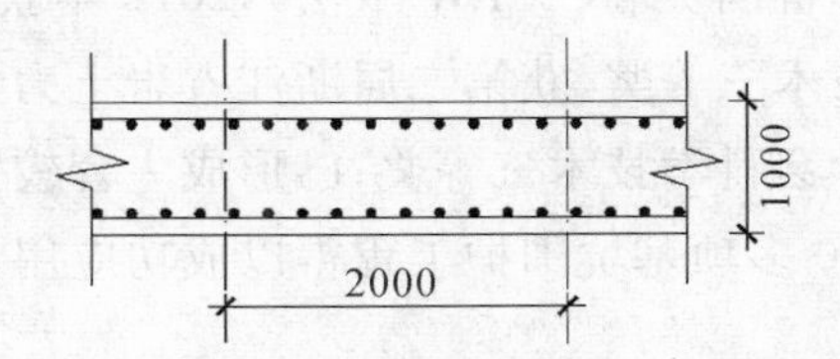

图 10　地下连续墙做法(单位:mm)

1. 对比用钢量和造价

桩距 2m 的 600mm×2000mm(宽×高)预制巨型空腹桩承受弯矩 4200kN·m,采用直径 10.7 钢棒,沿竖向每米每边需配置 20ϕ10.7,二边配筋包括箍筋重 40kg,市场价约 200 元(按材料和加工费 5000 元/吨计)。而对于 2m 区段 1000mm 厚地下连续墙,竖向每边需配置Ⅲ级钢 ϕ56@80,水平配置 ϕ20@200,2m 区段沿竖向每米墙用钢 590kg,市场价约 2100 元(按材料和加工费 3500 元/吨计)。后者用钢费用约为前者的 10 倍。

2. 对比混凝土及帷幕用量和造价

桩距 2m 的 600mm×2000mm(宽×高)预制巨型空腹桩,沿竖向每米混凝土用量是 $0.5m^3$,若按 400 元/m^3 计,市场价约 200 元。植入巨型空腹桩需水泥搅拌桩帷幕,桩距 2m 区段水泥搅拌桩帷幕 $1.89m^3$,市场价约 470 元(按材料和加工费 250 元/m^3 来计)。2m 区段植入预制巨型空腹桩墙砼和帷幕费用 670 元。而 2m 区段 1000mm 厚地下连续墙,沿竖向每米混凝土用量是 $2m^3$,若按 400 元/m^3 来计,市场价约 800 元。帷幕造价比混凝土约便宜 16%。

3. 植入预制巨型空腹桩墙与地下连续墙总费用对比

若均不计地下连续墙和植桩墙的成槽费用,2m 区段植入预制巨型空腹桩墙沿竖向每米的总费用是 870 元;2m 区段地下连续墙沿竖向每米的总费用是 2900 元。巨型空腹桩墙费用仅是地下连续墙的 30%。

4. 植入预制巨型空腹桩墙与地下连续墙的抗弯刚度和强度对比

由于植入预制巨型空腹桩墙沿抗弯曲受力方向截面有效高度要比地下连续墙大得多,因而其抗弯强度和刚度也要大许多,约大 3～4 倍。因此采用空腹桩墙的支撑层数可以减少,从而进一步减少地下工程施工工期,并节约造价。

综上所述,植入预制巨型空腹桩墙在超深基坑工程中具有很好的推广应用优势。

七、结　语

植入巨型空腹桩墙是植入式预制钢筋混凝土围护桩墙技术的组成部分,是专门针对超深度基坑工程研发的新型围护墙技术。这种围护墙相比目前用于超深基坑围护的任一种围护墙(地下连续墙、钻孔灌注咬合桩墙、大直径钻孔排桩墙),具有刚度大、抗弯剪能力强、施工简单、施工速度快、质量可靠、造价低廉、无泥浆外运污染环境等优点,解决了在大深度基坑围护工程中传统围护墙抗弯能力小和刚度不足的问题,大幅降低了工程造价,同时也解决了泥浆外运污染环境问题。

植入式预制钢筋混凝土围护桩墙是一项系列研发和推广应用技术,我们在此领域的研发已历时数年,对桩体的截面受力性状、配筋方式、桩体制作、接桩方法、各种土层的搅拌和植桩法、围护墙的受力变形和稳定、专用植桩机的研发等做了系统研究，共发表约10余篇论文，指导了6名研究生以此为课题完成硕士论文，共申报并获得14项国家专利，其中3项为发明专利。尤其是植入预制钢筋混凝土工字形桩围护墙（SCPW工法），2011年获浙江省级工法，2012年获第四届中国岩石力学与工程学会科学技术三等奖，获第二届浙江省岩土力学与工程学会科学技术一等奖，获第三届浙江省岩土力学与工程学会科学技术三等奖；已形成一套较完善的设计、施工和质量控制体系，完成了企业标准，近年来已在40多项基坑围护工程得以成功应用，产生了很好的社会和经济效应。

参考文献

[1] 张茹. 预制钢筋混凝土空腹抗侧向力围护桩墙的开发研究. 硕士学位论文，浙江大学，2014.
[2] 严平. 预制钢筋砼空腹抗侧向力围护桩墙. 实用新型专利 ZL201320135281.2.
[3] 严平. 预制钢筋砼空腹抗侧向力桩的连接结构. 实用新型专利 ZL201220580327.7.
[4] 严平. 预制钢筋砼空腹抗侧向力桩的连接构造. 实用新型 ZL201220608407.9.
[5] 严平. 预制钢筋砼空腹抗侧向力桩及其植桩方法. 发明专利 201210334159.8(审查中).
[6] 严平. 多功能植桩机. 实用新型 ZL201220580308.4.
[7] 严平. 三立柱多功能植桩机. 实用新型 ZL201320048492.2.

老桩密集区桩基设计、施工与试验研究

方伟定
(浙江省电力设计院,杭州,310012)

摘　要:静钻根植桩是近几年从日本引进消化后,国内新开发出来一种的桩型,在浙江省部分地区已开始投入工程应用。本文结合某电厂扩建工程,对静钻根植桩的设计、施工进行了分析,并通过静载试验和沉降观测记录对静钻根植桩的力学性能和变形特性进行了研究,证明其承载力好于普通灌注桩,是一种经济效益十分显著的桩型。

关键字:静钻根植桩;设计;施工;静载试验

一、工程概述

某电厂四期扩建工程的建设规模为在拆除一期 2 台 135MW 机组基础上,按"上大压小"方式建设 2×660MW 超临界燃煤发电机组,同步实施脱硫、脱硝装置。按照总图推荐布置方案,本期八号机的汽机房、锅炉房位于拆除的一期主厂房场地上。由于一期主厂房所采用的预制方桩布置密集,且在一期工程打设中补桩较多,并有一定数量的倾斜桩,故本工程桩基施工无论采用钻孔灌注桩还是打入桩方案,很难避免碰到老桩。采用钻孔灌注桩的成孔过程如碰到老桩,则需重新回填移机;采用打入桩方案,除可能碰到老桩外,挤土效应也会非常复杂。本人经过调研认为,静钻根植桩的静钻根植工法比较适合在本工程地下老桩密集的场地进行施工,由于其预先钻孔的工艺特点,即使碰上老桩也可及时调整位置,损失较小;相比较而言,静钻根植工法比钻孔灌注桩具有更大的灵活性。

静钻根植工法(另一种叫法是预钻孔扩底固化工法),是在钻进后扩大桩端部,注入桩端固化水泥浆,并与端部土进行反复搅拌,形成比预制桩直径更大的水泥土柱桩体(桩端固化根部),预制桩在此桩端固化根部固定。早期的桩端固化工法在固化根部插入普通管桩为主,最新的扩底固化工法通过使用带有凹凸的预制桩(也叫竹节桩)以增加桩与水泥土的黏结力,并将桩端固化根部的长度加长及加大扩底直径来提高桩端承载力。目前该工法已逐渐成为埋入式桩工法的主流工法。根据日本 2008 年各种施工工法的实践使用结果统计,埋入式桩施工工法占预制桩施工总量的 90%。埋入式桩法按预制桩的插入方法可大致分为预先钻孔法、中掘工法(也称桩中钻孔法)和旋转埋设法。

本四期扩建工程最终根据审查意见,主厂房、锅炉房、烟囱和集控楼的上部结构荷载大,优先采用 800mm 直径静钻根植桩,桩基持力层为 7 层砾(卵)石,7 层局部缺失区域作个别处理。由于目前国内对静钻根植桩的力学性能及工作机理的研究还不是很多,在设计计算方面也没有统一的国家规程,本文根据本地的基础技术规程[1]和桩检测报告[2]作一探讨。

二、工程地质

根据本工程的《岩土工程勘察报告》，厂址区域各土层的桩基承载力参数详见表1。

表1 各土层桩基承载力参数表(kPa)

层号	地层名称	预制桩的极限侧阻力标准值 q_{sik}	预制桩的极限端阻力标准值 q_{pk}	钻孔桩的极限侧阻力标准值 q_{sik}	钻孔桩的极限端阻力标准值 q_{pk}
1	黏土	60	—	55	—
2－1	淤泥	14	—	12	—
2－2	淤泥	18	—	16	—
3－1	淤泥质粉质黏土	22	—	20	—
3－2	粉细砂	40	—	35	—
3－3	粉质黏土	30	—	25	—
4－1	粉土	40	2500	35	—
4－2	粉质黏土	40	—	35	—
4－3	粉土	40	—	35	—
5－1	砾(卵)石	200	11500	150	2200
6－1	粉质黏土	50	—	45	—
6－2	粉质黏土	60	3000	55	750
6－3	粉土	40	—	35	—
7	砾(卵)石	200	11500	150	2200

三、静钻根植桩的设计

由于静钻根植桩具有灌注桩的非挤土特点(属轻微挤土)，因此其最小中心距可参照《建筑桩基技术规范》(JGJ 94－2008)[3]规范第3.3.3条规定执行，其中桩设计直径取钻孔直径。静钻根植桩宜以较厚均匀的坚硬黏性土层、密实碎石(砂、粉)土层、全风化或强风化岩层作桩端持力层；桩端进入持力层的深度不应小于500mm，且对黏性土、粉土、残积土、全风化岩不宜小于2.0D，砂土不宜小于1.5D，碎石类土、强风化岩不宜小于1.0D。

单桩竖向承载力特征值须通过静载荷试验确定。试验方法应符合国家行业标准《建筑基桩检测技术规范》(JGJ 106－2003)[4]第4章关于单桩竖向静载荷试验的规定。在初步设计时可按下式估算：

$$Q_{uk} = q_{pk}A + \sum u_i q_{sik} l_i$$

其中，Q_{uk}为单桩竖向极限承载力标准值；q_{pk}为极限端阻力标准值，按预制桩极限端阻力标准值的1/2～2/3取值；q_{sik}为桩侧第i层土的极限侧阻力标准值，按混凝土预制桩极限侧阻力标准值取值；A为扩底后横截面总面积；u_i为桩身周长(PHDC桩按节外径计算，其他类型桩按桩外径计算)；l_i为桩穿越第i层土(岩)的厚度(桩端2m范围不计算侧阻力)。

由于静钻根植桩单桩竖向承载力特征值计算在国内尚无类似施工技术及计算公式，上述计算方法参照了《建筑桩基技术规范》(JGJ 94－2008)[3]中第5.3.5条规定，并借鉴了日本计算方法及有关规程。日本计算公式中，与静钻根植桩基础技术基本等同的水泥浆工法的容许端部应力值取值为锤击工法的 2/3，因此静钻根植桩桩端阻力特征值可参考日本计算公式，结合桩端持力层特点，按混凝土预制桩的极限端阻力标准值的 1/2～2/3 取值。

另外根据本工程的实测资料，我们提出了针对本工程的经验计算公式：

$$Q_{uk}=\alpha q_{pk}A_p+\beta q_{pk}(A-A_p)+\sum u_i q_{sik}l_i$$

其中，A_p 为根植桩桩端面积；α 为根植桩端阻力折减系数，根据本工程的试桩数据分析，可取 0.50；β 为扩孔部分端阻力折减系数，根据本工程的试桩数据分析，可取 0.12。

单桩水平承载力特征值取决于桩的材料强度、截面刚度、入土深度、土质条件、桩顶水平位移允许值和桩顶嵌固情况等因素，应通过现场水平载荷试验确定。必要时可进行带承台桩的载荷试验，试验宜采用慢速维持荷载法。桩身结构承载力设计值应满足桩的承载力设计要求。

鉴于根植桩抗拔受力机理目前研究资料较少，个别试验资料离散性较大，因此单桩抗拔承载力特征值须通过静载荷试验确定，试验方法应符合国家行业标准《建筑基桩检测技术规范》(JGJ 106—2003)第 5 章关于单桩竖向抗拔静载荷试验的规定；在初步设计时可按下式估算：

$$T_{uk}=\sum \lambda_i q_{sik}u_i l_i+G_{pk}$$

其中，T_{uk} 为单桩抗拔极限承载力标准值；λ_i 为抗拔系数，按表 2 取值；q_{sik} 为桩第 i 层土(岩)的抗压极限侧阻力标准值，按本地区混凝土预制桩实测值取值；u_i 为桩身周长(PHDC 桩按节外径计算，其他类型桩按桩外径计算)；l_i 为桩穿越第 i 层土(岩)的厚度；G_{pk} 为单桩自重标准值，地下水位以下应扣除浮力。

表 2 抗拔系数

土(岩)的类别	抗拔系数 λ_i
黏性土、粉土	0.70～0.80
砂土	0.50～0.70
强风化岩、花岗岩残积土	0.50～0.60

四、静钻根植桩的施工

静钻根植桩需采用专用的单轴钻机，按照设定深度进行钻孔，桩端部按照设定的尺寸(直径与高度)进行扩孔；扩孔完成后，注入桩端水泥浆和桩周水泥浆，边注浆边提钻；钻孔完成后依靠桩的自重将桩植入设计标高，通过桩端及桩周水泥浆液固化，使桩与桩端及桩周水泥浆固化土体形成一体，共同承载的桩基础施工工艺(图 1)。

根据施工经验，钻孔直径大于桩节外径 100mm，能保证施工的可行性和桩的受力性能合理性。钻孔速度和地质条件关系密切，钻孔速度以保证土体不塌方和钻机负荷电流不超载为控制原则。

扩底是静钻根植桩提高承载力能力的重要措施，扩底直径是钻孔直径的 1.2～1.5 倍。根据地质情况选择桩周和桩端水泥浆的水灰比，桩周水灰比一般控制在 1～1.5，桩端水泥浆的水灰比控制在 0.6～0.9。

静钻根植桩具体的施工步骤分为钻孔、扩底、注浆、植桩四个过程，参见图 1。

本工程在老桩密集区施工(图 2)时，钻机遇老桩共有二百多次，其中多次在成孔约 40m 时遇老桩障碍而废孔注浆，重新选择桩位成孔；或顺老桩倾斜方向继续钻进、调整成孔，导致部分桩孔偏位。统计结果表明，老桩密集区的偏位较大桩占比相应较大，尤其是新建 8＃机组地下埋有密集的预制砼方桩(图 3),且原有方桩实际桩位和倾斜度存在超标,因而偏位量最大。各施工部位老桩分布及桩偏差比例统计见表 3。

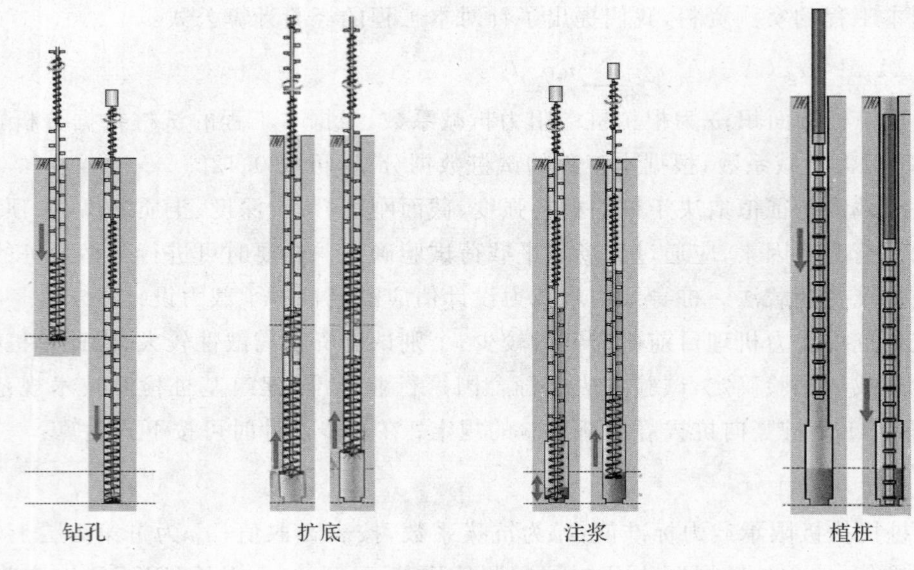

图 1　静钻根植桩施工过程

图 2　在老桩间隙中植桩

图 3　8＃机组老桩区

表 3　各施工部位老桩分布及桩偏差比例统计

序号	施工区域	总桩数(根)	靠老桩占比例	桩位偏差大占比例	备注
1	8＃锅炉	324	46%	31%	
2	7＃锅炉	337	18%	8%	
3	煤仓间	234	13%	6%	

综上统计发现,施工区域内遇老桩数量越多且原有方桩倾斜度也超标,施工植桩时产生桩位偏差值越大,且桩数也多。

从本工程静钻根植桩的实际效果来看,在复杂的地质条件及存在老桩及地下障碍物的情况下,选用根植桩可以最大限度地克服施工困难,保证工程质量。当然从本工程的实践中,借鉴日本的根植桩施工工艺,可以从以下几个方面进一步改进:

(1)静钻根植桩的自动化控制水平高出常规的其他各类桩型,对施工管理人员的素质也有更高的要求。

(2)静钻根植桩的施工设备及配套的起吊设备对场地的要求较高,在"四通一平"阶段,必须加强回填土的施工质量。

(3)明确重要管控环节,加强关键质量点验收确认。主要包括:测量定位准确性控制及验收确认,钻孔准确性控制及验收确认,植桩桩位准确性控制及验收确认,桩身连接及检查确认,标高准确性控制及验收确认,以及送桩后桩位准确性控制。

五、静钻根植桩的试验研究

为了更好地了解静钻根植桩的力学性能,我们在初步设计阶段对该种桩基进行了静载试验研究,在工程实施阶段又对部分工程桩进行了检测(工程桩实测试验值参见表 4)。

表 4　试桩及工程桩竖向极限承载力汇总表

桩号	试验值(kN)	预估承载力(kN)	规范计算值(kN)	推荐公式计算值(kN)	折减系数 α	折减系数 β
S_{1-1}	>8250	9750	11065	9715	0.42	0.15
S_{1-2}	>8250	9750	11065	9715	0.42	0.15
S_{2-1}	>11000	13200	15257	13185	0.42	0.16
S_{2-2}	>11000	13200	15257	13185	0.42	0.16
G-72	>11000	12100	14180	12138	0.57	0.08
G-26	>11000	12100	14019	12109	0.59	0.08
G-97	9900	9900	14120	9892	0.42	0
G-98	>11000	12100	13744	12125	0.63	0.08
Y-43	>11000	11250	14762	11045	0.49	0
Y-15	>11000	12100	15983	12105	0.32	0.08
L-147	>11000	13200	14581	13165	0.51	0.16
L-195	>11000	13200	14735	13173	0.49	0.16
M-47	>8250	9750	9627	9715	0.72	0.09
M-83	>8250	9750	10492	9715	0.54	0.09
M-112	>8250	9750	10778	9711	0.48	0.09
Q-24	>7600	9120	8737	9088	0.5	0.11
Q-143	>7600	9120	8469	9092	0.62	0.11
ZW-57	6080	6080	6120	6120	1	0
ZW-83	>7600	9120	10454	9087	0.26	0.1
平均值(不考虑 G-97、Y-43 和 ZW-57 的数据)					0.50	0.12

(一)工程试验简介

在总结前三期工程试桩和工程桩的基础上,四期工程的试桩采用了两种桩型——静钻根植桩和灌注桩。试桩总数为 6 根,第一组试桩为 ϕ650～500 静钻根植桩,编号 S_{1-1},S_{1-2},该种桩型为组合桩,配桩方式:PHDC650－500(125)AB—15＋PHC600(130)AB—15＋PRHC600(130)I—(10,10,11),C80;第二组试桩为 ϕ800～600 静钻根植桩,编号 S_{2-1},S_{2-2},该种桩型为组合桩,配桩方式:PHDC800－600(130)AB—15＋PHC800(130)AB—15＋PRHC800(130)I—(10,10,11),C80;第三组试桩为 ϕ1000 钻孔灌注桩,编号 S_{3-1},S_{3-2} 锚桩 ϕ800～600 静钻根植桩,配桩方式:PHDC800－600(110)B—15＋PRHC700(110)II—15＋PRHC700(110)III—(15,15),C80。三组试桩分别进行了单桩竖向静荷载试验、水平静荷载试验,并对这三组试桩的 4 根试桩(分别为 S_{1-1}、S_{2-1}、S_{3-1} 和 S_{3-2})进行了高应变动力检测,另外还对第 3 组试桩中的 S_{3-1} 和 S_{3-2} 进行了低应变动力检测。PHDC 为竹节桩,PRHC 为复合配筋预应力管桩。

（二）试验方法

试验按《建筑桩基检测技术规范》（JGJ 106－2003）[4]进行，本工程试桩采用锚桩横梁反力装置，并用千斤顶反力加载和百分表测读桩顶沉降的试验方法。

（三）试验结果与分析

1. 试桩竖向静载试验成果

通过静载试验得出 6 根试桩的承载力极限值，结果如表 5 所示。

表 5　试桩竖向静载试验成果表

桩号	桩长(m)	桩径(mm)	试验最大荷载(kN)	静载所得单桩竖向极限承载力(kN)	极限荷载对应的桩顶沉降量(mm)
S_{1-1}	61	650～500	8250	≥8250	28.97
S_{1-2}	61	650～500	8250	≥8250	30.69
S_{2-1}	61	800～600	11000	≥11000	25.44
S_{2-2}	61	800～600	11000	≥11000	24.40
S_{3-1}	61	1000	11000	≥11000	30.47
S_{3-2}	61	1000	11000	≥11000	27.65

竖向静载试验表明，S_{1-1}试桩的单桩竖向极限承载力不小于 8250kN；S_{1-2}试桩的单桩竖向极限承载力不小于 8250kN；S_{2-1}试桩的单桩竖向极限承载力不小于 11000kN；S_{2-2}试桩的单桩竖向极限承载力不小于 11000kN；S_{3-1}试桩的单桩竖向极限承载力不小于 11000kN；S_{3-2}试桩的单桩竖向极限承载力不小于 11000kN。

由上可见，800～600mm 静钻根植桩虽然表面积小于 1000mm 的灌注桩，所用的混凝土量比普通的灌注桩少 60%左右，但其承载力与普通灌注桩持平，沉降量更小，主要是桩端桩周注浆、桩端扩径（增加了端承面积）及竹节桩的支盘作用等综合因素作用所致。

2. 试桩水平荷载试验结果（表 6）

表 6　试桩水平荷载试验结果

桩号	桩长(m)	桩径(mm)	单桩水平临界荷载(kN)	桩顶位移 10mm 对应 m 值(MN/m^4)
S_{1-1}	61	650～500	150	6.98
S_{1-2}	61	650～500	150	6.70
S_{2-1}	61	800～600	200	5.23
S_{2-2}	61	800～600	200	5.19
S_{3-1}	61	1000	200	3.42
S_{3-2}	61	1000	200	3.45

3. 位移分析

图 4 是静钻根植桩和普通灌注桩的典型竖向静载试验 $Q-S$ 曲线图，可以看出，两种桩型 $Q-S$ 曲线变化平缓。

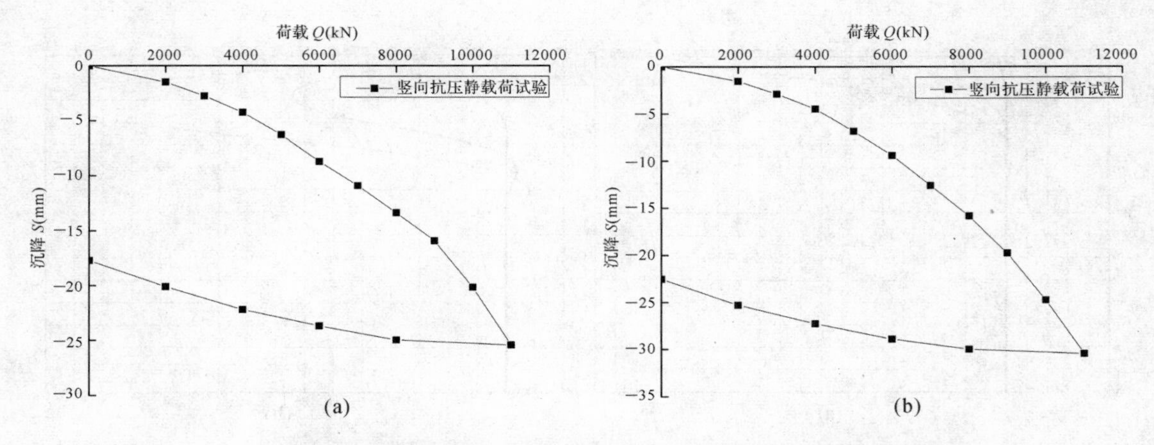

图 4 试桩 S_{2-1}(a)和 S_{3-1}(b)竖向静载试验结果 $Q-S$ 曲线图

图 5 所示是静钻根植桩和普通灌注桩的单桩水平静载 $H_0-\frac{\Delta x_0}{\Delta H_0}$ 曲线，可以看出，根植型 S_{2-1} 中，$H_0-\frac{\Delta x_0}{\Delta H_0}$ 曲线第二直线段终点不明显。

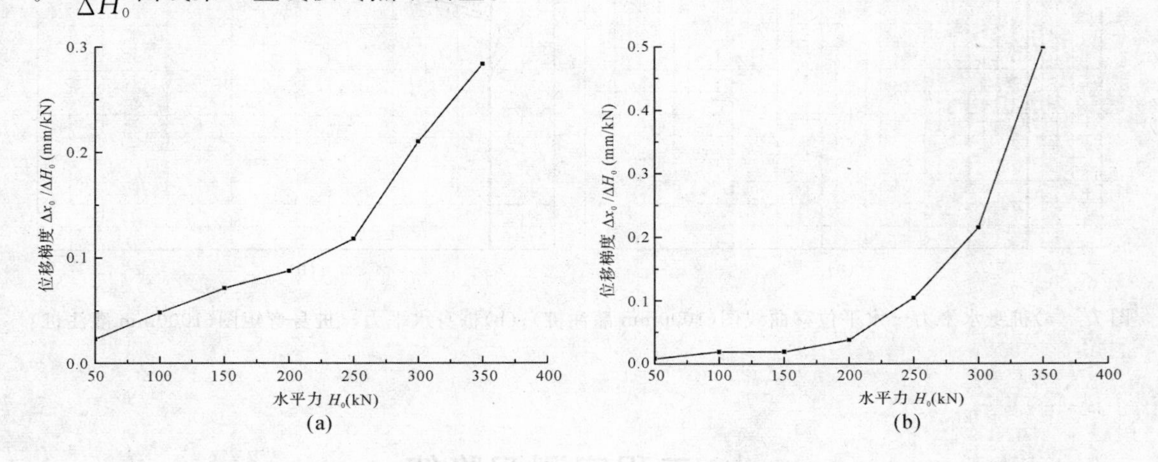

图 5 试桩 S_{2-1}(a)和 S_{3-1}(b)单桩水平静载 $H_0-\frac{\Delta x_0}{\Delta H_0}$ 曲线

水平静载试验表明，直径 800～600mm 静钻根植先张法预应力竹节桩的单桩水平临界荷载与直径 1000mm 灌注桩相同(图 6 和图 7)。单桩水平临界荷载时，根据 L－PILE 软件计算结果，此时桩身仍处于弹性阶段，1000mm 灌注桩刚度较大，相应水平位移较小。单桩水平荷载达到 350kN 时，此时桩身处于塑性开裂阶段，但复合配筋预应力管桩桩身开裂弯矩标准值和极限弯矩标准值(504，1048kN · m)均高于 1000mm 灌注桩(330，630kN · m)，所以复合配筋预应力管桩卸载至零后测得水平残余位移小于灌注桩，PRHC 桩抗弯性能优于灌注桩。常用静钻根植桩钻孔外径分别是 750mm 和 900mm，桩身与周围水泥土形成一体，加大的水泥土能够负担一部分水平荷载，通过使用 PRHC 桩可以较大幅度提高水平临界荷载。

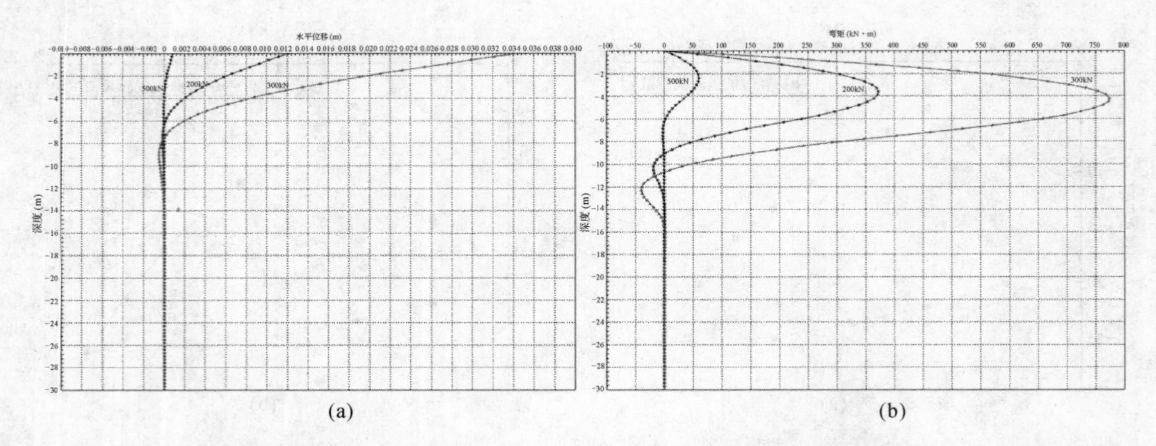

图 6 (a)桩身水平力—水平位移曲线图(800mm 根植桩);(b)桩身水平力—桩身弯矩图(800mm 根植桩)

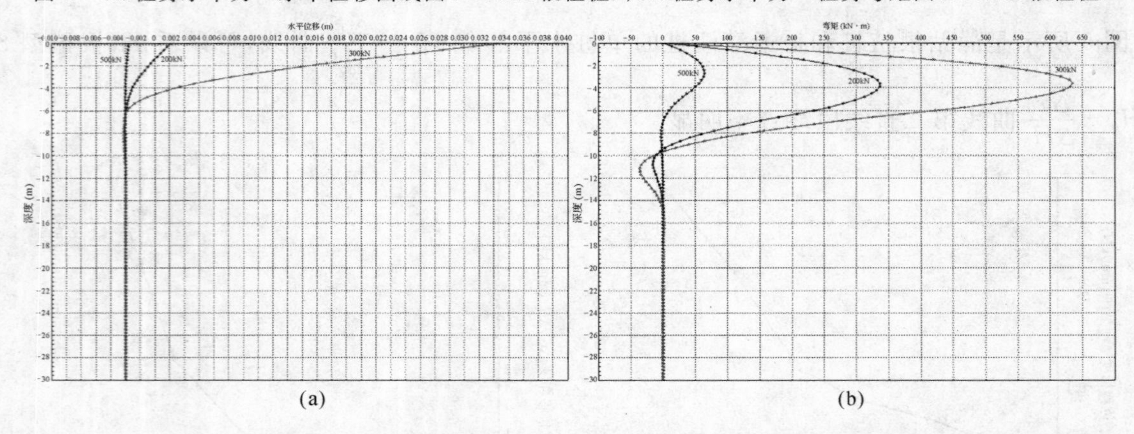

图 7 (a)桩身水平力—水平位移曲线图(1000mm 灌注桩);(b)桩身水平力—桩身弯矩图(1000mm 灌注桩)

六、工程实测沉降值

四期扩建工程目前正在施工建设中，主厂房、锅炉房、烟囱等主要建构筑物沉降值均小于计算值；与三期工程 ϕ1000mm 钻孔灌注桩比较，四期烟囱实测沉降值小于三期烟囱实测值，用规范公式计算静钻根植桩的沉降是偏安全的。

七、结 论

(1)ϕ800～600mm 静钻根植桩虽然表面积小于 1000mm 的灌注桩，所用的混凝土量比普通的灌注桩少 60%左右，但其承载力与普通灌注桩持平，沉降量更小，这主要是由于桩端桩周注浆、桩端扩径(增加了端承面积)及竹节桩的支盘作用等综合因素。

(2)ϕ800～600mm 静钻根植桩钻孔外径是 900mm，桩身与周围水泥土形成一体，加大的水泥土能够负担一部分水平荷载，其水平承载力与普通灌注桩持平，甚至更优；复合配筋预应力管桩桩身开裂弯矩标准值和极限弯矩标准值均高于 1000mm 灌注桩。

(3)静钻根植工法与现有预制桩施工工法相比，无挤土，无噪声，施工对周围设施(地下构造物、管线）无影响，可穿过各种夹层；桩端持力层可适应变化较大的地质条件，桩顶标高可控，无需截桩；桩身接头部分受桩身内外水泥土的保护，耐久性、完整性更加可靠。

（4）静钻根植桩的自动化控制水平高出常规的其他各类桩型，因此对施工管理人员的素质也有更高的要求；静钻根植工法在施工阶段特别需要明确重要管控环节，加强关键质量点验收确认。

（5）静钻根植工法与现有灌注桩施工工法相比，由于其优异的性价比（节约10%以上）、施工的高效性及质量的全过程可控性，必然具有广阔的应用前景。

参考文献

[1] 静钻根植桩基础技术规程. 宁波浙东基础工程有限公司企业标准，Q/NZD 002－2011.

[2] 桩基检测报告. 浙江大学土木工程测试中心.

[3] 建筑桩基技术规范（JGJ 94－2008）[S]. 北京：中国建筑工业出版社，2008.

[4] 建筑桩基检测规范（JGJ 106－2003）[S]. 北京：中国建筑工业出版社，2003.

三轴强力水泥搅拌土植入预制钢筋混凝土工字形桩(SCPW工法)在曼特莉深基坑工程应用

樊京周[1]　龚新晖[2]　杨保健[3]　李显恒[2]　严　谨[1]　严　平[4]

(1.杭州南联地基基础工程有限公司,杭州,310013;2.杭州南联土木工程科技有限公司,杭州,310013;3.杭州市电力设计院有限公司,杭州,310004;4.浙江大学建筑工程学院,杭州,310058)

摘　要:本文介绍了三轴强力水泥搅拌土植入预制钢筋混凝土工字形桩(SCPW工法)结合钢筋混凝土支撑支护结构在杭州曼特莉时尚广场深基坑工程中的应用。根据基坑实际开挖施工情况及基坑支护结构坑外土体位移变形的监测表明,该支护结构形式满足基坑稳定安全要求,可有效控制坑边土体变位,确保止水帷幕安全有效,确保了基坑安全、周边建(构)筑物的安全及地下室顺利施工,为该支护结构形式在同类基坑工程中的推广和应用积累了宝贵经验。

关键词:预制工字形桩;钢筋混凝土支撑;基坑支护

一、工程概况及特点

(一)工程概况

杭州曼特莉时尚广场工程位于杭州余杭区良渚镇金家渡村,北侧紧靠浙江省交通学院运动场,东侧为金家渡村道(大吉路)及四层厂房,南侧为已有建筑物及空地,西侧金家渡村三层农居点及菜地。项目总用地面积12390m^2,总建筑面积约55000m^2,拟建工程由1幢主体12层局部4层商业办公楼。采用框架一剪力墙结构,工程采用钻孔灌注桩基础。基坑工程设地下室二层,基坑主楼区承台开挖深度11.00～11.25m,坑中坑深度1.60～3.30m(图1)。

(二)工程地质条件

基坑开挖影响范围地层情况如下:

①一0杂填土:灰褐色、杂色,松散。由碎石、砖块、砼块等建筑垃圾组成,层厚0.40～3.90m。

①一1粉质黏土:灰黄色,软塑～软可塑。层厚1.45～3.10m。

①一2黏质粉土:灰、灰黄色,稍密。层厚0.60～3.10m。

②淤泥质黏土:灰色,流塑。层厚0.55～1.60m。

④一1a粉质黏土:灰黄色,可塑,局部软可塑。层厚1.60～4.90m。

④一1b黏质粉土:浅灰色,稍密,局部中密。层厚5.50～9.20m。

④—2 淤质黏土:灰,流塑。层厚 0.80～4.10m。

⑤—1 黏土:灰黄色,可塑—硬可塑。层厚 19.90～22.85m。

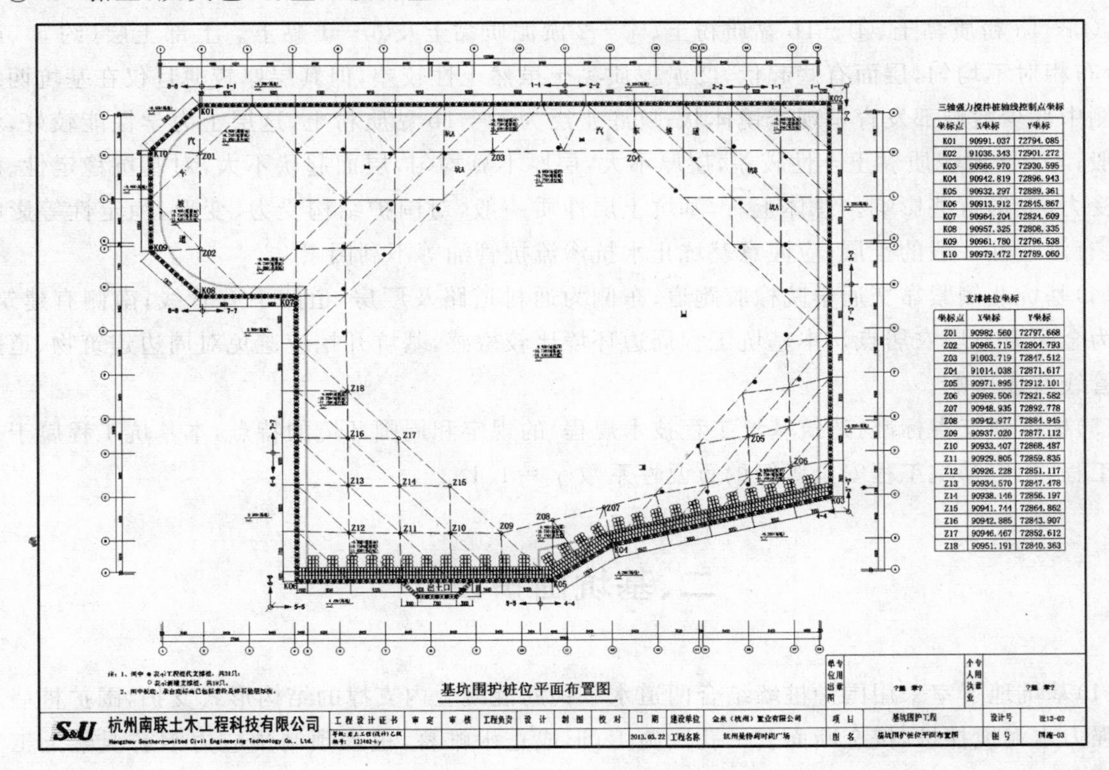

图 1　基坑围护桩位平面布置图

土层主要土性指标及基坑开挖支护设计参数见表 1。

表 1　基坑开挖影响范围内土层物理力学参数表

层号	层名	含水量 w_0(%)	重度 γ(kN/m³)	孔隙比 e_0	塑性指数 I_P	液性指数 I_L	固快	
							c(kPa)	φ(°)
①—0	杂填土		(18.0)	(1.0)			(10)	(10)
①—1	粉质黏土	27.6	19.0	0.826	13.0	0.64	23.0	19.8
①—2	黏质粉土	30.3	18.4	0.913	9.4	1.13	10.7	18.3
②	淤泥质黏土	40.1	17.9	1.137	18.6	1.03	11.4	9.4
④—1a	粉质黏土	28.7	19.0	0.848	15.5	0.52	35.4	18.4
④—1b	黏质粉土	29.0	18.6	0.871	9.1	1.02	10.8	24.8
④—2	淤泥质黏土	47.8	17.0	1.379	21.1	1.10	10.0	4.9
⑤—1	黏土	29.7	18.9	0.876	17.1	0.44	41.9	13.9

(三)场地水文地质条件

场地勘探深度内地下水按其埋藏赋存条件和水理特性,可分为第四系孔隙潜水、孔隙承压水和基岩裂隙水。承压水对地下室施工基本无影响。孔隙潜水赋存于浅部人工填土及黏性土层内,地下水分布连续,均一性差,水量较小。孔隙潜水主要由大气降水竖向补给及地表水体下渗补给为主,迳流缓慢,以蒸发方式排泄和向河道侧向径流排泄为主。潜水位埋深 2.10～2.70m。据区域资料,地下水位年变幅一般在 1.0～1.5m。丰水期时,地下水位接近地表。

(四)基坑工程特点

(1)本基坑工程开挖面积较大,周长约 410m,平面形状呈不规则多边形,基坑北侧及东侧地下室外墙较为平直,基坑西北角为向外凸弧形,其余段相对平直。

(2)基坑工程设地下室二层,基坑开挖深度11.00～11.25m,坑中坑深度1.60～3.30m。

(3)基坑开挖深度范围内主要涉及①－0杂填土、①－1粉质黏土、①－2黏质粉土、②淤泥质黏土、④－1a粉质黏土、④－1b黏质粉土、④－2淤泥质黏土及⑤－1黏土。上部土层(约5.0m深度)分布相对不均匀,层面有些起伏,②淤泥质黏土虽然土性较差,但其层厚较薄且仅在基坑西北角及东侧中部少数局部发育呈现透镜体状;坑底土层为④－1b黏质粉土,这层土力学性能较好,渗透性一般;④－2淤泥质黏土土性较差,层厚不大,层厚不算均匀,层面起伏不大,对基坑稳定性、围护结构受力、变形有些影响。总体上看,基坑土层性质一般,对围护结构受力、变形、稳定性等影响一般,夹有渗透性一般的土层,应注意基坑止水抗渗流抗管涌等不利因素。

(4)基坑北侧紧靠交通学院橡胶跑道;东侧为通村道路及厂房,道路下有管线;南侧有建筑物;西侧为金家渡三层农居点。本基坑工程周边环境比较敏感,基坑开挖应避免对周边建筑物、道路及下埋管线造成影响。

(5)根据浙江省标准《建筑基坑工程技术规程》的规定和周围环境的特点,本基坑工程属于一级基坑工程,相应基坑工程安全等级的重要性系数$\gamma_0=1.1$。

二、基坑围护设计

(1)基坑地下室采用围护桩墙结合两道水平钢筋混凝土内支撑的结构形式支护,围护桩墙采用三轴强力水泥搅拌桩,按全断面套一孔法施工,形成止水帷幕,植入预制预应力钢筋混凝土工字形排桩形成;基坑南侧增设坑底高压旋喷桩被动区加固。

(2)基坑上部采用小放坡结合钢网喷射混凝土护坡,坑中坑采用土钉墙支护[1]。

(3)基坑围护采用三轴强力搅拌桩(ϕ850@600按套孔法施工)形成帷幕进行止水,基坑内设置疏干井并结合坑内外排水沟、集水沟、集水井等明泵降排水方案(图2)[2]。

三、基坑围护施工

(一)总体施工顺序

(1)基坑四周三轴搅拌桩轴线范围定位、撒灰线、开挖沟槽等。

(2)基坑四周采用ϕ850@600三轴强力水泥搅拌桩套一孔法搭接结合,同时插入工字形围护桩。基坑南侧ϕ800@500坑底高压旋喷桩被动区加固。

(3)基坑内疏干井施工。

(4)基坑土方开挖总体上分四个阶段:第一阶段开挖至围护桩墙压顶梁底、第一道支撑梁底,基坑上部采用小放坡结合土钉墙支护,放坡面采用ϕ6.5@200双向钢筋网喷射混凝土进行支护;第二阶段开挖至第二道围囹梁、支撑梁底;第三阶段开挖至基础板底;第四阶段开挖至承台底、地梁底及坑中坑底等。

(5)开挖至坑底后及时施工完成基础底板的浇筑,待底板混凝土及换撑带达设计强度80%以上后,可施工地下室外墙、楼板直至地面。

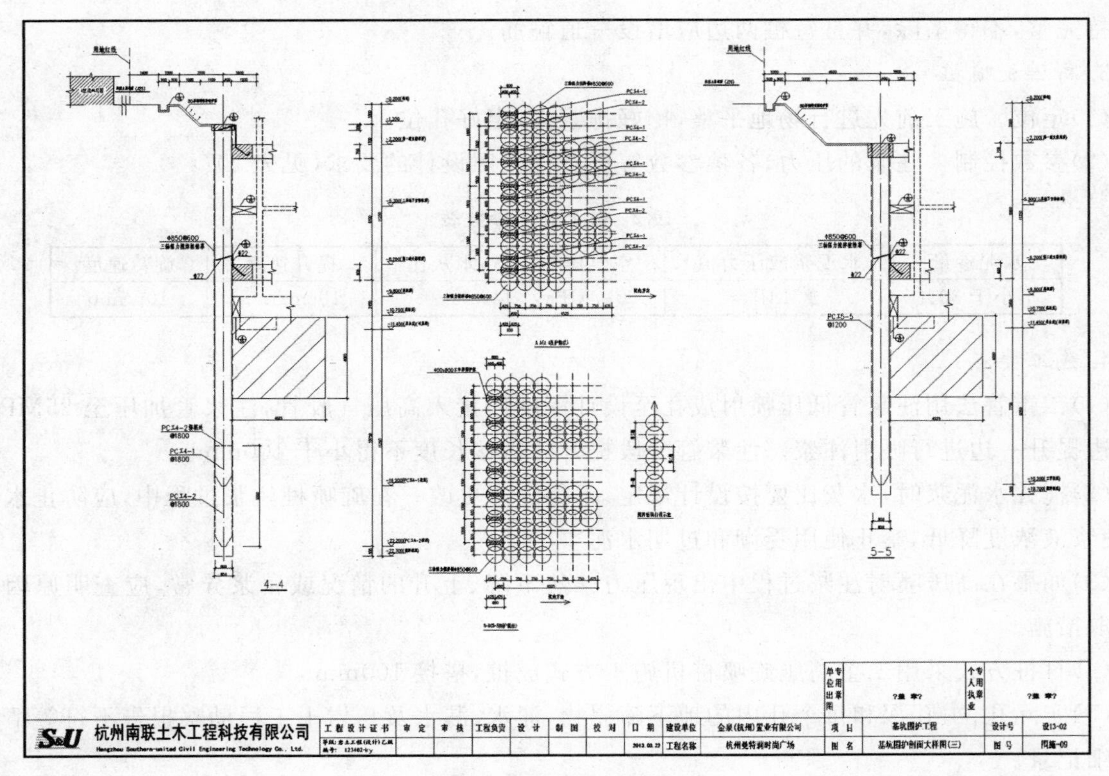

图2　工程典型大样图

(二)主要施工技术措施

1.水泥搅拌桩帷幕施工

(1)三轴强力水泥搅拌桩采用 ϕ850@600,采用三轴强力搅拌桩机按全断面套一孔法搭接施工形成止水帷幕。

(2)三轴强力水泥搅拌桩采用强度等级为 42.5MPa 普通硅酸盐水泥,实搅部分水泥掺量 22%,空搅部分水泥掺量 5%,水灰比 1.5。

(3)三轴强力水泥搅拌桩,施工工艺为二次喷浆二次搅拌(具体为下沉喷浆、提升喷浆完成一幅施工),下沉、提升速度控制在 1.0m/min 以内。

(4)三轴强力水泥搅拌桩止水帷幕应从地面开始成桩,并保持均匀、持续;严禁在提升喷浆过程断浆,特殊情况造成断浆应重新成桩施工[3]。

2.工字型围护桩

(1)本工程采用 400mm×800mm 工字形钢筋混凝土围护桩,桩主筋采用预应力筋,预应力配筋采用予应力砼用钢棒,桩身混凝土等级为 C50。

(2)桩身截面平整,桩长不小于设计长度,桩筋混凝土保护层厚度 20mm,桩身弯曲率小于 1/1000,桩身混凝土颜色均匀正常,无露筋、裂缝等缺陷。

(3)三轴强力水泥搅拌桩施工完成每幅后应及时植入工字形围护桩,滞后时间不得超过 1h;采用改进型多功能三轴强力水泥搅拌桩机静压植入成桩,遇局部较大阻力,静压力不够时可采用振动植入成桩。

(4)施工中严格控制桩平面位置和垂直度。桩偏离轴线位置不得大于 100mm,桩间距误差不得大于 100mm;桩顶标高误差不大于 100mm,桩垂直向偏差不大于 1%。

(5)工字形桩应整体嵌固于压顶梁内,浇筑压顶梁时,应先将桩表面浮土清理干净,桩身混凝土应保持完整,不得凿除,并且每桩两边应增设三道箍筋。

3. 高压旋喷桩

(1)定位。施工前先进行场地平整,挖好排浆沟,定好孔位。

(2)参数控制。注浆的压力、各项参数等要严格按照设计的要求(见表2)。

表2 注浆压力参数表

水泥参量	水泥浆液压力值	空气压力	水灰比	提升速度	旋转速度
不小于30%	25MPa	0.7MPa	1.0	10cm/min	10r/min

4. 施工要点

(1)二重管法用注浆管低压喷射成孔至设计深度后接入高压气胶管,注浆管加压至25MPa,然后一边提升一边进行喷射注浆。注浆管分段提升的搭接长度不得小于100mm。

(2)搅拌水泥浆时,水灰比要按设计规定,不得随意更改。在旋喷桩注浆过程中,应防止水泥沉淀,使浆液浓度降低,禁止使用受潮和过期水泥。

(3)如果在高压喷射注浆过程中出现压力骤然下降、上升的情况或冒浆异常,应查明原因并及时采取措施。

(4)打桩方式采用二重高压旋喷桩机施工方式成桩,搭接100mm。

(5)实际孔位、孔深和每个孔内的地下障碍物、涌水、漏水及与岩土工程勘察报告不符等情况均应详细记录。

四、简要实测资料

(一)监测原始数据

本工程基坑监测从2013年3月30日开始,2013年12月1日结束,历时245天。监测内容包括基坑周边水平位移、坡顶及临近道路、建筑物的功能沉降和地下水变化等。利用测斜仪通过事先预埋的测斜管,量测开挖过程中土体内部不同深度的水平位移分布,得到基坑周边(选取基坑东侧10号测斜孔)水平位移发展趋势的典型曲线如图3所示。

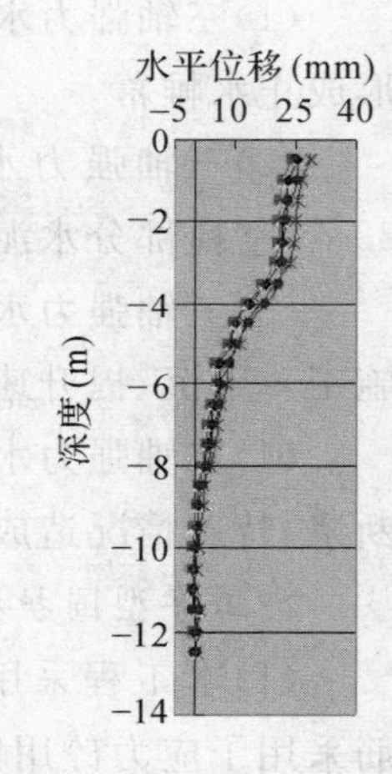

图3 10号孔水平位移监测图

(二)监测数据分析

图3为10号测斜孔在基坑开挖中各主要时刻的总水平位移曲线,可以看出,在基坑开挖过程中,基坑中上部土体的水平位移数值变化较大,在经过土钉墙支护、内支撑的施工完成后趋于稳定;后期施工过程中水平位移发展基本正常。位移的变化始终在控制范围之内,该测点的最大水平位移发生在地表附近,为28mm。由此可以看出,水泥搅拌土植入工字形桩带内支撑以及结合上部土钉墙的支护方式对水平位移的控制能力是比较有效的。

五、结　语

本文介绍了三轴强力水泥搅拌土植入预制钢筋混凝土工字形桩(SCPW工法)结合钢筋混凝土支撑支护结构在杭州曼特莉时尚广场深基坑工程中的应用。通过基坑开挖后的基坑监测数据显示,基坑周边的沉降和位移都在规范允许的范围内,基坑开挖后东侧的四层厂房、西侧三层农居房等未出现墙体开裂等变形,达到了预期的目标,为同类基坑工程应用积累了宝贵经验。

参考文献

[1] 杜烨,王君鹏,严平. 双排桩复合土钉支护基坑的工程实例分析[J]. 工程勘察,2010(1).

[2] 杭州曼特莉时尚广场工程项目基坑围护设计方案[R]. 杭州南联土木工程科技有限公司,2014.

[3] 浙江省标准. 建筑基坑工程技术规程(D)B33/T1096—2014[S]. 浙江省标准设计站.

特殊土质条件下的基坑围护设计实例分析

朱建才　汪　悦　周群建
(浙江大学建筑设计研究院有限公司,杭州,310027)

摘　要:某基坑所处地基为西湖冲填土,具有高含水量、高有机质及高压缩性的特征。基坑围护前预先采用真空预压加固地基,提高土的物理力学性质指标;采用全套管钻孔灌注桩加一道支撑的围护方案,桩背后采用水泥搅拌桩止水止淤的围护方案,取得了较好的支护效果。

关键词:冲填土;地基加固;基坑围护;全套管钻孔灌注桩

一、引　言

对于土层主要为高含水量及高有机质含量的特殊土质条件下的基坑围护工程,如直接进行基坑支护,无法进行施工,且围护造价较大。应先对该场地进行地基加固处理,在提高土的物理力学性质指标的基础上,施工机械才能进行施工,实施基坑围护方案。

二、工程概况

该工程±0.000 标高相当于黄海高程 26.150m,基坑四周(靠山侧)场地平均绝对高程为 25.150m(即相对标高为－1.00m),基地下室基础地梁底标高(含 300mm 厚垫层)为－5.500m,板底标高为－5.200m(含 300mm 厚垫层),局部承台底标高为－7.750m 和－8.300m;计算开挖深度为 6.750m,5.30m,4.50m。

三、场地周围环境条件

本场地北侧靠山,承台边线距现状截水沟距离最近约 4.5m,东侧承台边线与文物墓表最近距离约 6.6m,基坑西侧承台边线与待建 D 区最近距离约 8.4m,基坑南侧距原状西湖冲填土场地(局部为小池塘)最近距离约 5.7m。

四、工程地质条件

根据勘察报告，现场土层(第四纪地层(Q))的组成及分布情况自上而下分述如下：

①－3 西湖冲填土(泥炭质土)：黑灰色，湿，松软状，含有大量的有机质和腐植物，其含量达14%～29%，主要为西湖淤泥通过管道堆积而形成；该填土无摇振反应，切面粗糙，无光泽反应，干强度低，韧性低；高含水量，高孔隙比，低渗透性，低强度，高压缩性、高触变性。该填土覆盖于整个场地地表；层顶高程为29.06～24.48m，层厚21.8～0.20m。

⑨－1 含碎石粉质黏土：灰黄色，可塑－硬塑，局部软塑，含15%～45%碎石，粒径一般2～6cm，最大为15cm，岩性一般以砂岩、石英砂岩为主，其余为少量砂和角砾组成；粉质黏土摇振反应中等，切面粗糙，无光泽反应，干强度中等，韧性中等；层顶高程为32.00～3.60m，层厚5.70～0.40m。

五、地基加固处理

由于西湖冲填土含水量极大，平均含水量达到163%，无法直接进行地下室桩基及基坑围护施工，因此首先必须对该场地进行地基加固处理，待场地地基达到施工允许的强度后方可进行施工。经过对多种地基处理方案进行分析对比后，最终选择真空预压法对该场地的西湖冲填土进行加固处理，场地经真空预压加固后的效果如下。

(一)物理力学性质指标的变化

本项目共做了4个取土孔的室内试验，其中试验段加固2个月后进行了2个取土孔的室内试验；加固前后物理力学性质指标对比详见表1。从表中可以看出，加固后的天然重度、孔隙比、含水量、黏聚力及内摩擦均发生了较大的变化：试验段的孔隙比由加固前的4.677降低到2.350，含水量由加固前的163.0%降低到83.0%；黏聚力由加固前的9.7上升到18.1；内摩擦角由加固前的6.3°上升到13.28°。

表1　试验段加固2个月后与加固前物理力学性质指标对比

层号	岩土名称		天然重度 γ(kN/m³)	孔隙比 e	含水量 w(%)	黏聚力(固快) c(kPa)	内摩擦角(固快) φ(°)	有机质含量(%)
①－3	西湖冲填土	加固前	12.85	4.677	163.0	9.7	6.3	22.7
		加固后	15.4	2.35	83.1	18.1	13.28	

综上可知，经过真空预压后，土的物理力学性质发生较大的变化，含水量明显降低，抗剪强度显著提高，真空预压加固地基效果明显。

(二)地基承载力

真空预压加固前的地基承载力为5.56kPa，经过计算及结合现场机械的负荷试验，地基承载力由加固前的5kPa提高至30kPa，地基承载力大幅提高，真空预压加固地基效果明显。

六、基坑围护方案

在真空预压加固后的场地基础上，进行本基坑工程的围护设计。本基坑工程的特点是：

(1)基坑形状为狭长型，基坑周长约为450延米，最大开挖深度为6.75m，基坑大部分开挖深度为4.0m；

(2)基坑北侧西湖冲填土厚度变化较大，为0～15.0m；

(3)基坑南侧西湖冲填土较厚，最厚约为20.0m；

(4)西湖冲填土有机质含量较高，达22.7%，为泥炭质土；

(5)本工程周邻环境条件一般。

综合场地地理位置、土质条件、基坑开挖深度和周围环境条件，根据“安全、经济、方便施工”的原则，决定采用全套管施工钻孔桩加一道钢筋砼支撑的支护方案，桩背后采用一排水泥搅拌桩止水；对基坑北侧局部无淤填土部位采用人工挖孔桩加一道支撑的支护方案。由于本场地的西湖冲填土为泥炭质土，因此，在水泥搅拌桩中掺入0.15%的SN201固化剂，以消除腐殖酸对水泥土固化强度的影响。

七、基坑围护监测结果分析

由图1典型位移曲线图可见，在基坑开挖过程中，基坑最大位移在警戒值范围内；SW01—SW17水位标高变化在警戒值范围之内；轴力监测结果表明，支撑轴力变化合理，未达到报警值；基坑围护设计总体是合理、安全的。

另外，在施工过程中，部分测斜孔水平位移在基坑开挖期间累计最大水平位移均超过了警戒值，局部压顶梁出现开裂，主要原因为有几根围护桩存在夹泥或空芯现象。对该部分压顶梁进行加固后，对该部分挖土施工速度进行严格控制，保证了该部分基坑在整个施工过程中的安全。

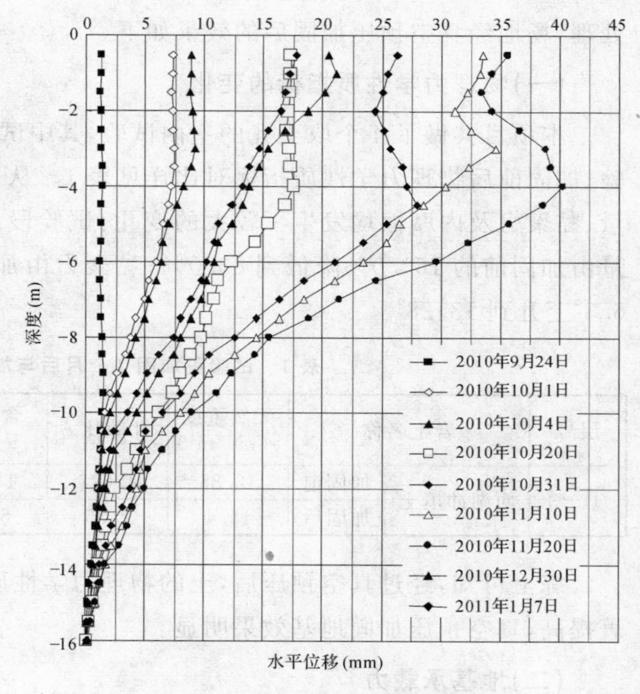

图1 典型深层土体水平位移监测图

八、结　语

综上所述，总结在高含水量及高有机质含量特殊土质条件下的基坑围护工程实例设计施工经验如下：

(1)对高含水量及高有机质含量的地基预先采用真空预压进行地基加固后，土的物理力学性质得到了较大的改善，地基承载力大幅提高；经过加固后的场地，满足了基坑围护施工的要求，并有利于减少基坑变形,减少基坑围护的造价。

(2)局部围护桩施工质量受到塌孔及缩颈的影响,出现夹泥或空芯现象,导致了局部基坑的变形较大;在今后类似场地的围护桩施工过程中,应采取相应措施进行围护桩质量控制,避免出现围护桩夹泥或空芯现象。

(3)由于本场地的西湖冲填土为泥炭质土,因此,在水泥搅拌桩中掺入 0.15%的 SN201 固化剂,有利于消除腐殖酸对水泥土固化强度的影响。

参考文献

[1] 龚晓南.地基处理手册(第三版).北京:中国建筑工业出版社,2008.

[2] 龚晓南.深基坑工程设计施工手册.北京:中国建筑工业出版社,1998.

[3] 朱建才,等.某基坑工程基坑围护设计方案.浙江大学建筑设计研究院有限公司,2009.

紧邻地铁隧道基坑工程设计与施工要点初探

黄先锋

(杭州市地铁集团有限责任公司,杭州,310016)

摘　要:软土地区紧邻地铁深基坑的开挖必然引起周围地层移动,从而对临近运营地铁隧道构成不利影响。对隧道变形控制是该类基坑工程的核心问题。本文以杭州某邻近地铁隧道的基坑工程为背景,利用 MIDAS/GTS 模拟基坑开挖对隧道结构的影响,通过了后期施工监测数据分析,初步提出了适合杭州地质特点的紧邻地铁隧道的基坑工程设计与施工要点,可供后续类似工程参考借鉴。

关键词:软土深基坑;紧邻地铁隧道;影响分析

一、引　言

由于地铁对周边地块商业的显著带动作用,紧邻地铁的商业开发显得十分频繁。在已开通运营地铁的城市如上海、广州、北京等,紧邻地铁大规模开挖大型深基坑已成为一种城市建设常态。

杭州地铁 1 号线全长 47.97km,于 2012 年 11 月 24 日通车试运营,目前日均客流已超过 40 万人次,单日最大客流超过 80 万人次,已成为杭州市的重要交通干线。由于杭州地铁聚富效应的凸显,紧邻地铁的各类商业地产项目日益增多。

软土地区各类建筑深基坑紧邻已经运营地铁的基坑设计与施工,是一项非常复杂的工程。上海、北京、广州等地铁先行城市,已积累了不少属于各自城市特点的成功经验。

本文基于杭州工程地质特点,结合某典型紧邻地铁隧道开挖基坑的工程案例,探讨杭州地区紧邻地铁隧道的基坑工程设计与施工关键技术要点。

二、工程概况

杭州某商业地产项目,总用地面积为 25977m^2,总建筑面积为 99141m^2,设有 3～4 层地下室。该地块基坑呈长条形,平面尺寸约为 250.0m×145.0m。设计基坑开挖深度为 15.8m,局部坑中坑开挖深度达 18.7m(图 1)。

该基坑连续墙外边线距离已运营的地铁 1 号线隧道最小净距为 7.3m,距离地铁车站主体结构最小净距为 27.10m,距离地铁车站风亭结构最小净距为 13.9m,距离地铁车站出入口最小净距为 11.70m(图 2)。

该基坑工程东、西侧均为已建成的道路,北侧为临近地块桩基施工工地,场地内无管线,该三侧周边环境相对较好；南侧已运营的地铁盾构隧道的保护为该基坑工程的关键点之一(图1)。

该段地层的主要特点是粉砂性地层深厚，下部有淤泥质土和粉土呈“千层饼”状的互层结构。根据勘察报告，场地土体可分为7个大层。地下潜水水位埋深为地下0.7～3.7m。土层具体参数详见表1。

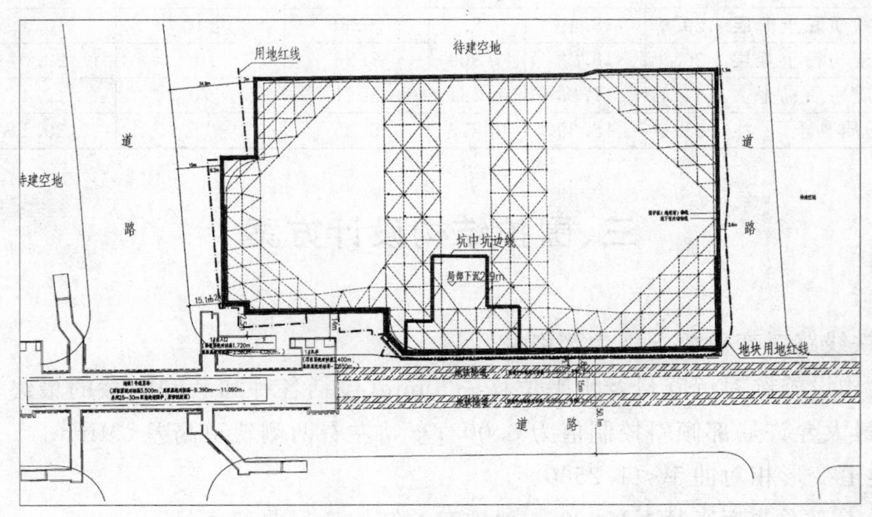

图1　某紧邻地铁基坑工程平面布置图

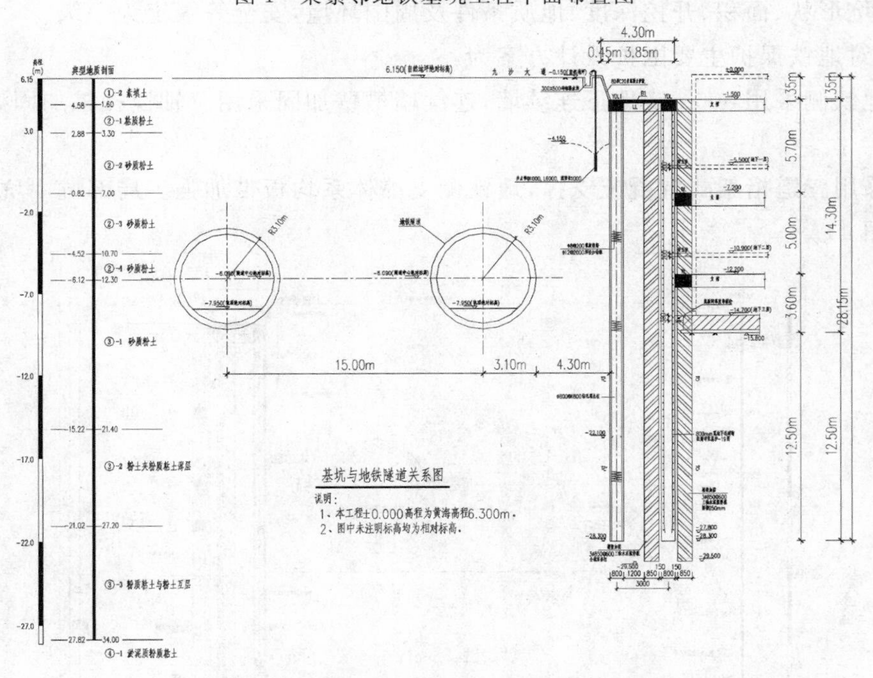

图2　某紧邻地铁基坑工程与地铁位置关系剖面图

表1　各土层主要物理力学性质指标

层号	土层名称	含水量 w(%)	重度 γ(kN/m³)	孔隙比 e	压缩模量 (MPa)	地基承载力标准值(kPa)	固结快剪	
							c(kPa)	φ(°)
1－1	杂填土		18.30				12.0 (10)	15.0
1－2	素填土		17.30				13.0	16.0
2－1	黏质粉土	27.6	18.77	0.802	12.40	120	8.5	29.6 (28.3)
2－2	砂质粉土	27.3	18.88	0.775	11.80	150	8.4 (7.8)	30.2 (29.3)
2－3	砂质粉土	24.8	19.28	0.682	12.63	140	6.1	31.9 (31.2)

续表

层号	土层名称	含水量 w(%)	重度 γ(kN/m^3)	孔隙比 e	压缩模量 (MPa)	地基承载力标准值(kPa)	固结快剪	
							c(kPa)	φ(°)
2－4	砂质粉土	25.4	19.19	0.708	12.94	110	6.3	32.7 (25.7)
3－1	砂质粉土	24.3	19.14	0.709	11.83	155	8.2 (7.9)	32.5 (32.1)
3－2	粉土夹粉质黏土薄层	29.0	18.49	0.839	10.68	140	10.1	32.7 (25.7)
3－3	粉质黏土与粉土互层	30.9	18.23	0.869	7.26	100	23.0	22.2 (16.2)
4－1	淤泥质粉质黏土	41.1	17.23	1.231	3.41	70	11.4	10.1
4－2	粉质黏土	31.6	18.39	0.873	5.25	75	39.1	17.8

三、围护结构设计方案

已运营地铁线路对变形要求极为严格[1-4]：

(1)地铁结构设施绝对沉降量及水平位移≤20mm(包括各种加载和卸载的最终位移量)；车站及出入口风亭最大允许局部倾斜控制值为0.002；车站左右两侧轨道高差＜4mm。

(2)地铁隧道变形相对曲率＜1/2500。

(3)地铁隧道变形曲率半径＞15000m；地铁车站结构变形曲率半径＞50000m。

结合本基坑形状、面积、开挖深度、地质条件及周围环境，安全等级定为一级。

本基坑针对地铁保护主要围护设计方案为：

(1)靠近地铁侧采用800mm地下连续墙，连续墙槽壁加固采用三轴搅拌桩加固处理(外排连续套打)。

(2)支撑采用三道桁架式混凝土支撑，地铁侧支撑体系均板带加强。局部坑中坑段设置四道砼支撑(图3和图4)。

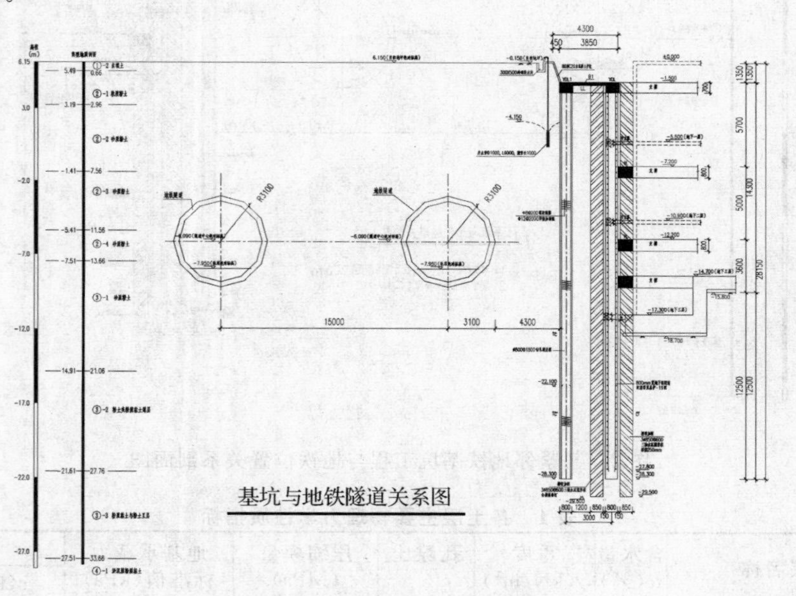

图3 坑中坑段基坑围护剖面图(单位：mm)

(3)连续墙外侧约2.6m布置一排ϕ800mm@1800mm钻孔灌注桩，桩顶部设冠梁与地墙冠梁板带连成整体，桩与墙之间的土体采取旋喷桩加固处理(图4)。

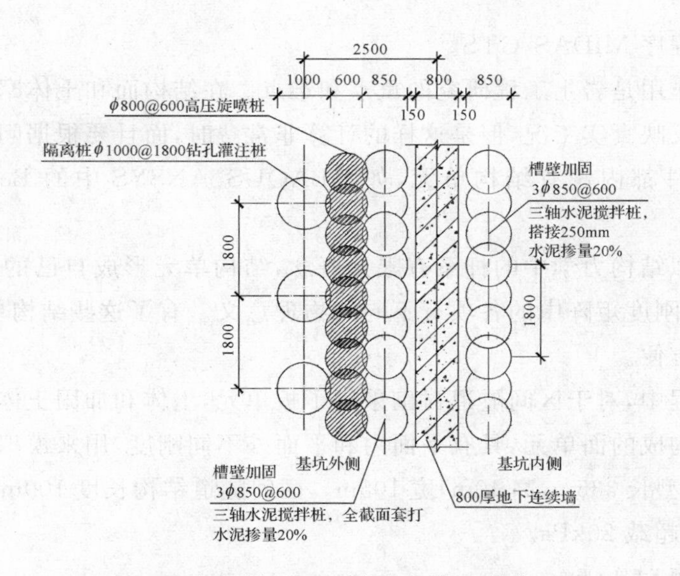

图4　连续墙外侧设置隔离桩大样图(单位:mm)

(4)地铁侧坑外轻型井点降水至地表下4.0m。

(5)在各道支撑的土层开挖过程中,设计要求每段开挖宽度控制在6m以内,分层分段分块开挖土方,尽量减小无支撑暴露时间,严格控制土方开挖坡度与坡高,单层土坡坡度不得大于1∶2.5,土坡高度不得大于3m(图5)。坑内每一层土方开挖,均要求靠近地铁侧土方最后挖除。

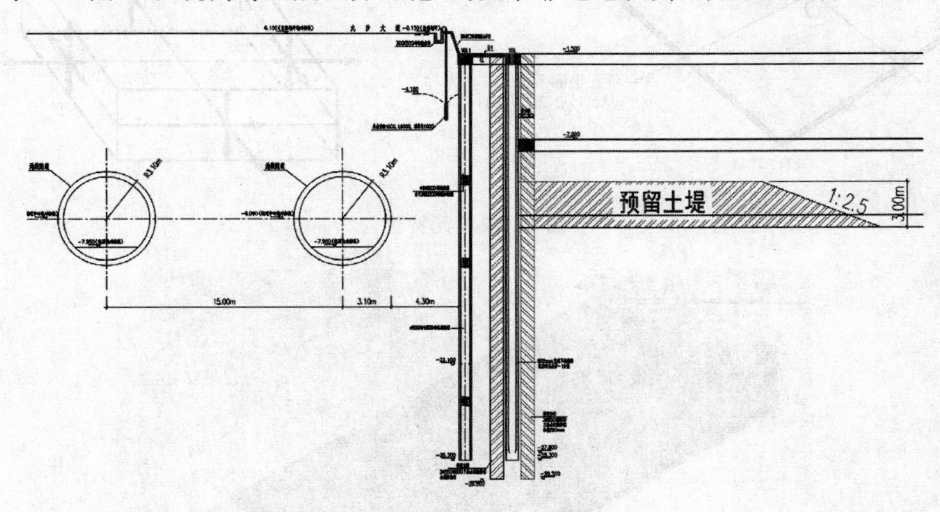

图5　土方开挖预留土堤示意图

(6)本工程基坑面积大,开挖深度深,土方工程量大,施工周期长。为确保施工过程中运营地铁隧道的安全,要求对隧道采取自动化监测手段,并实行动态管理和信息化施工。

四、基坑开挖对隧道变形影响的数值分析

(一)数值计算模型与分析工况

鉴于工程复杂性,基坑围护设计除运用“弹性地基梁原理”进行常规的断面计算外,还进行了大量的数值模拟计算。本次数值模拟分析采用摩尔-库伦(Mohr-Coulomb)弹塑性本构模型,并采用

大型岩土有限元分析程序 MIDAS/GTS。

土与结构物相互作用是岩土工程研究的重点和难点。在结构面和土体摩擦界面设置接触面或者接触单元能较好地反映真实工况，但是这样的计算非常费时，而且要根据问题的研究重点加以区分。目前许多数值软件都内镶有结构单元，如 ABAQUS、ANSYS 中的 Beam（梁）和 Shell（壳）单元。

结构单元概念类似结构力学中的杆系有限元概念，结构单元形成自己的刚度矩阵并与土体单元发生作用，不同的是刚度矩阵中的各项有不同的物理意义。有了这些结构单元，分析土与结构相互作用的问题就非常方便。

本次数值模拟过程中，对于区间隧道衬砌采用了板单元，土体和加固土体则采用实体单元。

板单元是由四点构成的面单元，具有平面内和平面外不同刚度，用来模拟隧道衬砌与地下连续墙，如图 6～9 所示，模型长 335m，高 40m，宽 105m。区间隧道结构长度 100m，盾构外径 $D=6.2$m，管片壁厚 0.35m，地面超载 20kPa。

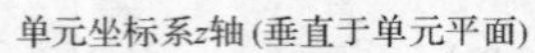

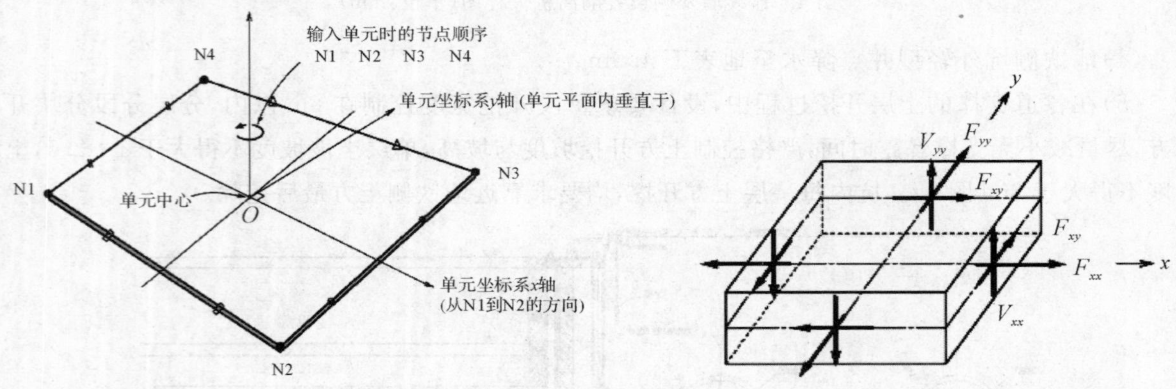

图 6 板单元特性

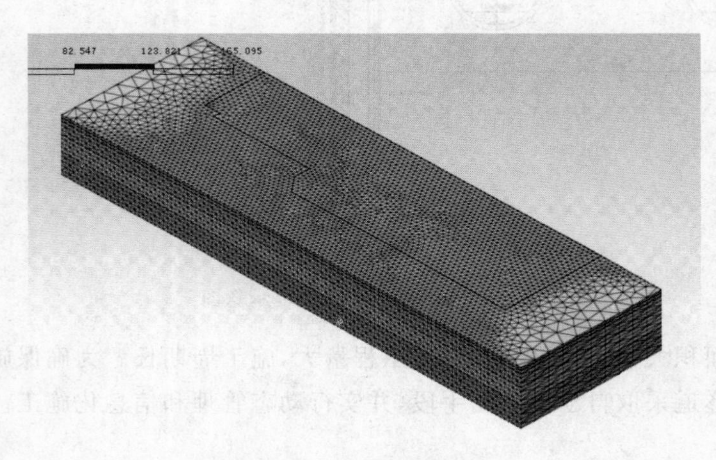

图 7 数值计算模型与网格划分

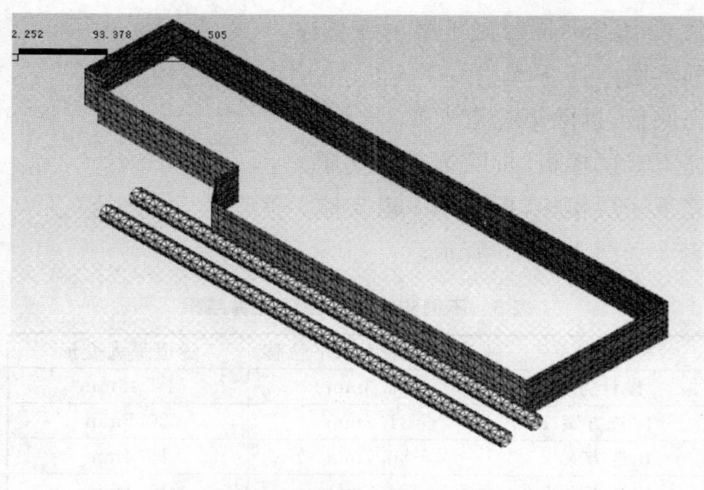

图 8　区间隧道与地下连续墙有限元模型

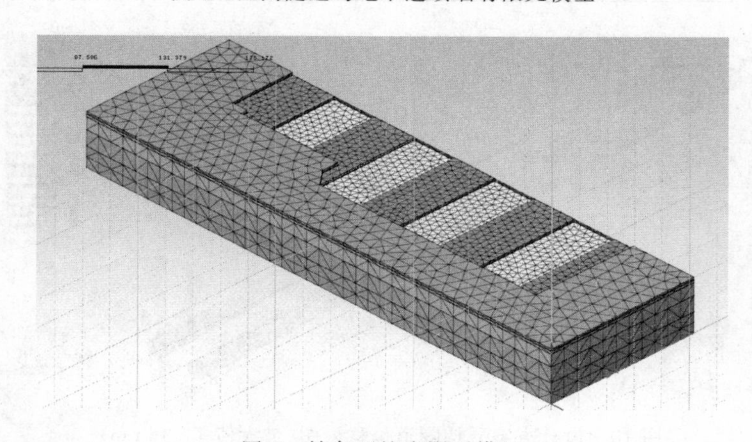

图 9　抽条开挖有限元模型

为了比较其他支护方案，遴选出地铁隧道保护的最适宜方案，数值计算模型考虑了如表 2 所示 4 类不同的计算工况。

表 2　不同支护方案比较

方案	支护方案
设计方案	800mm 连续墙＋3 道砼支撑＋分区分段开挖
比选方案 1	800mm 连续墙＋3 道砼支撑
比选方案 2	1000mm 连续墙＋3 道砼支撑
比选方案 3	800mm 连续墙＋3 道砼支撑＋坑内裙边加固

注:①以上 4 类方案靠近地铁侧均考虑设置隔离桩，如图 3 所示。

②4 类方案局部坑中坑段均考虑设置了第四道砼支撑。

③方案 3 中坑内裙边加固是指在基坑内采取搅拌对坑底土体采取加固，加固范围为 5.0m(宽)×5.0m(深)。

(二)数值计算结果分析

以上 4 类有限元计算模型，计算过程均模拟基坑开挖步序，标准段(非坑中坑段)分为以下几个步骤：

(1)工况一：初始应力状态，采用 K0 法，生成初始应力。开挖区间隧道及施工地下连续墙，同时位移清零。

(2)工况二：开挖到－1.5m，同时施工第一道支撑。

(4)工况三：开挖到－7.2m，同时施工第二道支撑。

(5)工况四：开挖到－12.2m，同时施工第三道支撑。

(6)工况五：开挖到坑底－15.8m。

(7)工况六：施工完底板，拆除第三道支撑。

(8)工况七：施工完下二层楼板，拆除第二道支撑。

(9)工况七：施工完下一层楼板，拆除第一道支撑。

分析计算结果如表3和图10～16所示。

表3　不同支护方案数值计算结果

方案	连续墙最大水平位移	隧道最大变形
设计方案	23.3mm	14.46mm
比选方案1	31.2mm	20.5mm
比选方案2	30.7mm	19.4mm
比选方案3	24.7mm	15.4mm

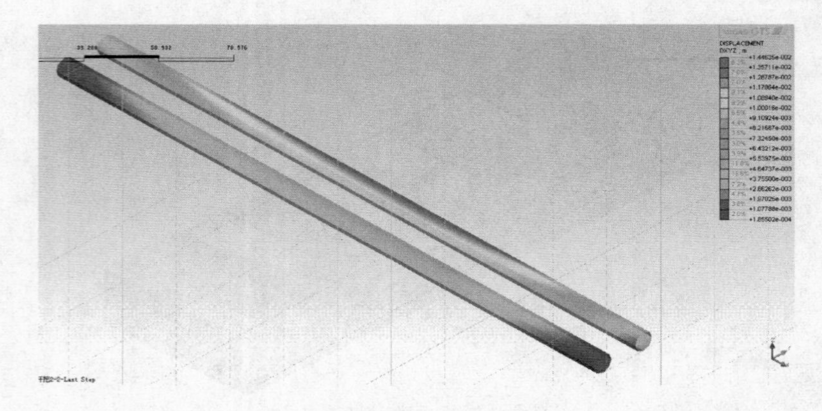

图10　设计方案盾构隧道位移云图(最大值14.46mm)

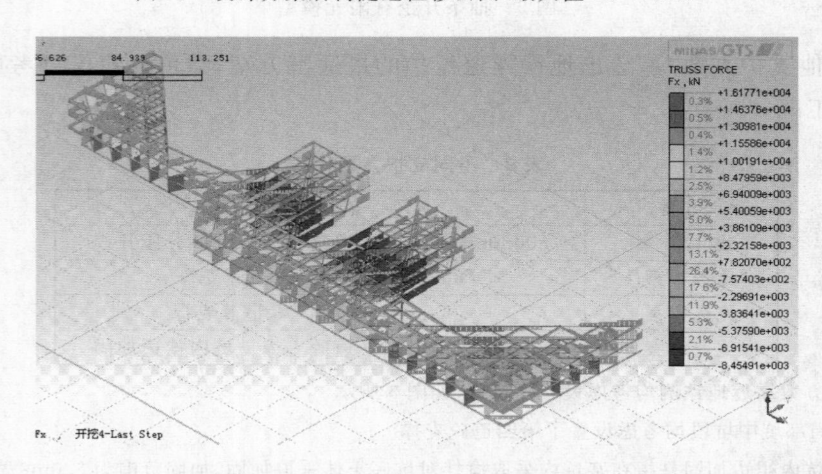

图11　设计方案 基坑支撑轴力图(最大值轴力8455kN)

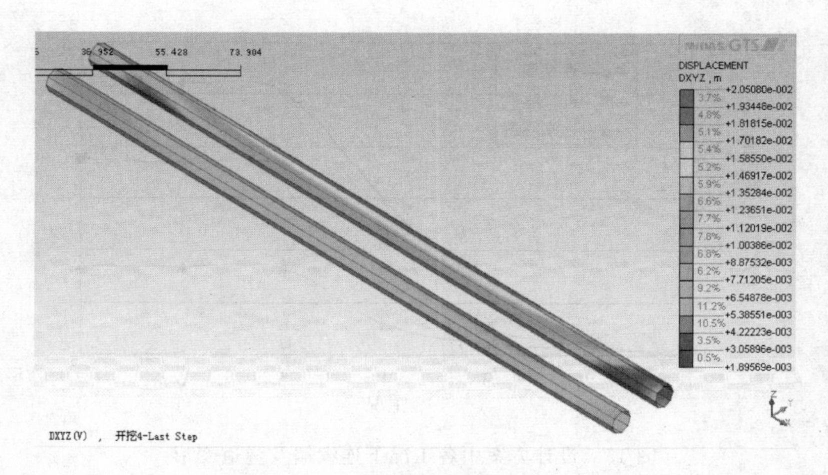

图 12　比选方案 1 盾构隧道位移云图(最大值 20.5mm)

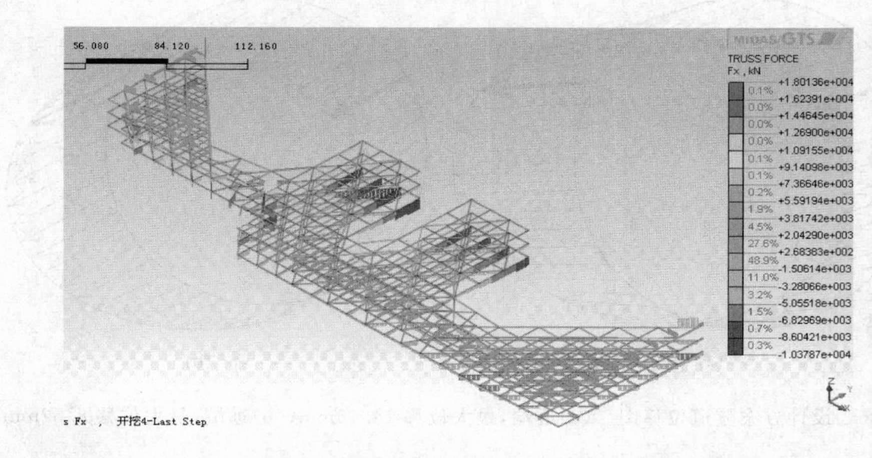

图 13　比选方案 1 基坑支撑轴力图(最大值轴力 10378kN)

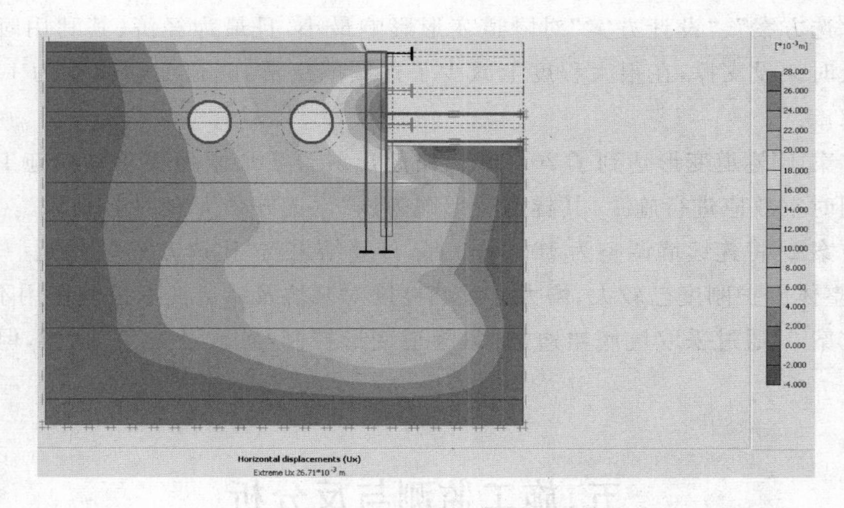

图 14　设计方案连续墙最大位移 24.7mm

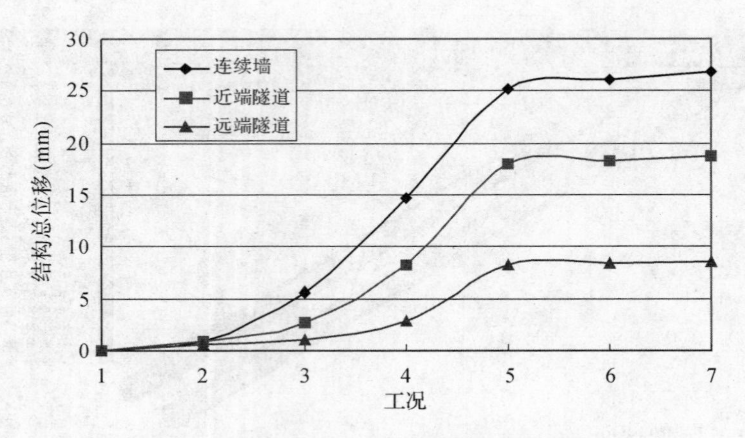

图 15　设计方案中各工况下连续墙及隧道变形

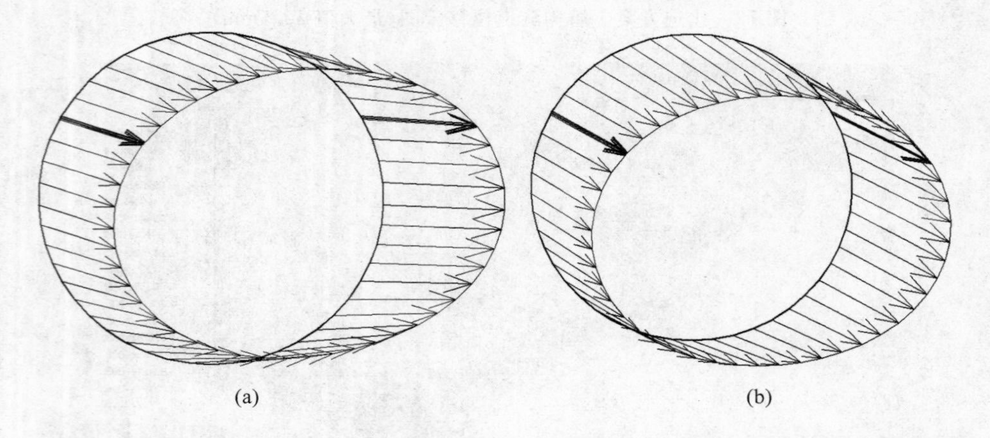

图 16　设计方案隧道位移图。(a)近端,最大位移 14.46mm;(b)远端,最大位移 8.52mm

(三)小　结

通过对以上数值计算结果的整理分析,得出以下结论:

(1)相比"比选方案","设计方案"对隧道变形影响最小,且最为经济;其利用时空效应分区分块、分层分段、及时架设支撑,在很大程度上减少了连续墙变形,隧道变形减小为 14.5mm,满足隧道变形限值要求。

(2)"比选方案 1"隧道变形达到了 20.5mm,略超出隧道变形限值要求。如施工过程未能按照"设计方案"利用时空效应进行施工,其隧道变形即为该"比选方案 1"的计算结果。

(3)"比选方案 2"将连续墙调整为 1000mm 厚,计算结果与"比选方案 1"接近。由此可见,由于使用了隔离桩,整体围护刚度已较大,增大连续墙厚度对基坑及隧道变形控制作用不明显。

(4)"比选方案 3"通过采取坑底裙边加固,隧道变形控制与"设计方案"相当,但是经济性逊于后者。

五、施工监测与反分析

(一)监测手段与数据处理

本基坑工程施工时分为 A、B、C、D、E、F 六个区块施工,目前基坑已基本实施完毕(图 17 和图 18)。

图 17　基坑实施过程现场照片

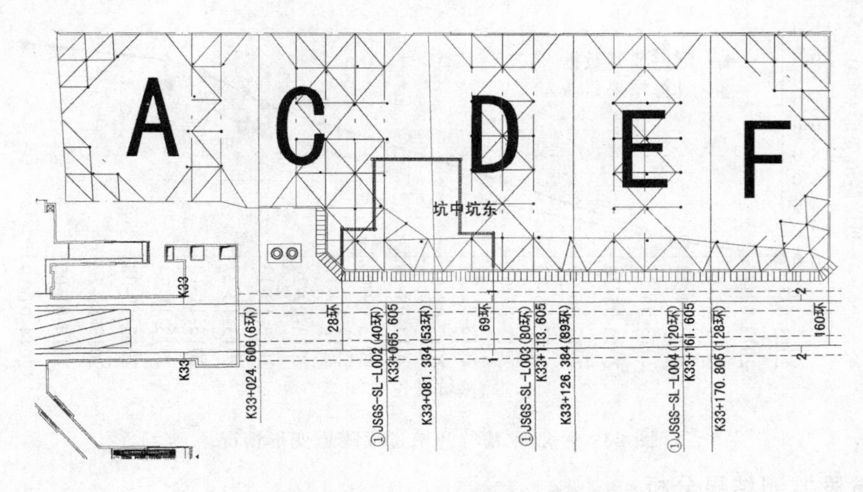

图 18　基坑实施时分区分块示意图

为有效掌握基坑开挖过程中隧道变形情况，除常规监测手段外，本工程使用了三维激光扫描仪对变形区域隧道进行全断面扫描，并对隧道的裂缝情况进行测量和统计。三维激光扫描仪通过高速激光扫描测量的方法，以点云形式获取隧道的阵列式几何图像数据(图 19 和图 22)。

图 19　采集数据点标靶球摆放

图 20　隧道内部点云数据

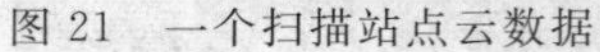

图 21　一个扫描站点云数据

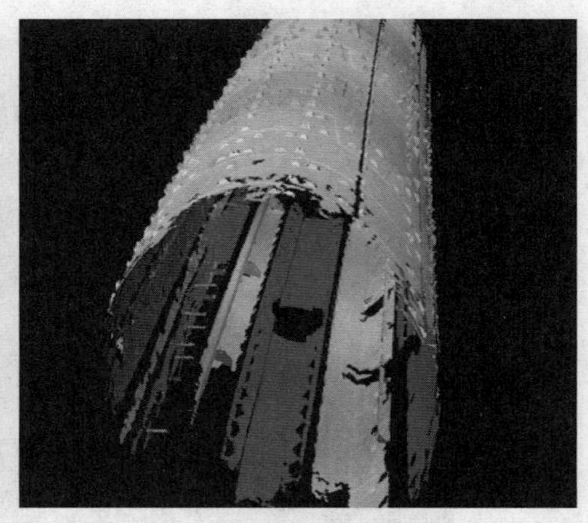

图 22　数据预处理后建立三角网

(二)一般段监测结果分析

一般段选取 E 段第 120 环的监测数据作为分析段。根据监测数据与计算模型对比来看，隧道变形监测数据略大于数值计算结构，变形趋势基本吻合，该段隧道内部状态良好(图 23)。

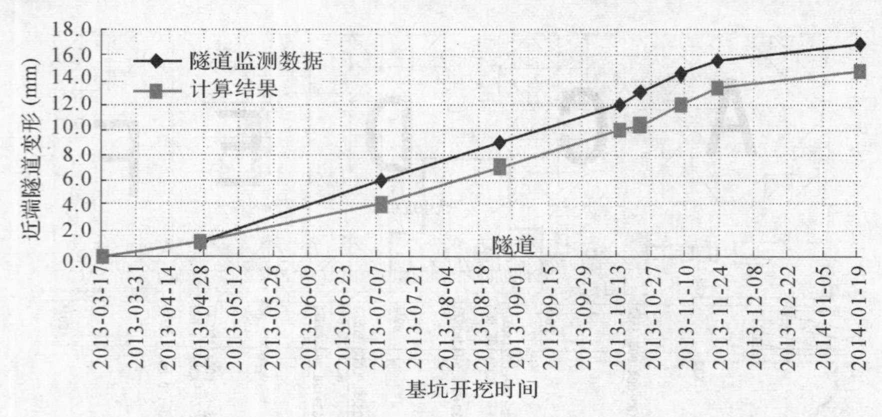

图 23　一般段基坑开挖过程隧道变形情况

(三)坑中坑段监测结果分析

坑中坑段(C 区、D 区)基坑实施过程中，因各种因素，未能按设计要求及时浇筑底板，如表 4 所示。

从监测情况来看，该段隧道变形较大程度超出了计算变形控制，虽然目前隧道运营状态良好，但隧道内部出现了不同程度的裂缝。

表 4　不同区块底板浇筑时间对比表(2013 年)

区块	土方开挖完成时间	底板浇筑完成时间	前后两者时差
A、B	9 月 15 日～10 月 21 日	10 月 30 日	8 天
C	6 月 20 日～8 月 8 日	9 月 2 日(坑中坑西 10 月 30 日)	24 天(坑中坑西 82 天)
D	5 月 20 日～6 月 15 日	7 月 6 日(坑中坑东 9 月 23 日)	21 天(坑中坑西 88 天)
E	5 月 30 日～7 月 20 日	7 月 28 日	8 天
F	6 月 27 日～7 月 25 日	8 月 8 日	13 天

六、结　论

紧邻已运营地铁隧道开挖基坑，从设计与施工角度，在杭州地区如何有效控制地铁隧道变形仍是一个需深入研究的课题。

本文通过分析杭州某典型紧邻地铁隧道的深基坑工程案例，得出如下结论：

(1)本基坑工程开挖深度达15.8m，与地铁隧道最小净距离仅7.3m。围护结构采取800mm连续墙＋隔离桩＋三道砼支撑方案。从实施结果来看，数值计算结果与监测反馈数据基本吻合。

(2)“连续墙＋隔离桩”的围护结构形式，由于刚度大、经济性好，已在杭州类似紧邻地铁隧道的基坑工程有多次应用。单纯增大连续墙厚度对基坑及隧道变形控制作用不明显。该类围护结构形式均要求桩与墙之间的土体采取加固处理，顶部设置板梁拉结，以形成双排桩效应。为减少连续墙成槽施工对地铁隧道的影响，一般要求隔离桩先期施工。从监测数据来看，本基坑工程连续墙成槽施工对隧道基本无影响。

(3)从数值计算及监测数据来看，运用时空效应、分层分段、分区分块开挖基坑仍是降低周边环境影响的最经济有效的办法之一。本工程坑中坑段由于未能遵循时空效应开挖基坑，未能及时浇筑底板，导致隧道变形超出设计值，对隧道构成不同程度的不利影响。

(4)上海地区对于类似基坑工程，已积累了不少成功经验，值得借鉴，如：

a.对于紧邻地铁侧深基坑要求“化整为零”，将大基坑划分多个小基坑。对靠近地铁侧的小基坑的开挖面积、深度、时间均严格要求。

b.对于靠近地铁侧基坑一般均要求采取“自动补偿支撑系统”。

c.鉴于盖挖逆作对于周边环境相对有利，必要时，要求靠近地铁侧深基坑采取盖挖逆作。

d.实行严格有效的程序管理，地铁业主方对施工全程采取过程管控。

参考文献

[1] 高广运，高盟，等.基坑施工对运营地铁隧道的变形影响及控制研究.岩土工程学报，2010(3).

[2] 刘国彬，黄院雄，侯学渊.基坑工程下已运行地铁区间隧道上抬变形的控制研究与实践[J].岩石力学与工程学报，2001，2(2)：202－207.

[3] 刘廷金.基坑施工对盾构隧道变形影响的实测研究[J].岩石力学与工程学报，2008(27)：3393－3400.

[4] 李进军，王卫东，等.基坑工程对临近建筑物附加变形影响的分析[J].岩石力学，2007(28)：623－629.

膨胀土地区某深基坑多结构支护体系的应用

宋金龙[1]　黎　鸿[2]　颜光辉[2]　张军新[2]　陈　展[2]
(1.浙江大学建筑设计研究院有限公司,杭州,310028;
2.中国建筑西南勘察设计研究院有限公司,成都,610052)

摘　要:膨胀土具有显著的吸水膨胀和失水收缩的变形特性,其不稳定的性质对基坑稳定性影响较大,易产生失稳破坏,因而合理的支护结构尤为重要。本文通过对膨胀土地区某深基坑围护设计所采用的多结构支护体系进行介绍,表明多结构支护体系在基坑围护中具有明显应用价值,为膨胀土地区基坑设计及施工提供了参考案例。

关键词:膨胀土;深基坑;支护结构;多结构支护体系

一、前　言

膨胀土为黏性土的一种,土中黏粒成分主要由亲水性矿物组成,如蒙脱石、伊利石等,因而同时具有显著的吸水膨胀和失水收缩两种变形特性;土体浸水时体积膨胀并形成膨胀压力,强度发生显著降低;土体干燥失水时体积收缩并形成收缩裂缝,且随环境变化土体可发生反复的胀缩变形,导致土体的强度逐渐衰减[1]。由于其性质具有不稳定性,在实际工程当中具有较大的破坏性,对边坡(基坑)的稳定性具有较大影响,易导致边坡失稳破坏产生浅层滑坡。因此在膨胀土地区的工程实际中,需充分考虑膨胀土的性质,结合具体的工程特点,有针对性地选择相应的支护结构。

在对膨胀土及膨胀土地区边坡支护的研究当中,廖济川等[2]针对膨胀土的工程特性对开挖边坡稳定性的影响进行了分析研究;左丽华等[3]针对土钉墙在膨胀土地区基坑支护中的应用进行了相关分析;李建军等[4]结合工程实例,对土钉+喷射混凝土在膨胀土基坑支护中的应用进行了可行性分析;陈善雄[5]对膨胀土工程特性与处治技术进行了深入研究;吴礼舟等[6]采用数值模拟对锚杆框架梁加固膨胀土边坡进行了分析研究,并对支护措施进行进一步优化;林晓明[7]对膨胀土地区的地铁车站的基坑开挖及支护进行了相应分析;王立军[8]通过膨胀土地区建筑基坑支护工程实例,对喷锚支护结构在膨胀土地区基坑支护中的应用进行了探讨。

本文根据工程实例,结合工程当中所采用的基坑支护技术对膨胀土地区深基坑围护体系进行探讨。

二、工程概述

项目区位于成都市锦江区,建设内容为 3 幢 31 层高层及 2～3 层商业裙房,4 层地下室。高层建筑基础形式拟采用筏形基础，商业裙房基础形式拟采用独立基础。主楼筏板板面标高 494.40m，筏板底标高 492.50m，条形基础埋深暂按 0.6m。其场地周边环境较为复杂，北侧紧邻基础埋深约 1.5m 的 8 层建筑，基础边线距红线约 4.8m；东侧为宽约 8.0m 的已建道路，基础边线距红线约 5.0m；南侧为宽约 16.0m 的规划道路，基础边线距红线约 5.0m。西侧为宽约 40.0m 的已建道路，基础边线距红线约 5.0m。红线外侧 1.5m 位置为在建电力隧道，截面 2.2m×2.0m，埋置标高 495.50～500.0m；11.0m 位置存在一条污水管道，直径 1m，标高 509.4m；12.8m 位置存在一条雨水管道，直径 1m，标高 510.9m；15.7m 左右位置为下穿隧道，隧道底标高为 504.5～507.5m。

三、工程地质及水文地质条件

(一)地形地貌

场地整体地貌呈南高北低状，场地南侧经回填后较平坦，勘察期间测得钻孔孔口标高为 507.12～514.45m，相对高差 7.33m。场地地貌单元属岷江水系Ⅱ级阶地。

(二)工程地质条件

根据勘察报告，项目区位于成都东郊膨胀土地区，场地地层自上而下依次为：第四系全新统人工填土(①－1 杂填土、①－2 压实填土)，第四系中更新统冰水沉积层(②－1 黏土、②－2 黏土、③含卵石黏土、④粉砂、⑤卵石)，白垩系灌口组泥岩(⑥－1 全风化泥岩、⑥－2 强风化泥岩、⑥－3 中风化泥岩)。其中②－1 黏土仅在场地局部区域揭露，层厚约 2m；②－2 黏土层厚 1.00～4.00m。根据在场地内黏土层所取原状土样进行的胀缩试验结果，拟建场地分布的黏土的自由膨胀率为 43%～64%，平均值为 54%，属膨胀性土，具有弱膨胀潜势。

(三)水文地质条件

拟建场地在地貌单元上系岷江Ⅱ级阶地，场地地下水类型主要为上部填土层中的上层滞水和基岩中的基岩裂隙水。根据拟建场地的勘察资料，并结合地形地貌条件分析，场地范围内分布的部分土层渗透性较好，且场地标高稍低于附近区域，在基坑开挖后将可能发生地表水的汇集，从而对基坑围护产生影响。

四、基坑支护方案

拟建项目基坑开挖深度约 14.8～20.8m，基坑安全等级为一级，基坑顶面施工荷载按均布荷载 $q=15\text{kPa}$ 考虑。基坑开挖深度范围内存在膨胀土地层，基坑开挖后受环境影响尤其是在水的作用之下，将会导致膨胀土的胀缩变形，使得土体的强度降低，从而进一步影响基坑边坡的稳定性。结合场地周边环境分析，场地周边环境总体较为复杂，尤其在场地北侧及西侧存在现有建筑、已建道路、在建隧道、地下管线等，对基坑边坡的变形控制要求严格，而南侧及东侧周边环境相对简单，对基坑边坡的变形控制要求稍宽。同时考虑基坑内施工条件以及经济因素，对基坑的围护方案采用多结构的支护体系，对基坑不同部位采取针对性的支护措施。

(一)主要支护结构

(1)钢筋混凝土内支撑：在基坑各角点位置设置，砼内支撑设置钢立柱，截面尺寸 800mm×800mm；

(2)桩锚支护+钢管斜支撑：在内支撑部位之外边坡设置，由于仅采用桩锚支护很难在膨胀土地区控制基坑变形，特别是基坑西侧需要重点保护的下穿隧道和在建电力管线，故设计时在没有混凝土内支撑的区域加设了钢管斜支撑与锚索相结合，利用其较大的支锚刚度控制基坑变形，并对钢斜撑区域采取了相应加固预案；

(3)格构锚索：由于局部冠梁上部放坡高达 5.3m，土钉施工无法满足安全要求，因而在桩顶以上部分采用钢筋混凝土格构+锚索作为支护结构；

(4)混凝土挡土墙：西侧局部电杆位置施工完钢筋混凝土格构梁后，再施工混凝土挡墙，挡土墙和格构梁浇筑成整体，并采用植筋与围护桩冠梁连接；

基坑围护总平面布置图见图 1。

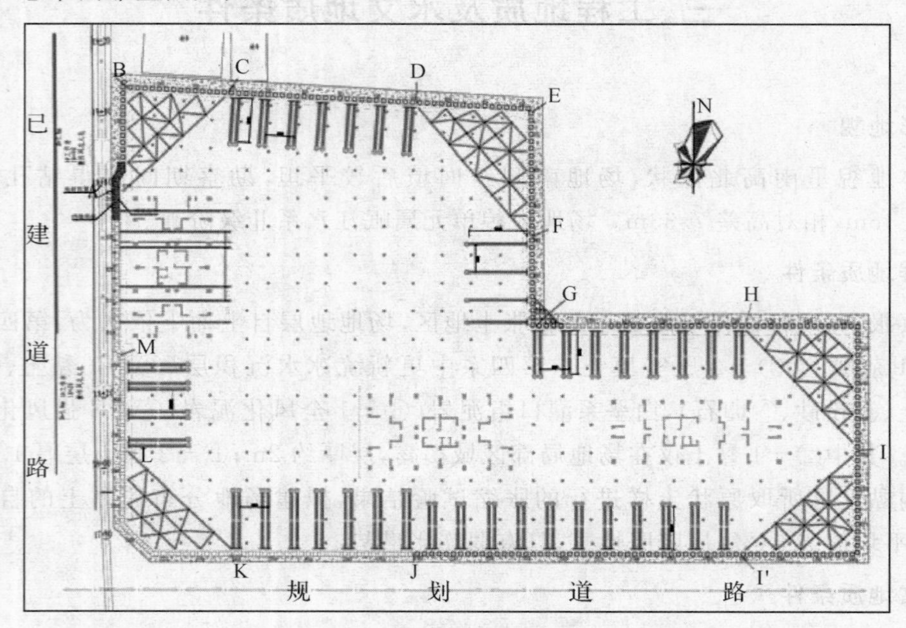

图 1 基坑围护总平面布置图

(二)基坑西侧典型位置支护方案

基坑西侧周边环境较为复杂，地下构筑物、地下管线等分布较多，因此在设计过程中需要充分考虑环境因素的影响，严格控制基坑变形。结合此位置工程地质条件，单一的支护结构并不能满足基坑支护需求，因此采用多结构支护体系。具体支护方案为：边坡下部采用桩锚结构，围护桩采用旋挖成孔，桩径 1400mm，桩间距 1.8m，桩长 24.8m，桩身设置 3 排锚索；锚索的横向间距为 2.0m，竖向标高分别为 505.7，503.0，496.5m，锚索长度从上至下分别为 24.0，23.0，19.0m，选用的预应力锚索 f_{pk}=1860kPa，3 束 15.2 钢绞线，采用钻机成孔，孔径 150mm，施加预应力 150kN；为保证安全，紧靠大桩增加补充 1.0m 直径小桩，桩长 24.8m；在标高为 505.7m 设置 609mm×16mm 钢管斜撑，并对钢斜撑区域采取了相应加固预案；斜撑支挡桩桩径 300mm，桩长 8.0m，附于地下室底板之中；桩顶以上 4.3m 采用放坡格构（格构梁+锚索）支护，放坡坡率 1∶1.2。支护剖面图见图 2。

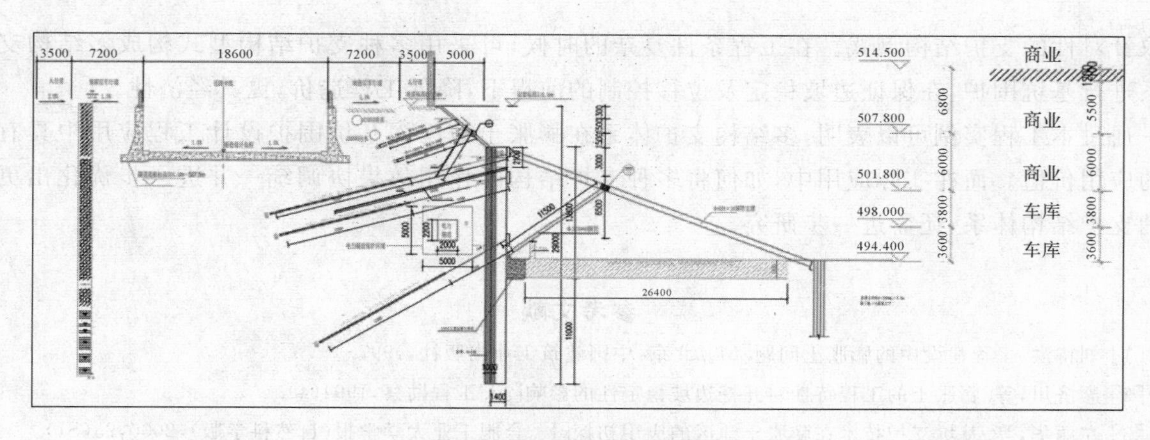

图 2　基坑西侧边坡支护剖面图(单位:mm)

五、施工及应用效果

拟建项目位于膨胀土地区,基坑占地面积较大,开挖深度较深,而膨胀土遇水后土体强度将发生显著降低,失水干缩后易产生收缩裂缝;同时由于基坑开挖将引起开挖位置的应力释放及卸荷,在此过程当中易产生较大变形,影响基坑边坡稳定性。因此在施工中采用分区分步开挖的方式,尽量降低由于基坑大面积开挖而产生较大范围内的应力变化,减少土体无支护状态下的暴露时间,保证边坡的稳定,控制边坡的变形。此外,由于基坑施工为露天施工,在施工过程中不可避免会受到降水作用的影响,因此在施工中需做好截排水工程,并防止基底及边坡土体遭受长时间的浸水、暴晒。

(一)总体施工程序

测放旋挖桩桩位,开始进行旋挖成孔桩施工→待旋挖成孔桩灌注完毕→施工桩顶冠梁并设置变形观测点→施工冠梁以上钢筋混凝土格构→土方挖至第一排锚索标高位置以下500mm施工第一排锚索,施加预应力→施工桩间挡土板,喷射混凝土→土方挖至第二排锚索标高位置以下500mm施工第二排锚索,施加预应力→施工桩间挡土板,喷射混凝土→土方挖至第三排锚索标高位置以下500mm施工第三排锚索,施加预应力→施工桩间挡土板,喷射混凝土→土方挖至第四排锚索标高位置以下500mm施工第四排锚索,施加预应力→施工桩间挡土板,喷射混凝土→土方挖至第五排锚索标高位置以下500mm施工第五排锚索,施加预应力→施工桩间挡土板,喷射混凝土。

(二)应用效果

拟建项目工程自2013年2月开工,基坑已开挖至基底。在施工过程中,边坡的整体稳定性良好。监测表明,基坑位移量及地面沉降量等监测数据均在控制范围之内。由此说明针对不同区域的具体特征而设计采用的多结构支护体系有效保证了基坑的安全性。

六、结　论

膨胀土是影响基坑安全的特殊性岩土,其具有较高的水敏性,浸水后体积膨胀,干缩后易产生收缩裂缝,在水的作用下强度将发生衰减,对工程具有较大影响。因此在膨胀土地区进行基坑围护的设计施工时,除常规的边坡稳定性之外,还需充分考虑膨胀土的特性,并结合工程的具体特征而采取针对性的支护结构型式。在工程条件复杂的时候，可采用多种支护结构型式构成多结构支护体系进行基坑围护，在保证边坡稳定及位移控制的前提下，降低工程造价，更具经济性。

通过本工程实例可以表明，多结构支护体系在膨胀土地区深基坑围护设计工程应用中具有明显的应用价值。而在实际应用中，如何将多种支护结构的作用效果协调统一并进一步优化出更合理的支护结构体系，还需进一步研究。

参考文献

[1] 刘特洪.工程建设中的膨胀土问题[M].北京：中国建筑工业出版社，1997.

[2] 廖济川，等.膨胀土的工程特性对开挖边坡稳定性的影响[J].工程勘察，1994(4).

[3] 左丽华，等.基坑支护技术在膨胀土地区的应用初探[J].合肥工业大学学报(自然科学版)，2000，23(S1).

[4] 李建军，等.对土钉＋喷射混凝土在膨胀土基坑支护中的可行性分析[J].建筑技术开发，2001，28(1).

[5] 陈善雄.膨胀土工程特性与处治技术研究[D].博士学位论文，华中科技大学，2006.

[6] 吴礼舟，等.锚杆框架梁加固膨胀土边坡的数值模拟及优化[J].岩土力学，2006，27(4).

[7] 林晓明.对膨胀土地区的地铁车站的基坑开挖及支护的分析[J].中国新技术新产品，2013(5).

[8] 王立军.喷锚支护结构在膨胀土地区基坑支护中的应用[J].中国煤炭地质，2014，26(1).

松动固结土隔离挤土效应动态监测的工程应用

龚新晖[1]　谢维忠[2]　陈旭伟[3]　严　平[4]　樊京周[5]

(1.杭州南联土木工程科技有限公司,杭州,310013;2.浙江龙舜建设有限公司,杭州,310011;
3.拱墅区城中村改造工程指挥部,杭州,310011;4.浙江大学建筑工程学院,杭州,310058;
5.杭州南联地基基础工程有限公司,杭州,310013)

摘　要:本工程采用松动固结土隔离挤土效应,并结合动态监测保护周边道路、建(构)筑物、管线、在建工程等安全。其原理是以一定压力注水采用机械搅拌或高压喷射松动破坏原固结土体结构,形成由水土均匀混合组成的应力释放带隔离挤土效用,并在释放带两侧按一定间距分别对应设置深层土体位移测试孔,动态跟踪实时监测应力释放带两侧的侧向位移数据变化规律,动态有效持续地保护周边道路、建(构)筑物、管线、在建工程等安全。该工法具有施工速度快、造价低、环保无污染等特点,可供同类工程借鉴。

关键词:松动固结土;隔离挤土效应;动态监测

一、前　言

随着城市建设项目数目和规模迅速增大,桩基础已成为基础工程中一种重要形式。其中,静压桩沉桩速度快、振动小、噪音低、沉桩质量有保证、承载力高等,在技术和经济效益方面具有良好的表现,因而在我国越来越受到重视。特别是在沿海软土地区得到广泛应用。但是,静压桩属于挤土桩,产生的挤土效应使临桩产生倾斜、弯曲、侧向位移等一系列不良后果,还会对周边环境造成不利影响。传统的减少挤土的方法主要有防挤沟和钻孔排等,但都有一定的不足之处。本工程采用松动固结土形成应力释放带隔离挤土效应,并结合动态监测,对管桩施工时产生的挤土效应进行隔离屏蔽,动态有效持续地保护周边道路、建(构)筑物、管线、在建工程等的安全。

二、设计原理及施工方法

松动固结土隔离挤土效应的原理,是采用单(多轴)搅拌桩机或高压旋喷桩机,以清水为介质,并施加一定压力注入土体,进行机械搅拌或高压旋喷搭接连续作业,并进入地表下一定深度,通过机械搅拌或者高压喷射松动破坏原固结土体结构,增加土体孔隙比和含水量,降低土体强度,从而形成隔离挤土效应的应力释放带,使场地施工一侧土体传递过来的变位全部或部分在应力释放带内消化，同时扩散了土体传递过来的附加应力，阻止或减缓工程管桩施工时产生侧向挤土应力的传递，将侧向挤土效应隔离屏蔽于施工场地之内，达到保护周边道路、建(构)筑物和管线等的目的。

根据土力学原理，随着施工的进行，释放带内土体孔隙水逐渐被排除，释放带内土体强度同时慢慢增加，从而慢慢减弱直至失去隔离挤土效用功能。根据该种应力释放带时效性特点，在释放带两侧按一定间距分别对应设置深层土体测试孔(测斜)和地表沉降监测点，采取动态跟踪控制方法，实时监测应力释放带两侧的侧向位移数据，根据其两侧位移速率差异值小于某一定值，对原释放带进行重新施工形成新的有效应力释放带，并继续实施动态跟踪监测，直至基础管桩工程施工结束且监测数据稳定安全后结束，从而动态有效持续地达到保护周边道路、建(构)筑物、管线、在建工程以及施工好的工程桩等的目的(图 1)。施工工艺流程为：平整场地、清障→测放轴线→桩机就位→注水搅拌下沉、提升或高压喷射提升→重复注水搅拌下沉、提升或高压喷射提升→桩机移位继续施工完成应力释放带→设置测斜孔和沉降监测点→根据动态监测数据判定是否需要重新打设应力释放带。桩机注水搅拌(低压喷射)下沉，启动桩机和注水后台系统，注水压力不小于 1.0MPa，搅拌桩机下沉提升速度控制在 1.0m/min 以内；并同时根据电机的电流监测表双向控制。待搅拌轴下沉到设计深度后，继续注水，开始提升搅拌轴，边搅拌边提升，提升速度控制在 1.0m/min 以内，或高压(不小于 20MPa)喷射水介质，高压喷射提升速度控制在 0.15m/min 以内，待搅拌轴或喷射钻杆提出地面后，完成单元段或单孔松动固结土体工作。桩机移位，重复以上注水搅拌下沉及提升(高压喷射)工序，进行下一幅搅拌(高压喷射)施工，完成松动固结土体形成应力释放带。在应力释放带两侧设置深层土体位移测斜孔和地表沉降监测点，实施动态监测和保护好监测点。根据动态监测数据，计算释放带两侧位移速率相对差值是否小于等于设计值(20%)，判定应力释放带是否要重新打设。

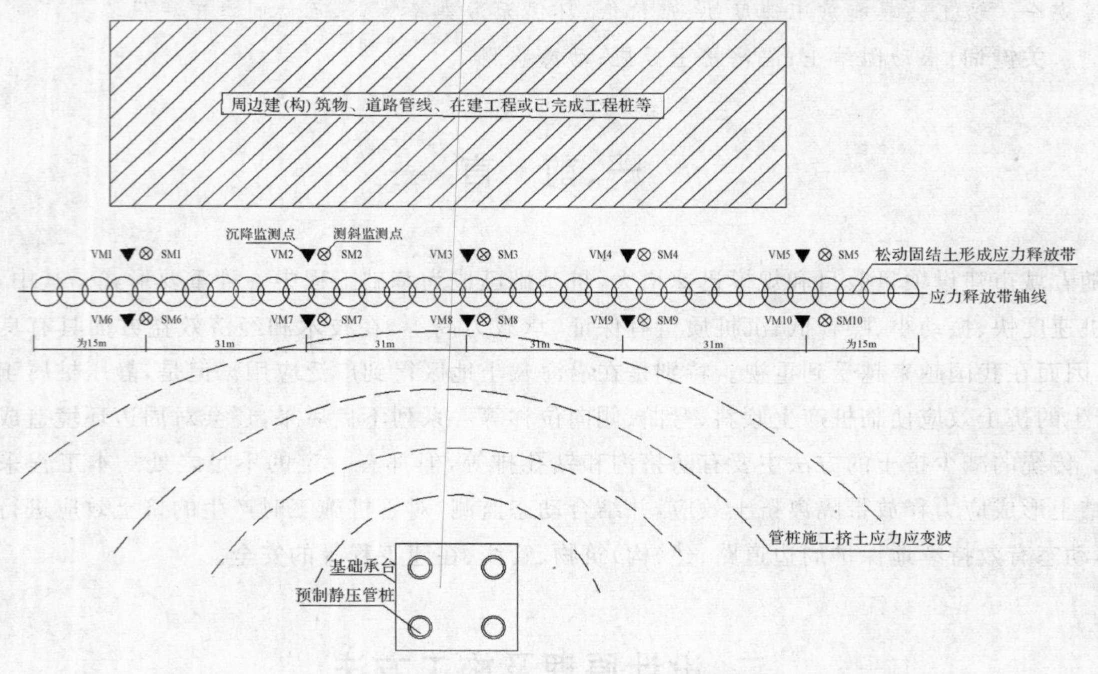

图 1　松动固结土隔离挤土效应动态监测原理图

三、工程简介

本工程为杭州拱墅区杭政储出〔2013〕75 号地块融信蓝孔雀项目，场地位于杭州市拱墅区申花单元蓝孔雀地块内的南部，东至规划飞虹路，南至规划育英路，西至规划化工路，北至规划飞虹路。

场地工程地质情况如表 1 所示，地表下 25m 之内土性较差，容易产生挤土效应，25m 之下为较好的黏土、含砾砂土等。

表 1　地基土层相关情况

层号	土层名称	状态	层厚(m)
①	填土	松散	1.0～1.5
②	粉质黏土	软可塑	2.0～2.5
③	淤泥质黏土	饱和流塑	0.7～1.0
④	粉质黏土	饱和软可塑	5.0～10.0
⑤	淤泥质黏土	流塑	8.0～10.0

整个场地约 5.8×10^4，设计地库桩 1800 根，桩长 20～30m；主楼桩 1200 根，桩长 34～40m。其场地东北侧仅一路之隔(约 30m)为相邻蓝孔雀 R21－03A、B 地块在建工程，该项目工程采用钻孔灌注桩基础，基坑开挖深度 6.50～12.30m，基坑采用钻孔灌注排桩并结合一道水平钢筋混凝土内支撑结构支护。当时正处于基坑地下室主体结构施工阶段，局部支撑已进行换撑拆除。融信蓝孔雀前期主要施工场地西南部基础管桩，最近的打桩位置距离相邻在建工程约 180m(根据工程经验，打桩挤土应力对其基本无影响)。考虑到场地东北部距离相邻在建工程越来越近，为避免本工程管桩施工因挤土对相邻基坑工程围护结构、地下室结构、工程桩等造成安全隐患，在剩余 1000 根桩(主楼 480 根、地库 520 根)的打设之前，特在基坑东北区段增设一道松动固结土隔离挤土效应的应力释放带。应力释放带长度约 150m，采用三轴强力搅拌桩机进行强力搅拌施工，搅拌直径 850mm，搭接 250mm，搅拌深度 24m，以一定压力(不小于 1.0MPa)清水注入土体进行强力搅拌，通过强力搅拌松动破坏原固结土体结构形成一道应力释放带。搅拌施工工艺采用二喷二搅，下沉提升速度不大于 1.0m/min。平面布置如图 2 所示。

(一)动态跟踪监测

应力释放带监测点按其长度分组，每组之间间距不大于 30m，每组在其两侧均设置一个测斜监测点和地表沉降监测点，以进行应力释放带两侧的数据对比观测。测斜管埋设深度不小于其对应监测应力释放带的深度。各监测点、监测管布置都要做好保护工作，防止沉降点被破坏和监测管掉杂物等。动态跟踪监测布置如图 3 所示。

监测要求：在工程桩施工阶段监测频率为 1～2 次/24 小时，视情况增加次数；工程桩施工完成后应继续保持监测工作，监测频率可以适当减少为 1 次/24 小时或 1 次/48 小时。对监测数据结果进行实时跟踪处理分析，包括分析计算应力释放带两侧的深层土体侧向位移累计值及两侧深层土体侧向位移速率相对差值。

(二)打桩布置

松动固结土应力释放带隔离挤土效应的大小，必定和沉桩的顺序、沉桩的数量及与应力释放带的距离都有关。本工程剩余 1000 根管桩，分布面积约 $20000m^2$，距离应力释放带为 3.5～150m。总体沉桩顺序从西南向东北方向进行，即距离应力释放带远处向近处方向打设。安排三台静压桩机施工，每天每台桩机平均施工 11 根桩，施工历时 30 天，打桩过程进行了全程动态跟踪监测。

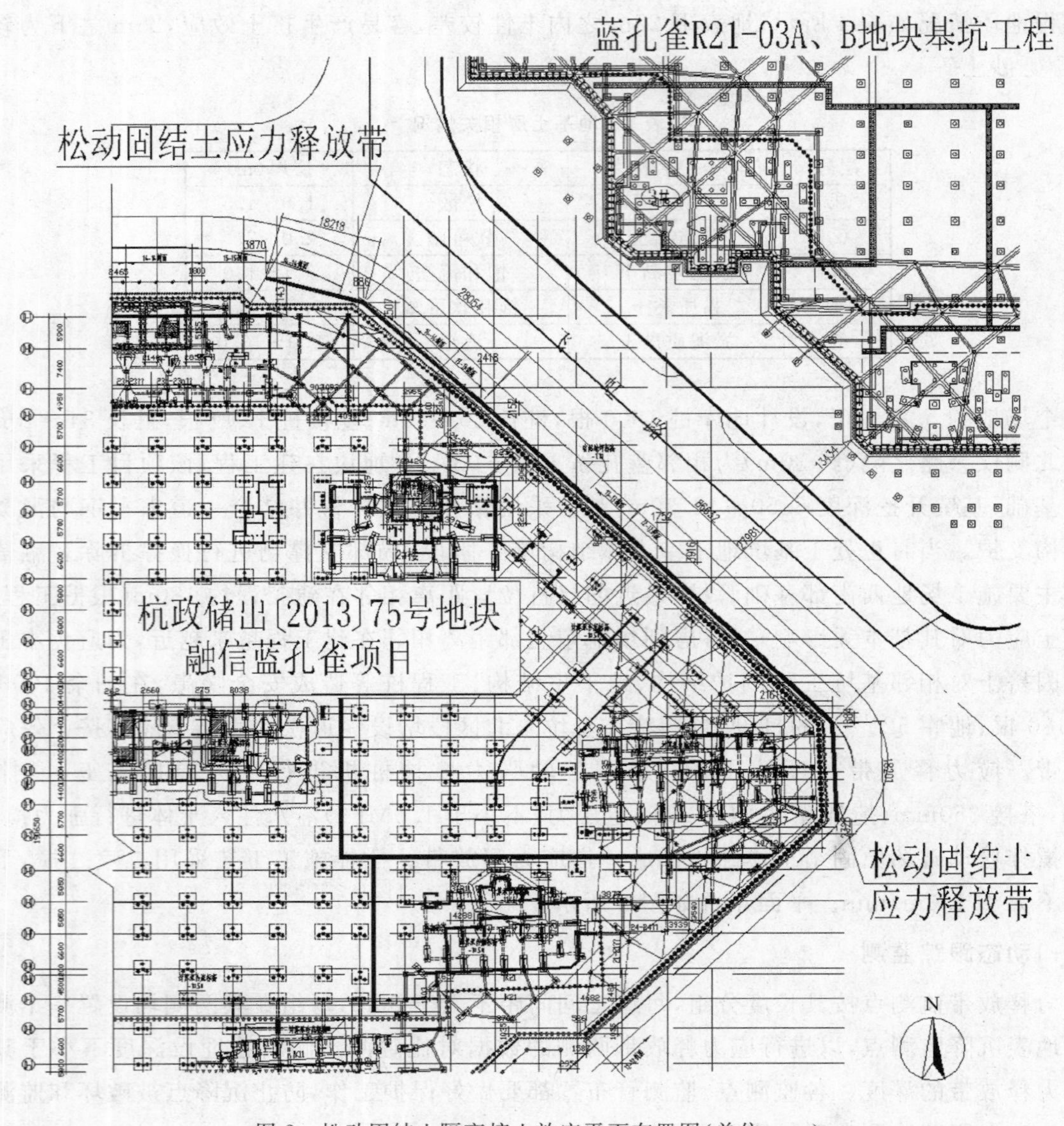

图2　松动固结土隔离挤土效应平面布置图(单位:mm)

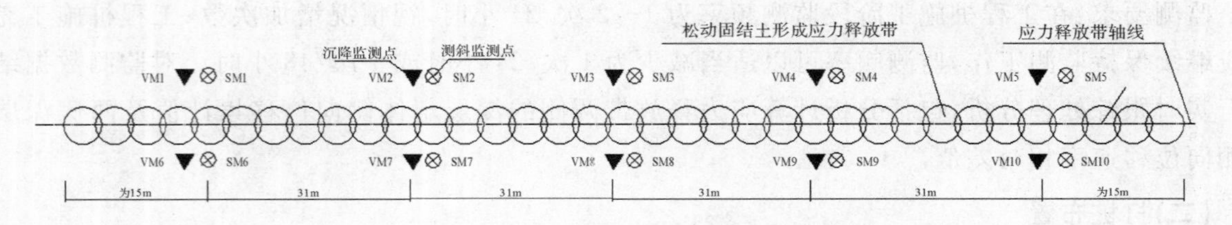

图3　松动固结土应力释放带动态监测布置图

四、动态监测数据成果分析

应力释放带监测孔2个为一组共5组,其中S1与S6,S2与S7,S3与S8,S4与S9,S5与S10为相对应组,S1～S5在应力释放带外侧(东北侧),S6～S10在应力释放带内侧(西南侧)。对所采集的动态监测数据进行整理和分析,应力释放带内侧深层土体侧向位移累计最大值为102.57～136.36mm,外侧深层土体侧向位移累计最大值为23.56～37.55mm。对S4和S9这组数据的侧向位移累计值和位移速率绘制相应的图表，如图4和图5所示。

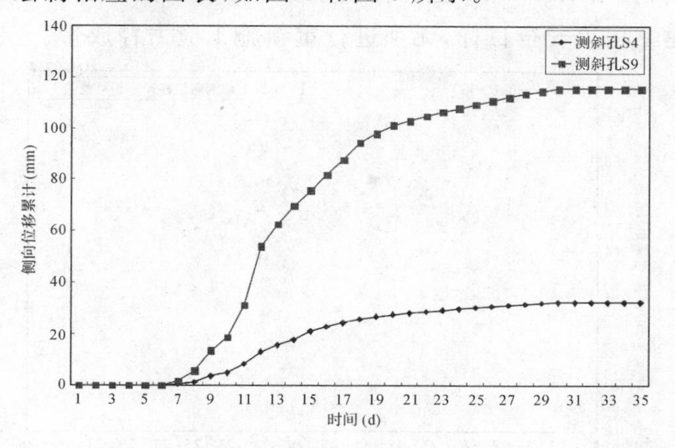

图4　S4、S9号孔侧向位移累计对比图

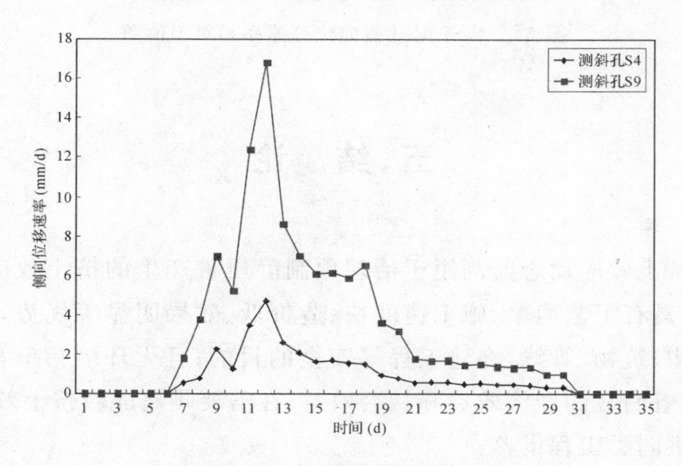

图5　S4、S9号孔侧向位移速率对比图

通过以上工程现场监测数据分析可知：

(1)被测孔的数据都显示，在测斜孔附近沉桩时，测斜孔土体侧向累计位移和位移速率明显增加，而当沉桩又远离测斜孔时，测斜孔土体侧向累计位移和位移速率又适度减小。说明随着沉桩区域由近到远，挤土效应越来越小，土体侧向累计位移和位移速率也有所减小；随着沉桩区域由远到近，挤土效应越来越显著，土体侧向累计位移和速率位移也明显增加。

(2)应力释放带内侧的深层土体侧向位移累计值和位移速率明显大于其外侧数据，说明深层土体侧向位移增量速率和累计位移经过松动固结土应力释放带后都有明显的减小，深层土体侧向位移最大值在地表3.0～5.0m，并随着深度的增加呈线性递减。说明管桩施工挤土效应经过应力释放带后得到明显的隔离和衰减，应力释放带在隔离挤土效应方面发挥了重要作用，通过工程施工过程对周边建(构)筑物、道路、管线等的实际监测，未发现明显的土体位移、地表隆起、裂缝等情况；通过后来继续的跟踪监测，也未发现该工程周边建(构)筑物、道路等的土体位移、地表隆起、裂缝等情况。

(3)随着施工的进行，释放带内土体孔隙水逐渐被排除，释放带内土体强度同时慢慢增加，从而慢慢减弱隔离挤土效应功能，两侧土体侧向位移速率相对差值范围为90%～60%(图6)，释放带两侧深层土体变位速率相对差值趋于减少，反映出松动固结土形成应力释放带的时效性。但往往在其相对差值未达设计界定值时，管桩施工已经结束，场地内不会产生新的挤土应力，原积蓄的应力能经释放带的应力释放及其自身的慢慢释放而消耗殆尽，不会对周边建(构)筑物、道路、在建工程等产生安全隐患，也说明利用该种工法，应力释放带在本工程应用中一个周期内就达到了保护周边建(构)筑物、道路、在建工程等安全目标，无须进行重新施工应力释放带。

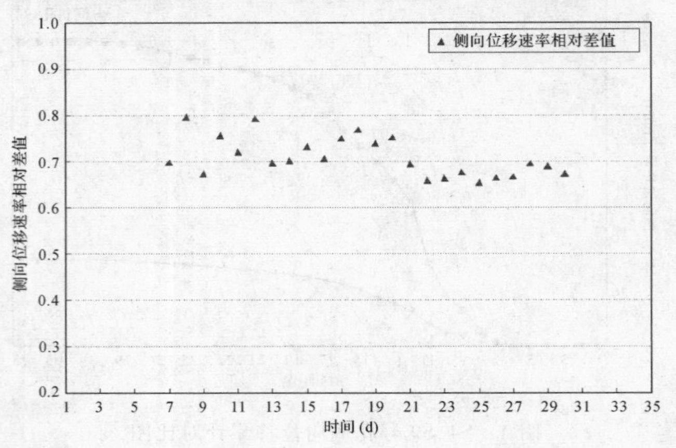

图 6 S4、S9 号孔侧向位移速率相对差值图

五、结 论

松动固结土隔离挤土效应动态监测用于治理预制静压桩产生的挤土效应，与传统钻孔桩机打设的应力释放孔相比，具有工艺简单、施工速度快、造价低、效果明显等优势，能动态有效持续地达到保护周边道路、建(构)筑物、管线、在建工程等安全的目的；且无环境污染，符合城市环保、节能、可持续发展之理念，有着明显的经济效益和社会效益，在需要隔离屏蔽挤土效应的工程中有很好的应用前景。此工程可供同类工程借鉴。

预制工字形双排门架桩结合锚杆支护结构的基坑工程应用

龚新晖[1]　沈建锋[2]　樊京周[3]　严　平[4]　陈旭伟[5]

(1.杭州南联土木工程科技有限公司,杭州,310013;2.杭州市工程建设集团有限公司,杭州,310005;3.杭州南联地基基础工程有限公司,杭州,310013;4.浙江大学建筑工程学院,杭州,310058;5.杭州拱墅区城中村改造工程指挥部,杭州,310011)

摘　要:本文介绍了预制工字形双排门架桩结合锚杆支护结构在杭州万科良渚未来城项目地下室基坑工程中的应用实践。根据基坑实际开挖施工情况及基坑支护结构坑外土体位移变形的监测表明,该支护结构形式满足基坑稳定安全要求,可有效控制坑边土体变位,确保了基坑安全、周边建(构)筑物的安全及地下室顺利施工,也保证了项目工期目标实现并节约了项目成本,为该支护结构形式在同类基坑工程中的推广和应用积累了宝贵经验。

关键词:预制工字形桩(SCPW工法);双排门架桩;锚杆;基坑支护

一、前　言

双排门架桩是一种空间组合结构,由两排平行的钢筋混凝土桩以及桩顶的冠梁、连梁连接而成。由于刚性连梁将前后排桩连接而组成一个空间超静定结构,故双排桩整体侧向刚度较大[1]。利用双排门架桩结构整体侧向刚度较大的特点,经常用于地下室基坑开挖支护工程。在双排门架桩支护结构中,前后排桩均分担主动土压力,后排桩兼支挡和拉锚的双重作用,前后排桩均能产生与侧向土压力反向作用的力偶,使双排桩的桩身位移明显减小,同时桩身内力也有所下降[2-3]。双排桩门架结构可以发挥空间组合桩的整体侧向刚度大和空间效应优势,与桩间土协同工作,支挡因基坑开挖引起的坑外侧向土压力,确保基坑稳定,控制基坑变形,确保基坑、周边环境安全及地下室顺利施工[1]。

双排桩采用强力水泥搅拌桩植入预制预应力钢筋混凝土工字桩形桩(以下简称SCPW工法)形成。SCPW工法是一项新近开发的专利技术,其做法是大功率强力搅拌桩机进行水泥土搅拌形成流塑状,水泥土初凝前植入预制预应力钢筋混凝土工(T)形围护桩,水泥土凝结后与桩共同形成止水挡土围护桩墙结构。强力水泥搅拌具有双重功效:其一是形成帷幕起挡土止水功效;其二是搅拌松动土体起引孔作用,确保顺利植入[1]。

锚杆采用水泥搅拌锚管桩,该锚杆是用于基坑和边坡支护的新工艺,将水泥搅拌桩的概念运用到锚杆施工中,在钢管侧壁设置螺旋叶片和注浆孔,在将钢管螺旋打入土体的同时往钢管中压力注浆,使得钢管边缘土体在螺旋叶片的搅拌下与水泥浆液拌合,钢管与凝固的水泥土共同形成具有较大抗拔力的水泥搅拌锚管桩[1]。

二、预制工字形双排门架桩结合锚杆支护结构

(一)SCPW 工法

这是新近开发的围护工法,已获国家专利,并在 2006 年 8 月由浙江省建设厅组织了技术鉴定并予推广,荣获杭州市 2009 年度科技进步奖三等奖,于 2011 年 8 月通过浙江省省级工法评定,并荣获中国岩石力学与工程学会科技进步奖三等奖及浙江省岩石力学与工程学会科技进步奖一等奖。该围护做法与 SWM 工法类似,是通过三轴强力水泥搅拌土再植入预制钢筋混凝土 T 形或工字形桩,使其与水泥搅拌桩帷幕形成挡土止水桩墙结构。此工法植入的钢筋混凝土工字形桩是工厂化生产,采用预应力高强度钢棒配筋,C50 砼,高温蒸气养护,生产速度快(3 天可拆模起吊),桩身刚度大,抗弯强度高(相当直径 800mm 钻孔桩)。工字形截面的配筋位于截面两端,同等抗弯强度下工(T)形桩钢筋用料要比 ϕ800 圆桩减少约 20%;同等配筋下工(T)形桩抗弯强度要比 ϕ800 圆桩提高约 30%;工字桩截面积 0.1865m^2,钻孔桩截面积 0.5024m^2,砼用量节约 38%,因而单根桩造价要比传统圆桩节约 30%左右(图 1)。本围护工法与传统钻孔桩围护相比,具有基本无(少)挤土、无泥浆外运和环境污染、无(低)噪音、施工速度快、适用性强等优点,符合城市建设可持续发展、环保文明施工、绿色节能减排等政策理念。相比 SMW 工法,其具有围护墙刚度大,一次性投入,无回收等费用,也不存在由于工期延误而增大费用之缺点,正常情况下其围护桩墙费用要比 SMW 工法节约 10%左右。由于本工法采用强力搅拌土体或钻孔注浆引孔,再植入抗侧向力工字形桩,因而可适用各种土质的围护工程和边坡稳定工程。

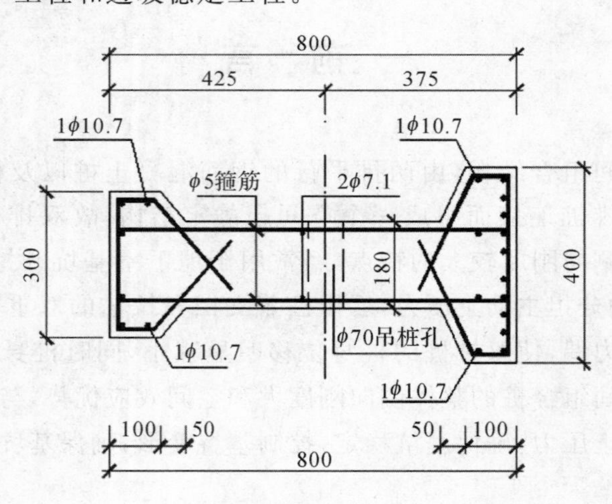

图 1　预制工字形桩构造截面配筋图(单位:mm)

(二)水泥搅拌锚管桩的做法

排桩结合多排锚杆支护结构中,锚杆的作用是关键。常见土钉做法是采用普通钢管凿花眼、焊倒刺,根据长度需要焊接连接杆体采用专用设备振入土体,并在锚管内进行压力注浆形成一种抗拔构件;其特点是价格便宜,施工方便快捷,在土层较好的浅基坑中安全度也有保障;但其抗拔力小,施工质量很不稳定,尤其在软土中施工质量难以保证,在软土深基坑中难以满足抗拔受力安全要求,使用风险太大。传统锚杆做法是先用成孔设备进行成孔后放入钢筋、(预应力)钢绞线或钢管,

再进行压力注浆形成抗拔锚杆；其特点是施工质量可靠，抗拔力高，受力明确，设计安全可靠，常用于高陡边坡治理中；但其施工程序烦琐，施工质量要求高；在淤泥质软土中或水位下砂性土成孔难度大，施工工效低，施工成本造价高，且长锚杆会经常面临超红线的问题，在城市基坑中应用受到较大限制。

本工程采用了新开发针对软土的一种锚杆技术——水泥搅拌锚管抗拔桩作为锚杆。该做法是采用厚壁钢管加工制作成带有螺旋导向、搅拌叶片及注浆孔的专业锚管构件，并采用丝扣连接外加加强钢筋以满足水泥搅拌锚管桩不同设计长度，利用专业水泥搅拌锚管桩机设备，将锚管以一定设计转速、进尺、角度、注浆量等边注浆边搅拌土体，钻进土体达设计长度，最终形成具有一定直径、中间是钢管（芯棒）外面是水泥搅拌土共同组合形成的小桩体，并与周边土体摩阻力产生抗拔力的一种抗拔锚杆桩。锚管桩直径（ϕ150～ϕ300）可根据工程情况设计调整。该锚杆技术施工工序简单快捷，一次性成桩，施工质量可靠稳定；锚杆施工不存在成孔困难（坍孔）及锚固端的渗漏水；在软土中可产生较高抗拔力，可调整桩体直径大小满足不同抗拔力要求；受场地红线限制相对较小；施工成本造价低，性价比高。水泥搅拌锚管桩的杆体主要由钢管、螺旋头、搅拌叶片和注浆孔组成，钢管之间采用管箍螺旋连接，外绑焊 3ϕ12 钢筋加强连接。钢管的前端封闭，焊接有螺旋片，螺旋片在施工中主要起牵引的作用，在螺旋片后端分布有一组搅拌叶片，搅拌叶片与钢管成一定角度焊接，一般设置 6～8 片，在每一搅拌叶片下开设注浆小孔。其构造示意图见图 2。

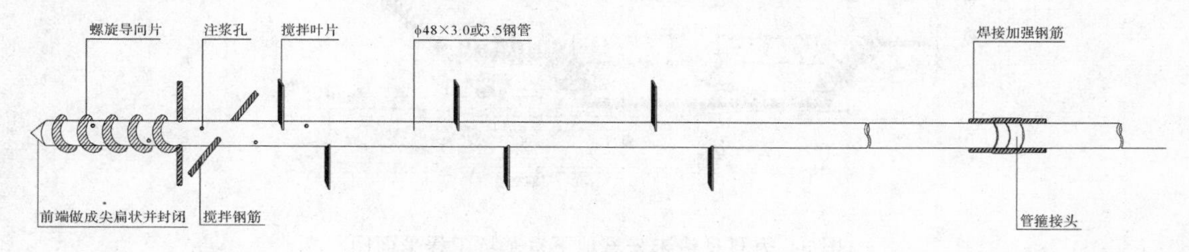

图 2　水泥搅拌锚管桩杆体构造示意图（单位：mm）

三、预制工字形双排门架桩结合锚杆支护结构的工程应用

（一）工程概况

万科良渚未来城（余政储出〔2013〕54 号地块）项目位于杭州市余杭区良渚镇，场地南邻玉鸟路，西侧为规划立新路，北侧为防护绿地及 104 国道，东邻叶家坝港（图 3）。该项目主要由 14 幢高层组成，主楼采用框架结构，管桩基础型式，设地下室一层。基坑北侧为防护绿地，宽约 54.0m，绿地外为 104 国道；基坑东侧为叶家坝港，水面标高 3.0m，水深约 1.5m，河面宽大于 27.0m，河东为疏家港路，东侧中部在基坑开挖前要建造一层钢结构浅基础样板房；南侧已建玉鸟路（未正式投入使用），埋设有各种管线，东南角在基坑开挖前要建造售楼部（桩基础二层）及三棵树景观（桩基础），西南角在基坑开挖期间要造售后景观（桩基础）；西侧为规划立新路，目前为其他单位空地，基坑开挖期间会进行道路施工，北角有一幢 5 层办公楼房，砖混结构，管桩基础[4]。

（二）工程地质条件[5]

基坑开挖影响范围地层情况包括：①填土：包括杂填土、素填土，局部夹淤填土，杂色、灰褐色、灰黄色，粉质黏土为主，松散至稍密，层厚 3.00～5.00m。②粉质黏土：青灰色、灰褐色，软可塑，含氧化铁斑点和高岭土团块，局部粉土含量较多，层厚 0.30～3.70m。④淤泥：灰色，流塑，切面光滑，含大量腐殖质，局部为淤泥质黏土，层厚 2.10～11.90m。⑤粉质黏土：灰黄色、灰绿色，可塑，含氧化铁，夹薄层状粉土、粉砂及贝壳碎屑，层顶高程为－1.11～－7.43m，层厚 2.80～6.60m。⑥淤泥质黏土：灰色，流塑，切面光滑，含大量腐殖质，局部为淤泥质粉质黏土，层厚 2.00～11.30m。以下为较好的粉质黏土、粉细砂、粉质黏土混粉砂、砾砂、泥质粉砂岩等土层。土层主要土性指标及基坑开挖支护设计参数见表 1 和表 2。

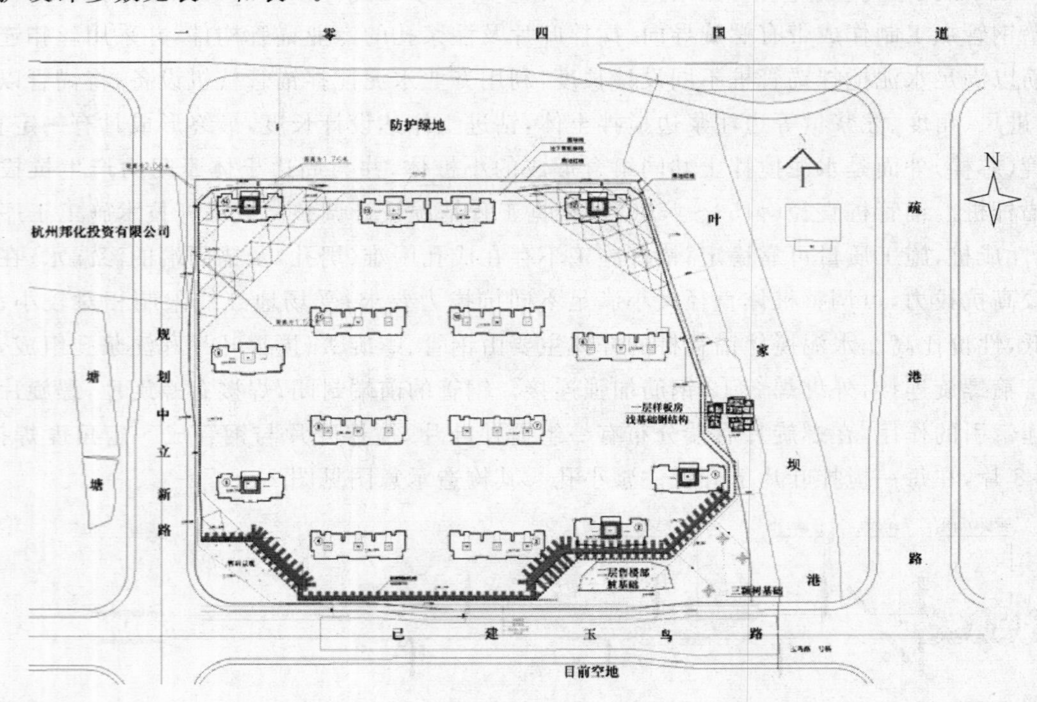

图 3　万科良渚未来城地下室基坑工程平面图

表 1　土层主要土性指标及基坑开挖支护设计参数

层号	层名	含水量 w_0(%)	重度 γ(kN/m³)	孔隙比 e_0	塑性指数 I_P	液性指数 I_L	固快	
							c(kPa)	φ(°)
1－1	杂填土		(18.0)	(1.0)			(10)	(8)
1－2	素填土		(18.0)	(1.0)			(10)	(10)
2	黏质粉土	31.5	18.42	0.902	12.3	0.75	26.5	19.3
4	淤泥	61.5	15.72	1.782	25.8	1.30	7.9	8.5
5－1	粉质黏土	28.9	18.80	0.829	13.6	0.45	41.1	18.7
5－2	黏质粉土、混黏土	32.8	18.36	0.928	12.3	0.95	26.3	15.8
5－3	粉质黏土	31.4	18.49	0.902	14.3	0.57	39.7	18.3
6	淤泥质黏土	45.6	17.08	1.290	17.4	1.29	13.8	12.1

表 2　基坑开挖影响范围内土层物理力学参数表

层号	层名	含水量 w_0(%)	重度 γ(kN/m³)	孔隙比 e_0	塑性指数 I_P	液性指数 I_L	固快	
							c(kPa)	φ(°)
1	填土		(18.0)	(1.0)			(10)	(10)
2	黏质粉土	31.5	18.42	0.902	12.3	0.75	26.5	19.3
4	淤泥	61.5	15.72	1.782	25.8	1.30	7.9	8.5
5	粉质黏土	30.5	18.80	0.920	13.6	0.78	35.8	18.5
6	淤泥质黏土	45.6	17.08	1.290	17.4	1.29	13.8	12.1

(三)基坑工程及项目建设特点

(1)基坑工程开挖面积较大,东西南北跨度大,周长约870m,平面形状呈不规则四边形;设地下室一层,开挖深度约6.00～7.00m,坑中坑深度约3.0m。

(2)基坑开挖深度范围涉及土层工程力学性质较差,尤其淤泥土层厚度大,呈高压缩性,强度低,渗透性低,对基坑围护结构受力、控制变形、稳定性非常不利。场地北侧软土层较薄,南侧软土层深厚,东侧和西侧软土层由北往南软土厚度逐渐增加。

(3)基坑周边环境除北侧相对较好外,其余均较为敏感:基坑东侧为叶家坝港,东侧中部在基坑开挖前要建造一层钢结构浅基础样板房;南侧为已建玉鸟路,埋设有各种管线,东南角在基坑开挖前要建造二层售楼部(桩基础)及三棵树景观(桩基础),西南角在基坑开挖期间要造售后景观(桩基础);西侧为规划立新路,基坑开挖期间计划进行道路施工,西北角现有一幢5层砖混结构办公楼房,管桩基础和基坑设计等级为二级[6]。

(4)项目首开期楼盘为1#、2#、3#楼,紧接着要推出4#、5#楼,工期非常紧张。

(四)基坑支护结构方案选择分析

(1)本基坑工程的北部区段由于地质条件、周边环境相对南部较好,项目建设工期要求也不紧张,可采用单排桩结合水平支撑支护结构及单排桩结合多道锚杆支护结构,可确保基坑安全、地下室顺利施工及周边环境安全。

(2)本基坑工程的重点和难点在基坑南部区段,存在较大深厚软土、周边有重点保护的建(构)物及项目工期要求高等特点:

①首先基坑南侧、东南角及西南角不具备大放坡条件。

②选用单排围护桩墙结合多排锚杆支护结构形式,锚杆难以有效控制坑边土体变位,难以确保基坑安全及坑边建(构)物的安全,风险较大,而且多排锚杆的施工工期无法保证项目楼盘按节点推出。

③采用单排围护桩墙结合角撑支护结构,局部阳角采取刚度加强措施是安全合理的,能够有效控制周边土体变位,确保基坑安全及周边建(构)筑物的安全。但由于水平钢筋混凝土支撑的施工、换撑拆除的工期增加,也无法保证项目楼盘按节点推出。

④单纯采用双排门架桩支护结构,由于基坑底下为深厚软土,双排桩未嵌入好土或者插入深度很大才能嵌入好土,不能充分发挥双排桩门架结构的整体侧向刚度大和空间效应优势,难以确保基坑、周边环境安全及地下室顺利施工,故还须结合锚杆控制坑边土体变位,并适当增加进行土体加固措施。

⑤经综合分析比较,基坑东南角、西南角区段设计采用预制工字形双排门架桩结合锚杆支护结构,并增设双排桩间土加固及坑内被动区加固;基坑南侧区段采用单排围护桩墙结合中心岛钢筋混凝土斜撑支护结构[4](图4)。

(3)预制工字形双排门架桩结合锚杆支护结构具体做法及工序[4](图5)如下:

①双排门架桩及单排桩采用SCPW工法形成,锚杆采用水泥搅拌锚管桩,桩间土及被动区采用高压旋喷桩水泥土加固。只在双排门架桩的顶部冠梁及连梁位置设置锚杆,如此锚杆施工与冠梁连梁可同期进行而不增加工期,且不存在后期的拆换撑工序。

②首先进行双排围护桩墙SCPW工法施工、双排桩间土及被动区加固施工。

③其次进行双排门架桩冠梁及连梁上部土方的开挖,开始施工锚杆及冠梁及连梁的钢筋绑扎工序,支模浇筑梁混凝土并将锚杆端部整体锚入浇筑,完成预制工字形双排门架桩结合锚杆支护结构。

④待冠梁连梁混凝土养护达设计要求强度后可进行下部土方的开挖，施工基础底板及地下室结构。

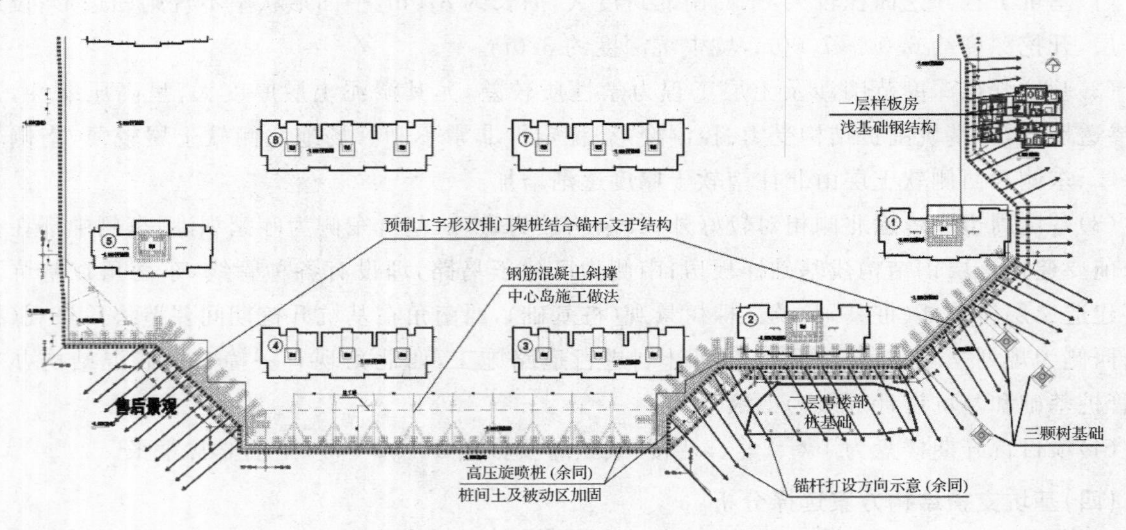

图 4　基坑南部支护结构平面布置图

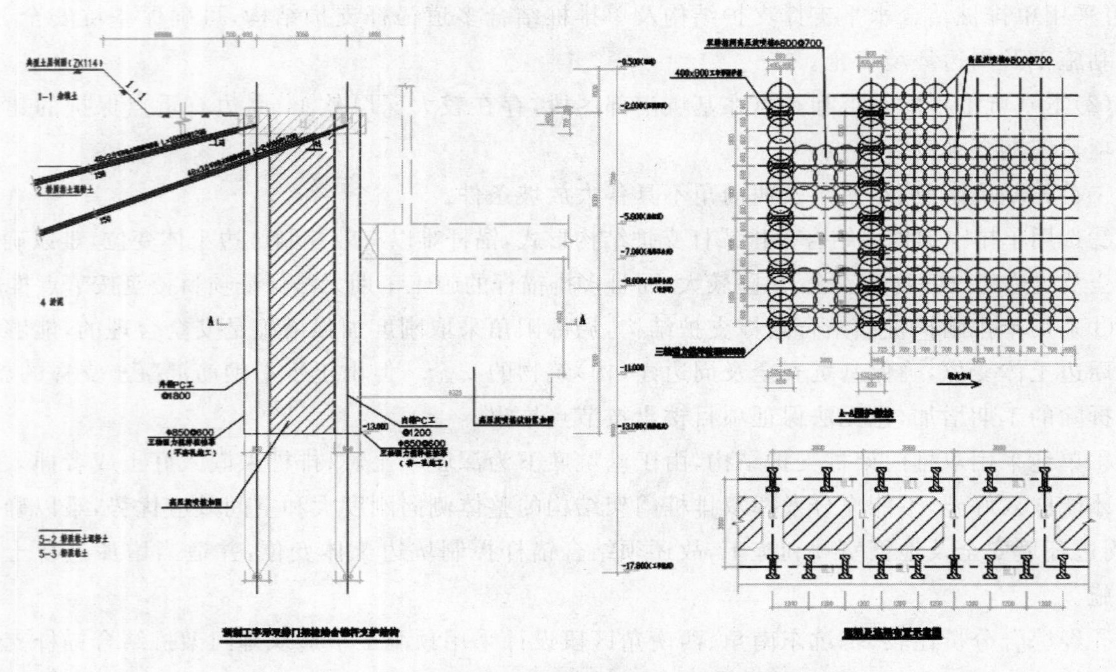

图 5　预制工字形双排门架桩结合锚杆支护结构图(单位:mm)

(五)基坑支护结构实施效果

基坑开挖前东侧的样板房、三棵树景观及二层售楼部上部框架结构均已施工完成。基坑东南角区段于 2014 年 3 月初开始上层土方开挖，开挖至双排桩冠梁连梁底后进行梁钢筋模板施工，并同时进行水泥搅拌锚管桩施工；4 月上旬开始下层土方的开挖，5 月中旬开挖至坑底，开始进行基础底板的施工，6 月中旬完成基础底板的施工，7 月中旬完成±0.000 的施工。基坑西南角于 2014 年 6 月初开始上层土方开挖，开挖至双排桩冠梁连梁底后进行梁钢筋模板施工，并同时进行水泥搅拌锚管桩施工；7 月上旬开始下层土方的开挖，7 月中旬开挖至坑底，开始进行基础底板的施工，7 月下旬完成基础底板的施工，8 月下旬完成±0.000 的施工。以上区段共布置了 7 个深层土体水平位移监测孔(测斜孔),深度为17.0m。基坑东南角四个测斜孔Sm9～Sm12的最大累计位移38.94～45.86mm,基坑西南角三个测斜孔Sm16～Sm18的最大累计位移38.39～40.88mm。典型测斜监测孔Sm11、Sm16在基坑开挖初期、开挖至双排门架桩冠梁平台、开挖至坑底的位移发展情况如图6所示。根据监测数据结果,以上区段在土方开挖及地下室施工过程中,基坑安全稳定,周边建(构)筑物无明显沉降或者裂缝,坑边土体变位正常可控,预制工字形双排门架桩结合水泥搅拌锚管桩支护结构达到了安全可靠、施工快捷的很好效果,保证了建设项目计划节点的顺利完成。

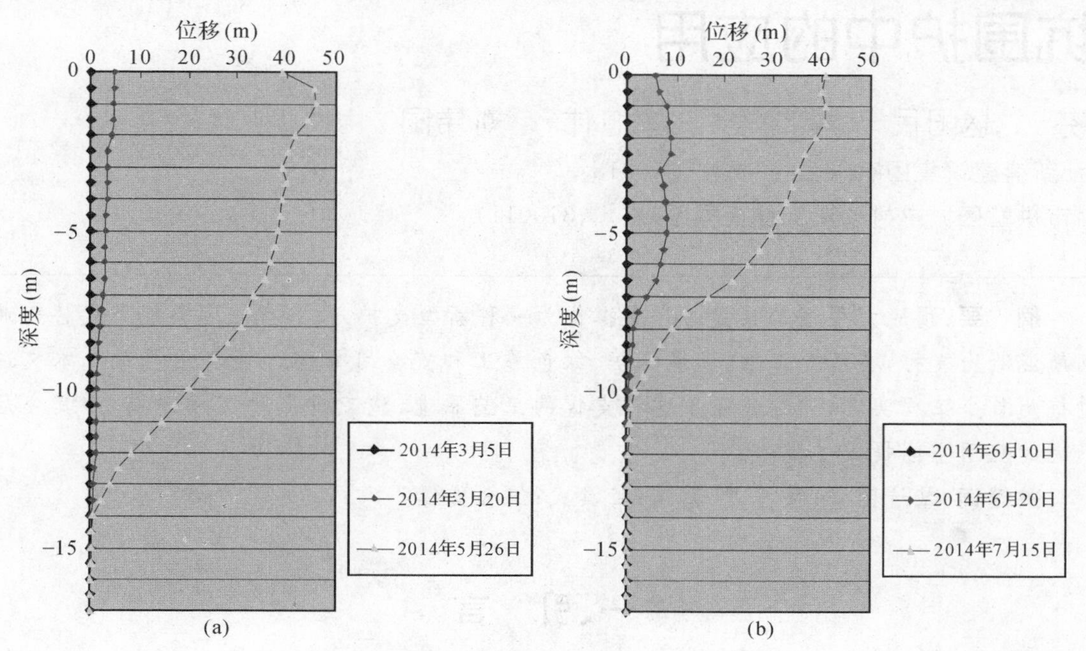

图6　测斜孔Sm11(a)和Sm16(b)水平位移曲线图

四、结　语

本文介绍了双排门架桩结合锚杆支护结构原理、设计及施工做法,并介绍了SCPW工法和水泥搅拌锚管桩的工艺特点及做法。实践证明,该种支护结构安全可靠、施工快捷、经济环保,为该支护结构形式在同类基坑工程应用积累了有效经验,提供了一种安全可靠的支护结构形式选择。

参考文献

[1] 李永超,章国胜,郭佳鹏.软土深基坑中采用双排门架桩结合多排锚杆的围护方法[J].建筑施工,2010.

[2] 杜烨,王君鹏,严平.双排桩复合土钉支护基坑的工程实例分析[J].工程勘察,2010(1).

[3] 陈育新.双排桩门架－锚杆新型组合支护体系的应用研究[J].福建建设科技,2006(14).

[4] 余政储出〔2013〕54号地块项目基坑围护设计方案[R].杭州南联土木工程科技有限公司,2014.

[5] 浙江城建勘察研究院有限公司.余政储出〔2013〕54号地块项目岩土工程勘察报告[R].

[6] 浙江省标准.建筑基坑工程技术规程(DB33/T 1096－2014)[S].浙江省标准设计站.

预应力型钢工具式组合支撑在基坑围护中的应用

徐惠芬[1]　赵国民[1]　褚晓淮[1]　陈旭伟[2]　刘伟国[1]

(1.浙江新盛建设集团有限公司,杭州,310015;
2.杭州市拱墅区城中村改造工程指挥部,杭州,310011)

摘　要:预应力型钢工具式组合支撑作为一种新型支护方式,在一定条件下代替普通钢筋混凝土支撑,在缩短工期、环境保护、绿色施工和安全可靠等方面作用显著。本文通过杭州首个工程实例,详细介绍了这种支撑的工艺原理、施工特点和实际效果,为其今后更大的应用空间提供借鉴。

关键词:基坑围护;预应力;型钢;工具式;组合支撑

一、引　言

随着我国房地产业和汽车工业的发展,越来越多的建筑物采用整体大底盘地下室,随之而来的施工基坑围护的形式也越来越多。常用的基坑围护方式是围护桩加混凝土内支撑的形式,混凝土内支撑结构需要在整个支撑结构施工完成后才能发挥作用,施工和养护时间长,后期拆除安全环境影响大。本文介绍的预应力型钢工具式组合支撑(下文简称"型钢组合支撑")有着钢结构强度高、施工快、拆装简便、标准化工具式、可多次使用等优点[1],符合绿色施工的要求,使其在基坑围护领域有很大的应用空间。通过工程实践,我们充分展现了型钢组合支撑在基坑围护应用时的优势。

二、工艺原理和施工流程

为了减少基坑围护的侧向变形及防止倒塌,在基坑围护壁上间隔一定位置(高度),设置型钢组合支撑,以提高围护壁抗主动土压力的能力,可在钢支撑一端施加预应力达到减少变形的效果。支撑体系由围檩、对撑杆、角撑、立柱、立柱桩等标准化工具式杆件组成,围檩直接与围护壁相接触,围护壁上的力通过围檩传递给对撑杆,受自重和施工荷载的作用,对撑杆同时亦是一个压弯杆件。为减少对撑杆的计算长度,提高其安全度,在垂直对撑杆轴线方向,设置若干个立柱,提高安全性;在垂直对撑杆线方向,设置若干个立柱,以承担主内撑杆自重;同时在立柱的顶部、侧向设置限位装置,防止对撑杆的侧向变形或上凸。

施工流程:施工准备→土方开挖→测量定位/标高控制/复核→膨胀螺栓施工→安装定位钢板

→开槽施工牛腿、托座、支撑梁→第二道工具式支撑安装施工→预应力施加→土方开挖→下一道工具式支撑安装施工→土方工程和支撑工程循环施工，直至基坑底→浇筑混凝土垫层、底板、侧墙→地下室结构强度达到设计强度→逐层回收工具式支撑→工程结束[2]。

三、工程概况

杭州某安置房小区，规划用地面积 24000m²，总建筑面积 90190m²，由 7 幢 17～25 层高层住宅（主楼），1 层沿街商铺、食堂等裙房及大底盘地下室组成。工程基坑支护工程采用 SMW 工法桩结合一道型钢拼装水平内支撑的围护形式。采用建设部 10 项新技术中的“1.7 型钢水泥土复合搅拌桩支护结构技术”和“1.8 工具式组合内支撑技术”，其中支撑具体为预应力型钢工具式组合内支撑技术。基坑开挖深度为 5.45～6.75m，局部 7.25m。型钢内支撑平面布置图见图 1。

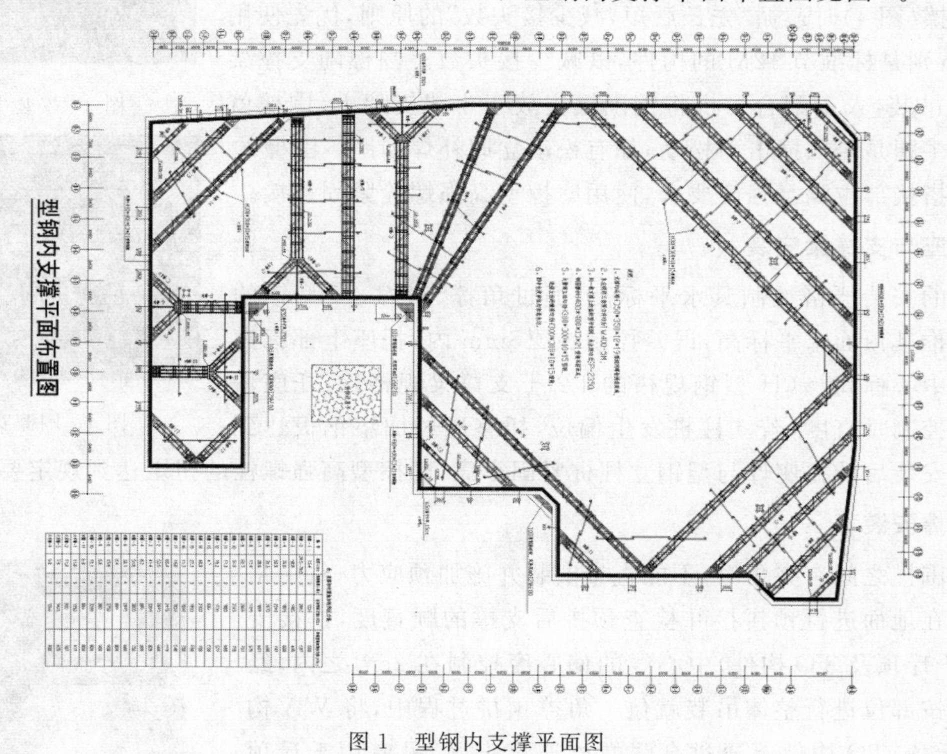

图 1　型钢内支撑平面图

四、施工过程

（一）安装前准备工作

全面了解工程面貌及环境情况，确定现场钢构件堆放位置和施工机械进出场路线，复核轴线控制点和标高基准点，做好构件配套供应沟通。

（二）型钢立柱施工

采用极坐标法，根据定位图及桩位图计算出每根桩到测站的距离、角度。插桩就位后，用两台经纬仪相互交叉成 90°以检测桩身垂直度，垂直度偏差不得超过桩长的 0.5%。立柱桩施工采用机械手插型钢法(图 2),用水准仪控制桩顶标高在±2cm 左右。插型钢时严格控制型钢腹板方向。

图 2 插入钢立柱

(三)牛腿施工

根据设计图纸确定牛腿位置与标高,控制基坑四周闭合边线上的钢牛腿设置和其上围檩中心线在同一个水平面,控制允许高差不大于±2mm(中心线)。牛腿焊接前彻底清理连接部位(如预埋件、H 型钢等)不少于 200mm×200mm 范围内的铁锈、油污、砼残留物等杂物。焊好的钢牛腿须保证三处连接部位牢固可靠,有足够的稳定性,不得出现歪扭、虚焊现象;横杆水平度误差控制在 2mm 以内,其仰角控制为≥90°,且不超过 95°。施工过程见图 3。

图 3 安装牛腿

(四)围檩安装

安装围檩(图 4)时遵循"先长后短,减少接头数"的原则,优先使用较长围檩,特别是标准节 12M 的构件,以减少接头数。围檩随支撑架设顺序逐段吊装,人工配合吊机将钢围檩安放于牛腿支架上,围檩就位后检查钢牛腿是否因撞击而松动,如有松动立即补焊加固。围檩的连接部位和搭接部位满足强度要求,使用摩擦型高强螺栓紧固连接。

图 4 围檩安装

(五)托座与支撑梁安装

托座件的安装严格控制其水平标高,通过角撑、对撑、H 型钢的定位标高反推其顶面水平标高,误差控制在±5mm 内;托座上部标高=支撑结构中心标高-(H 型钢规格的 1/2+支撑梁规格)。托座件的安装严格控制垂直度,若立柱桩发生偏位,托座通过加垫钢板达到垂直要求。安装后的托座件与型钢立柱桩紧固牢靠,摩擦型高强螺栓的扭矩达到规定要求。

(六)角撑安装

角撑与围檩之间有夹角时,不能直接安装并施加预应力;每道角撑安装前先在地面进行预拼接并检查预拼后支撑的顺直度,拼接支撑两头(含千斤顶及 TO 构件)中心线的偏心度控制在 2cm 之内,经检查合格后按部位进行整体吊装就位。角撑预拼过程中,将 WA 构件、专用千斤顶、TO 构件等通过高强螺栓连接牢固,另专用千斤顶的十字锁扣设置在正中间,即前后各留三丝的余地,便于拆除时预应力卸除。部分角撑连接过程中,若 SC 的放置空挡存在多余空间时,必须使用相对应厚度的钢板垫紧贴密,防止支撑体系受力后整体发生偏心。施工过程见图 5。

图 5 角撑与钢围檩高强螺栓连接

(七)对撑安装

为提高对撑安装精度和检查现场安装实施情况,对撑安装先在地面进行预拼,严格控制支撑平面的平直度,拼接支撑两头中心线的偏心度控制在±2mm 以内。对撑就位时采用两点或四点吊装,吊点控制在离端部 0.2L(L 为对撑杆件长度)处。对撑两端安装就位后的标高差不大于 20mm 及整个对撑长度的 1/600。对撑整体挠曲度控制不大于跨度的 1/1000。对撑与对撑的水平轴线偏差不大于 30mm,确保其与钢围檩的夹角达到设计要求,避免因偏心过大而造成失稳。所有对撑连

图6　钢支撑安装

接中，SC的放置空挡中使用相对应钢板垫紧贴密，防止支撑体系整体偏心。施工过程见图6。

（八）传力件安装

施加预应力之前，先进行整个支撑体系的限位焊接即T型传力件安装。传力件的设置数量不得少于设计图纸要求（通常三角键后≥3/m；其他部位≥1/m），同时须满足围护压力均匀且有效传递的客观条件。传力件与围护的后置埋件及钢构等的焊接逐层累焊至填满坡口，每道焊缝焊完后，及时清除焊渣及飞溅物，做到焊缝丰满牢固；焊接传力件时严禁在装配式钢构件的母材上打火引弧。传力件之间的空隙区域最后用细石混凝土一次性填实，确保传力的稳定。

（九）预应力施加

图7　预应力施加

首先检查各部件螺栓的连接是否紧固，传力件与围护体系的连接状态。基坑中部设有对撑情况时，则先加压对撑，后角撑加压。施工过程见图7。

（十）变形监测

工具式支撑系统的变形监测与基坑监测同步进行，监测内容有整体相对水平位移、构件轴力变化。监测结果经专业人员分析，及时通报各方，过程连续监测直至基坑开挖结束，结构混凝土达到预定强度，报警值的控制严格按照设计要求进行[3]。

（十一）支撑拆除

图8　支撑拆除

工具式组合内支撑拆除前，先进行可靠的换撑工作，保证主体结构的楼板、底板或传力带混凝土强度达到设计强度的80%以上（且传力带与围护结构之间间隙已按要求完成密实填充）。确保钢支撑拆除后，围护结构侧向位移控制在设计规定范围内。拆除时避免瞬间预加应力释放过大而导致结构局部变形、开裂。预应力型钢工具式钢支撑的拆除顺序按安装的逆序进行（监测→释放预应力→拆除对撑、角撑及围檩→拆除传力件及支撑梁→拆除牛腿及型钢立柱），施工时严格遵守设计要求。施工过程见图8。

五、实施效果

（一）工期效果

传统混凝土支撑施工周期长，需要整个支撑体系成型后才能进行土方开挖。型钢组合支撑所需要的时间较短且可以局部支撑局部开挖。工程按计划完成钢支撑体系的安拆施工，在节省造价前提下，和原砼结构支撑相比，可节省工期约30天，为地下室施工争取到可贵的施工时间。

（二）安全效果

经现场监测，钢支撑的变形和位移都在设计要求范围内。根据工程检测报告，钢支撑轴力最大值2568.2kN,未达到设计设定的报警值3500kN,同时支撑安装时预加的预应力根据工作工况设定,解决了钢支撑变形较大的缺陷,抵消了大部分的主动土压力传递。经检测,各测斜孔最大累计位移为24.93mm,小于设计确定的报警值50mm;单日位移也未达到报警值。

(三)绿色施工

型钢组合支撑因其标准化、工具式等特点,在拆除后可循环周转、重复利用,节约了材料和使用成本;在安装和拆除时产生的噪音和扬尘较小,可有效减少对周边环境的污染。

六、结　论

工程按计划完成型钢组合支撑的安拆施工,在节省造价前提下,和原砼结构支撑相比,做到了工期缩短,同时又避免了砼支撑拆撑时的质量和安全风险。由于受到了各方面的因素,比如恶劣天气等,基坑在开挖过程中如果产生较大的变形,型钢组合支撑可以立即在场地内利用组合构件补充预应力或增加支撑。增加的支撑可以立即发挥作用,将变形控制在容许的范围。型钢组合支撑可以根据基坑变形的需要,随时组装,控制基坑变形和坍塌的风险。

本工程基坑因东南角一幢拆迁遗留房屋的存在以及基坑的局部不规则,一定程度上造成了角撑数量的增加,同时出现了较多的非标件。对于挖深较大、设置一道以上支撑的基坑,应注意挖土、换撑的不便因素,施工时需要严格控制立柱和横梁的标高,避免引起偏心轴力[4]。根据工程实践,型钢组合支撑和SMW工法围护桩配合施工,可提高安全储备度,适用于较为规则的矩形基坑,特别适用于长方形基坑,可有效减少非标支撑件的数量,充分发挥预应力对撑的特点,进一步体现型钢组合支撑标准化、工具式的优势。

参考文献

[1] 宗玲,袁芳.钢结构工程质量控制措施研究[J].中华建科科技,2011(2).
[2] 安继勋,庞凤霞.钻孔灌注桩与SMW工法组合在基坑支护中的应用[J].建筑施工,2011(06):59－61.
[3] 基坑围护图纸[R].浙江省建筑设计研究院,2012.
[4] 深基坑施工专项方案[R].浙江新盛建设集团有限公司,2013.

锚杆静压桩在新建多层房屋桩基工程中的应用

项剑锋

（浙江剑锋加固工程国际集团有限公司，杭州，311112）

摘　要：自1995年以来，笔者开始在新建多层房屋的桩基工程中大面积推广锚杆静压桩。文中详细介绍了锚杆静压桩在新建多层房屋桩基工程中的应用范围和应用案例。

关键词：新建工程；应用范围；工程案例

一、应用概况

锚杆静压桩是通过一套锚固在房屋桩基承台上的反力架和油压千斤顶，利用房屋本身的重量作反力，将数节由电焊或硫磺胶泥连接起来的预制桩从预留孔中压入基础承台下的土层中，然后通过封顶砼将预制桩与承台连成整体的地基加固方法。

该桩型于20世纪80年代便已开始在工程中应用，冶金工业部于1991年批准了由冶金工业部建筑研究总院主编的《锚杆静压桩技术规程》[1]，作为我国的行业标准。2000年，建设部批准的由中国建筑科学研究院主编的《既有建筑地基基础加固技术规范》[2]的国家行业标准，也对锚杆静压桩的加固方法作了一些具体规定。2005年由杭州市建筑设计研究院有限公司编制了《浙江省锚杆静压桩标准设计图集》[3]。不过，该桩型主要用于既有建筑的地基加固工程。

笔者自1995年开始，在浙江省慈溪市新建的多层房屋的基础中大面积推广了锚杆静压桩，后来又在浙江省余姚市和宁海县的软土地基中大量采用，至今已应用于数百项工程中。

在这些工程中，有的地质含有硬土夹层，像慈溪市城关地区的土质，可以采用短桩，以硬土夹层作为持力层[4]；有的地质是软土地质，采用长桩，以下卧硬土层作为持力层，或采用摩擦桩。

二、应用范围

锚杆静压桩传统上被用来加固既有房屋的地基，像以下几种情况一般都用锚杆静压桩进行补桩：

(1)当已有建筑物需要加层，而地耐力承受不了时；

(2)当已有建筑物需要进行改造，加大了某一部分地基的基底应力而吃不消时；

(3)当设计或施工错误造成房屋不均匀沉降过大而需要补桩时；

(4)当灌注桩或预应力管桩的承载能力不足而需要补足时。

笔者从1995年开始，将锚杆静压桩大面积用于新建多层房屋的桩基工程中，改变了先压桩后建房的传统做法。

锚杆静压桩用于新建多层房屋主要有以下几种情况。

1)当基底软土层中含有硬土夹层时

因为锚杆静压桩的截面小,单桩承载力不大,而且压桩力可以直接从油压表中读取,很容易控制,所以可以利用硬土夹层作为持力层。这时可以采用短桩,大大节省了桩的费用。

像浙江省慈溪市城区就有这种土质。那里地表有一层好土(即硬壳层),但很薄,只能作为低层建筑的浅基持力层;下面是一层力学强度很低的淤泥质粉质黏土,由于是硬壳层的直接下卧层,其强度控制了天然地基的承载力;在 4～5m 深处有一层力学强度较高的黏质粉土夹层,厚度为 2～5m;再下去又是一层很厚的力学强度很差的淤泥质粉质黏土;一直到约 25m 深度处才有一层力学强度较高的黏土、粉质黏土。这种呈硬、软相间的土层结构,很适宜锚杆静压桩的使用。硬壳层可以承担压桩之前的房屋重量,压桩以后增加的房屋重量可以由第三层持力层来承担。由于第三层硬土夹层的深度比较浅,所以可以采用短桩。

过去对于无法采用浅基的工程,一般均采用灌注桩或预应力管桩,将持力层取在 25m 左右深度处的好土层上。因浅层的硬土夹层比较薄,灌注桩或预应力管桩的单桩承载力较大,承受不了;而且浅层好土夹层的层面起伏不平,灌注桩很难控制长度。

2)当邻近采用浅基的建筑物靠得很近时

当采用沉管灌注桩和预应力管桩时,如果邻近采用浅基的建筑靠得很近,由于挤土效应,这些建筑物将会开裂;而锚杆静压桩由于截面尺寸小,挤土量不大,即使贴着这些房子压桩也不会使这些房子开裂。

3)当工期要求比较短时

当采用锚杆静压桩时,要先建房后压桩,压桩的时间一般要待二层和三层楼面施工以后才能进行,压桩封顶以前的荷重要由条形基础承担。所以当采用锚杆静压桩时,可以马上施工条形基础和上部结构。在压桩时上部结构也仍可以施工,所以基本上不占工期。不像灌注桩和预应力管桩,必须先压桩,而且还要试桩,起码要占用两个月的工期。

4)当大型压桩设备无法进场施工时

对于大型压桩设备无法进场的工程,可以采用锚杆静压桩,因为锚杆静压桩的压桩设备很轻巧,可以人工搬运。

5)当持力层的埋深很复杂时

沉管灌注桩和预应力管桩一般都由桩长控制。当持力层的埋深很复杂时,桩长相同但承载能力相差会很大,可能有一部分桩的承载能力达不到设计要求。而锚杆静压桩的压桩力可以从油压表里读取,由压桩力控制;而且锚杆桩的桩段比较短,可以通过多种长度桩段组合成不同的桩长。因此,当持力层的埋深很复杂时,可以采用不同的桩长,使承载力都能满足设计要求。

三、工程案例

(一)某六层框架住宅楼锚杆静压桩基础

锚杆静压桩适宜于用作多层住宅楼的工程桩,可以由条形基础承担压桩封顶以前结构的重量,而压桩封顶以后增加的荷重由锚杆静压桩承担。在承台上先预留好桩孔和固定反力架的锚杆。当施工好二层楼面(柱距较大时)或三层楼面(柱距较小时)后一般就可以开始压桩。压桩时上层结构仍可以继续施工。压桩完成以后再用砼封桩孔。图 1 和图 2 分别为浙江省慈溪市某六层框架住宅楼条形基础设置和压桩施工照片及压桩完成以后封桩孔施工照片。

图 1　压桩施工

图 2　封桩施工

(二)某六层带半地下室车库框架结构住宅楼锚杆静压桩基础

锚杆静压桩也可以用作带地下室的多层框架房屋的工程桩,由地下室底板和锚杆静压桩一起承担房屋的重量,也可以由条形基础承担压桩封顶以前的重量,而压桩封顶以后的重量由桩承担。在承台上先预留好压桩孔和固定反力架的锚杆,当施工好二层楼面后即可开始压桩。压桩完成以后再用砼封桩孔。图 3 为浙江省慈溪市某六层带半地下室车库框架结构住宅楼锚杆静压桩施工照片。

图 3　压桩施工

(三)某紧邻老房子的四层框架结构幼儿园的锚杆静压桩基础

锚杆静压桩由于挤土量不大,当相邻采用浅基的房屋靠得很近时也不会受压桩施工影响。图4为浙江省宁海县某紧邻老房子的四层框架结构幼儿园锚杆静压桩的压桩施工照片。

图 4　压桩施工

(四)某局部坐落在河道中的五层框架厂房的锚杆静压桩基础

当部分基础落在河道中时也可以采用锚杆静压桩基础。桩的位置放一个预制砼管筒,四周用回填土夯实至基础底面,再做条形基础和承台。在承台里预留好桩孔和固定反力架的锚杆。图5和图6分别为浙江省慈溪市某局部坐落在河道中的五层框架厂房河道中桩基承台的施工照片和施工好以后的照片。

图 5　河道中桩基承台的施工

图 6　已施工好的河道中桩基承台

(五)某五层框架结构商场锚杆静压桩基础

该工程是在新建多层房屋中用锚杆静压桩作为工程桩的第一个工程。该工程位于浙江省慈溪市工人路，五层框架结构。图 7 为该工程的压桩施工照片。

图 7　压桩施工

参考文献

[1] 冶金工业部建筑研究总院. 中华人民共和国行业标准锚杆静压桩技术规程(YBJ 227－91). 北京:冶金工业出版社,1991.

[2] 中国建筑科学研究院. 中华人民共和国行业标准既有建筑地基基础加固技术规范(JGL 123－2000). 北京:中国建筑工业出版社,2000.

[3] 杭州市建筑设计研究院有限公司. 浙江省建筑标准设计图集锚杆静压桩(2004 年浙 G28),2005.

[4] 项剑锋. 锚杆静压短桩在新建工程中的应用//浙江省土木建筑学会 2000 年学术年会论文,杭州,2000. 浙江建筑,2001(1).

杭州奥体钢结构工程铸钢件重量检验及意义

陈飞龙　贾福兴
(浙江江南工程管理股份有限公司,杭州,310007)

摘　要:随着大型公用建筑中钢结构应用比重的增加,且设计造型奇特,结构受力更加复杂,使得铸钢件的应用更加普遍,现行规范中对铸钢件的重量检验仍为一个盲区,无明确验收依据。

关键字:钢结构;铸钢件;重量检验;称重计量

一、铸钢件在建筑工程的应用

(一)铸钢件应用现状

铸钢件多应用于矿山、能源、运输、装备制造行业。近年来由于建筑钢结构工程的迅猛发展,外观奇特、受力复杂的杆件组合越来越多,铸钢件以其整体性好、力学性能稳定、易于成型的优势,在建筑钢结构中的应用愈加广泛。中国的铸钢件生产总量在2000年就已经超越美国,成为世界铸造基地,但中国铸钢件与国外相比仍较为粗糙,附加价值低,小企业多,从业人员队伍庞大,黑色金属比重大,与日本、美国以及欧洲各国采用高新技术生产的附加价值高的铸钢件相比,难以形成竞争力。

(二)铸钢件对造价控制的影响

钢结构在初步设计阶段,可能无法完全预见到承包单位加工制作中节点焊接存在的困难,在图纸会审阶段,经各参建单位讨论后,由承包单位对结构受力复杂的节点进行深化设计,将部分原有焊接节点改为铸钢件,减少"米"型节点等多支管汇交部位焊接应力集中对结构的不利影响,从而提高结构的安全性。焊接密集节点使用铸钢件节点替换,使得焊接位置转移到铸钢件支管处,为焊接施工提供了更大的操作空间,利于焊接施工质量控制。由于这部分节点的变更,铸钢件占钢结构的比重急剧增加。据相关资料介绍,目前国内生产1t钢材约需要1.6t煤,和日本等发达国家每吨钢材消耗0.6t煤相比,铸钢件的生产成本很高;再加上铸造工艺、热处理、运输等各方面原因,铸钢件远高于常规钢结构的综合单价,对于工程造价控制有很大影响。

(三)现行规范对铸钢件质量控制要求与不足

铸钢件在铸造厂制作生产完成后进场验收时,其外部质量(粗糙度、表面清理、几何尺寸)、理化性能(化学成分分析、拉伸、冲击)、无损检测(射线、磁粉及超声波)均要求铸造厂出具检测报告或合格证书,而对于铸钢件重量的检验,规范条文无明确要求。以往参与的工程中,对于铸钢件的重量检验实行首件检验做法，即在第一个或类似型号铸钢件按图纸验收合格的基础上先进行称重计量，对于后续铸钢件，基本不再进行称重。按照以往铸钢件重量检验的方法，对固定模型生产的铸钢件还可适用，对形状及支管角度各异的铸钢件就不太适用。大型公用建筑多为国有资金投资，涉及公众利益及公共安全，结构质量容不得半点马虎。监理人员现场对铸钢件重量验收时，缺乏明确的规范要求，又缺乏足够的数据统计，这样对整个钢结构其他铸钢件的重量是否达标就难以把握。

二、铸钢件重量检验

(一)铸钢件重量检验难点

设计单位对铸钢件在设计图纸中基本会明确牌号、热处理方法等，对于尺寸公差等级及重量公差等级要求容易忽视。承包单位自身一般不具备铸件的生产条件，对于铸钢件的深化设计，承包单位在建模及结构分析上也会存在短板，可能将铸钢件的深化设计及铸造一并交由铸造厂进行。这样承包单位为谋取更大的利益空间，可能在铸造厂铸钢件深化设计的基础上增加重量，这对铸钢件的重量检验又提升了一个难度。建设单位及监理除在驻厂监造过程中对首件铸钢件进行重量检验，后续铸钢件的重量抽查就没有规范依据，工作推进有一定的难度。在工程计量时，没有专业的软件配合，对外型复杂、内腔不规则的铸钢件难以计算出准确的重量，对现场铸钢件重量审核和造价控制造成了很大的困难。

(二)尺寸公差与重量公差

杭州奥体博览中心体育场项目，在进行铸钢件加工制作的前期，根据图纸会审纪要新增铸钢件总重量约 2800t，增加工程造价约 5000 万元，对铸钢件进行精确计量就显得尤为重要。在变更审理过程中，由于施工单位迟迟不能提供铸钢件的计算模型及软件，异型铸钢件的计量工作未能取得进展。而铸钢件重量检验在现行的工程质量验收规范中虽然没有相应条款的规定，但在监理工作中要评判一个铸钢件的重量是否合格，了解铸钢件的重量偏差允许范围还是很有必要的。要了解铸钢件的重量偏差，就要先了解铸钢件的尺寸公差和重量公差。

1. 尺寸公差

尺寸公差：允许尺寸的变动量，公差等于最大极限尺寸与最小极限尺寸之代数差的绝对值，也等于上偏差与下偏差之代数差的绝对值。铸钢件公差有 16 级，代号为 CT1～CT16，公差等级可根据铸造方法及材质进行选定(表 1 和表 2)。

表 1　大批量生产的毛坯铸件的公差等级

方法		不同铸件材质的公差等级 CT								
		钢	灰铸铁	球墨铸铁	可锻铸铁	铜合金	锌合金	轻金属合金	镍基合金	钴基合金
砂型铸造手工造型		11～14	11～14	11～14	11～14	10～13	10～13	9～12	11～14	11～14
砂型铸造机器造型和壳型		8～12	8～12	8～12	8～12	8～10	8～10	7～9	8～12	8～12
金属型铸造(重力铸造或低压铸造)		—	8～10	8～10	8～10	8～10	7～9	7～9	—	—
压力铸造		—	—	—	—	6～8	4～6	4～7	—	—
熔模铸造	水玻璃	7～9	7～9	7～9	—	5～8	—	5～8	7～9	7～9
	硅溶胶	4～6	4～6	4～6	—	4～6	—	4～6	4～6	4～6

注：①表中所列出的公差等级，是指在大批量生产的情况下，且影响铸件尺寸精度的生产因素已得到充分改进时，铸件通常能够达到的公差等级。

②本标准还适用于本表未列出的由铸造厂和采购方之间协议商定的工艺和材料。

表 2 小批量生产或单件生产的毛坯铸件的公差等级

方法		不同铸件材质的公差等级 CT								
		钢	灰铸铁	球墨铸铁	可锻铸铁	铜合金	锌合金	轻金属合金	镍基合金	钴基合金
砂型铸造手工造型	黏土砂	13～15	13～15	13～15	13～15	13～15	11～13	11～13	13～15	13～15
	化学粘结剂砂	12～14	11～13	11～13	11～13	11～13	10～12	10～12	12～14	12～14

注:①表中所列出的公差等级是小批量的或单件生产的砂型铸件通常能够达到的公差等级。

②本表中的数值一般适用于大于 25mm 的基本尺寸。对于较小的尺寸通常能经济实用地保证下列较细的公差:

基本尺寸≤10mm:精三级;

10mm＜基本尺寸≤16mm:精二级;

16mm＜基本尺寸≤25mm:精一级。

③本标准还适用于本表未列出的由铸造厂和采购方之间协议商定的工艺和材料。

2. 重量公差

公称重量:包括机械加工余量和其他工艺余量,作为衡量被检验铸件轻重的基准重量。

铸件重量公差:以占铸件公称重量的百分率为单位的铸件重量变动的允许值。

重量公差等级:确定铸件重量公差大小程度的级别。

重量公差的代号用字母“MT”表示。重量公差等级共分为 16 级,即 MT1～MT16。重量公差数值见表 3。

表 3 铸件重量公差数值

公称重量(kg)	重量公差数值(%)															
	MT1	MT2	MT3	MT4	MT5	MT6	MT7	MT8	MT9	MT10	MT11	MT12	MT13	MT14	MT15	MT16
0.4	—	5	6	8	10	12	14	16	18	20	24	—	—	—	—	—
0.4～1	—	4	5	6	8	10	12	14	16	18	20	24	—	—	—	—
1～4	—	3	4	5	6	8	10	12	14	16	18	20	24	—	—	—
4～10	—	2	3	4	5	6	8	10	12	14	16	18	20	24	—	—
10～40	—	—	2	3	4	5	6	8	10	12	14	16	18	20	24	—
40～100	—	—	—	2	3	4	5	6	8	10	12	14	16	18	20	24
100～400	—	—	—	—	2	3	4	5	6	8	10	12	14	16	18	20
400～1000	—	—	—	—	—	2	3	4	5	6	8	10	12	14	16	18
1000～4000	—	—	—	—	—	—	2	3	4	5	6	8	10	12	14	16
4000～10000	—	—	—	—	—	—	—	2	3	4	5	6	8	10	12	14
10000～40000	—	—	—	—	—	—	—	—	2	3	4	5	6	8	10	12

注:表中重量公差数值为上、下偏差之和,即一半为上偏差,一半为下偏差。

对铸钢件公称重量的确定:①成批和大量生产时,从供需双方共同认定的首批铸钢件中随机抽取不少于 10 件的铸件,以实称重量的平均值作为公称重量;②小批和单件生产时,以计算重量或供需双方共同认定的一个合格铸件的实称重量作为公称重量;③以标准样品的实称重量作为公称重量。

公称重量确定后,对应一定的重量公差等级,重量公差值应按公称重量所在范围从表 3 中选取;成批和大量生产的铸件,重量公差等级应按表 4 选取;小批量和单件生产的铸件,重量公差等级应按表 5 选取。

表 4　用于大批量和大量生产的铸件重量公差等级

工艺方法	重量公差等级 MT								
	铸钢	灰铸铁	球墨铸铁	可锻铸铁	铜合金	锌合金	轻金属合金	镍基合金	钴基合金
砂型铸造手工造型	11～13	11～13	11～13	11～13	10～12		9～11		
砂型铸造机器造型和壳型	8～10	8～10	8～10	8～10	8～10		7～9		
金属型铸造		7～9	7～9	7～9	7～9	7～9	6～8		
低压铸造		7～9	7～9	7～9	7～9	7～9	6～8		
压力铸造					6～8	4～6	5～7		
熔模铸造	5～7	5～7	5～7		4～6		4～6	5～7	5～7

表 5　用于小批量和单件生产的铸件重量公差等级

造型材料	重量公差等级 MT					
	铸钢	灰铸铁	球墨铸铁	可锻铸铁	铜合金	轻金属合金
干、湿型砂	13～15	13～15	13～15	13～15	13～15	11～13
自硬砂	12～14	11～13	11～13	11～13	10～12	10～12

3. 确定重量公差

杭州奥体博览中心体育场项目有 577 个铸钢件，21 种类型的铸钢件的基本尺寸，其支管角度各异，应为小批量生产或单件生产，三个铸造厂均采用砂型铸造手工造型工艺。①根据生产批量及铸造工艺，其尺寸公差等级为表 2 中 CT13～CT15；②根据《铸件重量公差》(GB/T 11351－1989)中重量公差应与尺寸公差对应选取的要求，所对应的重量公差等级应为 MT13～MT15；③根据铸钢件公称重量选择对应的重量公差数值。例如在 2012 年 12 月 28 日，由建设单位、施工单位、监理单位共同对进场的铸钢件随机抽取三个进行称重检验，称重结果见表 6。

表 6　铸钢件称重计量评定

铸钢件编号	深化图纸重量(t)	履带吊显示重量(t)	净重(t)	重量偏差
ZG2A－1	20.357	18.95	17.656	－13.3％
ZG2A－2	20.448	19.15	17.856	－12.7％
ZG19A－2	20.38	19.2	17.906	－12.1％

根据铸造工艺及铸钢件公称重量，铸钢件的最大重量偏差应为±5％，若抽查的结果大于此，则可判断为铸钢件重量检验不合格。为此，由监理单位牵头，在建设单位组织下召开的专题会议上，承包单位承认铸钢件交由铸造厂深化设计后加入了 10％的加工损耗。针对这种情况，经监理协调及参建各方商定，采用现场地秤及大型履带吊对 577 个铸钢件逐个进行称重计量，再按照实际重量审核铸钢件相关变更。历时一年左右时间的称重计量后，从原深化图纸铸钢件重量 5928.936t 中核减了 375.921t，总计节约 700 余万元。

三、铸钢件重量检验意义

铸钢件称重计量，不仅仅是为了进行铸钢件变更审核，主要还是从侧面验证铸钢件质量。铸钢件的承载力与壁厚成正比关系，随着壁厚的增加，铸钢件的承载力随之增加，在铸造过程中更容易出现夹砂、气孔等缺陷；随着壁厚的减小，又可能引起铸钢件承载力不足，影响结构安全。目前实施的《铸钢件节点应用技术规程》(CECS 235：2008)及《一般工程用铸造碳钢件》(GB/T 11352－2009)

中，要求对铸钢件几何尺寸及尺寸公差逐件进行检验。一般对于铸钢件基本尺寸的检验仅限于端口部位，对异型铸钢件的壁厚很难检查，而壁厚偏差最直接的体现就是重量变化，将重量检验与尺寸检验结合，有助于加强铸钢件的质量控制。

由于大型公用建筑中铸钢件的应用已普遍，对于铸钢件重量检验应该引起监理工作上的重视。今后随着模具制作精度的逐步提高，铸钢件的加工制作也将逐渐趋于标准化，对铸钢件的重量检验将同《混凝土结构工程施工规范》(GB 50666－2011)中对钢筋的重量偏差检验一样引起关注。监理单位作为参建一方，在图纸会审阶段，可建议建设单位及设计单位根据《铸件尺寸公差与机械加工余量》(GB/T 6414－1999)及《铸件重量公差》(GB/T 11351－1989)，对铸钢件的尺寸偏差及重量偏差做出明确要求，从而给驻厂监造及现场验收提供监理依据，避免承包单位对此忽视或因重量偏差不符合要求影响工程进度和结构安全。

参考文献

[1] 铸钢件节点应用技术规程(CECS 235:2008). 北京：中国计划出版社，2008.
[2] 一般工程用铸造碳钢件(GB/T 11352－2009). 北京：中国标准出版社，2009.
[3] 铸件尺寸公差与机械加工余量(GB/T 6414－1999). 全国铸造标准化技术委员会，2000.
[4] 铸件重量公差(GB/T 11351－1989). 沈阳铸造研究所，1990.

枣庄市体育中心体育馆游泳馆主体结构工程质量控制措施

史德亮
(浙江江南工程管理股份有限公司，杭州，310000)

摘　要：体育馆游泳馆钢筋混凝土的质量控制是场馆建设的一个控制重点。本文以枣庄体育中心项目体育馆、游泳馆为例详细剖析，提出质量控制难点、重点与措施。

关键词：混凝土结构；质量控制重难点；质量控制措施

一、引　言

众所周知，体育建筑属人员比较密集的公共建筑，一座城市基本上只建一座，建设单位往往不如住宅建设有很熟悉的成套经验。体育馆、游泳馆在所有城市都有较大的社会影响力，人们不仅注重它的外在形式，更关注其内在质量情况。当然，体育馆、游泳馆的质量从方案到成品涉及方方面面，是一个系统的全过程。体育场馆主体和其他工程一样，无外乎模板、钢筋、混凝土，所不同在于体育建筑的构件尺寸较大，钢筋排布较密，有一定施工难度，需要加强控制，注意细节，也能达到理想效果。

二、工程概况

枣庄市体育中心体育馆、游泳馆工程由枣庄金声文化产业发展有限公司建设，设计单位为上海联创建筑设计有限公司，勘察单位为枣庄市建筑设计研究院，监理单位为浙江江南工程管理股份有限公司，施工承包单位为北京城建集团有限责任公司。体育馆、游泳馆工程总建筑面积 75046m^2(其中地下建筑面积 23600m^2)，包括体育馆地上建筑面积 26817m^2，游泳馆地上建筑面积 24629m^2。体育馆、游泳馆下部看台为框架结构，周围 98 根型钢柱从基础伸至屋面，上部为钢屋架、金属屋面，周圈幕墙龙骨围护而成(图 1)。

体育馆地下一层，地上四层，南北长约 140m，东西长约 100m，建筑高度 26.1m，地下室主要为车库，其余为机电设备用房；地上一层大厅为篮球馆，周圈为配套功能用房，大厅东西、西面、北面为看台观众席，由一层延伸至四层，观众席 6532 座(其中固定观众席 5032 座，临时 1500 座)，南侧为练习馆；地上二至四层为辅助功能房间及办公用房。

游泳馆地下一层，地上四层，南北长约 145m，东西长约 100m，建筑高度 25m。游泳馆主要由标准的 25m×25m 跳水池、25m×50m 游泳池、15m×50m 训练池组成；东侧为看台观众席，由一层延伸至四层，设有观众席 2015 座。地下室主要由射击训练馆及辅助设备用房组成；地上主要由乒乓室及配套功能用房组成。

图1　工程总体效果图

三、模板工程

(一)模板工程质量控制重点与控制措施[1]

模板工程质量控制重点及控制措施包括以下几方面：

(1)墙柱模板垂直度控制：立模前，弹好外围模板控制线；立模后，采用线坠检查，严格控制在规范要求内。

(2)模板平整度控制：模板选材时剔除薄厚不均匀的板；模板内撑快位置与螺杆、板缝相对应。

(3)梁底、板底水平度控制：梁与板、墙交接处打木针；梁底中间加可调顶丝支撑，侧钢管加保险扣件；大跨度板中间顶撑钢管加保险扣件。

(4)楼梯踏步板水平控制：可调顶丝撑托梁底；板底弹线，木针塞紧。

(5)门洞侧模垂直度：钢管加可调顶丝进行对称。

(二)图例说明

1.模板大面垂直度、平整度控制(图2和图3)

图2　剪刀钢管对称

图3　撑块与拼缝对拉螺杆对应

2. 梁底模水平度控制(图 4 和图 5)

图 4　梁底木架子

图 5　顶撑钢管、木针塞缝

3. 楼梯踏步板水平度控制措施(图 6 和图 7)

图 6　可调试顶丝扣紧底模

图 7　调整模板接口水平度

4. 门洞侧模垂直度(图 8 和图 9)

图 8　门洞侧模板用钢管顶丝对撑

图 9　梁侧立杆、大跨度平台立杆加保险扣件

四、钢筋工程

(一)钢筋工程质量控制

钢筋工程质量控制的重点、难点及其控制措施包括以下几方面：

(1)钢筋原材：钢筋进场时，应检查产品合格证和出场检验报告，并按照规定将抽取原材料送往有资质的检测单位复试，合格后方能使用。

(2)剪力墙竖向钢筋定位：根据控制线校正竖向钢筋位置。

(3)剪力墙水平钢筋定位：从上向下排布，先绑扎上层平台水平限位筋(上层楼板面标高保护层厚度)，再依次向下排布。

(4)柱钢筋绑扎：柱竖向钢筋直螺纹接头严禁设置在箍筋加密区范围内，同一平面内竖向钢筋接头按50%错开不小于$35d$(d为柱主筋)，且不小于500mm。柱钢筋绑扎应注意起步箍筋、加密区及箍筋与主筋绑扎到位；对于圆形柱，其箍筋的搭接处应沿柱通转布置在不同的四个面上，以避免出现薄弱区。

(5)梁钢筋绑扎：严格按照弹出的间距线，先摆放受力主筋，再摆放分布筋；接头位置控制在底部钢筋在支座处，上部钢筋在跨度中1/3净跨范围内。

(6)板钢筋绑扎：双向板需满扎。

(7)钢筋直螺纹连接：加工的钢筋锥螺纹丝头的锥度、牙形、螺距等必须与连接套的锥度、牙形、螺距相一致，且经配套的量规检测合格。已检验合格的丝头应加以保护。连接钢筋时，钢筋规格和连接套的规格应一致，并确保钢筋和连接套的丝扣干净且完好无损。

(二)图例说明

1.钢筋工程质量控制各步骤(图10～图17)

图10　钢筋原材进场

图11　钢筋现场取样

图 12　剪力墙钢筋绑扎

图 13　柱钢筋

图 14　主次梁钢筋绑扎

图 15　双向板满绑扎

图 16　钢筋直螺纹现场加工

图 17　钢筋直螺纹连接

五、混凝土工程

(一)混凝土工程质量控制重点与控制措施

混凝土工程质量控制重点与控制措施包括以下几方面：

(1)蜂窝、漏筋、麻面等质量通病：严格按照规定使用和移动振捣棒；合理调整垫块间距；保证模板平整光滑，并涂刷隔离挤，浇筑前浇水湿润。

(2)后浇带混凝土：基层处理平整、无积水和杂物，交界面凿毛处理并清理干净；采用高一个等级的膨胀混凝土浇筑，浇筑过程当中振捣密实，及时加强后期的养护。

(3)看台混凝土：浇筑前要对模板洒水湿润，及时清理杂物、无积水等；严格控制混凝土坍落度，浇筑过程当中振捣密实，及时加强后期的养护。

(二)图例说明(图18和图19)

图18 后浇带混凝土浇筑

图19 看台混凝土浇筑

六、工程取得效果

通过采取以上措施，枣庄市体育中心体育馆游泳馆工程主体结构顺利通过验收，并且该工程荣获2014年度“枣庄市建设工程优质结构杯奖”。

七、结　语

体育馆、游泳馆工程不同于一般的工业与民用建筑工程，它有着规模大、投资高、工期紧、质量要求高等特点，因此，体育馆、游泳馆工程的建设管理必须走系统化、规范化、模式化的道路，建设过程中需要管理的内容比较多。本文结合几个分项工程，分析施工过程当中注意控制要点，供分析参考。

参考文献

[1] 建筑工程施工质量验收规范(GB 50300－2001).北京：中国建筑工业出版社，2003.

浅谈监理如何对地下室防水施工进行有效控制

汪　远
(浙江江南工程管理股份有限公司,杭州,310001)

摘　要:笔者在某省图书馆新建工程项目任土建专业监理工程师,该工程自2011年10月开始地下室施工。地下建筑面积为10305.77m²。地下室防水工程设计等级为一级,采用多道设防,即混凝土结构自防水、水泥基渗透结晶、底板及外墙全粘贴SBS高聚物改性沥青卷材防水的施工技术。这项技术经多年实践已发展成熟,达到防水设计效果的关键在于施工环节过程控制。本文浅谈监理如何对地下室防水施工全过程进行有效控制。

关键词:结构自防水砼;SBS改性沥青防水卷材;细部防水工程;水泥基渗透结晶;质量控制

前　言

地下工程的防水质量是工程质量中的一项重要内容。众所周知,地下结构易发生渗漏水而影响使用功能和建筑物的使用年限。在防水措施各个环节中,防水混凝土的施工最易发生一些细节上的疏漏,卷材防水的细部施工亦容易出现问题。这些施工过程中的细节问题,往往是设计图中没有明确要求的,容易导致防水工程渗漏水,进而影响其使用功能。加强施工细节质量控制,避免渗漏水现象的发生,需要靠监理人员的理论知识、工作经验和认真负责的态度去保证,因此作为监理工程师,做好过程控制尤为重要。本文主要介绍地下室底板,防水混凝土结构工程,防水卷材铺贴的细部做法,施工缝、穿墙管道预留洞、坑槽、后浇带等部位薄弱环节的施工质量控制。

一、熟悉设计要求,质量控制突出重点

(一)设计要求

1.地下室底板防水做法

从下往上:100mm厚混凝土垫层;20mm厚砂浆找平层;4mm厚SBS防水卷材一道;20mm厚砂浆;50mm厚混凝土;水泥基结晶型防水涂膜一道;P8自防水钢筋混凝土底板。

2.地下室外墙防水做法

从外到里:回填土;100mm厚阻燃挤塑聚苯保温板;4mm厚SBS防水卷材一道;水泥基结晶型

防水涂膜一道;P8 自防水钢筋混凝土外墙。

地下室管道穿墙处采用固定式带翼环穿墙管(随混凝土浇筑预埋),套管安装前应除锈,刷防锈漆一道;安装完毕,外露部分刷铅油或调和漆两道。

3.地下室顶板种植土屋面防水做法

地下室钢筋砼土结构顶板;80mm 厚阻燃挤塑聚苯板;体积比 1∶8 水泥炉渣找坡 2%,最薄处 30mm 厚;20mm 厚水泥砂浆找平,间距 2m,设上宽 25mm、下宽 20mm 的分格缝,缝内填 PVC 防水油膏;SBS 改性沥青防水卷材 3mm+3mm 厚,转角增设一道附加层;50mm 厚 C20 细石砼防根刺保护层,内配 ϕ6@200mm 双向,间距 6m,设上宽 25mm、下宽 20mm 的分格缝;塑料排水板;土工布,回填种植土。

(二)控制重点

1.防水混凝土结构施工质量控制

本工程地下室砼结构采用抗渗砼,抗渗等级 P8。设有后浇带和膨胀加强带。剪力墙距底板 300mm 高处设水平施工缝,后浇带及施工缝处预埋钢板止水带。防水砼不仅是工程的主体结构,它的不裂不渗也是工程防水的基本保证和根本防线,因此,防水砼施工应是监理关注的重点。

(1)施工前对可能发生砼渗漏的原因进行分析

①商品砼的质量问题:砼原材料质量、配合比、外加剂掺量、运输产生离析泌水、坍落度损失、现场浇筑时随意加水。

②钢筋及铁线接触模板。如果钢筋、铁丝等接触到模板,拆模后铁件裸露在外,成为渗水通道,水沿铁件通过混凝土造成渗漏。

③带止水环的对拉螺栓及预埋管道:采用带止水环的套管质量不合格。

④蜂窝、麻面:产生的原因是振捣不当、脱模早、模板干燥、模板缝隙偏大漏浆等。

⑤孔洞产生的原因是漏振。当管道密集、预埋件和钢筋过密处浇灌混凝土有困难时,应采用相同抗渗等级的细石混凝土浇灌。

⑥施工缝处理不合格,造成新旧砼结合不良。

⑦混凝土养护不良、不及时、养护时间短,使砼产生微裂缝。混凝土浇筑后养护不及时,或拆模后即暴露在大气中,不采取养护措施,容易造成早期脱水,不仅使水泥水化不完全,而且游离水通过表面迅速蒸发,形成彼此连通的毛细管孔网,成为渗水通路。同时混凝土收缩增大,出现龟裂,使混凝土抗渗性能急剧下降,甚至完全丧失抗渗能力。

(2)针对渗漏原因找出预控措施及方法

①监理工程师对商品砼的检查:主要检查商砼厂家资质资料,生产能力是否满足连续浇筑要求,供货合同中砼的技术指标是否满足设计及规范要求;配合比是否符合设计要求,检查砼首次报告,逐车检查砼小票中的砼类型,强度及抗渗等级是否与设计相符,浇筑部位是否与实际相符;控制砼原材料质量及外加剂用量,监理工程师去搅拌站检查原材料及外加剂掺量。

②钢筋加工、安装、隐蔽验收过程中检查:钢筋笼几何尺寸符合设计要求;隐蔽验收时检查砼保护层控制措施是否符合要求,有无钢筋及铁线接触模板现象;模板安装过程检查接缝严密防止漏浆;浇筑砼跟班旁站,检查浇筑顺序,振捣方法,按规范检测坍落度。如有损失,要求实验室调整加水量。

③施工过程细节控制:按照已审批的施工方案检查细部结构(施工缝、后浇带、膨胀加强带、钢筋撑角、穿墙管道和螺栓等)的处理,如:在后浇带处安装具有一定强度的密目钢板网以阻挡底板混凝土流失,混凝土的施工缝清理是否符合规范要求。

在本工程剪力墙浇筑砼施工时，气温已达到零下，并下了第一场小雪，为防止剪力墙根部冰雪影响新旧砼结合，在浇筑前采用罐车装热水先浇入剪力墙模板内，并在根部留排水孔，以防积水，随即浇筑砼。这个办法既清理了根部积雪，又提高了剪力墙根部老砼的温度，使新旧砼很好地结合。实践证明这个办法效果不错。需按照《地下建筑防水构造》(10J301)及《地下防水工程质量验收规范》(GB 50208－2011)检查穿墙管道预留洞、转角、坑槽、后浇带等部位的建筑构造做法。

④砼的浇筑、拆模、养护及成品保护：浇筑过程监理旁站，检查浇筑的连续性和振捣的规范性。冬季施工阶段检查砼的入模温度，顶板及底板随浇筑随时覆塑料膜养护。本工程地下室于2011年9月末开始，剪力墙在11月底浇筑完成，地下室顶板在2012年3月开始施工。冬季施工阶段温度低，不宜浇水养护。为保证砼不受冻，按冬季施工方案实施，剪力墙带模养护，一保温、二保湿；并关注天气变化，当温度降低至10℃以下时设专人测温。因为顶板在冬季不能施工，地下室底板有冻胀的可能，为防止冻害发生，随时启动冬季施工方案，并适时启动越冬维护方案。

2.防水卷材铺贴及细部做法控制

(1)卷材易渗漏的原因分析

①卷材铺贴质量问题：粘贴不牢，空鼓，封边不严实，搭接长度、宽度不够。

②基层处理不合格：有杂物钢筋等硬物，找平层不平整、强度不够，阴阳为锐角，不圆润，基层处理剂涂刷不均。

③细部做法不规范：穿墙管道预留洞、转角、坑槽、后浇带等防水薄弱部位，未按《地下建筑防水构造》(10J301)施工。

(2)针对卷材渗漏原因制定控制措施及方法

①防水卷材SBS采用热熔法施工，用冷底子油和热熔法把卷材按一定的方法，相互搭接粘在垫层、砖模或结构层上，形成一个密闭的、不透水的整体，种植土屋面再用细石砼保护卷材不被破坏，将建筑工程的地下部分包裹起来，达到防水的效果。重点注意不要损坏防水卷材，不要漏铺，一定要保证卷材的搭接和粘贴良好。

②严格检查基层处理情况，抹找平层过程中跟踪检查，发现不合格的部位，及时通知整改。

③细部做法施工时，监理跟班旁站。细部附加增强处理，基层处理剂采用冷底子油，均匀涂刷于基层表面上，常温经过4h后，开始铺贴卷材。处理好穿透卷材管道口等细部。对于阴阳角、管根部位做增强处理。阴阳角均匀加铺一层附加层，附加层采用3mm厚改性沥青防水卷材，宽度为500mm，阴角或阳角两侧各250mm(图1)。外墙套管处加设宽度不小于300mm的环形卷材附加层。

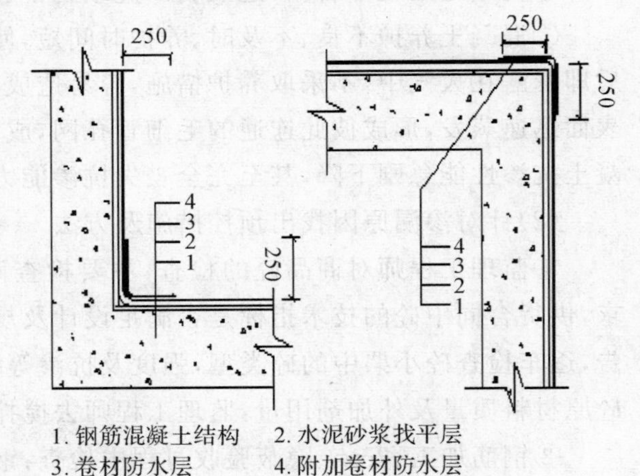

图1 阴阳角附加层做法(单位：mm)

施工缝、后浇带位置均匀加铺一层附加层，宽处两侧各300mm。底板下后浇带基槽做法为在混凝土垫层上部增加一层防水附加层，防水附加层宽度需在两边各大出后浇带300mm以上。冬季施工要控制卷材铺贴的环境温度不低于10℃。

3.施工缝及后浇带施工质量控制

(1)后浇带施工质量控制点：后浇防护；钢板网设置；后浇带两侧底板混凝土清理；后浇带内钢筋清理；后浇带基槽清理；后浇带混凝土浇筑；后浇带混凝土养护。

(2)剪力墙(外墙)后浇带防护措施:按照结构设计要求需在两侧结构砼浇筑完成3个月方可浇筑。由于外墙拆模后钢筋外露时间长,因此应进行保护,在后浇带外面砌砖作为外墙模板并起到保护钢筋的作用,且能防止地下室基坑回填土进入后浇带内。砖模宽出后浇带两侧混凝土各500mm,顶部用模板封严(图2)。

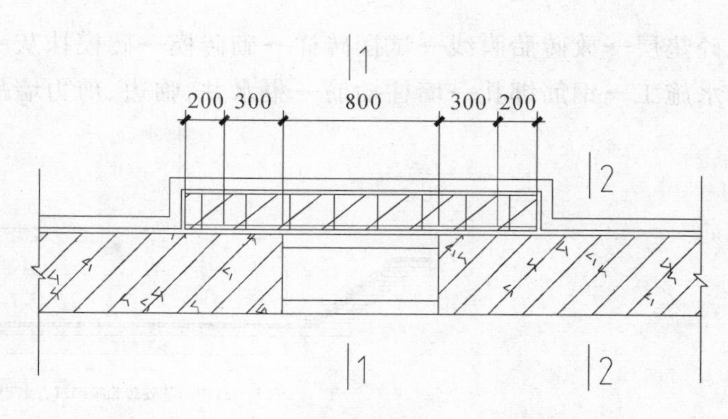

图2　外墙防水平面图(单位:mm)

(3)后浇带施工控制措施:

①检查后浇带的清理是否合格:后浇带两侧混凝土接合面的浮浆、垃圾清理干净,并湿润24h以上,并将带内的垃圾、积水及钢筋上的附着物清理干净。

②跟踪旁站后浇带混凝土浇筑:检查后浇带混凝土的抗渗和抗压强度等级不得低于底板混凝土;后浇带混凝土选用具有补偿收缩作用的微膨胀混凝土。后浇带混凝土一次浇筑完成,不得留设施工缝。

③跟踪检查后浇带混凝土养护:后浇带混凝土浇筑完成后应及时养护,养护时间不少于28d。

(4)施工缝施工控制措施:

①检查施工缝的留置:剪力墙水平施工缝留在高出底板表面300mm的墙体上,墙中心位置设钢板止水带;止水带搭接处满焊;本工程垂直缝仅限后浇带处;审核商品砼供应厂家生产能力,保证砼连续浇筑。

②施工缝施工质量控制:浇筑砼前按施工技术规程要求检查验收施工缝表面凿毛、清理。

二、审查施工方案,确保方案合理可行

按照施工总的进度计划,本工程地下室施工在2011年10月至2012年3月。根据当地气候情况,协助施工单位编制在正常施工条件下的施工方案,同时编制冬期施工方案及越冬维护方案,并对施工方案进行审查。

(一)施工方案审查重点

重点审查施工难点、重点,分析具体施工方法的合理性、针对性、可实施性,以及施工中质量的安全控制以及成品保护措施是否合理、齐全。

(二)施工方案、工艺、流程

1.地下室底板工程施工方案

根据设计要求,地下室底板与柱下独立承台和墙下基础梁顶平,处于同一标高,承台底标高不一,标高在−6.9～−8.1m之间共八档,变化差异较大,且底板与承台交接处设计为45°斜角。为了便于施工和保证地下室底板的完整性以及满足混凝土自防水功能,决定地下室承台、梁、板一块浇筑。为了达到以上施工目的,地下室基础模板采用砖胎膜砌筑,按先深后浅顺序进行平行、流水施工(图3)。

施工工艺流程:测量放线、定标高→机械土方开挖至承台底以上250mm→人工清土、平整→浇

砼垫层→放砖胎膜线→试摆砖样→砌砖模→砖模抹灰→侧边砖模加固→场地平整→底板垫层→防水施工→钢筋绑扎→墙柱插筋→集水井、临边、剪力墙吊模→底板混凝土浇筑。

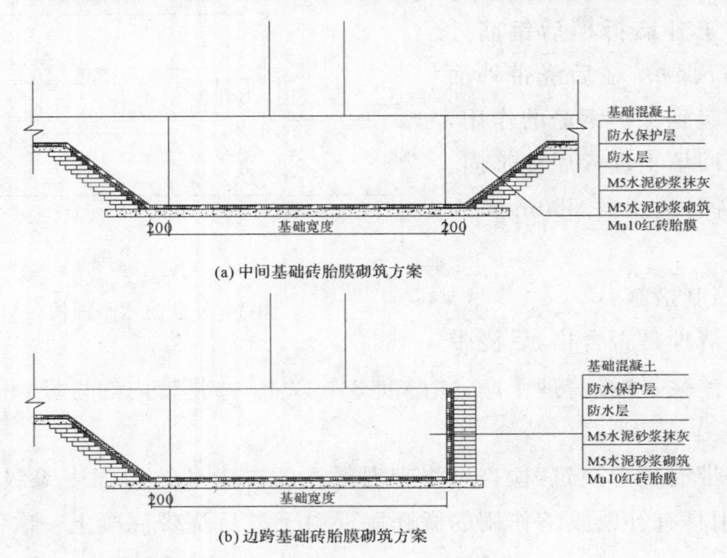

(a) 中间基础砖胎膜砌筑方案

(b) 边跨基础砖胎膜砌筑方案

图3　砖胎膜施工图(单位:mm)

2. 地下室剪力墙及顶板

剪力墙施工缝设置应满足规范的规定,墙体水平施工缝应留在高出底板表面300mm处。施工缝防水的构造形式主要有设置遇水膨胀止水条和中埋钢板止水带两种。

3. 防水卷材铺贴流程

基层处理→水泥砂浆找平层→涂刷基层处理剂→卷材附加层→弹线→SBS卷材铺贴→自检验收→收头处理→防水层验收→成品保护。

(三)审核质量保证体系、措施是否齐全

(1)建立工程质量保证体系和质量管理责任制。

(2)抓好质量预控和质量意识教育,进行技术交底和质量通病防治教育,执行三级交底制度。

(3)严把质量验收关,坚持三级检查验收制度,严把分项工程验收关,即操作班自检、施工员全面检和质量员核验检三道关。

三、严控施工过程,确保跟踪控制到位

(一)使用材料的控制

原材料合格与否对工程质量起决定作用之一。原材料经验收合格方准进场。在使用中往往忽视检查,特别是对按规范要求需进行复试的工程原材料,监理部按验收规范及合同要求办理验收并书面签复报审资料。该类材料进场后至复试合格报告正式出具前,在现场堆放期间,堆放点设立醒目标志牌标明“待验材料、严禁使用”,避免工人误拿误用,监理部务需加强监管和针对性巡查,严禁施工单位将待验材料用于工程。对于有使用有效期限制的材料,如水泥,现场特别关注其在有效期内使用。

(1)检查SBS改性沥青防水卷材品牌是否符合合同要求,出厂质量证明文件及复试报告是否满足设计及规范要求,SBS改性沥青防水卷材主要物理性能指标应符合《地下工程防水技术规范》

(GB 50108－2008)性能指标的要求。

(2)检查黏结剂的质量应达到 SBS 改性沥青防水卷材间的黏结剥离强度不小于 8N/10mm 的要求。

(3)检查止水钢板厚度,搭接处满焊接是否符合设计要求。

(4)检查对拉止水螺栓的止水环是否满足要求。

(5)检查预埋管道的钢套管止水环是否满足要求。

(6)检查商品砼进场首次报告,复核强度等级及抗渗等级是否符合设计要求,使用部位是否符合现场实际。

(二)防水砼施工质量控制

(1)施工质量及细部结构(施工缝、后浇带、钢筋撑角、穿墙管道和螺栓等)的处理。

(2)浇筑砼振捣时监理旁站检查,确保不漏振、不欠振、不超振,并应确保严格按预先设计好的浇筑方法进行浇筑。

(3)施工缝

跟班旁站检查施工缝处理应满足规范要求:按照规范的规定,墙体水平施工缝应留在高出底板表面不少于 300mm 的墙体上,墙体一般不宜留垂直施工缝,如确实需要时,应采用中埋钢板止水带,与水平钢板止水带焊成一个整体。本工程由于施工准备中对商砼厂家生产能力进行了复核,确保能够满足连续浇筑,因此未产生除后浇带以外垂直缝。检查施工缝防水的构造形式,采用中埋钢板止水带。墙体施工缝浇灌砼前,其表面上的浮浆和松散砼必须清除干净。水平施工缝上铺30～50mm 厚 1∶1 防水水泥砂浆。防水水泥砂浆的铺浆长度要适应砼的浇筑速度,不宜过长或者间断漏铺。垂直施工缝也应根据浇筑速度涂刷一遍素水泥浆,以增强结合作用。当浇灌砼和砂浆在墙体中的卸料高度＞3m 时,可根据墙体厚度选用柔性流管浇灌,避免砼出现离析现象。

(4)后浇带

本工程在地下结构中留设后浇带,而渗漏常出现在后浇带两侧砼的接缝处。后浇带的施工时间设计要求在两侧砼成型 3 个月后,砼的收缩变形基本完成后再进行;并通过沉降观测,当两侧沉降基本一致,结合上部结构荷载增加情况以及下部结构砼浇筑后的延续时间确定。施工前,应将接缝面用钢丝刷认真清理,最好用錾子凿去表面砂浆层,使其完全露出新鲜砼后再浇筑。施工时可根据砼浇筑的速度在接缝面上再涂刷一遍素水泥浆,但每次涂刷的超前量不宜过长,以免失去结合层的作用。后浇带砼应比两边砼高一个等级,同时掺入膨胀剂,在砼硬化时起收缩补偿作用。

(5)钢筋绑扎安装

筏板钢筋的马凳筋底脚部要弯成平直段,与底部钢筋绑扎并要加垫块(图 4)。剪力墙钢筋的绑扎施工中,必须注意将撑环、撑角设置在双排钢筋之间,对应的位置也应加设保护层垫块。撑环或撑角的每一端应有不少于 2 道绑扎,为了慎重可靠,宜采取焊接的方法固定在钢筋上。

图 4　独立基础及底板钢筋安装

(6)穿墙管道和螺栓

穿墙管道和螺栓必须按规范要求焊接止水环,并要保证焊缝的质量,以免漏焊和夹渣,为渗水提供了通道。

(7)砼的拆模及养护、保温

防水砼应进行更严格的养护，保持砼表面湿润。防水砼最好延长带模养护时间，浇筑完成1～2d时砼的水化热温升最高，早拆模造成散热快，增加了墙内外温差，易于形成温差裂缝。由于温度低剪力墙带模养护，外部用棉毡覆盖保湿保温，底板用塑料薄膜和保温材料进行保温保湿养护。

(三)改性沥青防水卷材施工

(1)SBS改性沥青防水卷材施工工艺流程

砖膜施工→抹水泥砂浆→基层处理→水泥砂浆找平层→涂刷基层处理剂→卷材附加层→弹线→SBS卷材铺贴→自行检查验收→收头处理→防水层验收→成品保护。图5为SBS改性沥青防水卷材施工首道工序砖胎膜施工的现场实景。

(2)SBS改性沥青防水卷材施工检查要点

基层表面的找平层为20mm厚1∶3水泥砂浆，找平层施工时需抹平并压光，阴阳角抹成圆弧形，圆弧半径不小于50mm。过程中跟踪检查控制到位，确保找平层达到合格。

图5 砖胎膜施工现场

铺卷材前，对水泥砂浆找平层进行检查验收，要求达到下述规定：

①表面干燥，一般含水率不大于9%，找平层坚硬无空鼓、无起砂、无裂缝、无松动和掉灰、无凹凸不平等缺陷。

②表面平整，只允许平缓变化。

③防水基层有缺陷，必须进行修理和清理合格后，方可进行防水层施工。

④阴阳角应抹成圆弧形。

(3)涂刷基层处理剂

首先，将找平层表面尘土杂物清除干净，并用高压空气机进行清理。阴阳角等处更应仔细清理，若有油污、铁锈等，应以砂纸、钢丝刷、溶剂等予以清除干净。

其次，涂刷均匀，不得漏刷。基层处理剂涂刷完毕，达到干燥程度(一般以不粘手为准)，方可进行热熔施工，以免失火。

(4)卷材附加层

阴阳角附加层：卷材在阴阳角部位，增贴500mm宽的附加层；铺贴卷材附加层时，应与基层全粘贴。图6为基层冷底子没及防水附加层施工的现场实景。

(5)SBS卷材热熔铺贴

①本工程底板砼垫层平面部分采取空铺法，其他采取满铺法。采用热

图6 基层冷底子油及防水附加层施工现场

熔法施工，滚铺排气压实，与基层粘接牢固，不得出现皱褶，搭接处斜角封严。保证搭接处卷材间的沥青密实溶合，使之形成明显的沥青条。

②从底部折向立面的卷材在外墙根部用砖墙做保护墙，卷材甩茬长度高出底板上表面500mm。主体完成后铺贴立面卷材时，应将接茬部位的各层揭开，并将其表面处理干净，如卷材有局部损伤，应及时进行修补。底板甩出的卷材与立面卷材搭接接缝严密。

(6)督促施工单位自检验收

用螺丝刀检查接口，发现熔焊不实之处及时修补，不得留任何隐患；现场施工员、质检员必须跟班检查，检查合格后方可进入下一道工序施工，特别要注意平立面交界处、转角处、阴阳角部位的做法是否正确。检查卷材收头处是否通过黏结剂封口，并用密封膏密封。

(7)监理对防水层验收

施工单位自检合格的外墙防水工程按照《地下防水工程质量验收规范》(GB 50208－2011)进行检验。检验数量应按卷材防水面积每75m² 抽查一处，每处不小于10m²，且总抽查数量不得小于5处。

(8)成品保护

在卷材晾干后(24～48h，具体时间视环境温度而定，一般情况下，温度愈高所需时间愈短)，及时进行挤塑聚苯板防水保护层的施工，并进行土方回填，以起到对防水卷材及时防护的作用。

(四)水泥基渗透结晶防水涂料施工

(1)检查施工工序流程

基层处理→基面湿润→制浆→涂刷灰浆→检验→养护→验收。

(2)依据施工方案跟踪检查施工工艺

基层湿润，但不得有明水；涂刷遍数符合要求且涂刷均匀；阴阳角保证涂刷均匀密实。

(3)验收

用观察法检查：涂层要涂刷均匀，涂层不得有起皮、剥落、裂纹等现象。

四、抓好施工管理，确保质量措施落实

(一)检查施工单位质量管理体系

质量管理体系是工程质量的保证，是整个工程施工质量能得以控制的关键，其设置的合理、完善与否，将直接关系到整个工程质保体系能否顺利地运转与操作。因此，工程开工前，监理工程师应检查施工单位是否建立健全质量管理体系，并审查其科学性、可操作性。

施工现场工程质量管理体系必须由总包单位项目经理部负责在其承包施工的工程范围内建立，并统一协调管理。各分包项目经理部应结合分包工程的范围、特点，以及总包项目经理部的具体要求，建立相应的施工现场工程质量保证子体系。

(二)确保工程质量措施落实

施工前检查技术交底制度落实情况，抽查交底例会及书面交底记录。

(1)样板引路制度。全过程跟踪检查施工样板施工情况。

(2)过程三检制度。检查三检记录。

(3)质量文件记录制度。质量记录是质量责任追溯的依据，检查其真实和详尽情况。

(4)越冬维护及成品保护制度。作为检查重点，应当和重视工序的操作一样重视成品的保护。除按照常规的做法进行控制外，特别应做好越冬维护工作。

根据总控计划要求，本工程工期目标620日历天，计划开工日期2011年9月19日，计划竣工日期2013年5月31日，工期十分紧张。节点工期要求为，到2011年12月10日，完成地下室主体工程，完成地下室地下部分外墙施工，完成顶板模板支设；计划维护时间为2011年12月1日—2012年3月15日，具体维护时间根据当地气温而定。

(1)地下室外墙

地下室外墙除N轴墙体防水施工完毕，保温板施工完毕，填土4m高维护外，其余墙体不拆模进行越冬维护，所有预留在地下室外墙的水电预留洞全部封闭，不填土部分外墙与基坑四周防护，采取搭设临时棚架在墙和四周边坡部分形成封闭，防止雨雪进入基坑；防止冷空气对流，对墙体和地下基础进行防护。

(2)沉降后浇带及部分预留洞口的封闭

在洞口短向铺设60mm×60mm木方，间距500mm，长向长度超过4m，间距1m横向作一根钢管横担与木方配合，上面满铺钉多层板，再铺设棉毡进行保温。棉毡上铺设硬质塑料布进行防水，硬质塑料布搭接长度不小于500mm，且四周边应超出棉毡500mm宽度，硬质塑料布上部用方木进行压盖。

(3)较大的洞口、坡道上口的封闭

搭设满堂红脚手架，铺设60mm×60mm木方，间距500mm，上面满铺钉多层板，再铺设棉毡进行保温，棉毡上铺设硬质塑料布进行防水，其他要求同上。

(4)地下室顶板

地下室顶板模板搭设完成，上面覆盖一层塑料布，两层草帘，草帘上再铺一层塑料布，进行模板及支撑的越冬维护(图7)。

图7　地下室顶板及外墙按照冬维方案实施情况

(5)测温棚内设置安全通道，合理布置测温点，在围护最不利的坡道口处，设专人每日进行温度测量。地下室内温度低于5℃时，进行电暖气及炭炉取暖，设专人负责安全巡视检查。

其实在对上述方案审查时，鉴于这么大面积的地下室工程越冬维护，监理部并无确切的把握能保证达到防冻效果，亦无成熟经验可借鉴，所以承担着一定风险，但又别无选择。因此在实施阶段，监理部严格检查，关注气温变化，时刻监视棚内温度变化情况。曾经在天气最冷的时候出现了负温，立即要求施工单位增加电暖器和焦炭炉数量，同时增加灭火器，并增加值班人员做好防火防冻工作。

由于越冬措施在监理的监督控制下得以落实，基础底板未产生冻胀现象，使结构安全越冬，从而保证了防水无渗漏。

五、结　语

该图书馆地下室工程已经过两个雨季，未发现有渗、漏水现象，且结构表面无湿渍，完全达到了一级防水的要求。能够达到这一效果，是与监理从熟悉设计要求、制定控制重点、审查施工方案、严格过程检查、落实管理制度全方位、全过程主抓预控和牢抓实控制分不开的。特别是越冬维护方案的落实，对寒冷地区冬期施工成品保护起到关键作用，值得类似工程借鉴。

浅谈较复杂深基坑施工安全、质量控制

鲍伟健　孟家明

(浙江江南工程管理股份有限公司,杭州,310001)

摘　要:深基坑工程是建筑结构设计与施工的难点。本工程基坑最大深度为地下五层,且同一基坑内三个区域有多家建设单位建设,各区域基坑底深度也不同,工程的施工与管理难度较大。本工程的施工管理经验为以后类似项目的建设,提供了较好的参考与指导作用。

关键词:深基坑;基坑施工;工程管理

一、工程概况

钱江新城D09地块(图1)分为4家建设单位,管理3个地块。深基坑由浙江省建筑设计研究院设计,浙商银行大楼(3#地块)的总承包单位为浙江省建工集团有限责任公司,整个基坑安全监控由杭州浙大福世德岩土工程有限公司监测。

浙商银行大楼占地面积7678m²,总建筑面积92432m²,地下5层建筑面积34850m²,地上22层建筑面积57582m²,建筑高99.85m(不含停机坪高度)。建筑分类为一类,其耐火等级为地上一级,设计使用年限50年。其功能为高层综合楼,主体采用框架－剪力墙结构,大楼用途为办公、商业、金融用房。地下室5层主要功能为地下室车库、设备间、消防水池等。其中地下第五层(人防区域)、第四层是地下车库;地下第三层是预留的立体车库;地下第一层和第二层是发电机组等设备用房。地上裙楼部分6层为商业、金融用房,主楼22层为办公等综合体,项目建成后是浙商银行全国的总部。

由于该地块为四家单位同时建设,且地下室设计深浅不一,属较复杂深基坑,特别是浙商银行大楼为地下五层,在整个地块中基坑规模大且开挖最深,地下水水位高,对施工影响大,基坑破坏后果很严重;故我们对基坑的施工安全和质量也非常重视,在该地块基坑施工前编制了详细的《浙商银行大楼深基坑监理实施细则》,并严格按设计图纸、相关规范和监理细则等进行监理。截至2013年11月22日,1#地块在建上部主体十层;2#地块正在施工地下四层;3#地块(浙商银行大楼)正在施工地下三层,计划春节前完成地下二层楼面,局部完成地下一层楼面,到2014年5月下旬完成地下结构(图2)。

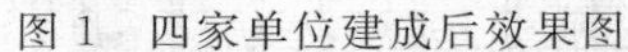
图 1　四家单位建成后效果图

图 2　工程近期实景照片

二、基坑支护结构安全体系概述

(一)基坑围护结构形式

基坑支护体按照土质情况、基坑深度采用钻孔灌注排桩加水泥搅拌桩与地下连续墙两种方式。

1＃地块(工商银行和华融大厦)地下结构三层,基坑围护采用 ϕ1100 钻孔灌注桩[1]外加三轴搅拌桩止水帷幕,平均桩长约 38m,基底标高为－17.5m,桩顶标高为－2.3m。

2＃地块(金融大厦)和 3＃地块(浙商银行)地下结构分别为地下四层和地下五层,基坑围护采用厚度 1000mm 的地下连续墙外加三轴搅拌桩止水帷幕,平均地连墙高约 65m,基底标高分别为－23.8m 和－24.4m,地连墙顶标高为－2.3m。

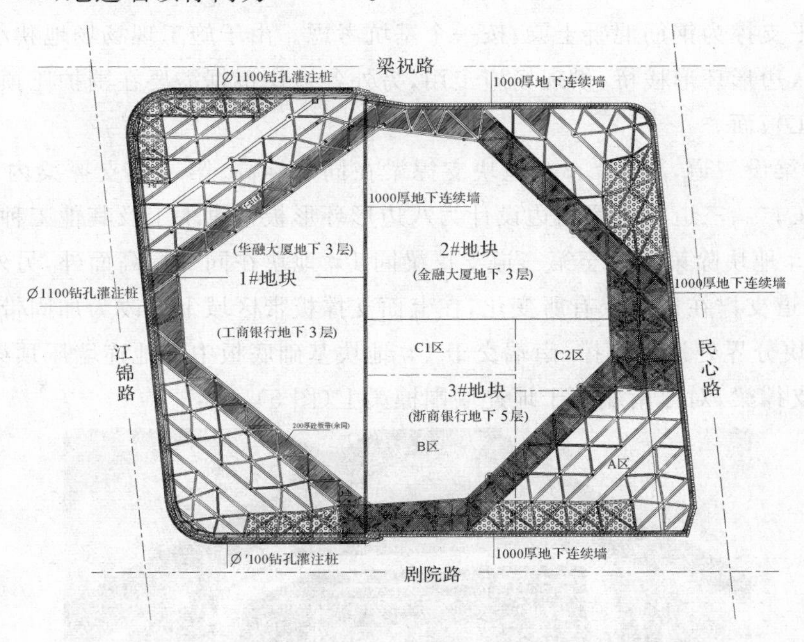

图 3　四家单位相互位置平面图(单位:mm)

1＃地块与 2＃和 3＃地块分界处围护采用 1000mm 宽地下连续墙外加三轴搅拌桩止水帷幕,平均地连墙高约 46.5m,地连墙顶标高为－17.5m。

这样,围护体系就把整个地块分为两大区域,每个区域又分为两家建设单位(图 3)。

(二)基坑竖向内支撑结构形式

整个基坑竖向支撑为井型钢格构柱，角钢采用 L140mm×14mm，缀板采用 12mm；底部锚入钻孔灌注桩 2.8m 并与灌注桩的主筋焊接，各地块灌注桩顶嵌入承台不小于 100mm，其中部分用作支撑的灌注桩为工程桩，其余为新打的灌注桩(图 4)。

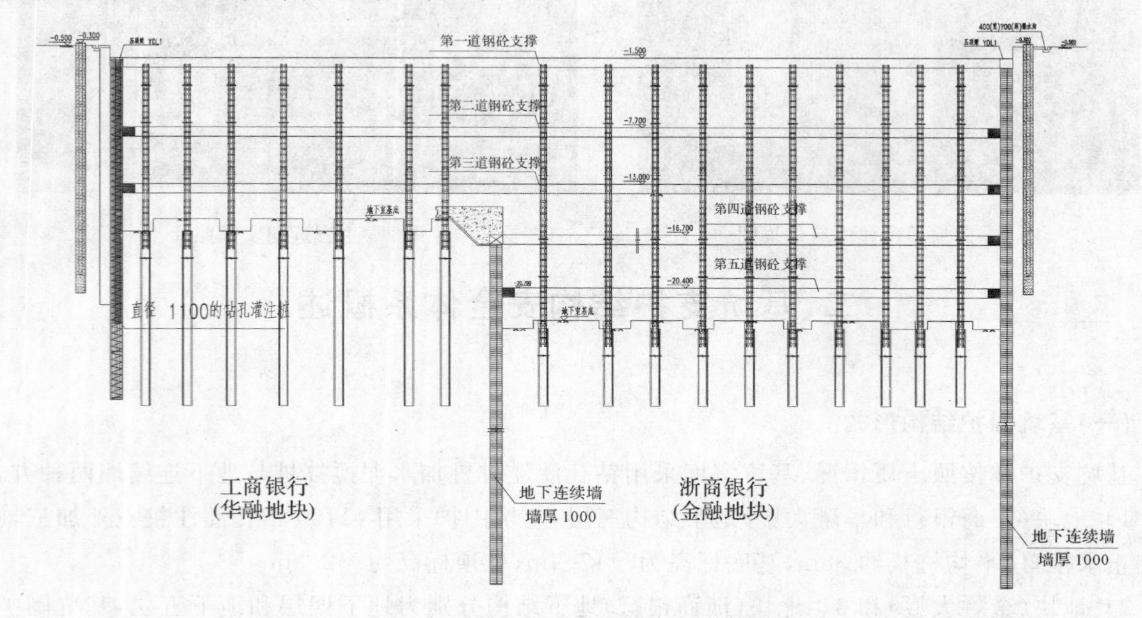

图 4 基坑工程典型剖面图(单位：mm)

(三)基坑水平内支撑结构形式

整个基坑水平支撑为钢筋混凝土梁，按一个基坑考虑。由于施工现场场地狭小，故在第一道支撑梁内边设计为八边形环形栈桥，供现场施工用，另外各地块根据需要在围护压顶梁旁的支撑梁上浇筑一块材料加工板面。

1＃地块支撑梁设三道，与 2＃、3＃地块支撑梁在同一标高；第一道支撑梁内八边形及出入口设栈桥供现场施工；二、三道支撑梁内边设计为八边形环形板带供木工及其他工种加工。

2＃地块和 3＃地块除第一道至第三道支撑梁同 1＃地块在同一标高面外，另外还有第四道、第五道支撑梁，这两道支撑在设计上有所变化，在上面支撑板带区域下方改为加固带。第四道支撑在 2＃地块与 3＃地块分界处设为对撑，南端交于 1＃地块基础底板中部地连墙压顶梁上；第五道支撑梁基本同第四道支撑梁，对撑南端交于地连墙围檩梁上(图 5)。

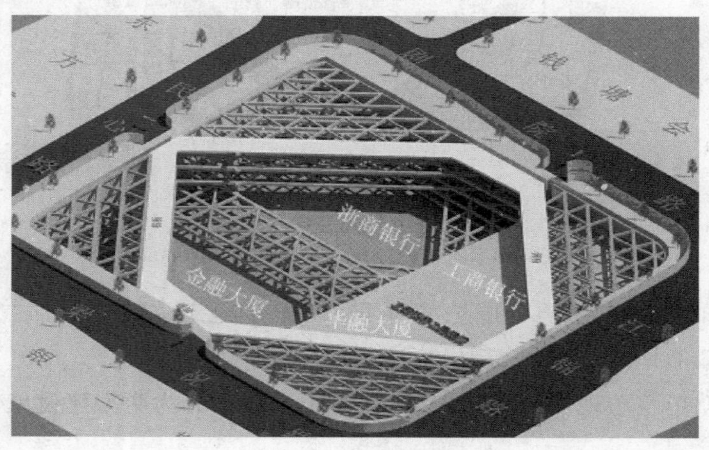

图 5 四家单位基坑效果示意图

三、基坑施工过程的安全控制要点

(1)认真审查施工单位编制的土方开挖专项方案,参加施工单位组织的《深基坑专项施工方案》专家论证会,并严格按批准的方案进行监管,若与现场工况不一致,组织参建单位及相关建设主管部门召开现场协调会,必要时进行修改,之后按规定程序再审批后实施。

(2)基础钻孔灌注桩和地下连续墙结构选择信誉好的专业分包队伍,严格按设计图纸及经批准的《深基坑专项施工方案》施工。

(3)地连墙施工完成后,土方开挖前,检查坑内、外降水井数量是否符合设计要求,第一层土方开挖前水位是否降至设计要求(以后每层均定期检测坑内外水位变化)。

(4)在基坑施工过程中,需设置承压水水头标高观测井,以便随时掌握承压水头波动情况,并查看地质报告,在挖至接近承压水层时进行抽水降压;为了避免挖至承压水层现场突然停电,保证基底稳固,施工单位按要求配备了专用应急发电机(以便现场停电时启用)。

(5)在每道支撑梁强度达到80%以上方可进行下一层土方开挖,挖机和运土车不得直接在支撑梁上行走;若必须经过支撑梁,在支撑梁上覆土不小于30cm并放置钢板[2]。

(6)挖土期间,经常查看土层是否与地质报告相符,若出入较大,立即通知代建单位,由代建单位通知设计单位到现场确认是否需要调整施工工况。

(7)为确保支护结构、基坑本身和主体结构的整体稳定,在施工过程中由具有丰富经验监测单位对围护结构墙顶水平位移、竖向沉降、墙体挠曲(墙内设置测斜管、长度与墙体入土深度相同)、支撑轴力、墙体内力、支撑立柱沉降、坑底土隆起等进行监测。

(8)重视临边围护,在基坑施工深度大于2m时要求总包做好现场临边围护。

(9)关注整个基坑塔吊工作时的相互配合,施工期间定期召开四家参建单位协调会,审批由浙江省建工集团牵头编制的《四家单位塔吊使用防碰专项方案》,并由各地块专职安全员进行现场监管,按规定每月2次进行维护保养;经常观察土方运输车辆是否带病工作,发现车况不良,立即制止。

(10)施工现场临时用电也是重点监管对象,主要是配电系统存在较多触电的隐患,要求现场必须采用TN－S系统、三级配电两级保护、开关箱必须装设漏电保护,实行“一机一闸”、“一箱一漏”。

(11)支撑拆除安全控制:由于采用大角撑的支撑系统,可最大程度地保证各个地块的相对独立性,满足不同地块的施工工期不同步的要求。金融大厦和浙商大楼进行地下第四层和第五层地下室施工时,在工商大楼和华融大厦地块主体结构部位(底板、地下第二层、地下第一层)设置换撑,满足4个大楼的地下室施工的相对独立性。

①浇捣三层地下室范围基础底板混凝土时,应同时施工传力带(采用C20素混凝土浇捣填实底板与围护桩之间的空隙),金融大厦和浙商大楼进行第四道混凝土支撑和围檩的施工。

②工商大楼和华融大厦设计规定范围的底板达到设计强度后,金融大厦和浙商大楼进行地下四层、五层土方的开挖(图6)。

③待三层地下室范围的基础底板、传力带及底板换撑混凝土强度达到80%设计强度后,方可拆除工商大楼和华融大厦的第三道支撑,可独立进行底板以上主体结构的施工,具体如下:(ⅰ)施工地下二层楼板,传力带、汽车坡道换撑以及地下二层楼板换撑,待其达到80%强度后,方可拆除第二道支撑;(ⅱ)施工地下一层楼板,传力带、汽车坡道换撑以及地下一层楼板换撑,待其强度达到

80％后，方可拆除第一道支撑。

④待四层、五层地下室范围的基础底板混凝土强度达到80％设计强度后，方可拆除金融大厦和浙商大楼的第五道支撑，可独立进行底板以上主体结构的施工，具体如下：（ⅰ）施工金融大厦和浙商大楼四层楼板及金融大厦底板传力带，待其混凝土强度达到80％设计强度后，拆除第四道支撑；（ⅱ）施工地下三层楼板并和临近地块相接、汽车坡道换撑，待其混凝土强度达到80％设计强度后，拆除第三道支撑；（ⅲ）施工地下二层楼板和汽车坡道换撑，待其混凝土强度达到80％设计强度后，拆除第二道支撑；（ⅳ）施工地下一层楼板和汽车坡道换撑，待其混凝土强度达到80％设计强度后，拆除第一道支撑（图7）。

图6 1＃地块基础施工、2＃与3＃地块四层对撑施工工况

图7 四家单位拆撑与施工实际工况

⑤拆撑期间加强对围护体和周围建筑物、道路的监测，若有异常，及时通知参建各方召开专题会议制定有效措施进行处理。

⑥内支撑的拆除采用人工（局部机械）凿除，不宜采用定向爆破，防止爆破震动影响止水帷幕质量。

（12）由于各地块设计深浅不一，都有相对独立的施工要求，这就会造成相邻地块施工交接面间存在高差，这样给相邻深基坑施工带来安全隐患，要求相邻单位采取相应的防护措施（图8）。

图8 浙商与工行地块分界部位施工安全防护措施

四、基坑支护施工质量控制要点

(一)地连墙施工质量控制要点

(1)异形槽段成槽:在施工过程中,应选用黏度大、失水量小,能形成护壁泥薄而坚韧的优质泥浆。在成槽过程中,应时刻注意槽壁的变化情况,如有泥浆指标不能满足槽壁土体稳定要求,要及时调整泥浆性能指标,确保槽壁的稳定性。在成槽过程中,应保证泥浆液面高于地下水位 50cm,并不低于导墙顶面以下 30cm,如有不足应及时补浆。

(2)垂直度控制措施:垂直度是影响地下连续墙质量的重要因素,直接关系到地下主体结构的质量。因此在成槽开挖过程中,要求应采取以下几种措施进行控制,以确保垂直的精度满足要求:导墙内壁要垂直,导墙内净尺寸间距应比地连墙宽度大于 4～6cm,墙面的平整度应不大于 5mm;在导墙混凝土未达到一定强度的养护期间,起重机等重型设备、车辆不应在导墙附近作业停留;拆模时,边拆模边支撑,成槽前支撑不得拆除,防止导墙变形。在成槽过程中,应利用成槽机上的垂直度仪表及自动纠偏装置来保证成槽的垂直度,抓斗入槽、出槽应慢速和平稳,根据成槽机仪表及实测的垂直度情况及时进行纠偏,严格做到随挖、随测、随纠偏,以达到 1/300 的垂直度要求。

(3)钢筋笼吊装控制:钢筋笼的吊点必须经过验算设置,以保证钢筋笼的重心平稳。作业人员上钢筋笼挂吊钩时,一定要注意安全。在整个起吊过程中,司索指挥人员必须到位指挥,无关人员必须远离钢筋笼,防止意外事件的发生,且现场人员必须戴好安全帽。钢筋笼在吊装过程中,易发生钢筋笼变形,在空中摇摆。如果吊点中心与槽段中心重合,就会造成吊臂摆动,使钢筋笼在插入槽内碰撞槽壁发生坍壁;如果吊点中心与槽段中心偏差大,钢筋笼就不能顺利沉放到槽底。吊点问题一定要经过专业技术人员的仔细验算,研究定点位。钢筋笼吊装要求:位置要正确,垂直度要保证,并根据吊装时的实际情况进行随时调整,是垂直度控制规范要求范围内。

(4)钢筋笼下放:钢筋笼下放前要对槽壁垂直度、平整度、清孔质量及槽底标高进行严格检查。下放过程中,遇到阻碍,钢筋笼放不下去,不允许强行下放。如发现槽壁土体局部凸出或坍落至槽底,则必须整修槽壁,并清除槽底坍土后,方可下放钢筋笼,严禁割短或割小钢筋笼。钢筋笼沉放就位后,应在 4h 内开始灌注混凝土,灌注时导管应插入到离槽底标高 0.3～0.5m 处。导管集料斗混凝土储量应保证初灌量,以保证开始灌注混凝土时埋管深度－500mm,因故中断灌注时间不得超过 30min,2 根导管间的混凝土面高差在 50cm 以内[1]。

(二)竖向支撑(井型钢格构柱)质量控制要点

(1)本工程内支撑系统竖向立柱桩的设计,部分利用了工程桩,不能利用处采用新打 ϕ800mm 或 ϕ900mm 钢筋混凝土钻孔灌注桩与钢格构柱连接作竖向支撑(格构柱锚入不小于 2800mm)。

(2)新增的竖向立柱桩水平偏差不得大于 50mm,桩径允许偏差为±50mm,充盈系数应≥1.10,孔底沉渣厚度应≤50mm。钢筋笼安装深度允许偏差为±100mm,立柱桩成孔施工应一次不间断地完成,成孔完毕至灌注混凝土的时间间隔不应大于 24h。分段制作的钢筋笼,其钢筋接头应采用焊接,在同一截面内的钢筋接头不得超过主筋总数的 50%,两个接头的竖向间距不小于 500mm,焊接长度单面焊为 $10d$,双面焊为 $5d$。施工过程中应保证施工质量,避免离析、缩颈、露筋、断桩等施工质量问题。

(3)竖向立柱的上部采用格构式井字形钢格构架,缀板与角钢的焊接采用围焊,未注明焊缝高度不小于 8mm。

(4)井字形钢构架的四根角钢的接头可采用剖口熔透焊，接头应错开 600mm。

(5)井字形钢构架顶部伸入钢筋混凝土水平支撑内≥400mm 并采取可靠的锚固和支托措施(图 9)。

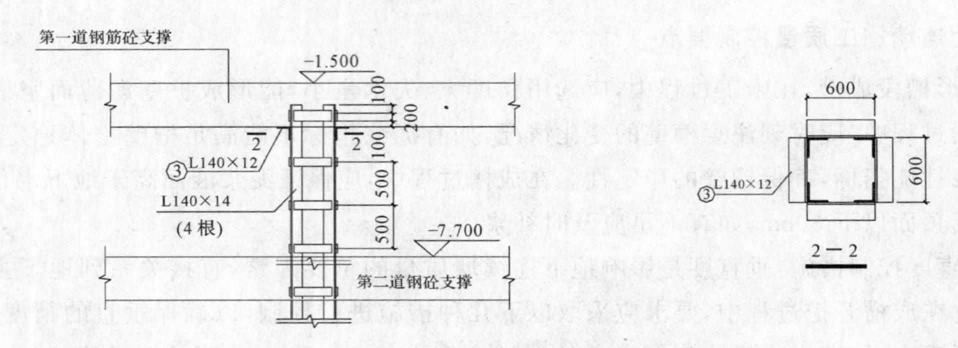

图 9　井字形钢构架示意图(单位:mm)

(6)井字形钢构架下部插入钻孔桩内长度≥2800mm。施工时，应先将钢格构架与下部钻孔灌注桩的钢筋笼主筋焊接牢固，再整体吊入孔内。

(7)钢格构架的止水片应在挖土结束后，地下室底板混凝土浇注前施工、止水片应设在承台或底板厚度的中部附近。止水片与角钢、止水片与止水片之间焊接，焊缝高度应不小于 5mm(图 10)。

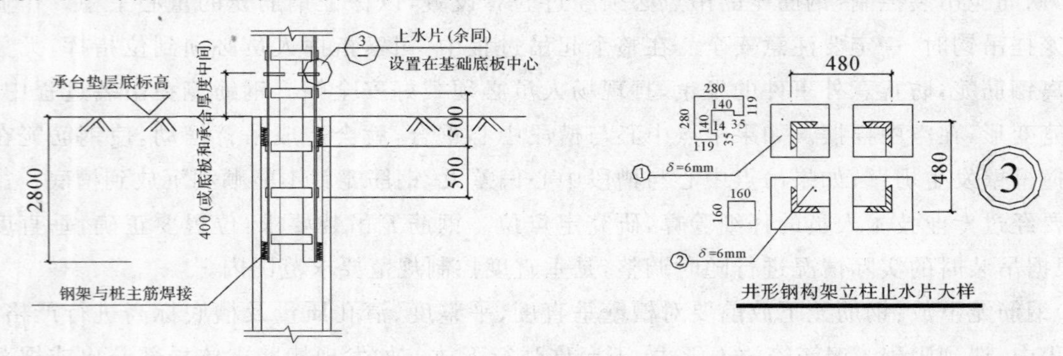

图 10　钢格构架止水片做法示意图(单位:mm)

(8)当地梁纵向钢筋数量较多且难以穿越井形钢格构柱时，可在钢格构柱上开孔，但每肢角钢的开孔面积一般不得大于其截面面积的 20%，超过时应采取相应的补强措施，具体可根据现场实际情况与设计人员协商确定。开孔作业时应考虑钢材强度的临时降低，注意掌握每次开孔的时间间隔，必要时可采取临时支撑措施。

(9)土方开挖和地下室结构施工过程中，应采取有效措施避免机械设备对立柱的碰撞。

(三)支撑梁、压顶梁、围檩梁质量控制要点

(1)支撑梁、压顶梁、围檩梁内的箍筋采用封闭形式，并做成 135°弯钩，弯钩端头直段长度不应小于 10 倍箍筋直径和 75mm 的较大值。当梁的上部钢筋为多排时，弯钩在 2～3 排钢筋以下弯折(图 11)。

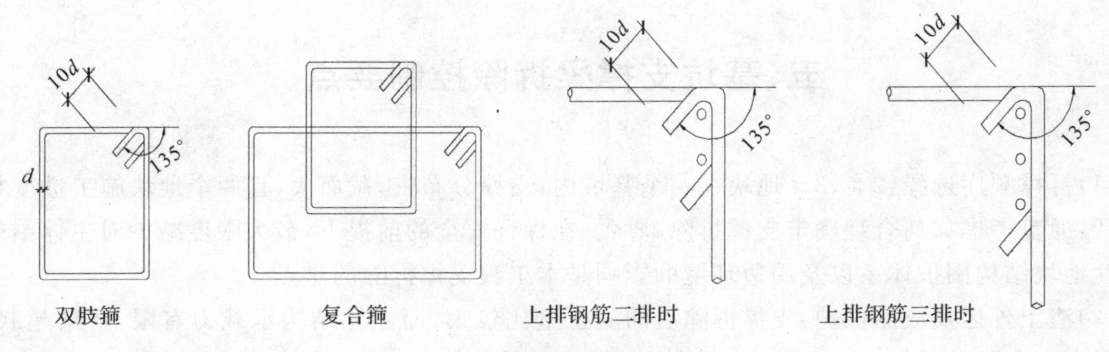

图 11 梁箍筋及箍筋弯钩

(2)受次梁集中荷载作用处设置的吊筋及附加箍筋，吊筋的弯起段应伸至梁上边缘。

(3)围檩梁的纵向受力钢筋，外侧(靠围护桩一侧)钢筋应在支撑间距的跨中附近连接，内侧钢筋应在支撑处连接。

(4)所有以断面表示的支撑梁、压顶梁、围檩梁，其纵向钢筋的锚固长度均不小于 L_a(图 12)。

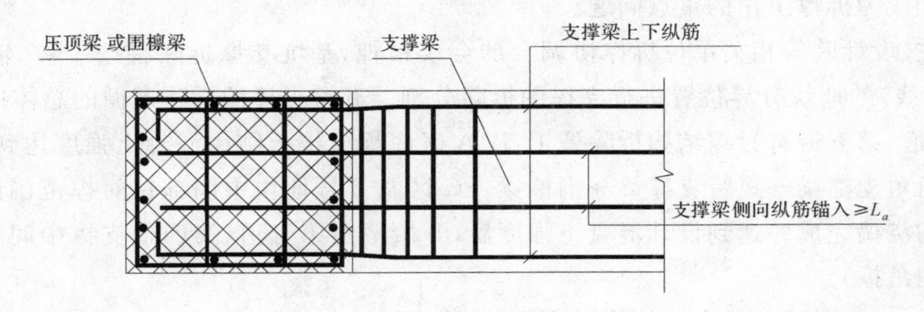

图 12 支撑梁纵筋锚固构造示意图

(5)压顶梁、围檩梁的施工缝宜留设在跨度的 1/3 处。

(6)支撑梁纵向钢筋应采用机械连接或焊接，并符合机械连接或焊接连接的有关要求。

(7)支撑主次梁高相同时，次梁下部纵向钢筋应置于主梁下部纵向钢筋之上。

(8)支撑梁端部纵筋应锚入压顶梁(或围檩梁)内≥L_a，且伸过压顶梁(或围檩梁)的中心线≥5d。

(9)支撑梁与压顶梁(或围檩梁)、支撑梁与支撑梁相交节点处，当相交角度≤90°时，均应设置水平加腋筋，如图 13(a)所示。

(10)当水平支撑梁高度大于压顶梁或围檩梁高度时，节点构造应加设吊筋和箍筋加密处理，如图 13(b)所示。支撑梁与围檩梁相交处，围檩箍筋应双倍加密，范围为节点两边各延伸 1500mm。

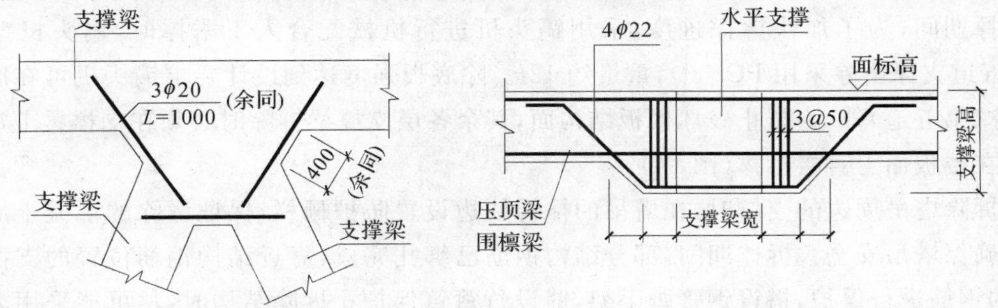

图 13 支撑与围檩梁、压顶梁相交节点示意图(单位：mm)

五、基坑支撑梁拆除控制要点

(1)拆撑顺序选择:2#、3#地块在一个基坑内,支撑分布密,截面大,且两个地块施工进度相互影响,需通盘考虑如何合理确定支撑拆除顺序。在保证安全的前提下,最大限度减少对主体结构施工、1#地块结构围护体系以及周边环境的影响是本工程支撑拆除的难点[2]。

(2)渣土外运及成品保护:支撑拆除后的渣土量比较大,而主体结构承载力有限,严禁超载,拆除的混凝土渣要及时外运,由于运输量大、碎渣多、基坑深,水平及垂直运输矛盾突出。此外支撑拆除时必须对主体结构采取适当的保护措施,避免对已施工完成主体结构楼板产生撞击破坏。因此,如何合理组织渣土的外运和主体结构的成品保护成为拆撑工作的重点。

(3)安全管理:由于交叉作业严重,施工中存在高空吊物,大量机械、人员同时作业,这些都很容易引发安全问题,需要防止拆撑工作进行时对相邻地块内造成高空坠物等影响。因此,施工现场的安全管理同样成为拆撑工作的重点问题。

依据业主、设计院等相关单位拆撑协调会的会议精神,基坑支撑拆除将按1～9轴(1#与2#和3#分界轴线)的地块分界位置进行支撑的拆除分割。五道支撑的拆除遵循的总体拆除顺序为:

(1)第四道、第五道有对撑结构拆除施工:B、A区底板或楼板结构混凝土强度达到设计要求值→拆除南北角角支撑梁→短跨支撑梁→围檩梁→C区及2号地块中间部位对撑范围内结构底板、楼板混凝土均浇捣完成并达到设计混凝土强度后,开始凿出第五道、第四道支撑中间对撑凿除(对撑凿除原则同角撑)。

(2)第三、二、一道无对撑支护结构拆除施工:结构楼板混凝土强度达到设计要求值→角支撑梁→短跨支撑梁→围檩梁→拆除主撑及板带。

(3)支撑梁凿除:先凿除支撑次梁,然后凿除支撑主梁;角支撑大梁从长跨先凿除,再逐渐向短跨方向凿除。长跨梁的凿除方法:先将梁顶面和两侧的混凝土保护厚剥除,去掉箍筋,剥出大梁上部和两个侧面的主筋,用氧气割断主筋。分段将大梁混凝土凿开,并用塔吊吊运至地面。然后割除大梁底部主筋。

(4)围檩梁凿除:梁下搭设保护架,一方面保护地下室外墙板的预留插筋;另一方面应将围檩梁靠围护上的吊筋固定,以防在凿除过程中突然倾覆倒塌而发生意外。围檩梁因与结构地下连续墙连为一体,为确保凿除安全,减小震动影响,确保连续墙的稳定性,凿除全部采用空压机人工凿除,围檩梁严禁采用镐头机。在凿支撑梁(板带)与围檩梁连接位置时,需先人工切断与围檩的连接,再进行大范围板带及支撑梁的凿除,确保地下连续墙围护及周边止水帷幕等的安全。

(5)拆撑期间,为了加快拆撑进度,采用镐头机进行机械配合人工凿撑时,镐头机型号选择PC120(第五道支撑凿除采用PC200),重量约12t。除底板强度达到设计要求镐头机可在底板上行走进行拆撑(第五道)外,为防止破坏楼板结构面,其余各层支撑梁拆除时必须在支撑梁上加设路基板,不允许在楼板面上直接拆撑(图14)。

(6)在拆除塔吊周边的支撑时,在塔吊的格构柱边设置防护栅栏,保证凿除的混凝土渣块不会碰撞立柱,确保塔吊安全。拆撑期间,部分结构钢筋已绑扎完成,靠近结构钢筋位置的支撑拆除需对已绑扎的钢筋进行保护,搭设钢管脚手架,铺设竹篱笆保护。拆除结构时,尽可能采用人工凿至小块,保证将已施工的结构钢筋损坏降到最低。

(7)支撑拆除的混凝土渣等的清理,主要通过人工清扫,然后由人力翻斗车运至塔吊位置成堆,二次吊出坑外，直接装车外运。现场场地条件允许时，为加快清理进度，可局部集中堆放到第一道支撑栈桥上，再装车运走。栈桥上的荷载需控制在基坑设计说明中的允许值范围内。

图 14　围檩梁人工凿除与路基板放支撑梁上机械凿除的现场照片

六、结　语

综上所述，本工程深基坑围护支撑体系及地下室结构是作为一个整体进行设计，四家单位地下室深浅不一，施工难度非常大。截至工程基坑顶板施工结束，整个基坑施工过程监测数据均未超出报警值，安全和质量处于良好状态，为该项目确保"钱江杯"、争创"鲁班奖"打下坚实基础。首先严格按照设计图纸、经审批的总承包施工组织设计和相关施工规范要求等进行施工和监理，并采取有效的基坑监测措施；其次是重视沟通协调，在实际施工过程中牵扯到各自核心利益时，及时召开参建单位专题会议，争取做到提前预知，把问题解决在萌芽状态，尽可能不影响各家业主的进度节点，做好协调工作。

参考文献

[1] 建筑桩基技术规范(JGJ 94—2008). 北京：中国建筑工业出版社出版，2008.
[2] 建筑基坑支护技术规程(JGJ 120—2012). 北京：中国建筑工业出版社，2012.

广东省第十四届省运会主场馆(体育场)工程金属屋面台风损坏情况及加固处理措施

桑文国

(浙江江南工程管理股份有限公司,杭州,310027)

摘　要:铝镁锰直立锁边金属屋面近年在大型公共建筑得到广泛应用,但首都T3航站楼等项目的金属屋面多次被大风掀开破坏,屋面维护结构抗风揭性能也倍受关注,广东省第十四届省运会主场馆(体育场)金属屋面在施工过程中也惨遭风揭。本文就事件的前因后果进行分析总结,并提出具体的处理措施。

关键词:金属屋面;台风;风揭

一、工程概况

广东省第十四届省运会主场馆(体育场)工程,位于广东省湛江市,为全国台风多发区,每年都会有不同强度的台风登陆。体育场占地面积59447m^2,总建筑面积90634m^2,4万座,为乙级型体育建筑,建筑层数为看台下附属用房四层;结构形式包括:看台和附属用房为现浇钢筋混凝土框架结构,屋面钢结构为空腹桁架钢结构体系,屋面为铝镁锰金属屋面和空心聚碳酸酯板屋面。

二、屋面设计概况

屋面工程的设计基本风压0.80kN/m^2,屋面防水等级二级,建筑耐火等级二级,抗震设防烈度7度,建筑结构设计使用年限50年。所用材料及规格如表1所示。

三、风洞试验情况

(一)气象分析

本工程地处台风多发地区,基本每年都会有台风登陆,依据《采光顶与金属屋面技术规范》(JGJ 255—2012)第5.3.1条"跨度大、形状或风荷载环境复杂的采光顶或金属屋面,宜通过风洞试验最终确定风荷载"的要求,为研究分类统计风压对工程的影响,委托中国建筑科学研究院建研科技股份有限公司对本工程进行了风洞试验。试验单位根据国家气象中心"中国气象科学数据共享服务网”提供的湛江气象站1980－2004年25年间的逐日最大风速记录，对湛江地区的基本风压进行了统计分析。按照每年台风登陆信息，将湛江地区受台风影响形成的最大风速和常态风形成的最大风速进行分类，并得出25年间两种天气过程各自形成的年最大风速。若不区分天气类型，在25年的年最大风速中，常态风出现了7次，台风出现了18次，按照50年重现期的最大风速为35.1m/s。

表1　建筑材料及其规格

部位	材料名称	规格
带装饰板的金属屋面系统	1.铝单板	3.0mm
	2.铝单板骨架	$\phi45$，$t\geqslant3.0$mm
	3.高强铝合金夹具	$t\geqslant3.0$
	4.铝镁锰屋面防水板	0.9mm
	5.高强铝合金支座	$H\geqslant160$
	6.玻璃纤维棉	50mm×2层
	7.防潮膜	$t\geqslant0.1$mm，$w=500\sim1000$mm
	8.不锈钢丝网	50mm×50mm×1.2mm
	9.屋面次檩条	C型钢，C300mm×100mm×30mm×3.5mm
	10.屋面次檩条檩托	$t\geqslant5$mm厚连接板件
	11.铝镁锰吊顶底板	$t=1$，穿孔率17%～23%，内衬无纺布
天沟系统	1.铝单板	3.0mm
	2.不锈钢天沟	$t=2$mm
	3.天沟骨架	$t\geqslant3$m
	4.玻璃纤维棉	50mm
	5.铝合金吊顶板	$t=1$
檐口系统	1.铝单板	$t=3$mm
	2.檐口骨架	
阳光板系统	1.乳白色空心聚碳酸酯板	25mm
	2.阳光板支座	$t\geqslant3$mm
	3.阳光板扣盖	—
	4.阳光板骨架	矩形钢方管

(二)风洞试验

采用1∶350缩尺刚性试验模型(图1)，布置测点数量837个(包含324个下表面测点)，按照50年重现期0.80kN/m^{2}基本风压，采用10度为间隔，共36个风向角进行测试。分别进行了体育场风振分析和内场风环境评估，提供的成果有《风气象分析与内场风环境评估报告》、《风洞测压试验报告》、《风致振动分析报告》、《三馆主体结构设计风荷载标准值的取值建议》。试验揭示，体育场屋盖上表面在270度时局部上吸风荷载将达到－6.10kN/m^2，而0度时局部下压风荷载将达到2.00kN/m^2。

图1　风洞试验

四、抗风揭试验情况

(一)试验依据

设计要求:将风洞试验最不利位置风压极值的2倍作为揭风揭试验压力标准值。

2012年10月1日施行的住建部规范《采光顶与金属屋面技术规范》(JGJ 255－2012)第4.2.10条规定,沿海地区或承受较大负风压的金属屋面,应进行抗风掀检测,其性能应符合设计要求。试验应符合本规范附录B的规定;第4.2.3条规定,采光顶与金属屋面的抗风压、水密、气密、热工、空气声隔声或采光等性能分级应符合现行国家标准《建筑幕墙》(GB/T 21086)的规定。采光顶还应符合现行国家标准《建筑幕墙气密、水密、抗风压试验性能检测方法》(GB/T 15227)的规定,金属屋面的性能试验应符合本规范附录A的规定。

(二)体育场金属屋盖抗风揭试验情况

试验单位:国家建筑材料工业建筑防水材料产品质量监督检验测试中心;地址:常测试中心位于常熟市。

抗风揭试验风压标准值确定:业主、设计、监理、总包及金属屋面分包单位召开专题会议,确定抗风揭试验取值范围,按照设计单位要求,抗风揭试验风压应按风洞试验最大风压的2倍取值。因此,体育场大面积区标准值为1.9kPa,抗风揭风压取值为3.8kPa;檐口、天沟、屋脊区标准值为3.0kPa,抗风揭风压取值为6.0kPa;极值区标准值为3.9kPa,抗风揭风压取值为7.8kPa;檐口、天沟等负风压较大处应加强构造措施,次檩条间距由原设计1.0m加密至0.5m,防风夹间距相应加密。

体育场试验情况:金属屋面共进行了两次试验。2013年11月22日进行了第一次抗风揭试验,未满足设计要求;二次图纸深化后于2014年3月5日进行了第二次抗风揭试验。阳光板进行了一次试验。

(1)第一次试验情况

试验材料:0.9mm铝镁锰板,板宽400mm。试验箱体尺寸:7300mm×3700mm。铝合金T形支座间距1200mm×400mm,抗风夹与T型支座隔一夹一梅花型布置,边支座距试验箱体侧面650mm,板面抗风夹间距与T型支座对应设置(图2)。初始压力为1.4 kPa(30psf),每级为0.7kPa,每级风压维持60s;试验风压达到3.6kPa(75psf),维持60s正常,无任何构件变形;达到4.1kPa(85psf)时,屋面板锁缝从固定座脱落,试验结束。抗风揭性能试验结果为3.6kPa(75psf)等级。显然,试验结果没有达到设计要求的大面积部位3.8kPa的要求。

(2)第二次试验情况

试验材料:0.9mm铝镁锰板,板宽400mm。试验箱体尺寸:7300mm×3700mm。铝合金T型支座间距1000mm×400mm梅花香布置,短边支座距试验箱体650mm,长边两排边支座T型支座间距1000mm,抗风夹间距500mm,中间支座的抗风夹按照1000mm、500mm间隔布置。初始压力为1.4kPa(30psf),每级为0.7kPa,每级风压维持60s;试验风压达到6.5kPa(135psf),维持60s正常,无任何构件变形;达到7.2kPa(150psf)维持4s时,屋面板锁缝从固定座脱落,试验结束。抗风揭性能试验结果为6.5kPa(135psf)等级。

(3)阳光板试验

试验材料:25mm厚聚碳酸酯阳光板板宽1050mm,固定支座,高56mm、宽60mm。试验箱体尺寸为7300mm×3700mm。铝支座间距350mm×1050mm,初始压力为1.4kPa(30psf),每级为0.7kPa,每级风压维持60s;试验风压达到9.3kPa(195psf),维持60s正常,无任何构件变形,此时由于薄膜漏气无法再加压,试验终止。抗风揭性能试验结果为9.3kPa(195psf)等级(图3)。

图2 抗风揭试验现场示意图

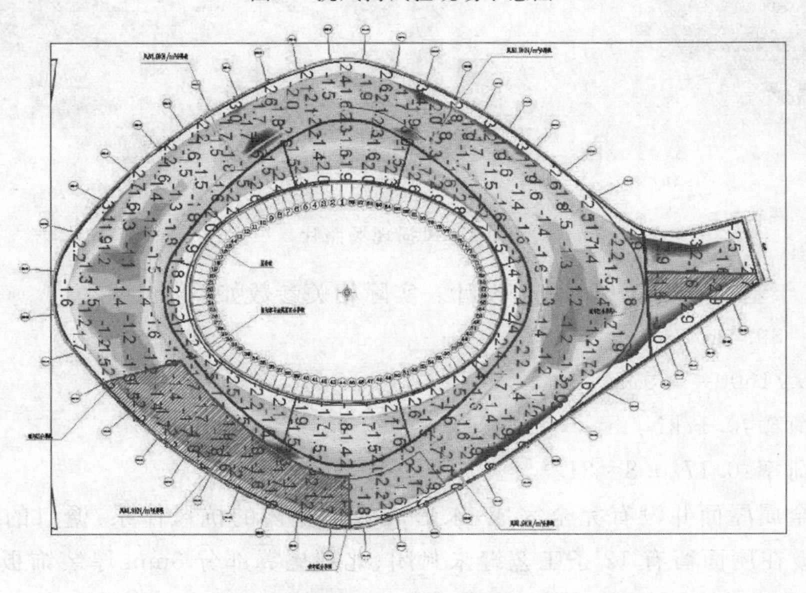

图3 风压试验结果示意图

五、台风损坏情况及原因分析

(一)台风来临前体育场施工情况

台风来临前体育场金属屋面的0.9mm厚铝镁锰防水板已经施工完成,表面的3mm厚装饰铝单板施工完成70%,空心聚碳酸酯板屋面基本施工完成。在收到台风通知后,作为本工程的监理单位,下发了《监理工作联系单》,要求施工单位做好防台准备工作,并编报防台应急预案。施工方编报了防台专项方案,并连夜对屋面0.9mm厚铝镁锰防水板进行了补加抗风夹、3mm厚装饰铝单板未施工完成端部用沙袋进行了加固处理。

(二)损坏情况

2014 年 7 月 20 日,台风过后对风损情况进行了排查,在体育场东南部和北部大约 5400m^2 被风吹坏,其中东南部位的装饰板、防水板已经基本完成,剩余收边收口工作;北部被吹坏部位,装饰板未施工、防水板基本完成,檐口的铝单板局部未完成。

(三)风损原因分析

台风于 2014 年 7 月 15 日 19 时 30 分在湛江市徐闻县龙塘镇登陆,登陆中心风力达 17 级,根据气象部门在场馆附近海湾大桥上的自动气象站 7 月 19 日 01 时 50 分录的信息,极大风速为 39.4m/s(相当于 13 级)。风损现场如图 4 所示。

(a)

(b)

图 4 风损现场照片

设计按照 50 年基本风压 0.8kN/m^2 设计。实际相关参数如下:

13 级风速 $v=39.4$m/s;

基本风压$=v^2/1600=0.97$kN/m^2;

基本风压超荷额:0.17kN/m^2;

基本风压超荷率:0.17/0.8=21.3%。

台风来临时金属屋面并没有完全完成,未形成一个整体的抗风体系:檐口的铝单板未全部完成、3mm 厚装饰板在屋面留有 12 条工艺缝未封闭、北部尾翼部分 3mm 厚装饰板未施工。从现场破坏状态来看,T 型码完整,局部被拉弯,装饰板($\phi45$,$t\geqslant3.0$mm)骨架个别被拉断,抗风夹变形、脱离。从破坏部位来看从预留的一条工艺缝开始向西南方向卷起。

从整个结构体系来看,与抗风揭试验时的受力状态有所不同,其抗风性能有所衰减。在做抗风揭试验时,抗风夹是夹在 T 型码部位,而在实际施工过程中,由于屋面板的走向和装饰板的不同,再加上施工误差的存在,部分抗风夹没有夹到 T 型码的部位,抗风性能大大减弱。

根据以上现象,经初步分析认为是在屋面的工艺缝部位的某一点荷载超限产生破坏,进而产生连锁反应。由于 3mm 厚装饰板工艺缝未封闭,在台风来临时风荷载叠加,是初始破坏的主要原因(图 5)。

图5 装饰板现场照片

六、处理措施

2014 年 7 月 29 日，由业主方主持，邀请全国著名的金属屋面方面的 5 位专家对台风损坏原因进行了评估，并提出改正措施：

(1)考虑到目前极端天气频繁发生，应当提高局部高风压区域的抗风安全冗余度，在风压超过 1.9kPa 的区域采取加密屋面板抗风夹的措施，要求抗风夹夹在 T 型码上。

(2)对受损的临边的装饰龙骨体系进行修复。

(3)对屋面板内、外天沟区域进行构造加强，采取钢骨架加强措施。

(4)未完工的屋面体系工艺缝尽快封闭。

屋面施工单位按照专家意见，对图纸进行了补充深化并组织实施。经调整后，取得了满意的效果。2014 年 9 月 16 日台风“海鸥”登陆，海湾大桥上的自动观测仪记录的极大风力 14 级，比上次吹损屋面的风力大一级。台风过后经检查，体育场屋面未有损坏现象。

葫芦岛体育馆弦支穹顶施工技术

党航恺

(浙江江南工程管理股份有限公司,杭州,310001)

摘　要:弦支穹顶结构是将刚性的单层网壳和柔性的索杆体系结合在一起的新型的技术含量高的一种杂交预应力空间结构体系。这种结构体系简单高效,形式多样,受力直接明确,使用范围广泛,能够充分发挥刚柔两种材料的优势,支座水平推力小,制造、运输、施工简捷方便。本文对弦支穹顶结构特点、施工工艺、验算、技术特征进行了分析与阐述。

关键词:体育馆;弦支穹顶;结构

一、工程简介

葫芦岛体育馆为框架+钢结构,建筑面积 $2.5\times10^4\,m^2$,观众座位数 5360 个,为甲级体育场馆,可以承接国内外单项体育赛事。体育馆为圆形结构,屋面为钢结构+金属幕墙,屋顶部分为弦支穹顶结构,建筑底部直径为 40m,总高度为 49m(图 1～图 4)。该工程由上海宝冶钢结构公司施工,江南管理进行全过程项目管理及监理。本文将详细介绍该弦支穹顶施工工艺。

弦支穹顶结构是将刚性的单层网壳和柔性的索杆体系结合在一起的新型的、技术含量高的一种杂交预应力空间结构体系。这种结构体系具备许多优点,如体系简单高效,结构形式多样,受力直接明确,使用范围广泛,能够充分发挥刚柔两种材料的优势,支座水平推力小,制造、运输、施工简单方便等。

但这种新型预应力空间结构体系同时也具备单层网壳结构与索结构的一些缺点,如对结构几何偏差、杆件初始应力、材料缺陷及载荷偏心等初始缺陷敏感及结构找形困难等,只是程度上要相对轻一些。

二、施工工艺

(一)施工方案概述

根据本工程的特点,经详细的结构分析和方案对比,采取“先外后内、先主后次、先桁架后网架、整体提升、逐步卸载”的施工方法。具体如下:

(1)先在外侧安装 34 榀纵向主桁架,随后安装外圈的环形主桁架,形成稳定桁架体系;

(2)在拼装吊装外侧管桁架的同时,在馆内搭设穹顶网壳的拼装平台并拼装;

(3)待外侧桁架安装完毕,将桁架吊装胎架中的其中对称均布的胎架接长,作为穹顶网壳的提升胎架；

(4)提升网架，使其准确就位；

(5)安装桁架与网架之间的杆件，高空张拉；

(6)安装次构件；

(7)胎架卸载。

在安装单层网壳的同时将索放开，等单层网壳全部安装完毕后，安装钢撑杆、撑杆下节点，再安装三道环索及径向斜拉索，同时进行索就位。全部连接完毕后，开始索张拉，先张拉到满足提升要求的预应力值，提升就位，安装嵌补杆件，最后进行终张拉，直至符合设计要求。

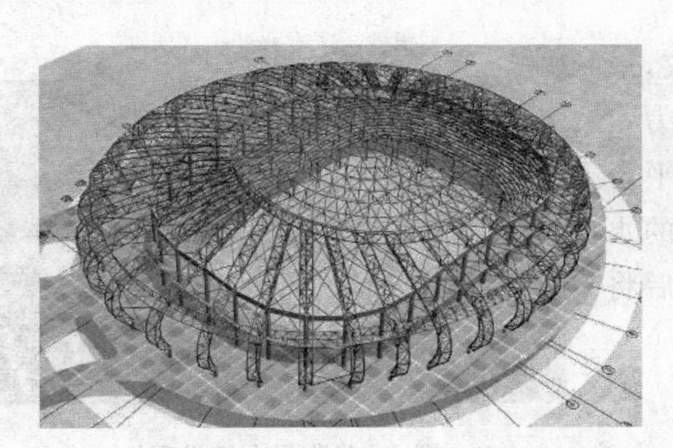

图1　葫芦岛体育馆弦支穹顶结构模型图

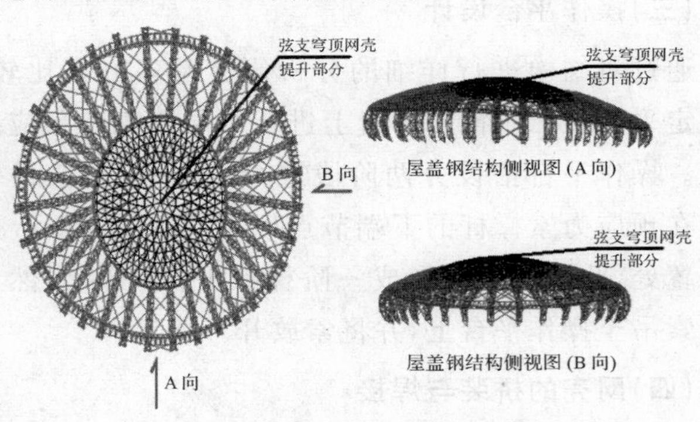

图2　钢结构布置示意图

图3　弦支穹顶网壳透视图

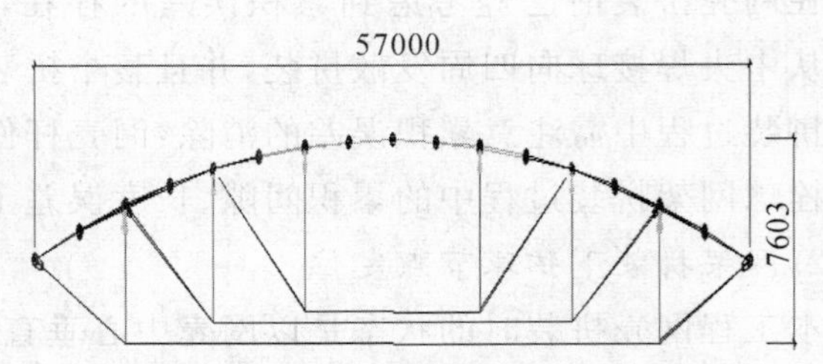

图4　弦支穹顶网壳截面图(单位:mm)

环向索和径向拉杆依次从外环向内环安装；同一环内，先将各圈环向索安装就位，再安装径向斜拉索，并将径向索调节到设计长度。

拉索分两阶段张拉：①地面平衡自重张拉或者预紧；②高空张拉到位。

第一阶段的张拉：网壳安装结束后，在脚手架支撑作用下的位形要跟设计图纸相吻合。施加预应力的方法为张拉环向索，并且分三级张拉，张拉采用以控制张拉力为主、监测伸长值为辅的双控原则。张拉顺序为：第一级由内向外张拉至设计张拉力的70%，第二级由内向外张拉至设计张拉力的90%，最后由内向外张拉至满足提升要求张拉力。

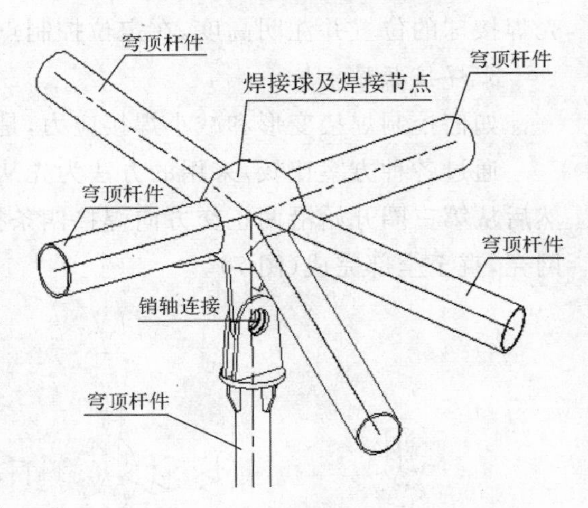

图5　弦支穹顶焊接球节点图

液压提升：利用外圈已经拼装好的主桁架部分设置上吊点，在弦支穹顶网壳结构端部的焊接球上(图5)设置下吊点。提升过程中，上下吊点分别放置液压提升器及提升地锚，两者通过承重钢绞线连接。利用超大型液压同步提升技术，逐步将结构一次性同步提升到位。最后安装嵌补杆件，并拆除提升设备及措施。

第二阶段的张拉：由内向外张拉至设计张拉力的110%。

(二)安装施工

上部单层网壳采用高空散装法安装。同时，在网壳的安装过程中，需要把预应力索先行挂上，然后张拉。这样既能满足单层网壳的安装，又能满足预应力索的施工。

操作平台的设计、单层网壳的拼装方案和焊接顺序以及预应力索的张拉等环节，是本工程钢结构安装的重点和难点。

(三)操作平台设计

通过对结构进行详细的分析研究及多方案比较，最终决定采用在二阶操作平台上进行单层网壳和预应力索施工。操作平台搭设分两阶段进行：第一阶段搭设平台控制在预应力索撑杆的下端节点以下500～600mm的水平位置处，此步完成后形成一阶梯状平台(图6)；然后将环向索吊至操作平台上，并将索放开。

图6　操作平台搭设现场

(四)网壳的拼装与焊接

1. 拼装累积误差的消除

在网壳拼装前已经考虑到累积误差的存在，因此网壳是从中央焊接球向四周发散拼装，并且整个拼装过程中一直用全站仪对各控制节点进行跟踪监测。拼装过程中需注意累积误差的消除：网壳杆件在制作时长度尽可能是负公差，这样就能彻底消除螺栓球网架拼装过程中的累积间隙、长度误差了。

2. 网架拼装下弦球节点定位

本工程网壳拼装时的状态是以网壳中心垂直降低16m保持设计状态拼装，依据施工图中的坐标，只是把274个定位点的三维坐标Z值降低了16m，然后用全站仪在满堂脚手平台上准确定位网壳焊接球的位置并注明高度，在定位控制点再搭设可调节标高拼装胎架。

3. 焊接顺序

如何控制焊接变形和减小焊接应力，是确定焊接顺序时应重点考虑的问题。

通过各种方案比较，采用的方法为先从网壳的中心节点开始，依次焊接第一、第二圈单层网壳，然后从第三圈开始沿两正交方向焊接四条控制带，最后从内向外依次填焊四条控制带之间的剩余网壳，直至全部完成(图7)。

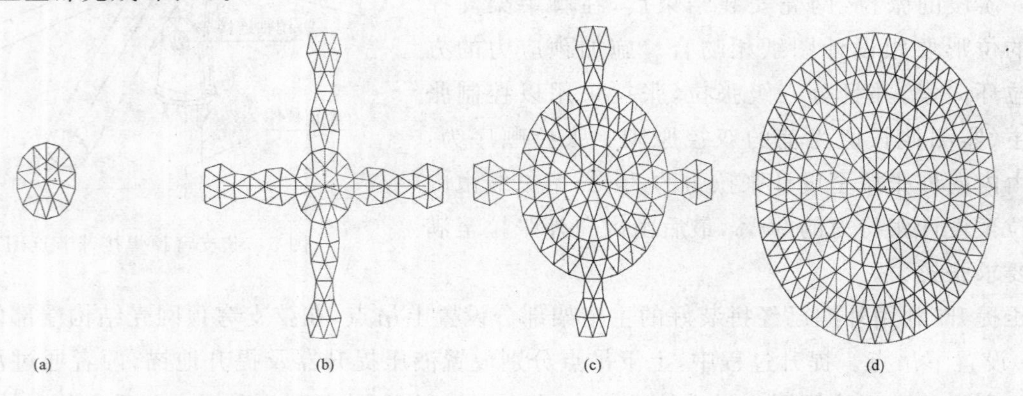

图7　(a)第一、二圈焊接；(b)四条控制带焊接；(c)控制带对称填充焊接；(d)整体焊接完成示意图

(五)整体提升

根据现场的提升塔架及体育馆四周主桁架的布置,经分析采用13个提升吊点。施工步骤为:首先将穹顶网壳结构在设计位置正下方地面拼装,采用满堂脚手架支撑;利用外圈已经拼装好的主桁架部分设置上吊点,在穹顶网壳结构端部的焊接球或扁担梁上设置下吊点;提升过程中,上下吊点分别放置液压提升器及提升地锚,两者通过承重钢绞线连接;利用液压同步提升技术,逐步将结构一次性同步提升到位;最后进行连接处部分的杆件补装。

1. 结构断开设置

按照"先外后内、先主后次、先桁架后网架、整体提升、逐步卸载"的施工方法,为实现结构从地面直接整体提升至安装位置,需先将提升部分与外圈已安装部分断开。考虑提升就位时的精度控制及降低现场施工难度,将提升部分与外圈已安装部分连接处杆件作为补杆,待结构整体提升到位后进行最后安装(图8)。

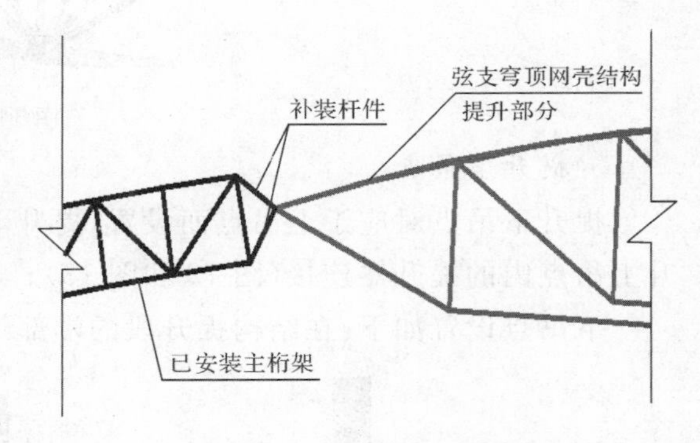

图8 补装杆件示意图

2. 吊点设置

考虑提升施工过程中,结构受力尽量接近于设计状态,仅在原结构主桁架上设置吊点,结合结构形式及相关计算(详见后面章节计算),在2轴、4轴、6轴、7轴、10轴、13轴、16轴、21轴、23轴、26轴、30轴、33轴和36轴线的主桁架端部设置吊点,吊点数达到13个(图9和图10)。

图9 提升吊点平面布置图

图10 扁担梁提升吊点图

3. 提升支撑架

支撑架按照施工工艺进行分析计算和设计,既作为主桁架吊装用的临时支持胎架,又作为提升用的提升架。

4. 提升上吊点

液压同步提升设备吊装构件,需要设置专用提升平台,即合理的提升上吊点。在提升上吊点布置液压提升器,提升器通过提升专用钢绞线与待提升构件上的对应下吊点地锚相连接。

上吊点设置为:在已拼装主桁架顶部设置提升架,提升架顶部放置提升器。具体设置如下:

依图11形式进行设计,其中提升梁要求为箱型(其中 $B>400$mm),提升梁下净空1500mm(不包含吊具高度)。

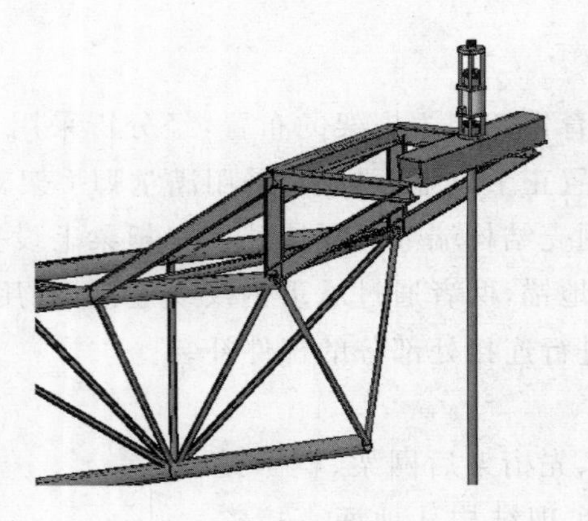

图 11　上吊点示意图

5. 提升下吊点

提升下吊点对应于上吊点而设置，提升下吊点内安装提升专用地锚，提升地锚通过钢绞线与提升上吊点内的提升器连接（图 12 和图 13）。

下吊点设置如下：在结构提升段的端部焊接球上焊接下吊具，下吊具内放置提升地锚。

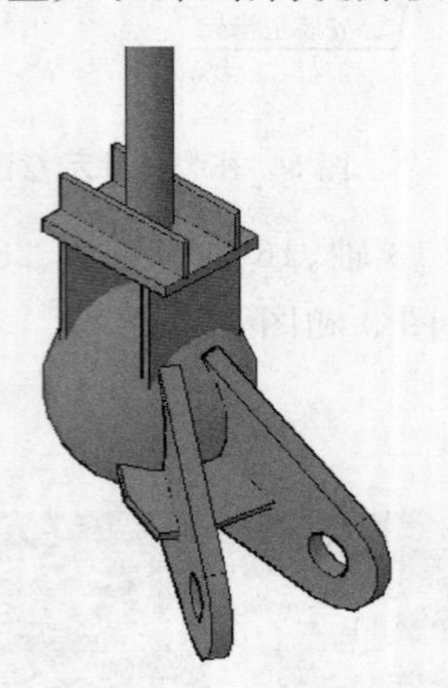

图 12　下吊点示意图

图 13　提升过程现场照片

6. 主要设备选取

液压提升系统主要由液压提升器、泵源系统、传感检测及计算机同步控制系统组成。配合本工程，主要使用如下关键技术和设备：

（1）液压提升器。提升器的配置主要考虑吊点提升力。根据提升过程最大工况，考虑每个吊点选用一台 TJJ－600 型液压提升器，单台额定提升能力 600kN，具体数量结合吊点数量确定（13 台）。

（2）泵源系统。液压泵源系统数量依照提升器数量选取。共计 4 台 TJD－60 型液压泵站，每台泵站最多控制 4 台 TJJ－600 型液压提升器。

（3）控制系统。本方案中依据提升器及泵源系统，配置一套 YT1 型计算机同步控制及传感检查系统。

（4）承重钢绞线。钢绞线作为柔性承重索具，采用高强度低松弛预应力钢绞线。根据液压设备配置，提升过程中，选取直径为 15.24mm、破断力为 26 吨/根的钢绞线，每台 TJJ－600 型液压提升器内穿 7 根钢绞线。提升高度 20m，按每根钢绞线 30m 考虑，共计 230kg/台。

（六）预应力张拉

1. 拉索安装

（1）随网壳拼装过程，从内向外，逐环安装撑杆、环索、斜索。

①网壳焊接形成一定刚度后，进行拉索放索工作；

②随着网壳焊接工作进行，从内到外逐渐安装撑杆、径向索和环索（图 14）。

(2)待网壳杆件全部焊接完毕后，安装撑杆和上索夹。

(3)在撑杆竖直状态下，现场量取撑杆上、下节点以及径向索上节点之间的距离，并与理论值比较，从而确定径向索的安装长度。

(4)根据调整误差后的长度将径向索安装就位。径向索的安装应保证同环撑杆偏摆方向和偏摆量的一致性。

(5)将环索在支架上展开，并初步根据环索表面上的索夹标记，将环索安装至索夹上（图 14）。此时，上下索夹间的螺栓不应拧紧，应保证环索和索夹之间可滑动。

(6)环索初步安装后预紧。同环的各环索段的预紧力基本一致，垂度基本一致。

2. 拉索张拉（图 15）

(1)拉索分两阶段张拉：①地面平衡自重张拉或者预紧；②高空张拉到位。

(2)主动张拉环索。在每环环索上设置若干张拉点，同环的各张拉点同步分级张拉。

(3)第一阶段张拉结束后，为避免支架对拉索张拉的影响，在第二阶段张拉前，将所有支架主动脱离结构。

(4)拉索张拉顺序从内环依次向外环张拉。

(5)在张拉结束后，将上下索夹拧紧，保证环索和索夹之间不滑动。

图 14　环索分段点示意图（图中黑色实心）

图 15　张拉过程现场图

三、提升工况验算

为了保证屋面中心穹顶、体育馆四周桁架在提升过程各杆件满足强度、刚度和稳定性的设计要求，运用 SAP2000 进行计算分析。

（一）提升点、边界条件

根据项目部施工方案提供的吊点位置、桁架的位置及穹顶的受力情况，采用 13 个提升点，在穹顶相应位置设置竖向位移约束对穹顶进行结构分析。

（二）穹顶提升强度校核分析结果

由图 16 和图 17 可见，构件最大应力比小于 0.8，满足结构设计规范要求。

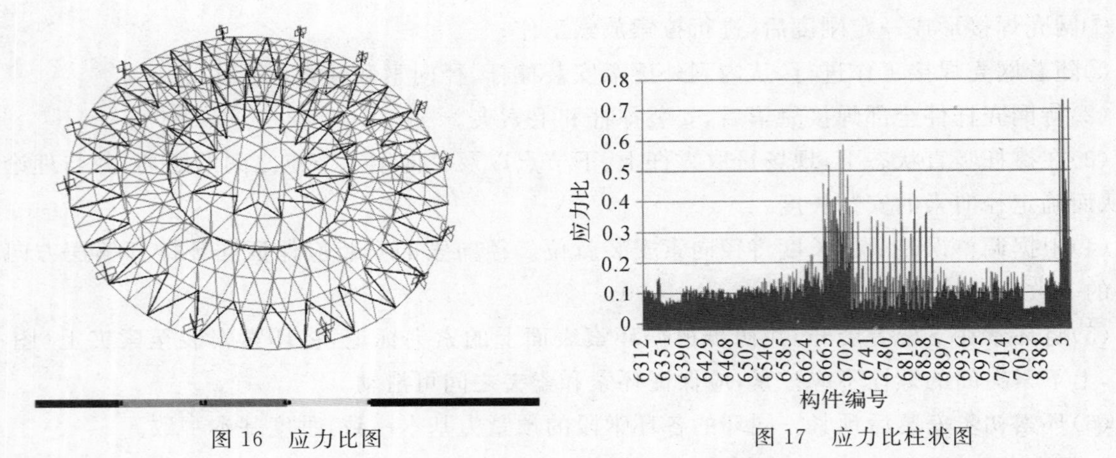

图 16　应力比图　　　　图 17　应力比柱状图

(三)刚度校核

结构安装完成时，网壳周边部位相对位移的最大值为 17.9mm，由于 17.9mm＜26000/400＝65mm，满足要求[1]。

四、张拉过程工况验算

(一)施工过程

(1)弦支穹顶地面拼装，地面平衡自重张拉或者预紧；

(2)弦支穹顶整体提升，提升到位与整体结构拼接后高空张拉；

(3)拆除支撑胎架。

利用 ANSYS 软件求得施加在拉索上的等效温差，也即拉索等效预张力，在此等效预张力与结构自重作用下达到设计初始态。同时对各阶段进行有限元分析。

(二)地面张拉方案

(1)地面平衡张拉。使弦支穹顶在地面时，水平和竖向变形接近零，确定出此时的施工张拉力，进行地面第一次张拉。

(2)地面预紧。地面平衡自重张拉的等效预张力和弦支穹顶的位移如表 1 所示。

表 1　地面平衡等效预张力和索力(单位:kN)

	等效预张力	索力
内环环索	100	34.04
中环环索	180	110.11
外环环索	340	340.82

五、主要技术特征

在弦支穹顶整体提升前，建议先进行地面平衡自重的张拉后，再进行整体提升，这样有利于整体结构的拼接，对结构的影响更小。

(一)弦支穹顶单层预应力网壳的拼装

弦支穹顶单层预应力网壳非设计原位的拼装，网壳本身设计有 5°的仰角，又因采用液压同步提升施工工艺，需要把网壳单体带仰角（设计姿态不变）降低16m，在作业平台上进行拼装。网壳拼装脱离了主体结构，给拼装定位和施工导致的变形控制带来一定的难度。

（二）单层网壳结构焊接变形预防措施

弦支穹顶单层预应力网壳拼装脱离主体结构，大面积的网壳拼装和焊接本身很容易导致变形，在下方拼装和焊接后，极其容易导致提升无法就位。即使就位了，也会使得大量的网壳与罩棚桁架间的连系杆件实际尺寸和图纸尺寸有较大长短差异，导致后期施工难度大。

（三）弦支穹顶单层预应力网壳的液压提升施工

弦支穹顶单层预应力网壳结构本身刚度较差，加上该工程网壳本身设计有5°的仰角，存在重心偏心和提升点受力不均的情况。采取提升施工工艺，对提升点的设置、各点的反力大小控制、各提升点的同步控制等均提出极大的挑战，也是我们研究的重点。

（四）弦支穹顶索地面单体张拉的施工

常规弦支穹顶结构拉索设计为在原位置安装及张拉，国内尚无类似施工工艺可参考。弦支穹顶预应力环索地面单体张拉难点在于提升过程（即非安装位置）索力的大小。索力预加载值小了，网壳会外扩变形；索力加载大了，网壳会内收变形。这些情况都是不允许的。只能找到一个合理的索力预加载值，保证在提升反力加载后，网壳的外形变化趋于0变形。由于结构复杂，完全仿真计算很难，只有理论计算结合现场实际来施工拉索的地面张拉，使网壳提升过程中变形值在设计要求范围内（图18和图19）。

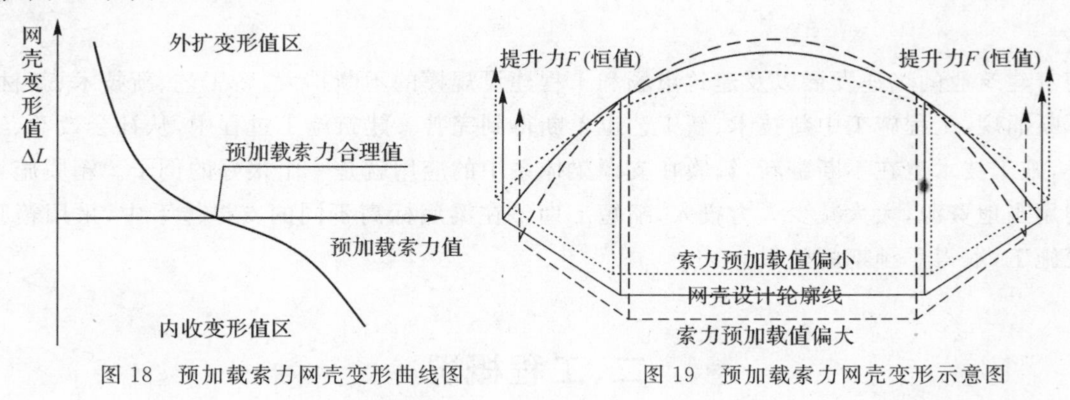

图18　预加载索力网壳变形曲线图　　图19　预加载索力网壳变形示意图

七、结　语

葫芦岛体育馆集大跨度网壳、焊接球、预应力拉索、铸钢节点等结构于一体，构造非常复杂。从深化设计、工厂加工制作、现场拼装，到最后的网壳提升，每一个环节都需要以非常严谨的工作态度去完成，为弦支穹顶结构的施工积累了宝贵的经验。

大跨度弦支穹顶结构是单层网壳结构与索穹顶结构杂交而成的新型结构，这种结构形式具有很多优点，但因其技术含量较高，掌握该技术的设计人员、施工人员较少，因而应用不多，尤其是类似本工程这样的液压提升应用在国内尚属首例，致使在实际应用中没有类似工程经验可以参考。在施工过程中，各方通过共同努力最终较好地完成了工程项目。

参考文献

[1] 网壳结构技术规程（JGJ 61—2003）．北京：中国建筑工业出版社，2003.

浅谈箱膜施工技术在支撑梁体系中的应用

倪其全[1]　楼世红[2]　金　吉[3]

(1.杭州二建建设有限公司,杭州,310005;2.杭州德源置业有限公司,杭州,310000;
3.浙江省建工集团有限责任公司,杭州,310012)

摘　要:本文结合实际工程,针对本工程淤泥质土分布较广且深的特点,总结了不平支撑梁底和板带处砖胎膜与箱膜的施工工艺,并进行对比,发现箱模施工技术具有人工投入少,操作简单、方便灵活,工期短、进度快,可回收周转使用,保护环境等特点,有推广使用价值。

关键词:支撑梁;箱膜;砖胎膜

一、前　言

随着建筑业的飞速发展以及建筑市场和工程建设规模的不断扩大,新工艺、新技术、新材料、新设备不断涌现,工程施工中新技术、新工艺也不断得到完善。建筑施工过程中,从社会效益、经济效益出发,施工技术也在不断翻新,箱膜在支撑梁体系中的应用就是一个很好的例子。箱膜施工方法充分利用当地资源,大大减少人力投入,缩短工期。在梁底标高不同的支撑体系中,采用箱膜代替砖胎膜施工,取得了预期的效果。

二、工程概况

某工程由1#、2#、3#、4#及整体地下四层组成,为城市综合体,总建筑面积约90000m^2,框架剪力墙结构。基坑开挖深度约17m,基坑围护采用钻孔灌注桩排桩结合三道钢筋混凝土内支撑的方式,排桩外设置一排三轴水泥搅拌桩止水帷幕。部分支撑梁上设有板带,板厚300mm,混凝土强度等级为C30。未设板带处各支撑梁底标高相同,设板带处支撑梁底标高不同(图1和图2)。

本工程中,施工场地内淤泥质土分布较广且深,土质较软,在基坑开挖、基础施工时易在施工振动作用下产生工程振动液化,施工者在通行、运料以及土方回填等方面有一定的困难。另外,支撑梁底标高不同处,原计划采用砖胎膜施工方法,该方法虽相对成本较低,但费时费力,不能满足施工工期紧的需求,改用箱膜施工方法,取得了预期的效果。

图 1　支撑梁底标高相同

图 2　支撑梁底标高不同

三、传统砖胎膜施工技术

砖胎膜即用标准砖制成模板，待达到一定强度后，进行混凝土的浇筑工作。

(一)砖胎膜施工工艺流程

砖胎膜施工工艺流程如图 3 所示。

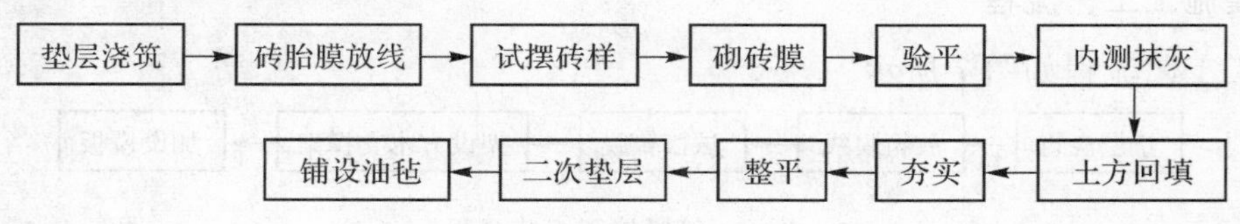

图 3　施工工艺流程

(二)施工方法

根据施工图纸和施工组织设计要求，计划支撑梁侧模施工采用砖胎膜，使用砖胎膜位置分为有板带处和不同截面梁处，砖胎膜支模如图 4～6 所示。

一般的施工现场使用砖胎膜的目的主要是为了节约成本，或者一般在一些模板无法拆除以及拆除难度较大时采用砖胎膜代替一般的模板。本工程原计划在混凝土垫层达到一定的强度后，在支撑梁两侧用不低于 M5 的水泥砂浆砌筑砖胎膜，即用标准砖砌成 120mm 厚的砖墙，待砖墙达到一定强度后先将梁两侧的土方回填并夯实整平，然后将砖胎膜内的泥土和渣滓清理干净后浇筑砼。然而，本工程的土质偏软，在施工荷载的扰动下，基本处于流动状态，造成土方回填有较大难度。另外，本工程工期较紧，要求一个月内完成第一道支撑梁的施工，但砖胎膜工序较多，需要大量的人力。

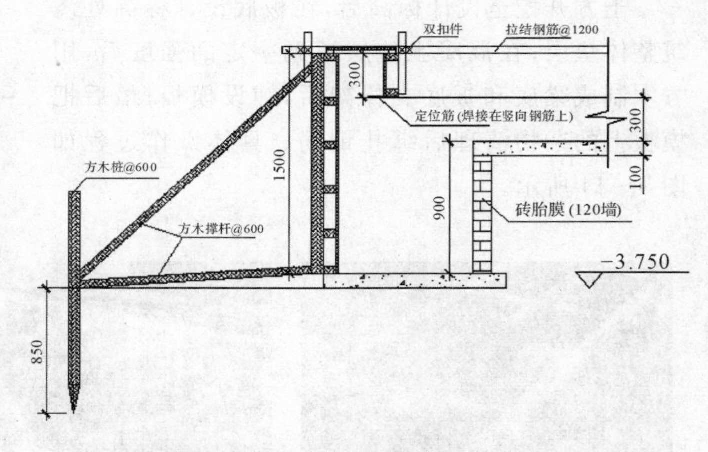

图 4　板带边支模示意图(砖胎膜)(单位:mm)

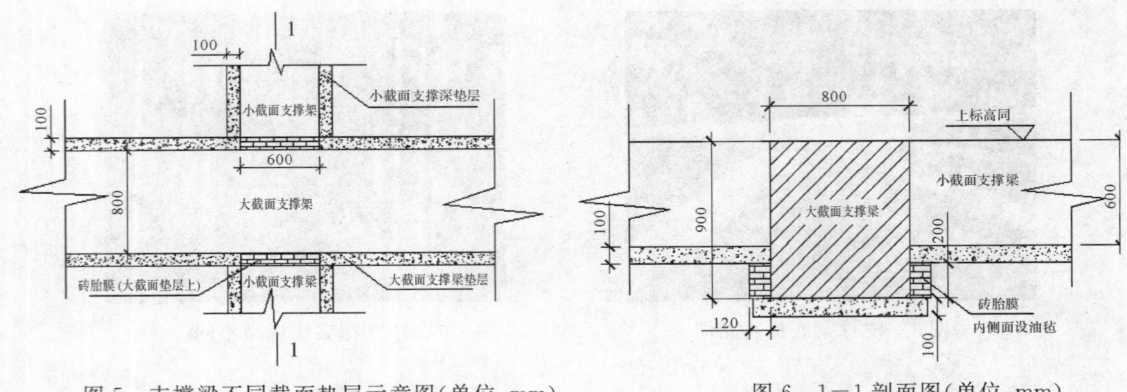

图 5　支撑梁不同截面垫层示意图（单位：mm）　　图 6　1—1 剖面图（单位：mm）

四、箱膜施工技术

箱膜即利用木模板[1]或方木制成箱型膜具后，进行钢筋的绑扎和混凝土的浇筑工作。

（一）箱膜施工工艺流程

箱膜施工工艺流程如图 7 所示。

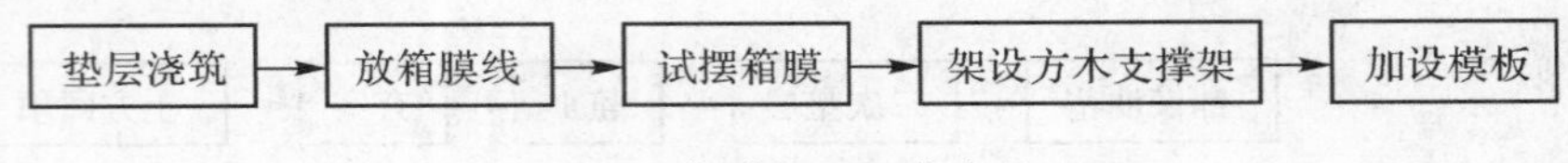

图 7　箱膜施工工艺流程

（二）施工方法

本工程由于工期紧，采用的是箱膜支撑，如图 8 所示。

土方开挖至设计标高后，在板底设计标高处浇筑整体垫层；在混凝土垫层达到一定的强度后，用方木制成梁底和板底支撑架后，铺设模板；最后把模板上的杂物清理后绑扎钢筋。具体操作过程如图 9～14 所示。

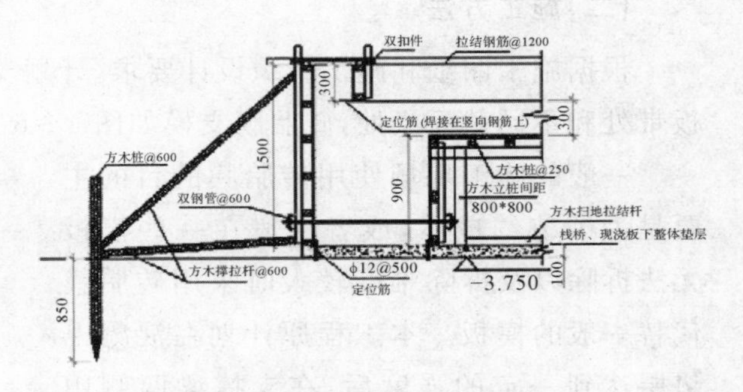

图 8　板带边支模示意图（箱膜）（单位：mm）

图 9　梁底方木支撑架

图 10　板底方木支撑架

图 11　铺设梁底模板

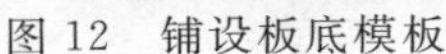
图 12 铺设板底模板

图 13 梁箱膜

图 14 板箱膜

五、箱膜与砖胎膜的对比

目前，在基础梁和基础部位的一些砼构件的施工中，砖胎模一直被广泛使用。但是，砖胎膜施工存在着人工投入大、施工工序多等问题。在某工程施工中，施工者巧妙地采用了以方木和木模板代替砖胎膜的箱膜施工方法。它与传统工艺相比，具有人工投入少，操作简单、方便灵活，工期短、进度快，可回收周转使用等优点，具体表现在以下几个方面：

(1)人工投入少。砖胎膜由于其工序较多且大多同时进行，所需人力也相对较多。而箱膜则工序少，一般一个人就可以完成单个梁或板的箱膜工作。

(2)操作简单、方便灵活。

(3)工期短、进度快。①支撑梁施工往往是多种工种、多种工序同时进行，而且本身工程场地较小，相互之间干扰严重，常常越忙越乱，质量、进度都会受到一定影响。采用箱膜施工时，人力相对投入要少，降低了各工种间的相互干扰，这对支撑梁施工而言，工效、进度大大提高。②木模以其自重轻、拼装快、拼装结束可直接进入下一道工序等特点，与砖胎膜相比工期缩短 1/2 以上。据统计，每 $100m^2$，采用箱膜施工工期约为 1d；如采用砖胎膜施工，工期约为 2.5d。

(4)可回收周转使用。支撑梁底所用模板、方木可在下层土方开挖后，回收周转使用。

(5)保护环境。大大减少标准砖、砂浆、混凝土使用量，降低了建筑垃圾的产生量。

六、结　语

箱膜施工技术在本工程的梁、板底标高不同的支撑体系施工中取得了较为成功的经验。工程实践表明：

(1)针对本工程土质较软、支撑底不平等特点，采用箱膜施工办法，简化了施工工艺，操作简单，方便灵活，节省了工期。

(2)采用箱膜施工技术，较传统砖胎膜技术节省工期约 30d，在一个月内完成了第一道内支撑(含栈桥)的施工，取得了较好的经济效益和社会效益。

(3)使用木模和方木后，大大减少了砖块、砂浆以及混凝土的投入，且模板和方木可以回收周转使用，减少了建筑垃圾的产生。

参考文献

[1] 唐颖. 木模板施工工艺浅析[J]. 科技与企业，2013(1).

建筑立面类型对房屋能耗的影响

曾 佳

(杭州市城市危旧房房屋改善办公室,杭州,310006)

摘 要:面对全球气候变化以及环境恶化的压力,节能建筑的发展越来越被关注和重视。而建筑立面作为建筑物和外部空间的屏障,可以通过控制室内的光照和温度来影响建筑物的耗能情况。不同种类的建筑立面类型会导致不同的房屋能耗表现,尤其体现在房屋的能耗量和室内热环境质量上。本文主要通过模拟分析在不同的玻璃幕墙立面下,建筑中每年供暖和制冷消耗的能量来研究不同建筑立面类型对房屋能耗的影响。

关键词:建筑立面;能耗表现;建筑节能

一、绪 论

(一)研究背景及意义

全球变暖的形势加剧不仅危害了自然生态系统的平衡,更威胁了全球经济和人类生存。到目前为止,大气中二氧化碳的浓度水平在很大程度上远远超过了过去80万年的水平。大气中二氧化碳的浓度从1740年的277×10^{-6}快速增长至如今的399×10^{-6}[1]。2013年,英国二氧化碳的净排放量约达4.64×10^{8} t,占了英国温室气体排放总量的82%[2]。虽然全球变暖的现象看似与房屋建筑无关,但其实它和建筑物之间有着密不可分的关系。在欧洲,有超过40%的能源消耗以及36%的二氧化碳排放量来源于建筑物[3]。面对全球气候变化以及环境恶化的压力,节能建筑的发展越来越被关注和重视。如何有效地利用能源是可持续建筑发展的最基本条件,它有助于减少能源消耗,从而减少燃烧化石燃料产生的温室气体。节能建筑的发展可以通过采用自然通风、最大化利用太阳能、采用不同功能的建筑外墙立面系统等来实现。建筑立面作为建筑物和外部空间的屏障,可以通过控制室内的光照和温度来影响建筑物的耗能情况。

(二)研究目的

本文的主要研究目的是调查研究不同建筑立面类型对房屋能耗的影响。建筑立面是指建筑和建筑的外部空间直接接触的界面,以及其展现出来的形象和构成的方式,是一个至关重要的建筑外部元素。不同种类的建筑立面类型会导致不同的房屋能耗表现,尤其体现在房屋的能耗量和室内热环境质量上。本文主要通过模拟分析在不同的玻璃幕墙立面下,建筑中每年供暖和制冷消耗的能量,来研究不同建筑立面类型对房屋能耗的影响。

(三)研究方法

本文通过使用ECOTECT和EDSL TAS软件模拟和分析了英国伦敦地区一个二层办公楼在

不同玻璃幕墙立面下的能耗表现。在本文的分析模拟中,ECOTECT 和 EDSL TAS 软件均主要通过分析建筑室内热环境质量来比较不同的能耗表现。本文通过比较两种模拟计算结果来分析不同玻璃幕墙立面性能对房屋能耗的影响,并为今后进行科学的节能建筑立面设计进行引导。

二、建筑立面类型对建筑能耗的影响

(一)房屋能耗表现

在英国,房屋占了总能源消耗和二氧化碳排放量的40%,这些能源消耗主要来自于照明、通风换气以及供暖和制冷系统。净供暖和制冷能耗可以通过计算固定条件区域的能耗平衡来得出。分析建筑立面时可以分析它的特性参数,如热阻性能(U)以及太阳光透射率(g)。

(二)玻璃幕墙系统性质

如今,越来越多的现代办公楼外墙均采用玻璃墙体。采用玻璃外墙体的一个重要原因是玻璃材质可以控制室内的自然采光以及太阳热量的吸收,从而决定了室内的热环境质量以及视觉舒适性。然而,玻璃的属性会随着不同的气候条件和周围环境而变化,因此,我们不能断定究竟哪种玻璃类型是最佳的。

对于玻璃窗户来说,有三个重要的特性参数可以决定它的主要性能,分别是:热阻性能(U)、太阳光透射率(g)以及可见光透射率(T_{vis})。

热阻性能代表不同材料表面之间的热传导量,热阻值越低,表示热传导量就越低,材料的隔热效果就越好。热阻值的单位是 $W/(m^2 \cdot K)$,R 值等于 $1/U$ 值,代表建筑材料阻止热量穿过的能力。R 值越高,材料的阻热和隔热性能越高。根据英国注册工程师协会标准(CIBSE),对于大部分建筑的外墙、地板以及玻璃部分(英国地区),热阻值分别为0.25、0.2和$1.6W/(m^2 \cdot K)$[4]。

一般来说,玻璃的太阳光透射率是0.2~0.7,阳光控制玻璃的太阳光透射率会小于0.5。

可见光透射率是指透过玻璃的可见光(380~780nm)与射在玻璃表面上的总可见光,通常以百分比表达。刺目强光的形成主要受可见光透射率影响。不透明墙体的可见光透射率为0%,而完全透明墙体的可见光透射率为100%。可见光透射率会受到玻璃材质的颜色、玻璃板的数量、玻璃涂层等因素影响。

(三)不同建筑立面类型对建筑物能耗的影响

建筑立面即为建筑外墙,指的是建筑和外部空间直接接触的界面,以及其展现出来的形象和构成的方式,承担着承重和围护功能。古代的房屋为了抵御自然界的侵害,只注重坚固性和耐久性,缺乏美学的深入。到了古希腊时期,建筑简洁的立面特性可以体现人性的崇高;哥特式建筑所表现的高直体现了神的伟大。近代古典主义时期,建筑可以表达一定的社会思想,如文艺复兴时期建筑体现着和谐与理性,并且同人体美有相通之处,这类建筑往往追求整体的和谐、稳定,有对称性。因此,立面作为建筑形式表达的直接反映,体现了建筑设计原则、构造以及美学特征。

随着节能建筑的普及和发展,建筑立面作为建筑外观和功能上的决定性设计,更是越来越被高度重视和关注。建筑立面不仅仅是建筑的一个静态的外壳,它还可以用来吸收过滤太阳能,创造自然通风,控制整个建筑的热传导,同时也可以提高建筑的美学设计。自1990年起,中欧和北欧地区出现了各式各样的高科技外墙立面,这个现象导致了整个欧洲能源价格的提高,随后有关部门出台了更严格的建筑规范,对建筑设计和建筑环境规定了高质量的要求[5]。由于所有欧洲国家对空调使用有限制,因此在房屋外观立面设计上，设计师非常重视如何最大化地发挥自然采光和自然通风性能。

建筑立面包括结构部分以及房屋外围设施部分，结构部分主要用于承重、抵抗外力；房屋外围设施部分主要用于遮风挡雨、隔热隔音。立面的类型主要取决于房屋的功能性和规模，也可能涉及当地的城市规划、周围环境等一些限制因素影响。如今，许多现代高层建筑采用了多种多样的建筑立面，从材料角度讲，例如砖砌以及石造建筑立面、金属立面、钢结构玻璃立面、混凝土立面等。从功能角度讲，有太阳能窗户幕墙、间隙接头通风立面（open-joint ventilated façade）、气候调节幕墙、植被覆盖外立面等。

1. 砖砌以及石造建筑立面

砖是一种永恒的材料，其可靠性已被广泛证实。随着许多创新技术的发展，不同大小种类的砖头至今也仍然被广泛地采用。这类砖砌石造建筑立面的优点是可以缓冲更多的热量，白天通过吸收太阳能来帮助保持室内凉爽，晚上散热来使室内温暖。出于这个原因，砖砌石造建筑立面可以帮助实现纯零能源建筑。此外，由于砖的耐老化性，这类建筑立面不需要任何维护。

2. 幕墙立面

幕墙是目前被使用最为广泛的建筑立面，是建筑的外墙围护，不承重，像幕布一样挂上去，故又称为“帷幕墙”。它是现代大型高层建筑常用的带有装饰效果的轻质墙体，由面板和支承结构体系组成，相对主体结构有一定位移能力或自身有一定变形能力。它是不承担主体结构那样的作用的建筑外围护结构或装饰性结构。对于大多数建筑来说，幕墙有两个主要的功能：天气屏障和自然采光。幕墙从用途上可以分为：建筑幕墙、单元式幕墙、玻璃幕墙、石材幕墙、金属棒幕墙等。

欧洲专家 Tavil(1999)曾调查研究了一个土耳其伊斯坦布尔办公楼的幕墙系统的热交换性能，他们采用了不同玻璃面板和金属框架的幕墙来进行实验。结果表明，对于炎热的季节，涂有反射材料的玻璃由于它的低透射率，使房屋更节能；相反，对于寒冷季节，低辐射镀膜玻璃由于它的低热阻性能，会帮助减缓能量损耗，使房屋更节能[6]。

此外，Klein(2013)研究了自 1970 年到 2013 年，许多不同玻璃面板和金属框架的幕墙的热阻性能。他发现幕墙的热阻性能从 1990 年的 $5W/(m^2 \cdot K)$骤降到 2000 年的 $2W/(m^2 \cdot K)$，并且逐渐减少至 2013 年的 $1.5W/(m^2 \cdot K)$。这个发现表明了幕墙的发展在前 10 年间略停滞不前[7]。

(1)双层玻璃幕墙

如今，相比陈旧的办公大楼，许多现代办公楼或许不需要很多能源用于冬季供暖，却往往需要非常多的电力用于夏季空调制冷以及通风换气。这个现象在许多欧洲国家非常明显，主要是因为越来越多的建筑为了美观等一系列原因而采用了玻璃幕墙。然而，由于传统的玻璃幕墙有许多不尽人意之处，例如室内的热舒适不够或者强光刺眼等，因此，越来越多的设计师开始使用双层玻璃幕墙取而代之。

双层玻璃幕墙由内外两层立面构造组成，形成一个室内外之间的空气缓冲层。两层立面之间的距离 10cm 至 2m 不等。外层可由明框、隐框或点支式幕墙构成；内层可由明框、隐框幕墙或具有开启扇和检修通道的门窗组成。也可以在一个独立支承结构的两侧设置玻璃面层，形成空间距离较小的双层立面构造。

双层玻璃幕墙可以通过两层立面间的空气缓冲层起到节能效果，同时也有助于自然通风和隔声防噪。此外，它易于调整改善室内热环境，也可以通过百叶调整室内光线。专家 Eriksson 和 Blomsterberg(2009)研究了许多带有百叶窗的双层玻璃幕墙下的室内热舒适度，他们发现，就从室内热舒适和能源使用方面来讲，采用双层玻璃幕墙的办公楼相对于采用普通幕墙的办公楼要更节能、舒适度更高[8]。

(2)气候调节幕墙

气候调节幕墙是一个比较新的技术,通常来说,它是双层通风式幕墙的延伸,是在智能化建筑的基础上对建筑配套技术(暖、热、光、电)进行适度控制。它在满足室内舒适的基础上,可以根据室外气候变化和室内的需要来减少太阳光的直射,调节自然采光。此外,它也可以帮助实现自然通风,改善室内环境。

3.植被覆盖外立面

近几年来,越来越多的建筑设计师开始采用植被覆盖外墙立面来实现建筑节能和建筑美学。植被覆盖外墙立面是垂直绿化的一种,通常是灌木或者藤蔓沿着建筑立面攀扶生长或是有格架支撑,或是建造立面时在其外层放一层土层,然后在土层中种上植被将其覆盖。由于植被可以降低建筑表面和周围环境的温度,这类立面可以帮助减少房屋在制冷上的能源消耗,同时也可以延长建筑使用寿命。此外,植被覆盖外立面还可以提高城市绿化面积,促进城市生态环境改善,缓解温室效应。

Wong 等(2010)研究了 9 种不同植被覆盖外立面下的室内热环境质量,他们发现在植被覆盖下,建筑的周围环境温度可以降低大约 3.3℃;根据不同种类的植被,建筑表面的温度可以快速降低 1.1～11.6℃[9]。Di 和 Wang(1999)经实验发现,采用厚的常春藤覆盖的外墙立面可以使建筑外墙表面温度降低 0.8～13.1℃,在夏天减少约 28%的制冷负荷[10]。

三、模拟分析

(一)ECOTECT 软件模拟

本文主要着重于用 ECOTECT 软件模拟分析室内的热环境质量、太阳辐射和通风情况。

1.理论

ECOTECT 提供了一系列的建筑热环境分析功能,其中涵盖了室内温度、舒适度等诸多内容。ECOTECT 中的热环境分析基于英国注册工程师协会(CIBSE)所核定的准入法,这是一种动态负荷计算方法,它的特点是计算速度快且操作简单,其精度完全能够满足建筑设计各阶段的不同要求。准入法的另一个特点是非常灵活,其对于建筑物的体形以及模拟分析区域的数量没有限制。

从某种意义上来说,建筑热环境分析就是求解室内外各种扰动作用下的室内热环境参数,其中外扰主要是指室内的各种气候影响因素,包括了室外气温、湿度、太阳辐射强度等内容。外扰主要作用于建筑的围护结构之上,并通过各种不同的传热方式影响室内热环境。在 ECOTECT 中,对于外扰的描述主要来源于逐时气象数据,对于内扰则来源于用户的相关设定,其包括了室内人数、设备发热量及运行时间表等。

2.模拟模型描述

模拟模型是英国伦敦地区一二层办公楼,每层楼面积约 $320m^2$。如图 1 所示,房屋一楼和二楼正南面的中间均设有 16m×2.4m 的玻璃窗,正西面的中间均设有 8m×2.4m 的玻璃窗。设置正南面的玻璃窗是为了可以充分吸收太阳能,设置正西面的玻璃窗是为了美观和日常采光。此外,由于现在许多现代办公楼都非常喜欢采用大面积玻璃作为

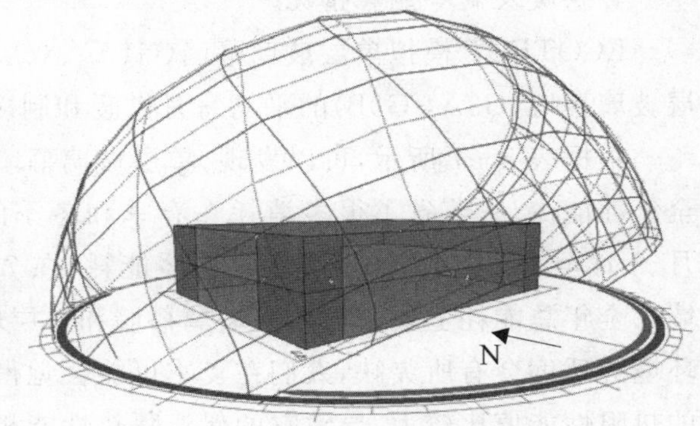

图 1 ECOTECT 模型

立面，因此这个模拟模型在一定程度上很有代表性。

3.设计要求

如图1所示，模拟模型是英国伦敦地区一幢二层办公楼，其尺寸为：每层楼高2.4m，房屋长20m，宽16m，每层楼面积约320m²。当地天气数据采用ECOTECT数据库中2011年的伦敦天气进行模拟。内墙、地板和天花板均采用隔热材料，设置外墙为轻质结构，其热阻性能值为0.35W/(m²·K)。为了充分研究不同立面类型对房屋能耗的影响，本文模拟了单层玻璃幕墙、双层玻璃幕墙，以及外层玻璃组合双层玻璃幕墙，这些立面类型均有不同的热阻性能值和太阳光透射率，见表1～3[11]。此外，根据CIBSE规范，玻璃面板的一般热阻性能值为1.6W/(m²·K)。

表1　单层玻璃幕墙

类型	描述	U(W/(m²·K))	g
G1A	10mm透明玻璃	5.556	0.763

表2　双层玻璃幕墙

类型	描述	U(W/(m²·K))	g
G2A	防晒绿色双层玻璃	1.803	0.399
G2B	SG antelio清晰面玻璃加氩及planitherm	1.361	0.414
G2C	SG隔热型SKN中性SKN172氩	1.274	0.426

表3　外层玻璃组合双层玻璃幕墙

类型	描述	U(W/(m²·K))	g
G3A	新材料(Kappa双层玻璃)	1.606	0.433
G3B	6—12—6双层玻璃加中期窗格百叶窗	1.503	0.206

设定模拟模型的内扰因素如表4所示。设定工作时间为工作日早上8点至下午5点，其中午休时间为12点至下午1点。为了更好地分析房屋能耗情况，室内外空气交换率为0.5ACH，整个办公楼无自然通风，温度调节全部由空调进行。根据伦敦地区的空气线图[12]，房屋室内的适宜温度区间为19～23℃。

表4　模拟模型的内扰因素

建筑类型	使用情况	使用密度(人/m²)	内扰因素发热量(W/m²)			潜在热量(W/m²)	
			人	照明	设备	人	其他
办公楼	一般	20	4	8～12	10	3	0

4.供暖及制冷能耗情况

ECOTECT模拟单层玻璃幕墙(G1A)、双层玻璃幕墙(G2A，G2B，G2C)以及外层玻璃组合双层玻璃幕墙(G3A，G3B)的平均每月供暖和制冷能耗结果如表5～7所示。

根据表5～7所示，可以发现，单层玻璃幕墙要比双层玻璃幕墙和外层玻璃组合双层玻璃幕墙全年耗能少，它节省了很多消耗在春季和冬季的制冷上的能源。然而，单层玻璃幕墙在1月至5月、9月至12月期间需要更多的供暖能耗，在7月至8月需要更多的制冷能耗。尽管单层玻璃幕墙在全年总能耗上要少于双层玻璃幕墙和外层玻璃组合双层玻璃幕墙，但是相比起来，它的室内热环境舒适度会有所欠缺，人们在夏季可能会觉得闷热，而在冬季又会觉得寒冷。由于单层玻璃幕墙的热阻性能值比较大，导致它的保温隔热性能相对没有双层玻璃幕墙和外层玻璃组合双层玻璃幕墙来得好，因此它需要全年(除了7月)供暖，这占了其全年能耗的17%。

表 5　单层玻璃幕墙(G1A)每月能耗结果

月份	供暖能耗（W·h）	制冷能耗（W·h）	总计（W·h）
1月	493726	0	493726
2月	695054	0	695054
3月	209550	0	209550
4月	169475	151406	320881
5月	61060	222775	283835
6月	3564	2170168	2173731
7月	0	4256504	4256504
8月	882	3024396	3025278
9月	25618	879196	904815
10月	126076	123043	249119
11月	123533	40310	163843
12月	356574	0	356574
总计	2265112	10867798	13132910

表 6　双层玻璃幕墙(G2A，G2B，G2C)每月能耗结果

月份	G2A		G2B		G2C	
	供暖（W·h）	制冷（W·h）	供暖（W·h）	制冷（W·h）	供暖（W·h）	制冷（W·h）
1月	92620	231364	53947	360451	49592	391118
2月	179570	122731	104300	233398	86054	251389
3月	28884	571824	21332	609272	19751	636707
4月	24367	631184	15889	701882	13895	741641
5月	10011	943936	7260	968914	6696	1033709
6月	988	2142262	779	2266706	722	2327710
7月	0	3374091	0	3372464	0	3451038
8月	0	2862705	0	2895510	0	2968318
9月	2976	1078655	2202	1144693	2005	1213429
10月	18705	789983	13414	821840	12321	849567
11月	23746	707190	18668	741257	17166	756474
12月	88863	409504	60862	485538	54141	512027
总计	470730	13865429	298653	14601925	262343	15133127

表 7　双层玻璃幕墙(G3A，G3B)每月能耗结果

月份	G3A			G3B		
	供暖（W·h）	制冷（W·h）	总计（W·h）	供暖（W·h）	制冷（W·h）	总计（W·h）
1月	73273	294606	367880	62871	331820	394691
2月	143361	191022	334383	117652	221006	338658
3月	24847	590914	615760	22715	628661	651377
4月	19461	686703	706164	16142	743129	759271
5月	8950	958051	967001	7509	1006864	1014374
6月	892	2194685	2195578	822	2300198	2301021
7月	0	3379234	3379234	0	3496428	3496428
8月	0	2880142	2880142	0	2990672	2990672
9月	2623	1128439	1131062	2382	1167725	1170107
10月	16093	806837	822930	15021	844912	859934
11月	21319	723387	744706	20114	743191	763306
12月	72470	447138	519608	65122	470835	535957
总计	383289	14281158	14664448	330352	14945443	15275795

对于双层玻璃幕墙，G2A 全年耗能最少，为 14336kW·h，G2B 全年耗能最多。从各个立面的热阻性能值来看，G2A 的热阻性能值最大，却消耗最少能量。从太阳光透射率方面看，太阳光透射率越小，全年所消耗的能量就越少。

图 2 和图 3 表明了单层玻璃幕墙 G1A 和双层玻璃幕墙 G2A 的每月平均供暖和制冷能耗，从中可以发现，无论何种玻璃幕墙，二楼的能耗主要都用于夏季制冷上；而对于单层玻璃幕墙，一楼从 10 月至次年 5 月几乎都不需要制冷能耗。从图中可以看出，尽管较低热阻性能值的立面有较好的保温隔热性能和相对高的热环境舒适度，但是它全年的制冷能耗也会相应增加。因此设计师需要综合考虑房屋的能耗表现，而不是一味地追求立面的低热阻性能值，同时也可以采取一些措施来减少春季和秋季的制冷能耗。

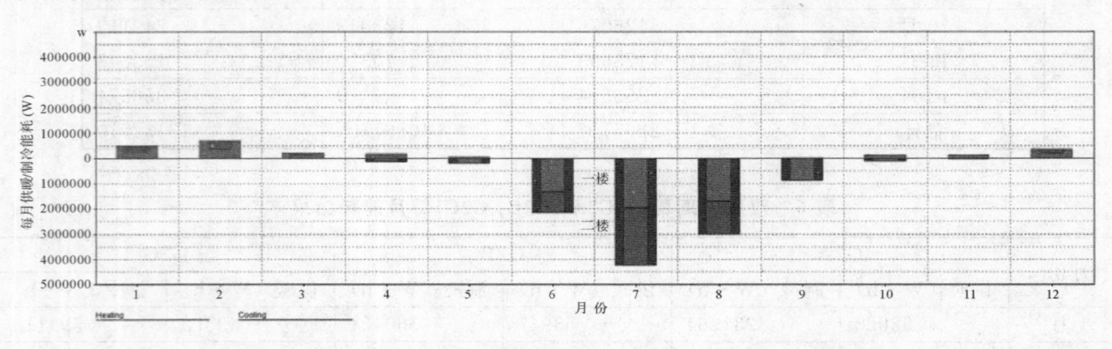

图 2　每月平均供暖和制冷能耗(单层玻璃幕墙 G1A)

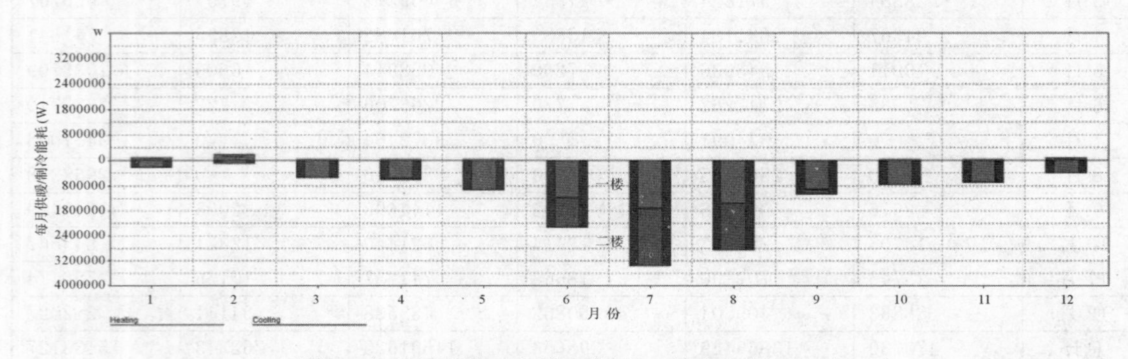

图 3　每月平均供暖和制冷能耗(双层玻璃幕墙 G2A)

(二)EDSL TAS 软件模拟

1. 理论

EDSL TAS 是一个建筑热能分析软件，用于模拟建筑物的热力学性能。EDSL TAS 几乎可以模拟在不同条件、位置、天气状况下的任何建筑物。EDSL TAS 很容易上手和操作，它比较擅长于分析环境状况以及自然通风、能源消耗等方面。它包括三个主要软件，分别是：3D 建模、建筑物模拟和结果查看器。3D 建模主要用于模拟创建模型，建筑物模拟主要用于计算室内的空气流通情况、热环境质量以及其他设备产热情况等，结果查看器可以采用图表方式对各类结果进行比对和成列。

供暖制冷能耗是 EDSL TAS 软件的一个重要功能，EDSL TAS 采用 CIBSE 规范的原理对模拟建筑物进行热环境状况分析。EDSL TAS 软件曾和 CIBSE 规范所算出的结果进行过比对，研究人员运行 TAS 软件 20 天后得出供热能耗为 8.56kW，而 CIBSE 规范的结果为 8.72kW，结果表明，TAS 软件的精确度更高。

2. 模拟模型描述

模型设置以及设计要求均与 ECOTECT 模型设置一致(图 4),只有当地天气数据采用 EDSL TAS 数据库中 2010 年的伦敦天气进行模拟。

3. 供暖及制冷能耗情况

模拟结果表明,单层玻璃幕墙(G1A)全年消耗的能量最多,和双层玻璃幕墙以及外层玻璃组合双层玻璃幕墙相比,它需要更多的能耗用于夏季制冷和冬季供暖。从双层玻璃幕墙结果来看,G2A 的热阻性能值最大,太阳光透射率最小,所需要的全年能耗最少,为 16884kW · h。G2B 和 G2C 的热阻性能值和太阳光透射率均差不多,它们的全年耗能量也相差不大。对于外层玻璃组合双层玻璃幕墙,G3A 的热阻性能值为 1.606W/(m^2 · K),太阳光透射率为 0.433;G3B 的热阻性能值为 1.503W/(m^2 · K),太阳光透射率为 0.206。G3B 的全年耗能量为 15051kWh,是 6 个试验中耗能最少的。

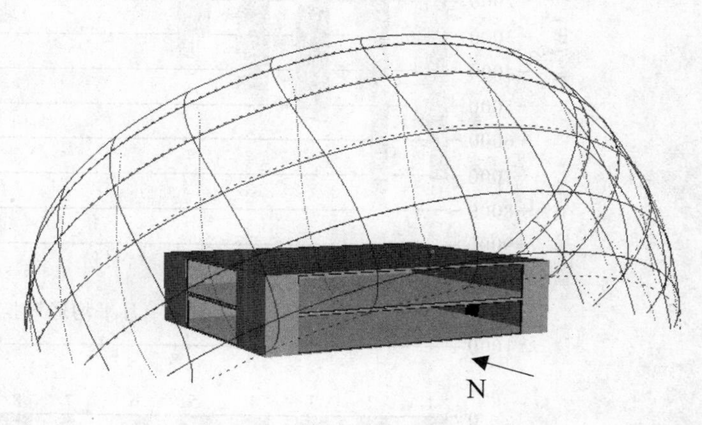

图 4　EDSL TAS 模型

由此可以总结出,对于伦敦地区的天气情况,相对较低的太阳光透射率的立面性能是必不可少的,但是较低的热阻性能值却不是非常有必要。这是因为办公楼基本上为全封闭的空间,其室内的内扰因素发热量非常高,而伦敦的气候相对较冷,全年都不会非常炎热或寒冷,因此并不需要非常低的热阻性能材料来实现非常好的保温隔热效果;然而,相对较低的太阳光透射率非常有必要,它可以帮助减缓太阳光的直射。

(三)结果分析

ECOTECT 模拟的室内内扰发热量为 16858W,EDSL TAS 模拟的室内内扰发热量为 16488W,两者相差不大。

从图 5 可以看出两个软件计算的月平均太阳能吸收量,TAS 软件普遍要比 ECOTECT 的结果高,但是相差不大,这可能是由于 ECOTECT 软件的天气数据和 TAS 软件的天气数据有一些差异。如图 6 所示,两个软件月平均通风换热量的结果相差不明显,差别可能是由于室内外的温度差所引起的,因为两个软件所计算的室外温度有差异。如图 7 所示,两个软件的月平均传导换热量结果的差别不明显,除了 1 月和 2 月的差距有点大,这仍然是由于两者不同的室外温度所引起的。

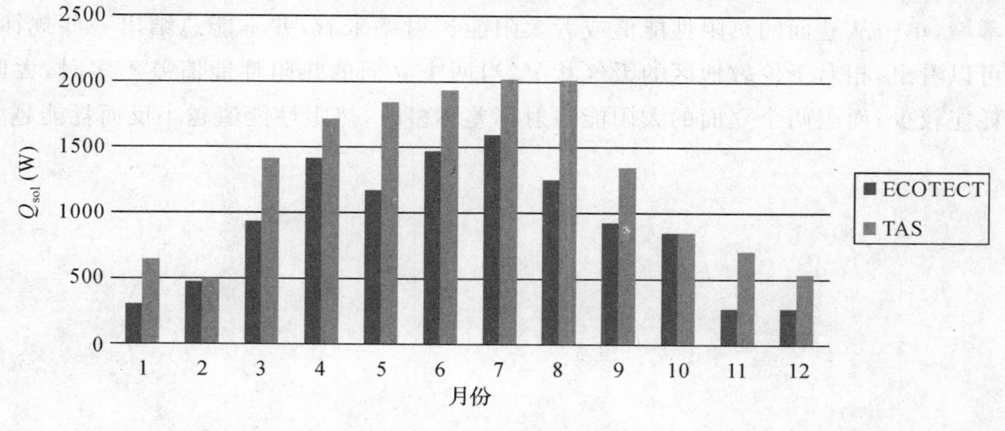

图 5　月平均太阳能吸收量

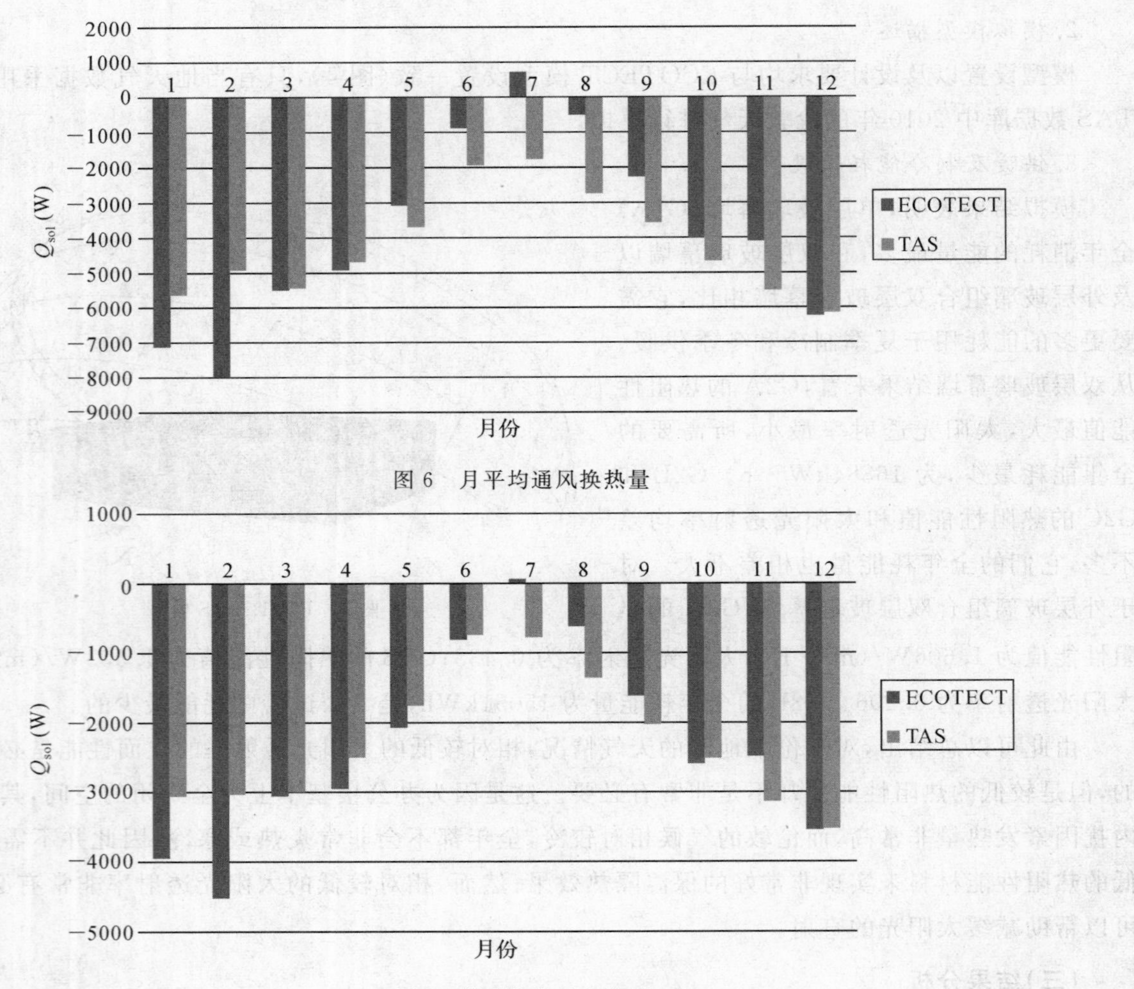

图 6　月平均通风换热量

图 7　月平均传导换热量

四、结　论

总的来说，两个软件模拟的结果差别不大。从模拟结果上看，尽管单层玻璃幕墙在全年总能耗上要少于双层玻璃幕墙和外层玻璃组合双层玻璃幕墙，但是相比起来，它的室内热环境舒适度会有所欠缺，人们在夏季可能会觉得闷热，而在冬季又会觉得寒冷。对于双层玻璃幕墙和外层玻璃组合双层玻璃幕墙，单一从立面的热阻性能值或者太阳能透射率来看，并不能总结出一些规律，但是结合两者便可以看出，相对于伦敦地区的天气状况，当两个立面的热阻性能值差不多时，太阳能透射率越小的耗能较少；而当两个立面的太阳能透射率差不多时，热阻性能值越小反而耗能越多。

杭州既有多层住宅增设电梯管理制度研究

王丽华　顾　奇　王少媚

(杭州市城市危旧房房屋改善办公室,杭州,310006)

摘　要:本文通过对广州、厦门、福州等城市既有住宅加装电梯的分析,就多层住宅增设电梯的相关政策、经验和杭州目前增设电梯的相关热点问题进行分析,并对如何解决此类问题提出政策建议。

关键词:杭州;既有多层住宅;增设电梯

随着经济发展和社会进步,人们对居住条件提出了更高的要求。既有多层住宅加装电梯,对完善住宅功能、优化住房结构、缓解供需矛盾、提高生活质量、解决住户特别是年老体弱住户上下楼的不便,有着积极的社会意义,也是国际上流行的一种多层住宅改善办法。近几年,我国部分城市陆续开展了多层住宅加装电梯的相关工作,杭州市部分多层住宅的住户也非常关注,多次呼吁市政府和相关部门帮助解决。近年来,在杭州市委市政府的关心下,多层住宅加装电梯的调研、政策起草、试点等工作陆续开展。该项工作的启动,从城市管理者角度来看,尚有很多问题需要解决。本文就相关城市多层住宅增设电梯的相关政策、经验和杭州目前增设电梯的相关热点问题进行分析,并对如何解决此类问题提出解决建议,供有关部门今后在多层住宅增设电梯提供参考。

一、国内相关城市既有多层住宅加装电梯基本概况

目前,北京、上海、广州、厦门、福州、佛山、温州等地均有既有多层住宅加装电梯的相关试点工作及成功案例。以广州和厦门为例,广州市自2007年起着手开展既有多层住宅加装电梯工作,并成立了专门领导小组,2012年由广州市法制办起草并由市政府颁布《广州市既有住宅增设电梯试行办法》,市国土资源与房屋管理局牵头组织试点工作,市规划局负责规划审批及制订规划管理办法。目前主要实行“民间自发组织,政府引导支持”的模式,通过政策保障,鼓励和引导民间自主实施增设电梯工程。截至目前,广州市已成功实施加装电梯的工程约600多个。

广州在实施电梯过程中,主要有四方面的有利因素:一是广州位于低纬度地区,日照条件好,多层住宅增设电梯基本无日照间距要求;二是市区内申请增设电梯的多层住宅中,相当一部分为8～9层的住宅楼,且已预留了电梯井;三是不少条件较好的企事业单位也愿意承担全额资金,为所属职工的多层住宅增设电梯;四是在省政府的指导支持下,广州已形成一整套较为完善的住宅楼加装电梯的管理机制。2008年,广东省建设厅下发了《广东省既有住宅增设电梯指导意见》(粤建设函〔2008〕481号),对指导省市既有住宅加装电梯工作发挥了积极作用。

厦门市2009年9月出台《厦门市建设与管理局关于在老旧住宅加装电梯的若干指导意见》,明

确了该项工作的建设主体、资金来源、审批要求等，但目前仅由市机关事务管理局为机关老干部宿舍加装了几台电梯，社会层面因该指导意见规定加装电梯需梯号房屋业主100%统一意见，尚未收到符合条件的申请，并无成功案例。

二、杭州市既有多层住宅增设电梯概况

(一)进展情况

近年来，杭州市政府多次组织相关部门对多层住宅增设电梯开展调查研究和论证工作，并组织市法制办、市建委、规划、房管等相关部门赴广州、厦门等地专题调研，形成了《杭州市既有多层住宅增设电梯暂行办法(草案)》，为市区老小区增设电梯工程的实施奠定了一定的政策基础。

目前杭州市已有部分试点项目，如市机关事务管理局参照改、扩建审批流程，组织对仁寿山17、18幢开展了老小区增设电梯的试点工作；仓基新村10幢、宝石二路7号等住宅在楼梯上加装了"接力式楼道电梯"，均已投入使用。

(二)既有多层住宅增设电梯选型分类

经调查，目前市场上存在的适合各种特殊家庭(如以老人为主的家庭、有婴儿的家庭、有行动不便者的家庭等)的电梯，主要有接力式楼道电梯、外挂式升降电梯、座椅式楼道助行机、轮椅平台式楼道助行机、液压式升降电梯等。其中座椅式楼道助行机、轮椅平台式楼道助行机、液压式升降电梯等因各种原因不适宜加装在多层住宅，比如座椅式楼道助行机和轮椅平台式楼道助行机运行时占用楼道空间大，阻碍楼道正常通行功能；液压式升降电梯垂直提升能力较差，不适宜6～7层住宅使用。经过调研分析，比较适合杭州增设电梯的类型有接力式楼道电梯和外挂式升降电梯，且这两类电梯已在杭州部分居民楼里试点加装。现就接力式楼道电梯和外挂式升降电梯的优缺点及审批流程进行对比分析。

1. 接力式楼道电梯

接力式楼道电梯是近年来为解决多层住宅增设电梯新出现的一类电梯，被称为"世界上第三类型"电梯，这类电梯安装在楼道靠墙的侧边，通过智能控制，帮助人们上下楼梯(图1)。该类电梯的优点是电梯安装后不改变房屋原有结构，不影响住户的通风、采光，若底层不安装，可以从上层楼开始安装，方式灵活；安装速度快，成品电梯安装只需2天左右；而且加装费用相对较低，用电较省，用电每月每户不超过3元。该类电梯最大的优势是解决了外挂式升降电梯需有关部门审批的一大难题，审批手续简单，目前仅需将相关材料提交房屋所在社区备案即可。但该类电梯也有一些缺点，如使用空间较小，载重量有限，适用人群面窄，目前只适合以老人为主的家庭，对有婴儿的家庭、有行动不便者的家庭作用小；同时，该类电梯属于新生事物，目前尚无明确的监管部门，设备安全性和后续维保等方面具有不确定因素。

经初步测算，目前安装此类电梯，若为单跑楼梯，约3万元/层，按普通7层住宅测算，约18万元/幢；双跑楼梯，约4万元/层，按普通7层住宅测算，约24万元/幢。

图 1　杭州仓基新村 10 幢接力式楼道电梯

2.外挂式升降电梯(箱式电梯)

(1)安装外挂式电梯的优缺点及费用

目前可以安装在多层住宅的外挂式升降电梯有乘客电梯和观光电梯。该类电梯的优点是使用空间大,适用人群广,广泛适用于以老人为主的家庭、有婴儿的家庭、有行动不便者的家庭;目前此类电梯技术成熟,有较多的电梯设备供应商选择;同时,它属于特种设备,有专业部门管理。但在多层住宅外安装此类电梯也有一些难题,主要集中在安装电梯对房屋自身结构、周边环境要求高,审批烦琐、手续多;安装费用大,资金筹措难;底层住户难以统一意见等。

经初步测算,目前安装外挂式升降电梯,按普通 6～7 层住宅测算,约 40 万元/台,包括电梯设备(含安装)约 20 万元/台,钢结构井道约 6 万元/台,基础约 5 万元/台,外立面等装饰约 3 万元/台,设计费、监理费、电梯维保年检费等其他费用约 6 万元/台。

(2)审批流程

目前,多层住宅增设电梯按照基本建设项目改、扩建审批流程进行审批,要经历城建申报、电梯选购、工程实施的复杂过程,涉及城市规划、消防、建筑设计、房建施工、电梯制造与安装、电梯检测等部门和单位,如果加建井道需要作管线迁移的,还要与供电、供水部门联系。这一切手续都需要业主自己去摸索和奔波,是一般人难以应付的,这也成为多层住宅增设电梯工作当前的主要障碍之一。目前,既有住宅增设电梯工程均需办理工程立项、《建设工程规划许可证》和《建设工程施工许可证》。在申请规划许可证前需进行批前公示和征求消防部门意见。《建设工程规划许可证》申领成功后,申请人需委托具有相应资质的单位进行增设电梯建筑方案设计、施工图设计、施工图设计审查、施工和监理外,还需办理质量安全监督登记手续,申领《建筑工程施工许可证》。电梯安装前,需到市质监部门办理施工告知;电梯安装后,需向有资质的特种设备检验检测机构申报监督检验。工程竣工后,还需到规划部门办理建设工程规划验收手续;办理工程规划验收后,申请人还应当组织设计、施工等有关单位进行竣工验收,并在竣工验收合格后,向市城建档案馆移交建设档案。电梯投入使用前,使用单位还应到质监部门办理使用登记。因申报、审批涉及政府各部门的协助配合，审批程序多，时间长，经常“卡”在某一点上。就杭州已加装外挂式电梯的仁寿山项目（图 2）为例，其加装电梯的前期筹备及审批时间长达 3 年之久。

图 2　杭州仁寿山外挂式电梯

三、多层住宅增设电梯的难点

目前，从住宅设计规范上来看，我国规范规定住宅新建六层起应设电梯。在加装电梯技术方面，大部分业内专家认为，在既有住宅中增设电梯技术难度不大，可利用现有多层住宅已有楼道结构加装电梯，不需要独立井道；在已有楼道结构中加装电梯，宜采用无机房电梯。旧住宅加装电梯技术上可行，但社会问题较多，进展缓慢。归纳起来目前的热点问题主要有以下几点。

（一）加装电梯是否需本单元居民的一致同意

目前，对既有住宅增设电梯是“改建”还是“新建”的定性决定了审批的标准与要求，牵涉到广大业主的利益，是决定能否实施的关键性因素。以下两个城市的例子，代表了目前加装电梯的两种模式。

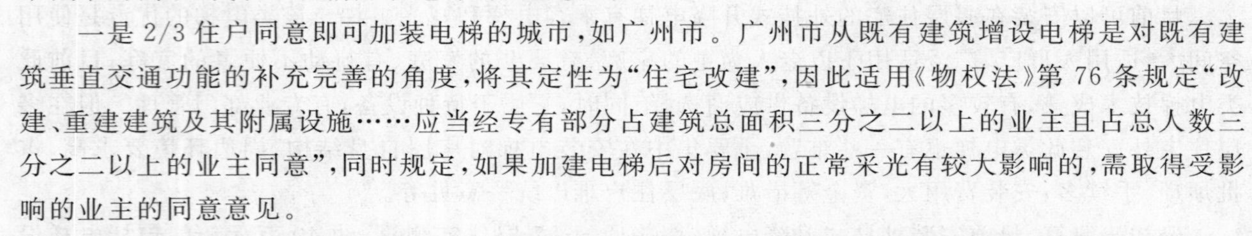

一是 2/3 住户同意即可加装电梯的城市，如广州市。广州市从既有建筑增设电梯是对既有建筑垂直交通功能的补充完善的角度，将其定性为“住宅改建”，因此适用《物权法》第 76 条规定“改建、重建建筑及其附属设施……应当经专有部分占建筑总面积三分之二以上的业主且占总人数三分之二以上的业主同意”，同时规定，如果加建电梯后对房间的正常采光有较大影响的，需取得受影响的业主的同意意见。

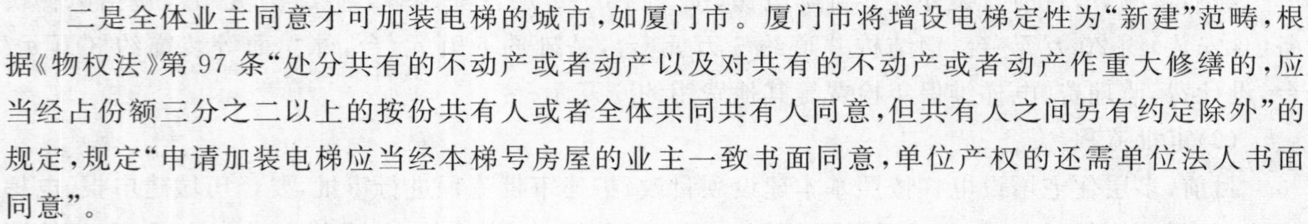

二是全体业主同意才可加装电梯的城市，如厦门市。厦门市将增设电梯定性为“新建”范畴，根据《物权法》第 97 条“处分共有的不动产或者动产以及对共有的不动产或者动产作重大修缮的，应当经占份额三分之二以上的按份共有人或者全体共同共有人同意，但共有人之间另有约定除外”的规定，规定“申请加装电梯应当经本梯号房屋的业主一致书面同意，单位产权的还需单位法人书面同意”。

两市的规定各有利弊，广州市准入条件较低，利于推进工作，但因为损害了少数人的利益，事后纠纷较多，甚至出现了多起少数业主诉讼政府的案例。厦门市准入条件苛刻，实施起来矛盾少，但因业主意见难以统一，社会层面尚无一例成功申请。

（二）加装电梯审批流程复杂，报装报建时间长难度大

具体的审批流程参见前文外挂式升降电梯的审批流程。

（三）加装电梯所需资金来源渠道及费用分摊的问题

（1）资金来源问题。目前，广州、厦门加装电梯所需要的资金原则上由单位、房屋所有权人自筹，也可以使用单位住房维修基金、房屋所有权人名下的住房公积金、住房补贴或专项维修资金。此外，广州市草案还规定，在符合消防、结构安全的前提下，可以通过申请在住宅顶层加建一层房屋的方式，筹措资金。但因加建后续使用及产权分配上的诸多难题，目前只是停留在设想阶段。

(2)电梯使用费用如何分摊的问题。从实际情况来看,这属于加装电梯的运行模式和加装楼道内住户利益的博弈问题,由于加装方自身意见的不统一和费用分摊的不确定,电梯加装的成功率维持在一个较低的水平。一般采用的方法为:高层多给,低层少给。但什么比例能被大家接受也是个问题。

四、对下一阶段多层住宅增设电梯的工作建议

从目前群众的需求来看,要求加装电梯的多为住在旧住宅楼的高层住户,且呼声很大,但难度仍不小,因为这是一个涉及政府、产权单位、居民、物业和电梯公司等多方面的复杂问题。从客观的条件来看,需要考虑加装电梯后能否满足规划间距、道路后退、消防等技术指标,同时技术方面需要相关单位创造合格的安装条件,留出合适的井道位置,通过对光纤、电缆等设备的移动以及对排水管、煤气管道、化粪池、泵房等的改造处理等达到满足先行的各项指标要求。综合广州、厦门等城市的先进经验,结合杭州市调查问卷的结果和杭州实际,提出以下建议。

(一)建议市政府尽快出台增设电梯相关政策,兼顾不同人的利益诉求

《杭州市既有多层住宅增设电梯暂行办法》(下称《办法》)(草案)于2010年起草,目前,社会趋势和群众要求已发生了部分转变,继续按照原有《办法》(草案)实行已经难以满足现在的梯改要求。课题组对目前杭州市多层住宅增设电梯的主要问题和难点进行分析,认为目前《办法》需对增设电梯的申请主体和资金筹措等方面进一步明确。

1.建议增设电梯需征得本单元业主全体同意

从广州、厦门的情况来看,两地加装电梯的主导思想是通过政府给政策来引导居民加装电梯。对于是否实施,由业主自己来定,费用也由业主自行承担。从具体的操作来看,广州推行2/3业主同意就审批的规定,虽加快了既有住宅增设电梯的工作进度,但同时也引发了诸多矛盾与纠纷。课题组认为,既有住宅增设电梯将给大多数业主的生活带来便利,但在推进该项工作中也不能不兼顾少部分人的利益,特别是受到该项工程不利影响的人。此外,在实践操作中,如果部分业主强烈反对,施工工程不可能正常开展,增设电梯仍将无法实施。如由政府强制推广,在实际操作中仍然有较大的困难,政府也将承担巨大的压力。同时,根据问卷调查,64%的受访者认为,既有多层住宅增设电梯的,需征得本单元业主同意。因此,为将增设电梯一事“好事办好,实事做实”,建议在尊重业主利益的基础上,通过业主自愿申请,民主协商,政府给政策,合理引导业主依法提出既有住宅增设电梯的要求,逐步推行该项工作。为更加稳妥地推进该项工作,建议学习厦门的做法,规定以梯号为单位,应经本梯号房屋业主一致书面同意;对毗邻住宅的通风、采光等使用功能可能造成影响的,还需征求相关权益人意见。

2.建议开拓梯改资金来源渠道,动员社会力量和市场手段进行资金筹措

建设资金措施是推行加装电梯的重要工作之一。从广州、厦门的情况来看,加装电梯所需资金原则上由业主承担。根据《广州市既有住宅增设电梯试行办法》,对于既有住宅增设电梯工程,广州市的政府财政原则上不安排资金支持。根据对市民加装电梯资金筹措的问卷调查,45%的调查者认为增设电梯所需费用需业主自行承担,36%的调查者认为应以政府补助为主,业主适当承担。对于财政资金能否对新增设电梯予以资金补助,我们认为在当前形势下,政府的角色定位应该在于引导居民依法申请对既有多层住宅增设电梯,具体是否实施由业主自行决定,费用也由业主自己出资,政府在财力允许的情况下给予适当补助。政府应当鼓励将电梯厂商、社会资金引入到增设电梯

工作中来，使资金来源渠道更为广阔。比如可以在电梯楼道内广告招商，广告费用用于弥补加装电梯费用等。

关于同单元业主的资金分摊问题，建议由业主统一协商，在加装电梯前通过签订协议书等形式明确资金分摊比例等问题。为了推进这项工作，也可以由社区居委会出面，从构建和谐社区的角度帮助协调业主间的矛盾，以更好地推进该项工作。

（二）建议在不突破法律法规的前提下尽可能简化审批程序

规范加装电梯的审批流程，加快审批速度，确保加装电梯的既有建筑的安全，是政府管理部门的主要着力点。广州、厦门两地对于住宅增设电梯审批都适当简化了办事程序，但仍然需经规划部门核发《建设工程规划许可证》、建委核发《建设工程施工许可证》才可组织施工。为了尽可能方便群众，建议杭州在审批流程的设定方面，参照福州市的做法，具体的审批只通过规划一个口子，并以技术审查代替行政许可，不核发《建设工程规划许可证》和《建设工程施工许可证》，可以更加有效地推进该项工作。

（三）建议多途径、多渠道解决多层住宅住户上下楼不便的问题

广州市在具备了地理位置、政策配套、单位支持等诸多有利因素的情况下，近几年来成功为600余幢既有住宅加装电梯工程，但广州未加装电梯的多层住宅楼仍有数万幢之多。杭州市的实际情况与广州有所区别。杭州市的老旧住宅以2000年以前建造的居多，对这些住宅进行改扩建时，日照间距往往难以满足现行的《杭州市城市规划管理条例》的相关要求，实施梯改工程很可能会对居住区内部分住宅的日照采光产生影响。

因此，在研究实施既有多层住宅加装电梯工程的同时，建议拓宽视野，广泛调研，多渠道、多途径解决既有多层住宅住户上下楼不便的问题，应不断发展、丰富和完善居家养老服务的模式，发展新型的电梯类型，提高加装电梯的技术手段等。如目前部分城市安装使用的一种“积木式”电梯，电梯框架主体部分与设备装置均在制造厂进行模块式整合加工成型，现场安装时间短，占地面积小，不需另挖井道，对房屋基础设施没有影响。福州快科电梯新推出的一种集合刷卡使用、智能终端、应急百宝等多种功能于一体的“微梯”，产品由厂家垫资投建，业主根据自身情况可选择租用、买断使用权等多种方式。还有杭州正在试点推行的“接力式电梯”，因安装便捷、不需改变房屋结构，省却了审批环节，是外挂式电梯的有益补充。

杭州市历史建筑类型简析

南白苏
(杭州市历史建筑保护管理中心,杭州,310006)

摘　要:目前,杭州市的历史建筑已达到一定的数量,其类型较为多样复杂。本文从建筑功能角度,对杭州的历史建筑进行分类梳理并简析,以求对杭州的历史文化有更深入的了解,并为杭州历史建筑保护工作提供参考。

关键词:杭州;历史建筑;类型;简析

一、引　言

"东南形胜,三吴都会,钱塘自古繁华。"杭州是一个山水城市,有着大量的庙宇、寺院、别墅、民宅及江南园林建筑。六朝古都、历史名城所蕴含的传统文化铸就了杭城历史建筑的独特风韵。

杭州早期历史建筑包容了各地的特色,比如南宋迁都后的中原特色,苏州园林建筑的精辟,邻近的徽派建筑,形成了民族形式建筑的综合体。杭州近代历史建筑的发展,呈现出两大建筑体系并存的局面:鸦片战争后逐渐出现的西式建筑和延续旧有传统的民间建筑。进入20世纪前期,出现了由房地产商开发,以批量化、标准化为特征,供出租、出售的商品住宅。新中国成立后,出现了大批中国建筑师自主设计的、以传统复兴风格为主的建筑。

二、杭州市历史建筑的分类及风貌特点

至2014年,杭州市公布了六批共336处历史保护建筑(其中29处已上升为文物保护建筑),分布在杭州的包括余杭、萧山在内的各城区。下面根据杭州历史建筑的风貌特点进行分类并简析。

杭州市历史建筑有着多种类型,从大类上分为居住建筑、公共服务建筑、工业建筑三类,其中又可分为若干小类。

(一)居住建筑

杭州市居住建筑,基本可分为传统民居、花园别墅、里弄住宅这三大类。传统民居是旧建筑体系的延续,花园洋房源于民国时期对西式建筑的推崇,而里弄住宅则反映出房地产业的早期发展。

1. 传统民居

杭州的传统木结构民居,可细分为两类:

一类是建于清朝及民国时期老杭州城内的民居。现存的主要散布于上城区、下城区以及运河沿岸，规模较小，以黑、白、灰为基调，为1～2层的合院式木结构建筑。建筑装饰较为质朴，有着杭州本地的特色做法，部分装饰构件体现出西式风格，如孩儿巷98号民居建筑（图1）、三元坊巷9号建筑。这些建筑属于近代城市民居体系，呈现出低调、平和、素雅的风格与居住氛围。

另一类是属于村落建筑体系，主要位于萧山区、滨江区，规模较大，为传统复合院落式木结构墙门式民居，通常布局严整，高墙深院，用材讲究，以木雕、彩画装饰，富丽精美，如永锡墙门（图2）、慎友堂。也有一些位于西兴老街两侧，规模较小，布局为前店后宅、下店上宅式的建筑，如西兴街杨宅。

图1 孩儿巷98号

图2 永锡墙门

2. 花园别墅

花园别墅在杭州市历史建筑中所占比例较高，多为2～3层的砖木结构建筑。建筑的外部装饰风格为中西混合式，以西式为主；建筑内部装饰中西式并存而又以中式为主，如锅子弄34号、灯芯巷别墅建筑群（图3）。

3. 里弄住宅

杭州的里弄住宅，即为早期的商品住宅，主要建造于20世纪前期，以经济用地为基础，引进联排式毗连的紧凑布局形式，单体建筑仍保持浓缩的院落式楼房格局。与上海等城市相比，传统民居元素保留较多，通常为砖木结构，立面细部受西方建筑影响，采用砖砌发券、壁柱和柱头等西洋装饰，如源茂里近代建筑群（图4）、平远里建筑群。

这种住宅既做到高密度，又取得较大的面积和较多的居室，适合于几代同堂的大家庭需要，与杭州的市井文化紧密相连，呈现出浓郁的民俗风情。

图3 灯芯巷别墅

图4 源茂里

4. 其他住宅建筑

除了上述的三大类住宅建筑类型外，杭州的历史建筑中还有少数与现代商品住宅形式接近的建筑。这类建筑多建于新中国成立后或者改革开放后。建筑为多层，双坡大屋顶，形态朴实，立面简洁，具有典型的新中国初期建筑特色。如环西新村1号建筑、杭大新村建筑群。

(二)公共服务建筑

杭州市历史建筑中的公共建筑种类繁多、规模各异，中、西式建筑风格皆有体现。主要分为办公类、文化类、教育类、商业类、宗教类、医疗类、军事类等几类建筑。

1. 办公建筑

办公建筑由于其形象需求，普遍设计较为严谨。早期的办公建筑体量较大，以中西结合风格特点为主，建于20世纪20—30年代，通常3～4层，砖木结构，局部西式浮雕装饰。这类建筑多用于新中国成立初期的银行、邮务、通信等重要业务部门，如浙江省邮务管理局旧址(图5)、浙江省电话局旧址。新中国成立后期的办公建筑，体现出现代建筑特点，出现了现代信息科技的典型建筑，通常为钢筋混凝土结构，造型更为简洁，如东部软件园1号楼、杭州市轻工局旧址。

2. 文化建筑

文化建筑多为图书馆、展览馆、科技馆、剧院等面向社会，大众化的室内文化活动场所。这类建筑多建于新中国成立前后或者20世纪60—70年代。建筑通常为多层，体量较大，钢筋混凝土结构，平面呈对称布局，内部开敞通高，整体设计大气、庄重而又简洁，所用的装饰材料较为高级，如浙江展览馆(图6)、市委党校图书馆、杭州市工农业生产建设展览馆旧址(现杭州科技交流馆)。

3. 教育建筑

杭州市历史建筑中的教育建筑，呈现出典型的"传统复兴式"风格。这类建筑建造于新中国成立后，大部分出现于杭州的资历较深的一批高等学府内。多采用传统式的宫殿大屋顶和西式建筑主体完美结合，大气庄严，内部具有一些规格较高的柱、梁、枋等古典中式构件，立面或有雕饰、彩画，古色古香，有着特有的诗书情韵和儒雅格调，如浙大玉泉校区建筑群、杭州电子科技大学建筑群(图7)。

4. 体育建筑

目前杭州的历史建筑中仅有一处体育类建筑，即杭州市体育馆(图8)。体育馆内的屋盖结构采用鞍马形悬索屋盖，呈双曲抛物面形状，是对大跨度结构的宝贵尝试，反映了当时较高的建造水平。1993年11月，该体育馆被中国建筑学会评为1953—1988年"中国建筑学会优秀建筑创造奖"。

图5 浙江省邮务管理局旧址

图6 浙江展览馆

图 7 杭州电子科技大学行政楼

图 8 杭州市体育馆

5. 商业建筑

杭州历史建筑中的商业及商住混合建筑，作为杭州近代商业发展的见证，有着其鲜明的特色。

清末明初时期的商业建筑，多为中式院落墙门式的商住混合建筑，即沿街为铺面，后进多为作坊、库房、办公和住宅使用的"前店后宅"式。这类建筑多为药材铺、钱庄、糕点作坊等，如朱养心膏药店、吴敬斋旧居(图 9)等。

民国时期，杭州商业急速发展，集中分布形成商业街的格局，其商业建筑风貌受当时流行的西方风格影响，在沿街立面采用西式造型，而建筑背面依然为传统形式，体现出有趣的"中式建筑贴着西式皮"的风格，多经营丝绸、百货等。如中山中路历史街区(图 10)的华德药房旧址、咸章绸庄旧址。

民国后期及新中国成立初期，杭州出现了宾馆、饭店、剧院等侧重服务类型的新兴商业建筑，规模较大，设计讲究，呈现出中西结合风貌，如杭州饭店主楼(图 11)、刘庄 1 号楼等。

图 9 吴敬斋旧居

图 10 中山中路历史街区

图 11 杭州饭店主楼

6. 宗教建筑

杭州历史建筑中的宗教建筑，包括宗教、宗祠、慈善救济类建筑。其中宗教建筑包括西方宗教建筑和本土宗教建筑。

西方宗教建筑多由本土设计师建造，呈现出中西建筑元素并存的特点，如思澄堂(图 12)。

本土宗教建筑包括寺庙、庵堂、祠堂类建筑。它们大多规模不大，格局精巧。庵堂和慈善类建筑则往往系民宅改建或参照民宅布局建造，在形制上与民宅较为类似，如中心集施茶材会、毓秀庵。

7. 医疗建筑

杭州的医疗历史建筑数量较少，历经时代变迁后原有的医疗功能已不存，但仍然留下了其独特的时代印记。它们中有正规的医疗机构，如原广济医院(浙二医院前身)分院桃源新村建筑群(图 13)，也有名医私人诊所，如渤海医庐。建筑风格上既有中式的砖木结构庭院式楼房，如博济医院旧址；也有西式别墅，如南山路 210 号建筑。

8. 军事建筑

杭州的军事历史建筑，多为抗日战争时期的碉堡遗存，现存数量稀少，主要分布于市郊或主要城市沿线。建筑规模较小，通常由圆柱形碉堡和附属营房组成，为典型的功能性时代建筑。如大通桥取水泵房日军残留工事旧址、艮山门日军碉堡旧址（图 14）。

9. 构筑物

杭州的历史建筑除了建筑物外，还有构筑物，主要包括桥梁、亭等。

桥梁体量较小，年代久远，均为清代早、中、晚期所建，多位于老街或乡村。形制有单孔石拱桥，如西湖区留下历史街区的古楹春桥、古庆春桥（图 15）；也有多孔石构梁式桥，如重兴桥。

目前杭州历史建筑中仅有一处中山纪念亭（图 16），建于民国时期，为纪念孙中山先生而建。平面呈圆形，古典柱式，造型新颖。

图 12　思澄堂

图 13　桃源新村

图 14　艮山门日军碉堡旧址

图 15　古庆春桥

图 16　中山纪念亭

（三）工业建筑

鸦片战争后，杭州的近代工业逐渐兴起，至社会主义现代工业全面建设时期（1840－1995），陆续出现了一批厂房、仓库等建筑及与工业活动相配套的住宅、办公建筑，它们蕴含着杭州特殊的历史、社会、科学价值，象征着杭州民族工商业的文明与发展历程。

杭州的工业建筑包括工业厂房建筑、工业仓储建筑、工业住宅建筑、工业办公建筑。

1. 工业厂房建筑

工业厂房建筑，应用于纺织、医药、食品、机械、电力、矿冶等多种工业行业，主要作为车间、磨坊等使用。这类建筑常为砖混或者钢结构，以多跨连续的方式组成较大的车间面积，采用豪式、复合式等多种形式的屋架结构，锯齿式屋顶。如杭丝联、杭州大河造船厂建筑群（图 17）、杭州张小泉剪刀厂机修车间建筑群。

2. 工业仓储建筑

工业仓储建筑通常为工业区内的厂区组成建筑，或独立的运输、物流基地，多为单层平房，砖木或砖结构，内部联通或有立柱，对运输、采光、通风等方面要求较高。如杭州市土特产有限公司桥西仓库建筑、浙江杭州石油公司小河油库建筑群。

3. 工业住宅建筑

工业住宅、办公建筑是为方便职工与适应工业生产的相关社会活动所建的配套设施建筑，营造了工业生产事业时代氛围。

工业住宅建筑，通常由多幢建筑形成住宅区，建筑形式受当时苏联建筑影响，体现出建筑特有的时代风格，多为1～2层，坡屋顶，砖木结构，宿舍式格局。如闸口电厂二宿舍建筑群（图18）、樱桃山铁路职工宿舍建筑群、杭州肉联厂职工宿舍建筑群、浙江万马药业有限公司职工宿舍建筑群。

4. 工业办公建筑

工业办公建筑，一般为2～3层，多个开间，装饰上或具有西式风格元素。如浙江麻纺厂建筑（图19）。

图17 大河造船厂

图18 闸口电厂二宿舍建筑群

图19 浙江麻纺厂建筑

三、结　语

总体来说，杭州的历史建筑形式简洁、典雅，具有较强的传统风格，即使是新式建筑亦西化得并不彻底。杭州的历史建筑，或许没有庞大的规模，却有着曲径通幽的别致；或许没有恢宏的气势，却有着闲适的写意；或许没有地道的欧式风格，却有着古风犹存的雅致。院落布局不逞匠心而得之天然，建筑设色不求华丽而付之淡雅，于茫茫建筑之林中，自成一格，值得我们好好去珍惜，慢慢去品味。

杭州既有房屋长效管理机制的实践与探索

夏森炜[1]　邵一鸣[2]　王少媚[2]

(1.杭州市房屋安全鉴定管理事务中心，杭州，310003；

2.杭州市城市危旧房房屋改善办公室，杭州，310006)

摘　要：本文通过对杭州市既有房屋情况的调查，详细地分析了既有房屋整体现状、存在的安全问题及原因，面对当前的整治困难，结合杭州市危旧房改善工程的成功案例，探究杭州市既有房屋安全的长效管理机制。

关键词：既有房屋；长效管理；安全；杭州

改革开放以来，尤其是20世纪90年代末福利分房结束后，城市房屋建筑取得爆炸性的大发展。然而，建成后的房屋安全管理却未能引起重视，直至近年来连续发生既有房屋的倒塌事故，特别是奉化市居敬小区居民楼的倒塌引发社会广泛关注，才突显既有房屋安全长效管理的重要性。

“三分建设、七分管理”，然而，房屋建筑安全管理积弱积贫已久，当前急需改变以往重建设、轻管理的现状，补充完善既有房屋安全管理法律法规，建立房屋安全长效管理机制。本文以杭州为例，探索房屋安全长效管理机制的建设。

一、杭州市房屋现状调查

(一)房屋调查情况

2006年《杭州市城市房屋使用安全管理条例》颁布实施后，杭州市于2007年开始对既有房屋开展健康体检活动，2008年对半道红社区、中小学校和地铁沿线房屋开展健康普查建档试点，2009—2013年先后对下城区、之江经济开发区和下沙经济开发区的既有房屋开展健康普查建档工作，2014年则对杭州市所有住宅房屋的安全情况进行调查，并建立“一房一档”。

1.半道红社区房屋调查情况分析

半道红社区位于杭州市中心核心区域，辖区内各类房屋非常具有代表性，各个建造年代、结构类型、用途的房屋一应俱全，被选为杭州市房屋健康普查建档的首批试点对象。

该社区共有142幢房屋，房屋主要建于20世纪60年代以后，2000年以前建造的房屋主要以简易砖混结构和砖混结构为主，2000年之后的房屋主要以钢筋混凝土为主(图1)。

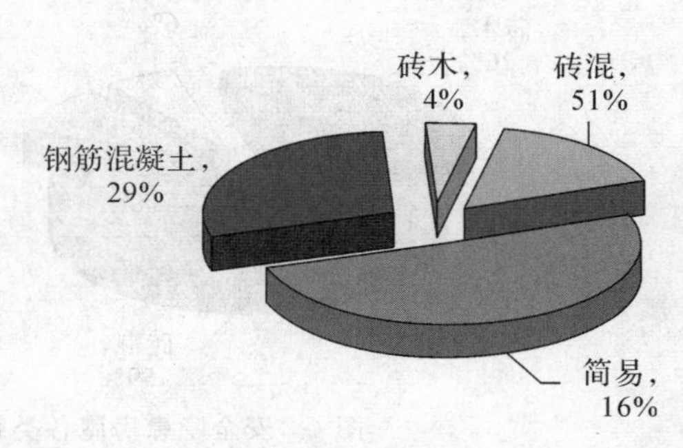

图1　社区各类结构房屋比重

通过调查发现，该社区房屋的安全问题主要集中在2000年之前建造的房屋，存在的主要问题有两个：一是由于建造年代早，设计、施工存在缺陷，房屋整体质量较差，部分房屋倾斜明显；二是房屋室内装修拆改墙体现象非常普遍，存在严重的安全隐患。

2. 中小学校房屋调查情况分析

"5·12"汶川地震后，为掌握杭州市中小学校校舍安全情况，我们开展了全市校舍大排查；2009年根据校安工程要求对校舍进行安全、抗震排查和鉴定。

以杭州市区所有高中和高职学校校舍为例，在总共18所学校104幢校舍中，绝大多数房屋为砖混结构或钢筋混凝土结构(图2)，其中2000年以后建造的校舍主要以钢筋混凝土结构为主，之前的校舍除体育馆等少数房屋外，基本为砖混结构。

通过排查、鉴定，由于学校日常的维护和定期的维修工作比较到位，校舍安全问题很少，但由于设计标准以及功能使用等原因，2000年之前的校舍抗震性能多数不满足现行抗震要求，主要存在单榀单跨、砂浆强度不足、构造设置不满足等问题，需要进行整体或局部抗震加固。

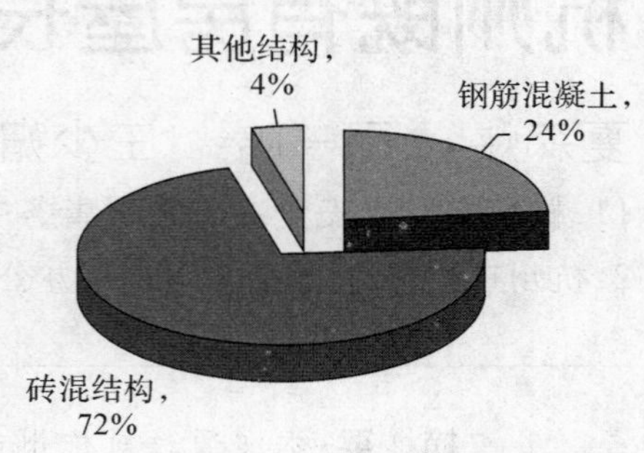

图2 学校各类结构房屋比重

3. 地铁沿线房屋调查情况分析

杭州地铁建设作为城市基础设施建设的一个重点，其周边房屋的安全直接关系住户的生命财产安全。为此，我们对杭州地铁1号线的23个站点，在基坑开挖深度2倍范围内的房屋进行调查，掌握房屋状况，为后续安全管理提供技术参考。

从调查的106幢房屋看，只有17%的周边房屋为桩基础，其他均为天然基础或浅埋基础(图3)。房屋距离基坑10～20m的占总数的55%，10m以内的约6%，一倍基坑开挖深度内的房屋占到近61%。考虑到杭州淤泥质土和粉、砂土的差地质条件，站点周边房屋极易受到站点施工的影响，必须采取可靠的措施加强房屋的安全管理。

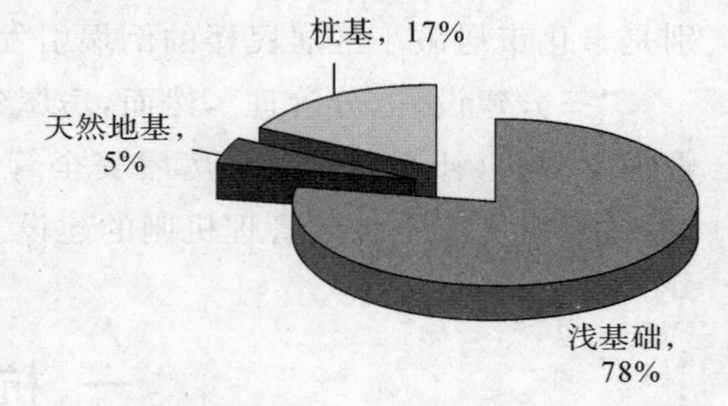

图3 地铁周边房屋基础形式比重

4. 杭州市所有住宅房屋调查情况分析

近期的宁波"12·16"徐戎三村房屋倒塌事件、奉化居敬小区房屋倒塌事件的连续发生，给城市中的老旧房屋，特别是20世纪70—90年代初建造的房屋安全问题，敲响了警钟。在这种形势下，杭州通过属地社区人员对全市范围内约5.4万余幢住宅房屋进行了为期半年的调查，建立"一房一档"。从总体上看，房屋整体质量还是可以的，但有3000多幢房屋存在倾斜、砂浆强度低、裂缝、严重拆改、周边施工影响等安全隐患，这些房屋绝大多数为2000年以前建造，以砖混结构房屋为主，需要进一步的安全鉴定加以明确(图4和图5)。

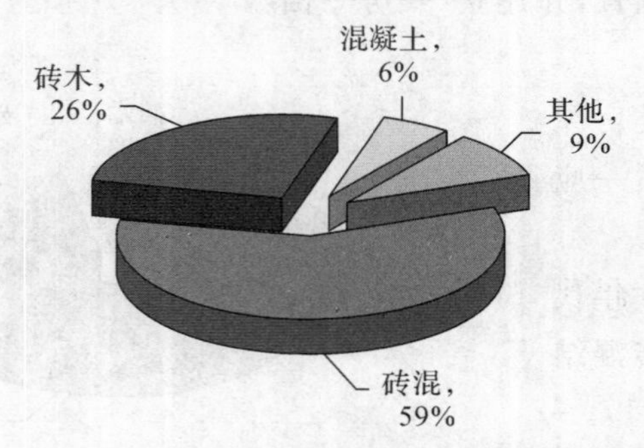

图4 安全隐患房屋各类结构比重

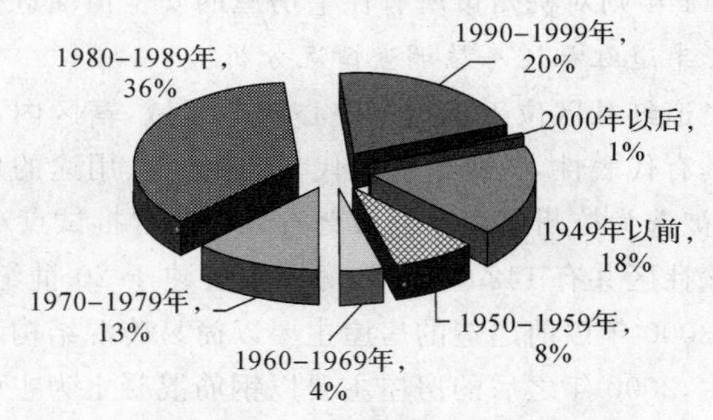

图5 安全隐患房屋各年代比重

(二)房屋存在的主要问题和原因分析

根据上述大量的调查数据分析,由于受经济水平、设计标准及工程本身地质条件、施工技术、工程管理水平等因素的制约,发现20世纪90年代中期前的房屋质量普遍不高,存在的问题多且集中,再加上房屋自身功能退化及人为因素等综合作用影响,很多房屋都存在不同程度的安全隐患,影响结构整体安全。究其原因,可大致分为以下几类:

(1)设计原因导致的房屋安全问题。包括早期设计标准低产生的房屋安全隐患,主要体现在早期设计安全度偏低、早期设计耐久性不重视、抗震设防标准不足等方面,以及设计不规范或失误产生的房屋安全隐患。

(2)施工原因导致的房屋安全问题。包括施工队伍素质不高、施工工艺与装备水平落后、施工质量监管不力等原因造成的房屋安全隐患。

(3)材料原因导致的房屋安全问题。包括早期建筑材料标准低造成的房屋安全隐患,以及正常的建筑材料老化、房屋结构老化、房屋基础设施老化等问题。

(4)人为原因导致的房屋安全问题。包括违规加层导致结构破坏,擅自改变设计使用条件,增加楼、屋面荷载,尤其是违规拆改装修对砌体结构房屋的安全造成极大的破坏。

(5)灾害原因导致的房屋安全问题。包括台风等极端天气造成房屋的损坏,火灾、爆炸等突发灾害造成房屋的损坏。

(6)环境原因导致的房屋安全问题。包括周边基坑开挖、降水、地铁施工等造成的房屋安全隐患。

二、既有房屋安全管理存在的问题

(一)法律法规体系不完善

在建筑物质量管理问题上,《建筑法》是根本大法,但其仅对参与工程建设活动的有关主体明确了应承担的质量责任与违规时的法律责任,未涉及房屋使用阶段的安全管理。对于房屋建筑物的建设阶段,我国已经基本上形成了针对房屋建筑物的建设管理和质量监督制度,但针对房屋建筑物在投入使用直至拆除阶段的安全管理的法律或行政法规尚不健全;相关资金和机构也没有有效地投入到房屋建筑物的安全管理工作中去,房屋建筑物全寿命周期安全管理体系亟待加强。杭州市出台的地方法规《杭州市城市房屋使用安全管理条例》,对依法管房有重大意义,但随着时间的推移,很多管理条款实际上都已经无法落实。

(二)房屋安全责任主体难确认

1998年《建筑法》出台后,相关配套的质量管理法规相继出台,明确了房屋建筑主体结构的质量责任,但之前建造的房屋质量责任无法追溯。尤其是由于历史的原因,大多数建于20世纪90年代之前的房屋建造资料缺失,各相关质量责任主体性质发生了很大的变化,有些甚至已消失,很难再明确责任主体。为维护老百姓的利益,保持社会稳定,政府往往承担起最后的"责任"。

(三)房屋安全管理制度不健全

从房屋的"出生"到"消亡",房屋安全管理需要一个系统且全面的、涉及全寿命周期的完整制度作保障,然而,现行管理一般分为前期建筑质量监管和后期行政监管两方面。相比前期建筑质量监督已相对完善,而涉及投入使用后的房屋日常维护制度、安全鉴定制度、修缮治理制度、应急抢险制度等的后期行政监管则不够全面，远未达到行之有效的监管要求。

(四)房屋安全管理网络不完整

房屋安全管理是一项系统工程，需要有一个牵头管理部门，但同时也需要各个相关职能部门的支持配合以及各单位或个人的合作，以点带面，形成网络化。如一幢危房的治理过程，往往需要房管、建设、规划、财政、街道社区、业主等部门的参与，才能统筹协调处理好。但就目前实际情况看，囿于管理体制、建设程序、经费等各种原因，管理网络很难得到延伸和深入，管理收效甚微。

(五)房屋使用安全意识不够强

近几年突出的房屋安全问题，引起人们对房屋的安全问题高度的重视。但由于缺乏有效的管理机制和引导，人们在房屋的使用过程中，特别是涉及自身利益时，往往会有意或无意地忽略安全，比如自家装修时只讲舒适居住，不顾结构安全，私拆乱改主体结构，造成房屋安全隐患等。人们对房屋使用安全基本常识及法律、法规还知之甚少，"重使用、轻安全"的意识普遍存在。同时，人们对房屋紧急事故的应对能力尚需加强。

三、既有房屋安全综合治理的成功范例

近年来，杭州市多次以政府为主体实施各类危旧住宅综合整治工程，如危旧房改善工程、庭院改善工程、历史建筑历史文化街区保护工程等，这些工程均以提升城市居住品质为目标，通过各种方式对市区既有房屋特别是危旧房屋进行综合治理。通过这些实践，杭州市走出一条颇具特色的城市有机更新之路。

以危旧房改善工程为例，工程的开展离不开三项保障，即组织保障、政策保障、资金保障。

(1)组织保障，危旧房改善采取"市区联动、以区为主"的工作组织模式。杭州市政府成立由市职能部门和各区政府组成的专项领导小组，下设办公室，总体负责全市危旧房改善工作的组织、协调和监督，并通过组织联席会议的方式，研究和协调解决危旧房改善推进中的重大问题；各区政府成立区危旧房改善专门机构，负责组织具体危旧房改善工程的实施；各职能部门积极配合、主动指导具体问题的解决。

(2)政策保障，危旧房改善坚持"政策先行、依法行政、规范管理"的工作准则。杭州市委、市政府先后批转实施了《杭州市区危旧房近期改造规划编制和管理暂行办法》、《杭州市区危旧房屋改善实施办法(试行)》等纲领性文件以及各类指导性意见；市领导小组及市危旧房改善办公室先后以会议纪要、通知等形式下发各类规范文件；各区危旧房改善管理机构结合实际情况制定各类操作规范；各职能部门结合实际需要调整相关审批流程；等等。这些政策保障，明确了危旧房屋改善工作的基本准则、操作办法及相关技术指标等内容，从改善对象、改善目标、管理机制、规划条件、资金补助、搬迁安置、项目审批等环节，为危旧房屋改善工作的开展提供了强有力的政策指导。

(3)资金保障，危旧房改善通过"个人出一点、单位出一点、政府出一点"方式进行资金筹措。危旧房产权性质复杂、工程量大、耗资多，为强化资金保障，确定了通过市、区政府和产权人、单位及市场运作等多个途径的资金筹措办法。为此，危旧房改善工程分为项目带动类和非项目带动类。项目带动类所需资金按原渠道由市场解决；非项目带动类视情况向产权人(含单位)收取一部分，其余由政府出资部分按市、区财政 1：1 比例分担。

在这些保障支持下，坚持工作方式、方法创新，杭州市解决了 177.8 万平方米的木结构、砖木结

构和简易砖混结构危旧房屋的安全隐患、功能缺失等问题，并在一定程度上提升了居住品质，取得了良好的社会效益(图 6)。

图 6　杭州董家弄小区危旧房改善前后的变化

四、既有房屋长效管理机制的探究

虽然杭州市在危旧房屋治理方面有政府主导的成功案例，但总体而言，杭州市既有房屋安全管理仍以应急式、运动式的开展各项管理工作为主，缺乏统筹规划、长效管理。随着房屋安全问题的不断涌现，既有房屋的长效安全管理机制势在必行。

(一)加快完善法律法规建设

加快修订《杭州市城市房屋使用安全管理条例》的步伐，明确房屋安全各方责任主体的职责，完善既有房屋使用期间日常维护、普查、检测鉴定、危房治理、应急抢险等各项管理要求，无缝对接房屋建设阶段管理，落实安全责任机制，实现房屋全寿命周期的管理。

(二)建立健全房屋安全管理体系

建立或优化已有的自上而下的领导机制，完善各级管理部门的职位设置，整合各部门的行政资源，加强各职能部门沟通协调，形成房屋安全管理网络，从政策、制度层面完善管理框架和层次，保证资金来源，进一步完善技术标准，从“治危”向“防危”转变，从主导型政府向服务型政府转变，真正形成房屋安全管理体系。

(三)落实房屋常态化管理

(1)建立房屋健康档案管理制度，在加强和完善房屋健康普查的基础上，确定房屋健康等级制度，并运用 GIS 等新技术手段，推动房屋健康档案数据库的建立，实现信息化管理。

(2)建立日常维护排查制度，加强业主对房屋日常管理、维护、治理的责任意识，定期开展以房屋安全为主题的排查活动。同时，房屋管理部门在台风、汛期等灾害来临前，应组织专业技术力量对危旧房屋进行排查、加固修缮，确保安全。

(3)建立房屋安全鉴定管理制度，通过年检、信用体系建设、培训考核等手段，加强对房屋鉴定机构和从业人员的管理。建立危旧房屋强制鉴定制度，强化追责手段；同时，成立房屋安全鉴定仲裁委员会，受理相关纠纷。

(4)加强房屋使用过程中的监管，明确专门机构负责处理房屋安全监管日常事务，受理房屋安全隐患报告和投诉，向社会提供房屋解危避险政策、技术支持。同时，严控因房屋装修等行为进行结构拆改，查处房屋使用安全各项违规行为。

(5)加强房屋安全管理的宣传力度，以适当的方式和途径开展房屋安全与防灾方面的科普教育，让人们积极主动地参与房屋的使用安全管理，提升人们的房屋安全管理和防灾能力。

(四)拓宽资金来源渠道

现有房屋管理的资金一般只能解决房屋正常使用条件下的修缮，对于房屋整体性的综合治理和改造，除有明确的责任主体外，资金往往是工程推动的主要瓶颈。结合当前实际，可借鉴以下方法拓宽资金来源渠道：

(1)工程质量保险；

(2)银行低息贷款；

(3)政府专项拨款；

(4)市场运作，实现互赢。

民居类历史建筑再生利用的功能定位探索

钱之茜
(杭州市历史建筑保护管理中心,杭州,310006)

摘　要:历史建筑的保护与利用一直是一对矛盾综合体,但它们又相辅相成、不可或缺。保护是为了延续建筑的历史价值,而利用是为了能更好地保护,只有合理使用建筑才是延长建筑寿命的关键。合理利用首先是要明确功能,正确的功能定位能促进保护,错误的功能定位则会破坏历史建筑,如何把握尺度是目前杭州市历史建筑保护工作的重点、难点问题。本文就近年来杭州历史建筑保护再利用现状进行分析,着重探讨历史建筑中比例最大的民居类历史建筑的功能定位。

关键词:历史建筑;民居;再生利用;功能定位

杭州至今已公布六批共计336处历史建筑,其中民居类建筑所占比例高达70%以上,这些民居建筑普遍存在居住密度大、居住环境差、配套设施不全等情况。如何将这些民居类历史建筑有效整治、合理再利用是目前保护工作的重点、难点问题。

杭州民居类历史建筑大致可以分为传统民居、花园别墅、里弄住宅等三类。根据其风貌特色的不同,结合目前整治利用较好的案例,试图归纳分析出较适合杭州民居类历史建筑的再利用模式。

一、案例1:传统民居"孩儿巷98号"

传统民居是旧建筑体系的延续,多为合院式布局、1～2层的木结构建筑,装饰较为质朴。有着杭州本地的特色做法,主要包括:泥墙、海线砖翘畈、硬山马头(剁头)、中式石库墙门、雕花大梁、挑阳台、硬挑头。部分装饰构件体现出西式风格,如雕花栏杆、券廊等,代表建筑为"孩儿巷98号民居建筑"。

孩儿巷98号民居建筑位于下城区孩儿巷,是一幢明清建筑风格的古宅,建于清代,占地面积约956m²,建筑面积约469m²。建筑为一处三进院落、双层木结构的民居;整体建筑为回廊式布局,三开间五进走马楼,是标准的江南民居建筑风格(图1)。

整幢建筑的木材主要选用"杉木取心"制作而成,既坚硬又防雷、除蛀,不变形。门窗因当时没有玻璃,选用了半透明的河蚌壳,用作防晒挡风透光的材料,别具匠心,相当罕见。而二楼的窗檐用青石板构筑更为少见。建筑内有集宋、明、清三个朝代民族风格的木雕艺术,其门窗、板壁及围廊上都有蝙蝠八卦寿木刻花纹,还有透雕、半透雕、手雕,工艺精致,造型别致。客厅一排八扇落地门窗上,有绍兴江南鱼米之乡的小桥流水、乌篷船、鸬鹚捕鱼、文人下棋等风景画雕,美轮美奂。

整治前,该建筑处于长期超负荷使用的状态中,天井内搭建严重,木构件糟朽不堪。2004年,该处建筑进行了全面搬迁和修缮工作。经过全面整治后，历史建筑焕发出了新的光彩，不仅恢复了外部风貌和内部格局，修复了雕花门窗等特色构件，同时对院落进行了园林式布局，使建筑的环境得到了很大改善(表 1)。

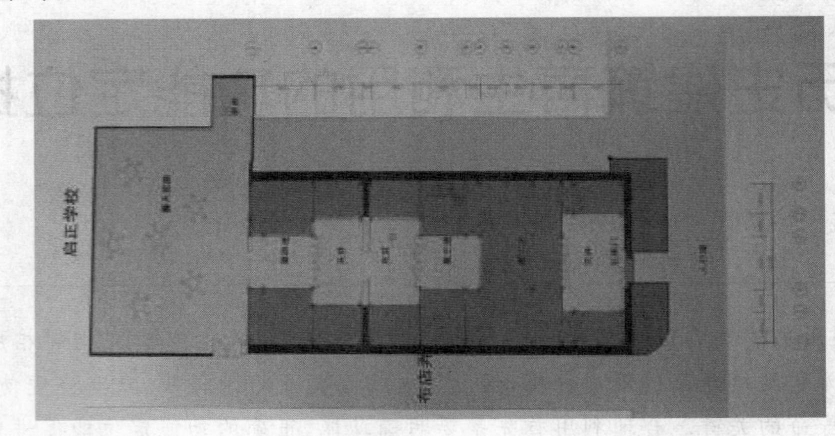

图 1　孩儿巷 98 号现状平面图

表 1　孩儿巷 98 号整治前后对比表

整治前	外立面	天井	门窗
整治后	外立面	天井	门窗

该建筑建造时功能定位明确，为一户人家居住使用，故门厅、主楼、厢房、天井、院落都井然有序。后经多番变革，到 21 世纪初变成了多户人家居住的大杂院，原来空旷的大厅被分割成数份并改为居室，供人休憩观赏的天井被各种违章搭建覆盖。要彻底整修该建筑，只有将住户全部外迁，才能拆除违章，恢复原有格局。该处建筑所在街区曾居住过南宋爱国诗人陆游，现在街区内虽仅存这一幢宅院尚完整的老建筑，但人文历史底蕴深厚，且该建筑是杭州历史建筑保护的起源，故设计初期就确定功能为“陆游纪念馆”，既保证了历史文脉的传承，又能对大众共享这份资源。

这类传统民居，其他城市和古镇如福州的陈氏五楼(图 2)、南浔的小莲庄(图 3)等大都用作参观展示。这些建筑规模较大，环境优美，非常适宜用作旅游展示。但杭州的民居情况有些特殊，由于城市化进程的过快发展，许多大型的传统民居已无存，保留下来的建筑原本就是一些普通民宅，规模原本就不大，能留下来的就更少了，有些甚至只保留了一进院落，且周边都高楼林立，历史环境遗失。类似于孩儿巷 98 号这种保存较为完整的传统民居在主城区是很有限的，其院落格局清晰，内部空间流线明确，存留的特色构件较多，修复后作为公共展示空间，除了专项内容的展览，建筑本身就是一个历史博物馆。而对于那些保存体量较小的传统民居，可以适当降低居住密度，改善居住环境，配套设施设备，对建筑结构做适当加固；如位于老小区内，可作为社区活动中心，在保护建筑延续文脉的同时，兼顾回馈社会，促使更多的周边居民认识历史建筑、合理使用历史建筑。

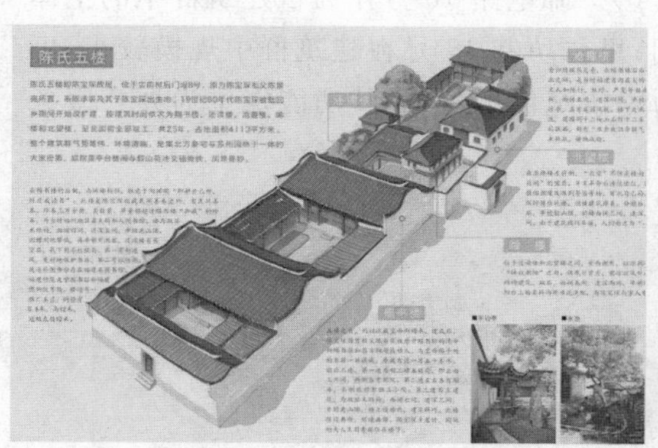

图 2　福州陈氏五楼

图 3　南浔小莲庄

二、案例 2：花园别墅"邮电路 16 号"

花园别墅源于民国时期对西式建筑的推崇，多为 2～3 层的砖木结构建筑；多采用砖墙，梁架为木构；檐柱则砖柱、木柱皆有，建筑前后设置花园，代表建筑有"邮电路 16 号民居建筑"。

邮电路 16 号民居建筑建于民国时期，1933 年前后，建筑面积 1130m²，其主楼为一幢三层混合结构的别墅建筑，建筑坡屋顶形式精巧、富于变化，清水砖砌筑的外墙简洁质朴，尤其是建筑南立面开敞外廊、巴洛克立柱、马赛克地面以及铸铁栏杆，具有近代中西式别墅的典型特征。

该建筑原占地面积较大，北临里仁坊巷，南面邮电路。由于历史变迁，几经易手后，其位于里仁坊巷的后天井由某丝绸厂建造三层楼房，现为住宅；位于邮电路前花园天井的平房，20 世纪 80 年代由杭州市总工会拆除后，在原基地上建造四层住宅，现为住宅；而主楼的砖木结构假三层房屋保留至今，建筑物的大致容貌尚存，只是违章搭建和改建甚多。

整治前，该建筑因年久失修，屋面渗漏，木构件糟朽情况严重，住户后期改建、搭建较多，建筑安全性和风貌完整性均较差(图 4)。2010 年该建筑完成了全面搬迁开展修缮整治，修缮工程对历史建筑周边的后期搭建进行了拆除和整治，较好地恢复了历史建筑原有外部风貌，包括外廊、门窗、老虎窗、碉楼等；保留并修复了历史建筑内部楼梯、马赛克地坪、屋架、廊道裙板等主要风貌和特色构件；还按照"可逆、可识别"的原则对建筑原结构进行了整体加固和修复，在保留原结构不变的前提下通过新增一套钢结构体系，大幅提升

图 4　邮电路 16 号整治前

了历史建筑的结构安全性和耐久性。此外，考虑现代使用功能的需要，对历史建筑内部的水电设施、消防设备、暖通设施进行了合理完善。

该建筑原为徐氏故居，为大户人家私宅，原有前后天井花园，平房数间。徐氏当年修建主楼考虑防火要求，采用了混合结构，混凝土柱、木梁架、砖墙维护，底层架空、南面三个老虎窗配以硐楼设计，这样的设计风格在当时可谓“引领潮流”的表率。后“72 家房客”超负荷使用，加上周边的大拆大建，想要恢复原有的格局风貌的可实施性已不高。考虑该处历史建筑周边还有里仁坊巷 17 号和邮电路 8 号两处历史建筑，相邻近、体量又小，将这三处历史建筑作为一个有机整体，统一规划设计进行使用，主体功能定位是“中小型办公场所”(图 5 和图 6)。邮电路 16 号作为该建筑群中的主体建筑，其功能定位为主体办公空间、会议空间和接待空间；里仁坊巷 17 号在建筑群中规模较小，可作为相对独立的小型办公空间、辅助空间；邮电路 8 号为一传统民居建筑，其功能定位为办公服务空间和展示空间。

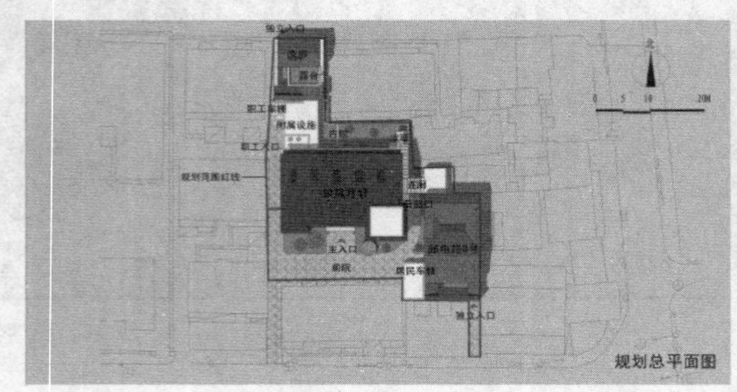

图 5　邮电路建筑群规划总平面

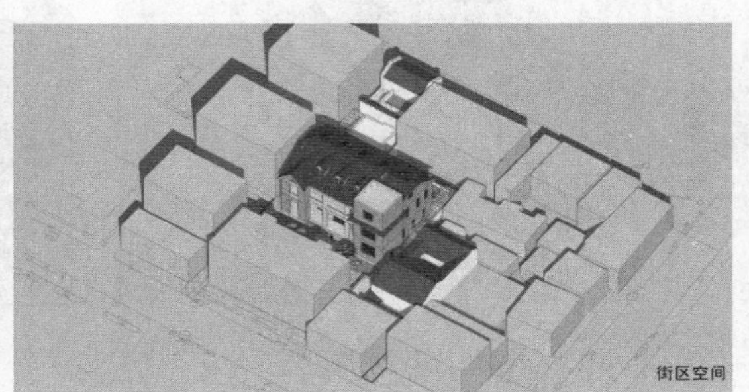

图 6　邮电路建筑群街区空间

花园别墅类的历史建筑结构承载能力优于传统民居的木结构，一般主楼 2～3 层，有阁楼甚至露台，内部中廊设计居多，两面各为规整的房间，建筑面积在 1000m² 以内。如仍用作居住使用，很难给每户人家配置厨卫等设施；如设计为私宅、会所，又不符合当下国情。这类建筑更适合在加固后作为中小型办公场所，这样荷载相对稳定，又不会因生活需求乱搭乱建而破坏建筑风貌格局，且办公空间也是个半开放空间，符合历史建筑面向大众的宗旨。当然，花园别墅作为纪念展示空间也是不错的选择，如近年西湖周边进行楼、堂、馆、所整治时，就将一处历史建筑“菩提精舍”(图 7)设计为党史纪念馆。作为展示空间，对荷载的要求较为严格，还要考虑消防疏散问题，对于历史建筑的改造力度较大，这也是目前历史建筑的再利用中争议较多的问题。

图 7　菩提精舍

三、案例 3：里弄住宅“湖边邨建筑群”

里弄住宅反映出房地产业的早期发展，其总平面布局吸取欧洲联列式住宅的毗连形式，而单元平面则脱胎于传统三合院住宅。其中，早期的平面是将传统民居的前门改为西式石库门，而前院改为天井，形成三间二厢及其他变体。一般大门设在中轴线，入内为一长方形或正方形天井。主屋正中为客堂，左右为次间和厢房，客堂后面设横向楼梯，再后为横向长方形天井，最后为灶间等辅助用房。后期单元平面进一步压缩，减少了侧房，从而形成天井院的格局。代表建筑有“湖边邨建筑群”。

湖边村建筑群坐落于上城区长生路南侧、蕲王路东侧，建于1929年，总建筑面积约1623.5m²，是杭州建造较早、规模较大、式样较美的新式石库门里弄建筑，它既有中国传统建筑的出山封火、门面挂落、出檐马头和庭园水井，又巧妙地融合了欧式建筑的门楣浮雕、清水砖墙、屋顶露台和百叶窗扇，整体上精致、大气、秀美。

该建筑群位于西湖边，其主入口位于长生路，为弄堂石库门，门楣上有“湖边邨”字样，东面原有石库大门，后封闭。建筑群由并排的东、西两列里弄建筑组成，中间以过街楼相连。建筑外立面为清水砖墙，两坡硬山屋顶、透起封火。每个单元皆为一户一门，户与户间以砖柱隔断，二层的错层楼梯平台处有一亭子间，顶楼有露台，带水泥栏杆。民国时期修建时主要用于出租收费，后用作宿舍、民居。

整治前，该建筑群中四个单元为大韩民国临时政府杭州旧址纪念馆，其余为多户居民居住。由于居民众多，每户人家室内面积不大，建筑的外廊被封闭使用，露台搭满建筑，里弄两边都是水龙头和洗衣用的石板。建筑年久失修，屋面渗漏，外墙风化严重，木结构虫蛀、腐朽，室外地面杂草丛生、青苔遍地，室内严重返潮。2012年，某精品酒店对该处历史建筑进行了全面整治装修，采用国际先进技术进行了墙体防潮、外墙修补、内墙加固、白蚁防治等大量细致的工程，不仅较好地修复了历史建筑外部风貌，内部还按照精品酒店的功能进行了合理更新，历史建筑的结构安全性、保温隔热性能、配套水电设施、消防预警能力等均得以大幅提升（表2）。

表2　湖边邨建筑群整治前后对比表

该建筑群建造初期定位为出租住宅，其模式类似于现在的排屋，一幢建筑多个墙门，虽彼此相邻又独门独户；每个单元的建筑面积都在100m²以内，房小却精致，日常功能需求都能满足，且带

天井、阳台和露台，里弄里还有水井；临近西湖的地理位置尤其可贵，不仅在当时就是在当下也是少有的好环境，较适合当时的中产阶级居住(图 8)。考虑到整个建筑群保存较为完整且位于西湖景区边上，热闹又相对独立，故将其功能定位为服务于旅游的精品酒店。区别于传统旅游宾馆，湖边邨酒店整体项目与大韩民国临时政府纪念馆一起，借鉴上海新天地的经营模式，结合湖滨地区的历史文化资源，对历史建筑进行保护性开放，以其独特的建筑风格和历史文化价值吸引对老杭州感兴趣的市民和游客。建筑群底层呈田字形排布，十字里弄，恢复东西两侧石库门，并作铁艺大门供消防使用。北侧建筑面街，主要用作小型西餐厅和纪念馆，局部作为客房；南侧建筑主要作为客房使用，在主要里弄里设置景观绿化和休憩场所(图 9)。

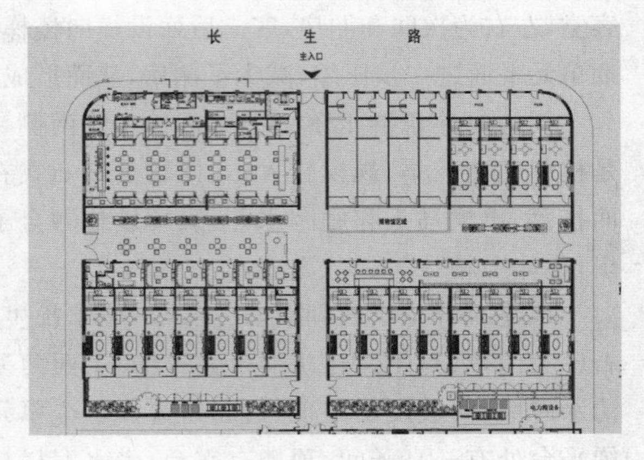

图 8　湖滨村功能分布图

里弄住宅始于 20 世纪前期，西方文化的引进和国民生活方式的改变，出现了里弄这样由房地产商开发的，以批量化、标准化为特征，供出租、出售的商品住宅。这类建筑一般都是两幢建筑以上的建筑群，看上去体量很大，但实际上是多个小单元的组合体。要在保护的基础上改造利用，这就限制了一些大型商业的入驻。国内较著名的里弄建筑再利用的例子要数上海的新天地，在老上海石库门中体现新时尚。餐饮、商业、娱乐、文化各类店铺在一条笔直的步行街上整齐有序地排布，室外依旧是青砖铺地，清水外墙青红交加，室内具各种现代化的设施设备，强烈的反差更显示出老建筑的与众不同。目前，杭州市的里弄建筑除部分仍作住宅外大多数被用作小商业、小餐饮使用，经营的需要和无序的管理，使建筑的风貌和空间结构难以有效保护，凌乱的招牌和卷闸门替代了老石库门，电器的饱和使用和明火加工成为安全隐患。湖边邨的整治成功开辟了里弄建筑再利用的又一种途径，巧妙地将住宅改为酒店，原有的空间布局和居住功能得以保持，配以现代化的服务管理，值得推广(图 10)。

图 9　湖边邨里弄及露台景观布置

图 10　湖边邨夜景

近年来，杭州历史建筑的数量在不断增长，保护的模式和理念也在不断创新。保护不再是简单的修缮，更注重如何使用。以上三处案例是目前杭州历史建筑保护再利用的较为成功的试点，希望通过对经典案例的总结、比对，开拓思路、研究出更适合历史建筑的功能定位，为我市历史建筑的全寿命管理补全重要环节。

保留历史文化街区内个体建筑差异的探讨

韩际平

（杭州历史建筑保护管理中心，杭州，310001）

摘　要：历史街区和历史地段的城市设计在设计和实施过程中，往往会忽视历史街区和历史地段在其漫长的形成过程中所积累的随机性和差异性，致使历史街区和历史地段的历史风貌和历史氛围的破坏。只有在历史街区和历史地段的城市设计中有意识地保留其特有的随机性和差异性，才能最大限度地保留历史街区和历史地段的历史风貌和历史氛围。本文通过对杭州三个历史街区和历史地段的实例分析来论述这一观点，并希望找到在历史文化街区保护整治过程中更好地保留街区内个体建筑差异性的措施。

关键词：历史街区；差异性；最低干预

一、引　言

自2000年清河坊历史文化街区的诞生开始至今，杭州市目前已经对市域范围内不少的历史文化街区实施了保护整治工程。经过保护整治的历史文化街区配套市政设施进一步改善，环境品位进一步提高，其中有不少街区更是成为了受到市民及游客青睐的杭州城市新看点。与此同时，在这些保护整治工程实施过程中，由于不合理的规划设计和对历史信息的忽视，也令一些历史文化街区的历史信息遭受到了一定程度的损失。其中比较突出的一个问题是在历史文化街区保护整治工程中，往往偏好采取一次性、大规模、运动式的保护整治模式，强调规模、进度和整治前后的视觉效果对比，不注重历史文化街区内个体建筑差异；对历史文化街区内明确挂牌保护的文物和历史建筑比较重视，而对没有挂牌保护的一般性建筑往往采取过度干预的整治措施，使历史文化街区的历史风貌遭受了损失。本文将通过对杭州已经实施的几个历史文化街区保护整治工程的实例分析，来说明历史文化街区保护整治工程中所存在的这一问题；也通过不同历史文化街区保护整治工程的对比，来说明历史文化街区内个体建筑间的差异和一般性建筑物立面风貌对历史文化街区整体风貌和历史氛围的影响，并试图探求在历史文化街区保护整治过程中能更多保留历史文化街区内个体建筑差异的措施。

二、个体建筑差异的形成和消亡

历史街区和历史地段的形成需要经过相当漫长的过程，其内不同的建筑物由于建造和更新的时点并不一致，整个街区的形成需要经历一个比较大的时间跨度。不同时期的建筑在建筑风格、结构形式等方面都存在很多差异,即使是在同一时期内建造的同一风格类型的建筑,由于业主和建造者个人好恶以及财力、技术能力的差异,它们在很多局部仍然存在许多细微的差异。这些大大小小的差异成为了历史街区和历史地段所经历的漫长历史时期的重要佐证,并因此形成了历史街区和历史地段的特殊历史氛围。

历史文化街区内这种长期形成的个体建筑差异由于种种原因,正在不断消失。街区自身的无序发展不仅导致市政设施陈旧,不堪重负,竞争力缺乏,日益衰落,也使一些原本具有浓郁地方特色和醇厚历史韵味的老建筑丧失了其原有的风貌。

从杭州传统商业街区内建筑物的空间格局来看,比较普遍采取的是"下店上宅"或"前店后宅"的一种家庭作坊式的建筑形式,这一类型的建筑形式适应了较长一段时间内城市商业的经营模式,这类经营模式在当前的商业竞争中逐渐式微。这种商业模式的没落必然映射到建筑物使用方式上,街区内建筑物使用功能的转变也是历史文化街区自身发展的必然选择。历史街区内的商业模式的自然更替需要一个相当长的周期。在这个过程中,一方面,由于原有的商业模式失去竞争力,收益降低,引起业主、使用者对历史文化街区内建筑物维护保养的投入减少,并因此造成历史街区内的建筑发生了不同程度的破坏;另一方面,为了适应商业竞争,业主、使用人随意改变建筑的使用用途,这种随意改建搭建也造成了历史街区风貌的破坏。

随着社会日益发展,尤其是改革开放后杭州城市的发展,这些具有浓郁地方特色和醇厚历史韵味的街区正不断被所谓的"现代化"、"国际式"的建筑物和街区所蚕食。诚然,近年来,历史文化街区保护工作日益受到重视,但由于设计和决策过程中忽视了其内的个体建筑差异,使得一些历史文化街区在保护整治过程中遭受到了"保护性破坏"。

三、历史文化街区保护整治工程实例

(一)清河坊历史文化街区

清河坊历史文化街区是杭州最早挂牌的历史文化街区之一。早在2000年4月,杭州市上城区人民政府就开始逐步推进实施清河坊历史文化街区的保护整治工程;同年12月,杭州市人民政府颁布实施了《杭州市清河坊历史街区保护办法》。在对清河坊历史文化街区的保护整治过程中,虽然采取了较适宜的沿街建筑立面高度和步行街宽度的比例,并采用了一些较传统的材质和立面特征,但在对沿街建筑的设计中,除了"胡庆余堂"、"中山中路四拐角建筑"等一些重要建筑外,其他大多数的一般性沿街建筑的开间、进深、檐口高度、屋面坡度、细部装饰基本也采取了较为统一的样式(图1和图2),尤其是马头墙式样、门窗式样采用了基本一致的形式。过于统一的形式使整治后的清河坊历史街区留下了较为明显的人为干预痕迹,抹煞了历史街区个体建筑间原本具有的细微差异;虽然经过了较长一段时间的经营使用,该历史街区内不同商户对立面进行了风格各异的装饰,使原先整治后给人的单一乏味的印象有所改观,但是人为设计的痕迹仍然清晰可辨。

(a) (b) (c)

图 1 清河坊历史街区街景。马头墙形式较为雷同,檐口高度、层高基本一致

除了外在的建筑物个体差异的消失,历史街区的生活氛围也被整治后浓重的商业氛围所取代。原先历史街区内建筑物的产权较为分散,产权构成也比较复杂,一旦这类产权构成复杂的建筑物需要进行整修,协调各方面利益的工作也是十分不易。在当时的保护整治过程中,大多数建筑物通过产权置换使得产权集中到为保护管理清河坊历史文化街区专设的管理机构手中。产权集中为街区内建筑物保养维护、装修改造的管理带来了很大的便利,但同时由于历史街区管理机构为实现保护整治工程短期内的资金平衡,不可避免地倾向于将收益小、管理难、权属分散的居住功能排除在历史街区之外,使得历史街区的功能呈现比较单一的商业功能。

(a) (b) (c)

图 2 清河坊历史街区街景。门窗的形式比较雷同,某种单一样式窗重复出现的频次很高

(二)中山中路历史文化街区

杭州市的中山中路是杭州另一重要的历史街区之一,沿中山中路两侧分布着许多历史建筑。这些历史建筑由于建造年代的差异以及业主和建造者对不同历史建筑的影响,形成了中山中路特有的空间格局和历史风貌。2007 年,中山中路综合保护整治工程启动,并一直延续至今。在长期的保护整治过程中,对历史街区不同区段的不同整治方式产生了不同的效果(图 3 和图 4)。

图 3　中山中路历史街区街景(平海路以南、开元路以北)。沿街建筑平面轮廓、开间、檐口高度基本保留,沿街招牌被统一至同一高度,立面材质比较单一

中山中路解放路以北、开元路以南区段内,沿街分布的挂牌历史建筑较少,此区段内的邮电路 8 号、邮电路 16 号、崔家巷 5 号、云阁堂、东平香徐宅等一些历史建筑并不沿中山中路分布,而分布于中山中路沿线两侧的巷弄内,沿街分布的仅邵芝岩笔庄和盐业银行旧址两处历史建筑。此外,除了中山国际大酒店、东方金座商住楼等一些体量较大的后期建筑,该区段内主要分布的是一些两层木结构的房屋,其开间宽度、檐口高度及沿街立面的形式并不统一,具有历史街区内特有的随机性。在 2007 年对该区段实施的保护整治中,对沿街建筑采取了以修缮为主的整治。修缮整治排除了这些建筑的一些安全隐患,对立面上杂乱无章的电线、空调室外机等进行了统一的规划,原本破旧杂乱的沿街立面形象得以改观;同时,原先沿街建筑平面轮廓线的凹凸、檐口高度的错落及立面开间的变化在修缮过程中得以保留。

根据当时实行的原《杭州市历史文化街区和历史建筑保护办法》,对已公布的历史建筑根据相应历史建筑保护规划图有较明确的保护要求,而对一些未挂牌保护的木结构老建筑(即暂时没有列入历史建筑名单的一些老建筑)并无较为明确的规定和约束。由于历史建筑有较为明确的保护要求,除在开间、进深、高度方面保留了差异外,还较好地保留了大部分的细部装饰及立面材质运用上与周边其他建筑的差异。历史街区内的其他沿街老建筑由于在城市设计中没有有意识地保留这种差别,采用了较为单一的立面形式,不论是外墙材质,还是沿街店招,在保护整治后都部分丧失了街区内原有的差异性、随机性和趣味性,导致了历史文化街区风貌特色一定程度上遭到破坏(图 3)。中山中路的西湖大道以南及大井巷以北的地段,沿街分布的已公布历史建筑较多,有的历史建筑还成片贴邻地分布。在这些地段上,一些历史建筑受到《杭州市历史文化街区和历史建筑保护办法》的约束,都较好地保留了建筑原有的历史风貌及建筑之间在开间、进深、立面高度、材质、细部装饰上的差异(图 4)。在这个区段内,虽然一些更新建筑采用了一些较现代的形式(图 5),但尊重了历史街区原有的尺度感,并根据功能和要求设置了一些构筑物(图 6);一些体量较大的后期建筑也用较现代的手法进行了局部的立面改造(图 7),以调和其与原有老建筑在尺度上的冲突,形成了新旧两类风格建筑之间的对比。街区内不同时期建筑物的立面相容性较好,沿街整体立面由于这种差异性和新旧元素的交替出现而显得生动和丰富。

(a) (b) (c) (d)

图 4 中山中路历史街区街景(西湖大道以南、大井巷以北)。
沿街建筑历史建筑成片分布历史建筑原貌保留较好,建筑风格差异明显

图 5 沿街后期更新建筑的立面

图 6 沿街增设构筑物增加街区空间趣味

(a)

(b)

(c)

图 7 中山中路历史街区(西湖大道以南、大井巷以北)部分后期建筑立面改造

中山中路的开元路以南、西湖大道以北一段长度较短,仅分布了“九芝斋旧址”一处历史建筑。两头的开元路和西湖大道道路较宽,割裂了此段街区和南北其他两部分街区的空间关系。经过整治后,在该段历史街区两端设置了历史文化题材的雕塑广场(图 8),以作为与南北两端其他两部分

历史街区的衔接点。此段历史街区内,东侧的“九芝斋旧址”由于建筑质量较差,仅保留了沿街立面,目前仍在修缮施工中;西侧建筑是后期更新建筑,在此次整治中实施了相应的立面改造,但改造后的立面生硬套用所谓历史形式,使道路两侧风貌脱节较为严重(图 9)。

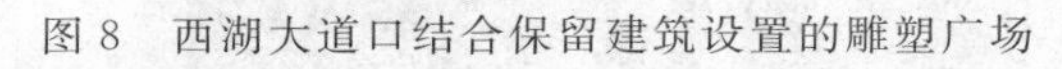

图 8　西湖大道口结合保留建筑设置的雕塑广场

图 9　西湖大道口东侧为正在修缮的“九芝斋旧址”,西侧后期建筑立面改造生硬套用“历史形式”

中山中路历史文化街区不同区段呈现出的不同整治效果,客观上有历史建筑分布不均的原因,另外,对街区内一般建筑的处理方式差异也是原因之一。

(三)小河直街历史文化街区

杭州市小河直街历史街区是历史街区整体保护整治工程中较为成功的一个,该工程获得了联合国“人居范例奖”。小河直街内沿街分布的历史建筑数量较少,由于缺乏相应的保护要求约束,很容易在该历史街区的城市设计中反映出人为干预的痕迹。但在对街区内的建筑进行整体修缮的过程中,多数的建筑都按照原有的平面轮廓、高度、细部装饰来进行修复,即使是一些质量较差甚至需要落架大修或彻底翻建的建筑,在落架大修和翻建时仍按照原有的平面轮廓、高度、细部装饰来进行修复,仅在一些局部作出一些微调(图 10),其间还有在修缮过程中特意保留的部分损毁建筑遗址(图 11)。虽然街区内外立面材料的使用相对单一,但根据街区原来的历史风貌,交错地按照原有建筑采取了排门、落地长窗或是带有檐廊或阳台的多种立面形式,而不是采取单一的立面形式,从而呈现出较为丰富的空间效果,较好地保留了历史街区内不同建筑在建筑风格上的多样性(图 12)。

图 10　小河直街保留原有建筑平面轮廓变化形成丰富的空间

图 11　小河直街局部保留的损毁建筑

图 12 小河直街区内街景变化丰富的开间、立面高度、立面材质和开窗方式

四、保留个体建筑差异的措施

历史文化街区保护整治工程实施过程中，要避免历史风貌和历史氛围遭受破坏，就要提倡采取长期渐进式的改善方式，或是在规划设计中注重街区内一般建筑对历史文化街区整体风貌和历史氛围的重要作用，注重保留街区内个体建筑之间的差异，最大限度地减少人为干预的痕迹。

要在历史文化街区保护修缮整治过程中，保留这种历史文化街区内各幢不同建筑在形式、体量上的随机性以及各幢不同建筑之间的差异性，过于原则性和笼统的规划是无法起到充分的指导作用的。要使得历史文化街区在实施保护修缮整治后仍然呈现出原有的随机性和差异性，在编制历史文化街区保护规划过程中就不得不将规划工作深入具体到每一幢的单体建筑，这不仅需要投入大量的人力、物力、财力，也决定了任何一个历史文化街区保护规划的形成是不可以一蹴而就的，而必须是一个长期渐进的过程。而与此相反的是，目前历史文化街区的保护修缮工程主要是政府主导的，往往由于决策者的价值取向偏好，更倾向于采取一次性、短周期地完成街区内全部的市政基础设施及建筑物的全部提升改造和修缮工作。这与历史街区的形成过程是截然相反的。并且在采取这样一种改造方式的情况下，很容易在修缮改造过程中忽视历史街区内建筑个体间的细微差异。

明代园林家计成曾指出，园林设计的质量是“三分匠，七分主人”。“主人”(在现代也可视“主人”为设计任务委托人或是实际决策者)自身的审美情趣和艺术修养对园林设计的质量有重大影响，这一规律同样适用于建筑设计、城市设计和城市规划领域。以目前在中国建设领域的实际状况，历史街区或历史地段的规划和城市设计的最终决策者主要是各级政府。在目前的制度下，通过公示、听证等方式，民意可以得到充分的表达，但决策者以及设计者的个人好恶和审美情趣仍将不可避免地投射到各种规划和城市设计中。这种投射客观上可以解决一些历史街区和历史地段长期无序发展所积累的一些“痼疾”，但另一个伴生的结果就是历史街区和历史地段在整治后其空间形象的随机性和趣味性不同程度的丧失。

为最大限度地降低在整治过程中历史街区和历史地段空间形象的随机性和趣味性的损失，历史街区和历史地段的城市设计应该遵循“最低干预”原则，即采取长期渐进式的改善而非大规模拆建的方式，来逐步改善历史街区和历史地段的空间质量。遵循历史街区和历史地段内城市设计的“最低干预原则”就是要求设计者有意识地淡化人为干预痕迹，在审美情趣上采取包容的态度，有意识地保留一些“破”、“残”、“旧”等表面看似不和谐的因素，而不是强硬地将整个历史街区或历史地段定格至某个特定的历史时期，或是简单粗暴地将“真古董”变成“假古董”。这种“最低干预”原则落实到规划和城市设计上，就是要将保护规划和城市设计深入到单体建筑的微观尺度，使得保护规划和城市设计尽量忠实地还原历史文化街区和历史地段内各幢建筑在建筑体量、细部装饰上的随机性及不同建筑物之间的细微差异。

除决策者和设计人员重视历史街区内建筑物间个体差异外，有必要对历史街区内未挂牌的一般性老建筑的修缮、装修进行必要的规范，避免过多的人为干预。虽然在具体操作上，此类建筑的保护要求未必需要像挂牌的历史建筑一样严格，但在改造时应以单体建筑为最小单位，对建筑的开间大小、平面轮廓、檐口高度等作出一定的限制，使之在修缮过程中不至于过多地偏离原有的风貌；此外，更多地采取由业主和使用人主导的分散式的修缮方式，从而避免出现街区整体修缮在细部装饰、立面材质运用中过于统一单调。

五、总　结

本文对杭州三个较有代表性且已经完成的历史街区保护整治工程实例进行了分析。目前的历史文化街区保护整治改造工程大多都能较好地改善其内的配套基础设施和空间品质；街区内的建筑都得到了不同程度的修缮，一定程度上恢复了历史街区的历史风貌。但由于这些保护整治工程大多为一次性大规模的整体修缮，修缮过程中也存在忽视街区内建筑物个体差异，在尺度、符号、材质上过于统一和生硬的情况。这一问题已经逐渐引起了历史文化街区保护修缮参与者的注意，他们在编制相关修缮方案时开始有意识地保留和复制这种历史文化街区在漫长形成过程中累积起来的差异性。历史文化街区内除了正式挂牌的历史建筑外，其他一般性历史建筑也得到了更多的重视。从清河坊历史街区使用单一符号、材质这类简单化处理，到中山中路历史文化街区对部分未挂牌的一般性建筑采取多样的修缮方式和小河直街完整原真地呈现历史文化街区内各种建筑的差异性，历史街区的保护整治水平也在逐步改善。

图书在版编目(CIP)数据

可持续发展的结构与地基/金伟良主编. —杭州:
浙江大学出版社,2015. 10
ISBN 978-7-308-15258-7

Ⅰ.①可… Ⅱ.①金… Ⅲ.①建筑结构 ②地基—基
础(工程) Ⅳ.①TU3 ②TU47

中国版本图书馆 CIP 数据核字(2015)第 248830 号

可持续发展的结构与地基

金伟良 主编

责任编辑 伍秀芳(wxfwt@zju.edu.cn)
责任校对 金佩雯 陈慧慧
封面设计 刘依群
出版发行 浙江大学出版社
(杭州市天目山路148号 邮政编码310007)
(网址:http://www.zjupress.com)
排　　版 浙江时代出版服务有限公司
印　　刷 杭州日报报业集团盛元印务有限公司
开　　本 880mm×1230mm 1/16
印　　张 22.25
字　　数 598千
版 印 次 2015年10月第1版 2015年10月第1次印刷
书　　号 ISBN 978-7-308-15258-7
定　　价 89.00元
